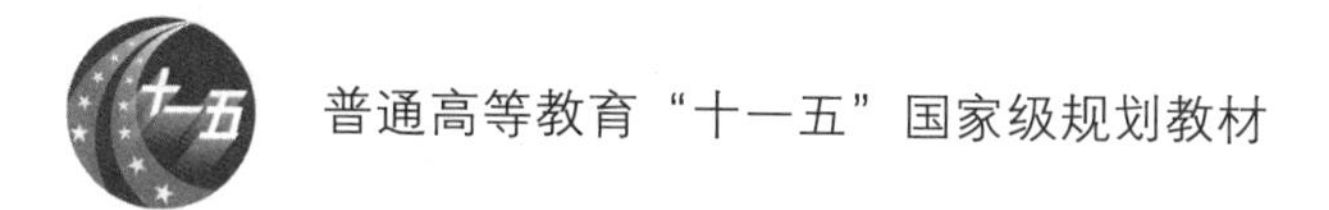

21世纪大学本科计算机专业系列教材

丛书主编 李晓明

C++程序设计

（第4版）

周会平 徐建军 王 挺 编著

清華大學出版社
北 京

内容简介

本书参照 ACM 和 IEEE CS *Computing Curricula 2020* 以及全国高等学校计算机教育研究会编制的《计算机核心课程规范——计算机程序设计(征求意见稿)》的要求，面向大学计算机类专业本科教学的需要，系统地介绍 C++ 程序设计语言的语法、语义和语用，使读者掌握结构化程序设计方法和面向对象程序设计方法。全书分为两部分：第一部分是程序设计基础(第 1～9 章)，主要介绍数据类型、运算符与表达式、控制结构、函数、数组、指针、自定义数据结构、输入和输出等程序设计的基本概念和结构化程序设计方法；第二部分是面向对象程序设计(第 10～15 章)，主要介绍类与对象、运算符重载、继承和多态、异常和模板等面向对象程序设计的基本概念和程序设计方法。

本书注重知识的系统性和连贯性，在内容上注意与后续课程的衔接，强调严密的逻辑思维，突出程序设计方法的教学。

本书适合作为高等学校"程序设计基础"或"高级语言程序设计"课程的教材，也可供广大自学人员学习参考。

图书在版编目(CIP)数据

C++ 程序设计/周会平，徐建军，王挺编著. —4 版. —北京：清华大学出版社，2023.1(2023.12 重印)
21 世纪大学本科计算机专业系列教材
ISBN 978-7-302-62430-1

Ⅰ. ①C… Ⅱ. ①周… ②徐… ③王… Ⅲ. ①C++ 语言－程序设计－高等学校－教材 Ⅳ. ①TP312.8

中国国家版本馆 CIP 数据核字(2023)第 016200 号

责任编辑：张瑞庆
封面设计：常雪影
责任校对：郝美丽
责任印制：刘海龙

出版发行：清华大学出版社
网　　址：https://www.tup.com.cn，https://www.wqxuetang.com
地　　址：北京清华大学学研大厦 A 座　　**邮　　编**：100084
社 总 机：010-83470000　　**邮　　购**：010-62786544
投稿与读者服务：010-62776969，c-service@tup.tsinghua.edu.cn
质量反馈：010-62772015，zhiliang@tup.tsinghua.edu.cn
课件下载：https://www.tup.com.cn，010-83470236
印 装 者：三河市人民印务有限公司
经　　销：全国新华书店
开　　本：185mm×260mm　　**印　　张**：29　　**字　　数**：743 千字
版　　次：2005 年 1 月第 1 版　2023 年 3 月第 4 版　　**印　　次**：2023 年12月第 4 次印刷
定　　价：79.90 元

产品编号：094907-01

本书主审：钱乐秋

前言

FOREWORD

本书参照 ACM 和 IEEE CS *Computing Curricula 2020*（简称 CC2020）以及全国高等学校计算机教育研究会编制的《计算机核心课程规范——计算机程序设计（征求意见稿）》（简称《规范》）的要求，力图通过教学，使学生掌握结构化程序设计方法和面向对象程序设计方法，掌握 C++ 程序设计语言的语法、语义和语用，能够熟练运用 C++ 语言解决一般问题。此外，通过课程学习，学生可以掌握学习高级程序设计语言的一般方法，养成良好的程序设计风格，对软件工程有初步的认识。本书虽然以讲授 C++ 为主，但并非单纯讲授一门语言，而是更加强调对程序设计方法的掌握和程序设计风格的养成，为学生今后继续学习其他高级程序设计课程打下坚实的基础。

本书的编写参照 CC2020 和《规范》的知识体系，覆盖或涉及其中的程序设计基础（PF）、程序设计语言（PL）、算法和复杂性（AL）3 个领域（area）的多个知识单元（unit）。由于部分知识单元的内容将在其他课程（如"数据结构""算法设计与分析""编译原理"等）中详细介绍，因此本书并未深入讲解。

本书覆盖或涉及《规范》要求的所有基础知识点、面向对象程序设计扩展知识点以及泛型程序设计扩展知识点。

本书覆盖或涉及 CC2020 的如下知识。

（1）程序设计基础：

- 程序设计基本结构。
- 算法和问题求解。
- 基本数据结构。
- 递归。
- 事件驱动程序设计。

（2）程序设计语言：

- 程序设计语言概论。
- 声明和类型。
- 抽象机制。
- 面向对象程序设计。

（3）算法和复杂性：

- 算法策略。
- 基本算法。

本书参考了国外著名高校教材，结合国内高校教学的需求和学生的特点，力求形成如下特色。

(1) 注重知识的系统性和连贯性。本书面向大学本科计算机类专业的学生,参照 CC2020 和《规范》的要求,在教学内容上注意与后续课程(如“数据结构”“算法设计与分析”“编译原理”“软件工程”等)的衔接。

(2) 突出程序设计方法,强调严密的逻辑思维。本书并非单纯讲授 C++ 程序设计语言,而是在介绍 C++ 程序设计语言的基础上,系统地讲解程序设计方法,包括结构化程序设计方法和面向对象程序设计方法,特别是后者。程序设计方法是本书的讲授重点。因此,在本书的示例程序中,一般都配有分析、解释和经验总结等,帮助学生领会程序设计的方法和思想。

(3) 注重实践能力的培养。本书提供丰富的典型例题,每章之后配有难易和综合程度各不相同的习题。书中还适当地穿插介绍一些编程技巧和软件设计经验,使学生能够从实践的角度更好地学习和掌握 C++ 程序设计方法。本书还提供了配套的线上实训和教师用 PPT,供读者免费使用,相关资源可从清华大学出版社官网 http://www.tup.com.cn 下载。

(4) 注重程序设计风格的养成。良好的程序设计风格是保证软件质量的基础。本书除了有专门章节介绍程序设计风格外,始终突出对程序设计风格的要求,并介绍了从分析、设计到编程实现良好程序设计风格的方法。书中的示例程序即按照这种方法实现,在变量命名、源程序格式等方面都贯彻统一的风格。

C++ 是当今最流行的一种高效实用的高级程序设计语言,应用十分广泛。C++ 也是一门复杂的语言,与 C 语言兼容,既支持结构化程序设计方法,也支持面向对象程序设计方法,因而成为编程人员使用最广泛的工具。在学习 C++ 的基础上,可以进一步学习其他程序设计语言,C++ 架起了通向强大、易用、真正的应用软件开发的桥梁。本书分为两部分:第一部分包括第 1～9 章,是程序设计基础部分,主要介绍 C++ 程序设计语言、程序结构和结构化程序设计基础;第二部分包括第 10～15 章,是面向对象程序设计部分,它建立在 C++ 程序设计基础之上,讲述了面向对象程序设计方法。书中带 * 的章节为选讲内容,可以根据实际情况取舍。

本书是作者根据在国防科技大学多年从事教学和实践的经验与体会编写而成的,适合作为高等学校“程序设计基础”或“高级语言程序设计”课程的教材,也可供广大读者自学参考。由于作者水平有限,书中难免存在缺点和错误,恳请广大读者批评指正。

作　者

于国防科技大学计算机学院

2023 年 1 月

目 录

CONTENTS

第 1 章 程序设计概述

【学习内容】

本章介绍计算机与程序设计的基本概念，主要内容包括：

◆ 计算机系统的基本组成和工作原理。
◆ 程序设计的基本过程和方法。
◆ 程序设计语言的基本概念及其发展历史。
◆ 结构化程序设计方法和面向对象程序设计方法概述。
◆ C 与 C++ 语言。
◆ 典型的 C++ 编程环境、开发过程和 C++ 程序示例。
◆ 程序设计风格。

【学习目标】

◆ 了解计算机系统、程序设计语言和程序设计的基本概念。
◆ 了解 C++ 程序的开发过程。
◆ 明确程序设计风格的意义。

1.1 计算机系统概述

1.1.1 什么是计算机系统

根据《中国大百科全书》的定义，计算机系统(computer system)是按人的要求接收和存储信息，自动进行数据处理和计算，并输出结果信息的机器系统。计算机是人类脑力的延伸和扩充，是近代科学的重大成就之一。计算机系统由硬件系统和软件系统组成。前者是借助电、磁、光、机械等原理构成的各种物理部件的有机组合，是系统赖以工作的实体，如 CPU、显示器、内存、硬盘和键盘等；后者是各种程序和文档，用于指挥全系统按指定的要求进行工作，程序是对计算任务的处理对象和处理规则的描述，而文档是与软件研制、维护和使用有关的资料。随着计算机技术的迅速发展，硬件的成本不断下降，促使个人计算机得到广泛应用和普及。这一趋势也对计算机在信息处理方面提出了更高的要求——设计实现更方便、功能更强大的应用程序。但是，相对于硬件技术的发展，软件的开发技术明显滞后。现阶段的软件设计更多地依赖于人的因素，而软件设计的方法，包括程序设计的方法，是提高软件生产率和质量的关键。

1.1.2 计算机硬件

计算机硬件系统是计算机系统快速、可靠、自动工作的基础。计算机硬件就其逻辑功能来说,主要是完成信息变换、信息存储、信息传送和信息处理等功能,为计算机软件提供具体实现的基础。计算机硬件系统主要由运算器、主存储器、控制器、输入设备、输出设备和辅助存储器等功能部件组成。

1. 运算器

运算器的主要功能是对数据进行算术运算和逻辑运算。整个运算过程是在控制器控制下自动进行的。操作时,运算器从主存储器取得运算数据,经过指令指定的运算处理,所得运算结果,或者留在运算器内以备下次运算时使用,或者写入主存储器。

2. 主存储器

主存储器的主要功能是存储二进制信息。它与运算器、控制器等快速部件直接交换信息。从主存储器中能快速读出信息,并送到其他功能部件中去,或者将其他功能部件处理过的信息快速写入主存储器。

3. 控制器

控制器的主要功能是按照机器代码程序的要求,控制计算机各功能部件协调一致地动作,即从主存储器取出程序中的指令,并对该指令进行分析和解释,然后向其他功能部件发出执行该指令所需要的各种时序控制信号,接着再从主存储器取出下一条指令执行,如此连续运行下去,直到程序执行完为止。计算机自动工作的过程就是逐条执行程序中指令的过程。控制器与运算器一起构成中央处理器;中央处理器与主存储器一起构成处理机。

4. 输入设备

输入设备主要是将用户信息(数据、程序等)变换为计算机能识别和处理的信息形式。输入设备的种类很多,如纸带阅读机、软磁盘机、汉字输入设备、键盘输入设备等。其工作特点是将人工编制的程序和原始数据,在某种媒介物上以二进制编码形式表现,如纸带上穿孔和不穿孔分别表示 1 和 0;磁表面上磁化方向不同,以区别 1 和 0 等。载有信息的媒介物通过相应的输入设备,将信息变换成电信号,为计算机接收,并存入存储器。

5. 输出设备

输出设备主要是将计算机中二进制信息变换为用户所需要并且能识别的信息形式。输出设备种类很多,如打印机、凿孔输出机、汉字输出设备、绘图仪、显示终端、声音输出设备等。其工作特点与输入设备正好相反,是将计算机中的二进制信息经过相应变换,成为用户需要的信息形式,记录在媒介物上,或通过各种媒体形式表现出来,供用户使用。输出的信息形式多为十进制数字、字符、表格、图形、图像、声音等。

6. 辅助存储器

辅助存储器主要存储主存储器难以容纳、又为程序执行所需要的大量文件信息。其特点是存储容量大,存储成本低,但存取速度较慢。它不能直接与中央处理器交换信息。辅助存储器一般为磁盘、磁带和光盘等。

1.1.3 计算机软件

光有硬件,计算机还不能工作,要使计算机能解决各种实际问题,还必须有软件的支持。软件是用户与硬件之间的接口界面。使用计算机就必须针对待解决的问题设计算法,用计算机所能识别的语言对有关的数据和算法进行描述，即必须编写程序。用户通过软件与计算机进行交互。软件规定了计算机系统如何进行工作，包括各项计算任务内部的工作内容和工作流程，以及各项任务之间的调度和协调。软件是计算机系统结构设计的重要依据。为了方便用户，在设计计算机系统时，必须通盘考虑软件与硬件的结合，以及用户的要求和软件的要求。

计算机软件通常分为系统软件、支撑软件和应用软件。

1. 系统软件

系统软件居于计算机系统中最靠近硬件的一层。其他软件一般都通过系统软件发挥作用。它与具体的应用领域无关，如操作系统和编译程序等。操作系统(Operating System，OS)负责管理系统的各种资源，控制程序的执行。编译程序(compiler)把程序员用高级语言书写的程序翻译成与之等价的、可执行的低级语言程序，如机器语言程序。在任何计算机系统的设计中，系统软件都要优先予以考虑。

2. 支撑软件

支撑软件是用于支撑其他软件开发和维护的软件。随着计算机科学技术的发展，软件的开发和维护代价在整个计算机系统中所占的比重很大，远远超过硬件。因此，支撑软件的研究具有重要意义，可直接促进软件的发展。当然，编译程序、操作系统等系统软件也可算作支撑软件。20世纪70年代中后期发展起来的软件支撑环境可看作现代支撑软件的代表，主要包括环境数据库、各种接口软件和工具组。三者形成整体，协同支撑其他软件的开发。

3. 应用软件

应用软件是特定应用领域专用的软件。例如，天气预报用的计算软件就是一种应用软件。对于具体的应用领域，应用软件的质量往往成为影响实际效果的决定性因素。随着计算机技术的发展，特别是互联网出现以来，计算机在整个社会中的应用的深度和广度都在迅速提高，各种应用软件的复杂程度也越来越高，不断地推动软件技术的发展。

上述分类不是绝对的，而是互相交叉和变化的。有些软件，如操作系统和编译程序，既可看作系统软件，又可看作支撑软件。它们在一个系统中是系统软件，而在另一个系统中却是支撑软件；也可以在同一系统中既是系统软件，又是支撑软件。系统软件和应用软件之间也有类似情况。有的软件，如数据库管理系统、网络软件和图形软件，原来作为应用软件，后来又作为支撑软件。而且系统软件、支撑软件和应用软件三者的开发技术基本相同。因此，这三者既有分工，又有结合，并不截然分开。

1.2 程序设计基本概念

1.2.1 问题求解过程

在计算机中，一切信息处理都要受程序的控制，数值数据如此，非数值数据也是如此。因此，任何问题求解(problem solving)最终要通过执行程序来完成。根据传统的(面向过程)程序设计方法，把计算机的应用需求转变为可在计算机上运行的程序，一般要经历问题定义、算法设计、程序编码、测试和调试等步骤。

1. 问题定义

问题定义(problem definition)的目的就是明确拟解决的问题，写出求解问题的规格说明(specification)。主要内容包括用户要求的输入输出的数据及其形式、求解问题的数学模型或对数据处理的需求、程序的运行环境等。在软件的开发过程中,需求分析完成的就是问题定义,即明确拟开发的软件的功能需求。

2. 算法设计

算法设计(algorithm designing)是指把问题的数学模型或处理需求转化为计算机的解题步骤。算法设计的好坏直接影响着程序的质量。对于大型的软件开发来说,算法设计是一个非常复杂而重要的步骤,通常还要进一步分为概要设计和详细设计两个阶段。在概要设计阶段,主要是根据软件需求规格说明建立目标软件系统的总体结构,设计全局数据结构,规定设计约束,制订组装测试计划等;而在详细设计阶段,主要是逐步细化概要设计所生成的各个模块,并详细描述程序模块的内部细节(数据结构、算法、工作流程等),形成可编程的程序模块。

3. 程序编码

程序编码(coding)的主要任务是用选定的某种程序设计语言将前一步设计出来的算法实现为能在计算机上运行的程序。在软件开发过程中,编码的工作是严格根据详细设计规格说明进行的,所以软件的设计应当尽可能做到详细、正确和完整。

4. 测试和调试

测试和调试(testing and debugging)的主要目的在于发现(通过测试)和纠正(通过调试)程序中的错误。只有经测试合格的程序才能交付用户使用。在软件开发过程中,通过对编写的程序进行测试和调试,以验证程序与详细设计文档的一致性,从而确保程序实现了需求规格说明规定的功能,即解决了所定义的问题。

1.2.2 算法与程序

1. 算法

算法是求解问题类的、机械的、统一的方法,它由有限个步骤组成,对于问题类中的每个给定的具体问题,机械地执行这些步骤就可以得到问题的解答。算法的这种特性,使得计算不仅可以由人,而且可以由计算机来完成。用计算机解决问题的过程可以分成 3 个阶段:分析问题、设计算法和实现算法。要让计算机解决问题之前,必须先对问题进行分析,提出解决问题的办法,然后建立此问题的计算步骤,最后在计算机上实现。

算法具有下列特征。

- 有穷性:一个算法在执行有穷个计算步骤后必须终止。
- 确定性:一个算法给出的每一个计算步骤必须是精确定义、无二义性的。
- 能行性:算法中要执行的每一个计算步骤都可以在有限时间内做完。
- 输入:要求输入一个或多个输入信息;有的算法可能不要求输入,这些输入取自某一特定集合。
- 输出:一个算法一般有一个或多个输出信息。

算法与计算机之间没有必然的关系,可以用多种方法来描述算法。主要有以下 3 种方法。

(1) 文字描述:即用自然语言(如汉语、英语等)来描述算法。采取这种描述方法,可以使得算法易读易理解。例如,下面是求解两个整数的整商的算法的文字描述。

① 读入两个整数,即被除数和除数。

② 如果除数等于 0,则输出除数为 0 的错误信息。

③ 否则,计算被除数和除数的整商,并输出计算结果。

(2) 图形描述:也可以采取图形描述的方法来描述算法,主要包括流程图(又称框图)、盒图(又称 N-S 图)、问题分析图(又称 PAD 图)等。这里主要介绍流程图。流程图是对算法逻辑顺序的图形描述。例如,用长方形表示计算步骤,用菱形框表示条件判断等。此方法形象、清晰,画法简单,格式自由,不必考虑太多的机器细节或程序细节,其主要缺点是计算机难以直接识别。

流程图采用一些图框表示各种操作,形象直观,易于理解。美国国家标准化协会(American National Standard Institute,ANSI)规定了一些常用的流程图符号,已被普遍采用。主要的流程图符号如图 1-1 所示。

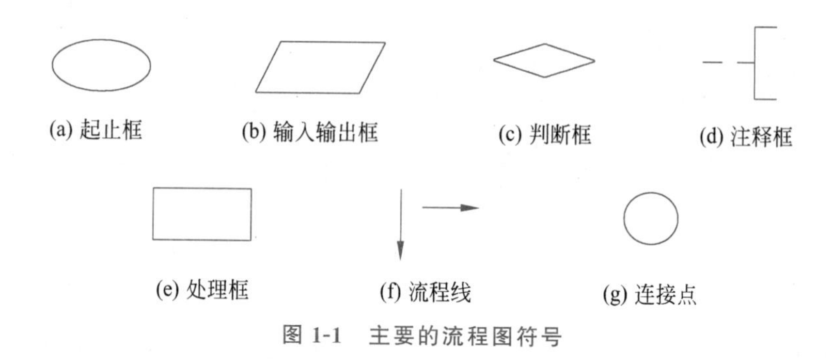

图 1-1 主要的流程图符号

流程图是表示算法的较好工具。一个流程图包括表示相应操作的框、带箭头的流程线、框内外必要的说明文字。注意,流程线必须加箭头,以说明程序执行的先后次序,如果不画箭头,就难以判定各框的执行顺序。

图 1-2 是求解两个整数的整商算法的流程图描述。

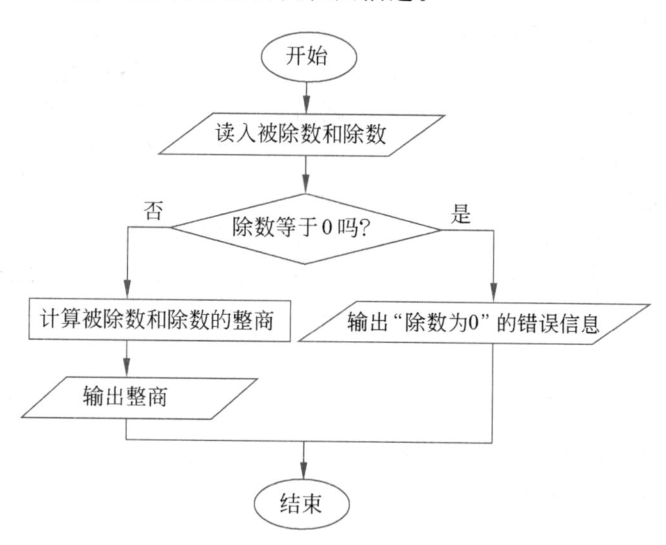

图 1-2 求解两个整数的整商算法的流程图

(3) 程序设计语言描述:算法还可以用程序设计语言来描述,即将算法实现为计算机程序。下面是用 C++ 程序设计语言描述的求解两个整数的整商的算法。

【例 1-1】 求两个整数的整商。

```
//ex1_1.cpp:求两个整数的整商
#include <iostream>
```

```
using namespace std;

int main()
{
    int dividend, divisor, quotient;                       /*变量声明*/

    cout << "Please enter the dividend:" << endl;          /*提示输入被除数*/
    cin >> dividend;                                       /*输入被除数*/
    cout << "Please enter the divisor:" << endl;           /*提示输入除数*/
    cin >>  divisor;                                       /*输入除数*/

    if (divisor == 0)
        cout << "Error: the divisor cannot be 0." << endl;
                                                           /*输出出错信息*/
    else
    {
        quotient = dividend / divisor;                     /*计算商*/
        cout << "Quotient is "  << quotient << endl;       /*输出结果*/
    }

    return 0;                                              /*表示程序成功结束*/
}
```

读者可以尝试对比求解两个整数整商算法的文字描述和流程图表示,尽量来理解这段代码,这里不做更多解释。

2. 程序

程序是对计算任务的处理对象和处理规则的描述。所谓处理对象就是数据,包括数字、文字和图像等;而处理规则一般指处理动作和步骤。在低级语言中,程序是由一组指令和有关的数据组成的。而在高级语言中,程序是由一组说明语句和执行语句组成的。程序是程序设计中基本的概念,也是软件中基本的概念。程序的质量决定了软件的质量。

用自然语言描述的算法不能直接在计算机上执行,因为采取这种方式描述的算法,计算机并不理解。正像人们之间通过语言进行沟通一样,要让计算机完成工作,就必须使用计算机能够理解的语言,称之为计算机语言。将算法用某种特定的计算机语言表达出来,输入到计算机,这便是程序设计。程序是用计算机语言描述的算法。

程序规定了计算机执行的动作和动作的执行顺序。程序应包括以下两方面内容。

(1) 对数据的描述:在程序中要指定数据的类型和数据的组织形式,即数据结构。

(2) 对操作的描述:即操作步骤,也就是算法。

程序从本质上来说是描述一定数据的处理过程。所以,著名的计算机科学家 Niklaus Wirth 提出了一个经典公式:

$$程序=数据结构+算法$$

这个公式充分说明了程序设计的内涵和本质。

3. 算法设计和程序编码

一些程序员,尤其是程序设计初学者,常常认为程序设计就是用某种程序设计语言编写代码,这其实是错误的认识。上述工作应该被看作程序编码,它是在程序的设计工作完成之后才开始的。以建筑设计为例,建筑设计这个过程不涉及砌砖垒瓦的具体工作,这些工作是在建筑施工阶段进行的。只有在完成了建筑设计,有了设计图纸之后,施工阶段才能开始。如果不进行设计而直接施工，很难保证房屋能按质按量建造完成。同样，在程序或软件的设计中，一定要先分析问题，设计解决问题的算法，然后再使用程序设计语言进行具体的编码。设计阶段主要完成求解问题的数据结构和算法的设计，设计完成的好坏直接影响着后面的编码质量。

1.2.3 程序设计语言

程序设计语言是用于书写计算机程序的语言。程序语言的基本功能是描述数据和对数据的运算。程序设计语言不同于汉语和英语等自然语言，它是人工语言。程序设计语言的定义由3方面组成，即语法、语义和语用。语法表示程序的结构或形式，即表示构成语言的各个单位之间的组合规律，但不涉及这些单位的特定含义，也不涉及使用者。语义表示程序的含义，即表示按照各种方法所表示的各个单位的特定含义，但不涉及使用者。语用则表示程序与使用者的关系。语言的好坏不仅影响其使用是否方便，而且涉及程序人员所写程序的质量。

程序员用各种程序设计语言编写指挥计算机进行工作的指令，有些指令是能够直接被计算机执行的，而有些指令则需要通过中间的翻译过程。当今使用的程序设计语言很多，可以分为低级语言和高级语言两类，其中低级语言包括机器语言和汇编语言。

1. 机器语言

机器语言（machine language）是表示成数码形式的机器基本指令集。所有计算机只能直接执行本身的机器语言指令。机器语言程序通常由一组指令组成，每条指令指示计算机完成一个基本操作，这些指令以二进制数值字串形式表述。用机器语言编写程序复杂、烦琐和冗长。下面的机器语言程序把两个整数相加，并把结果保存在总和中。

```
0001  01  00  00001111
0011  01  00  00001100
0100  01  00  00010011
```

2. 汇编语言

随着计算机的普及，用机器语言编程对大多数程序员来说都是烦琐而痛苦的。为此，人们设计了汇编语言。汇编语言是对机器语言进行符号化的结果。汇编语言使得程序员能够使用类似英语缩写的助记符来编写程序，从而摆脱了复杂、烦琐的二进制数据。下面的汇编源程序也是把两个整数相加，并把结果保存在总和中，但它比相应的机器语言程序清晰得多。

```
MOV a, R1
ADD b, R1
MOV R1, sum
```

用汇编语言编写程序比用机器语言更直观、更易于理解。但是汇编语言并不能被计算机直接执行，为此人们开发了相应的翻译程序——汇编程序（又称汇编器），它能把汇编语言编写的源程序转换为机器语言程序，从而可以在计算机上运行。

3. 高级语言

随着汇编语言的出现，计算机的应用范围迅速扩大，但是仍然难以克服低级语言所存在的问题，编写的程序还是与计算机硬件密切相关，难以理解，也不便于维护，编写程序的效率非常低，开发复杂大型软件的难度非常大。为了提高编程效率，人们在汇编语言的基础上开发出了高级程序设计语言，简称高级语言（high level language）。高级语言的表示方法要比低级语言更接近于待解问题的表示方法，其特点是在一定程度上与具体机器无关，易学、易用、易维护。

如同汇编语言程序一样,使用高级语言编写的程序也不能直接在计算机上执行,需要通过编译程序把高级语言程序翻译成相应的低级语言程序,才能在计算机上运行。一般来说,一个高级语言程序单位要对应多条机器指令,相应的编译程序所产生的目标程序往往功效较低。

同样是上面的问题,把两个整数相加,并把结果保存在总和中,用高级语言编写起来非常简单。

```
sum = a + b
```

显然,高级语言更接近于数学语言和自然语言,而且从程序员的角度看,高级语言比机器语言和汇编语言都要强得多,编写程序的效率更高,程序的可读性和可维护性更好。C、C++、Java和Python等都是目前广泛使用的高级语言。

1.3 程序设计方法

1.3.1 结构化程序设计

结构化程序设计(Structured Programming,SP)方法是由E. Dijkstra等人于1972年提出的,它建立在Bohm、Jacopini证明的结构定理的基础上。结构定理指出:任何程序逻辑都可以用顺序、选择和循环3种基本控制结构(见图1-3)来表示。

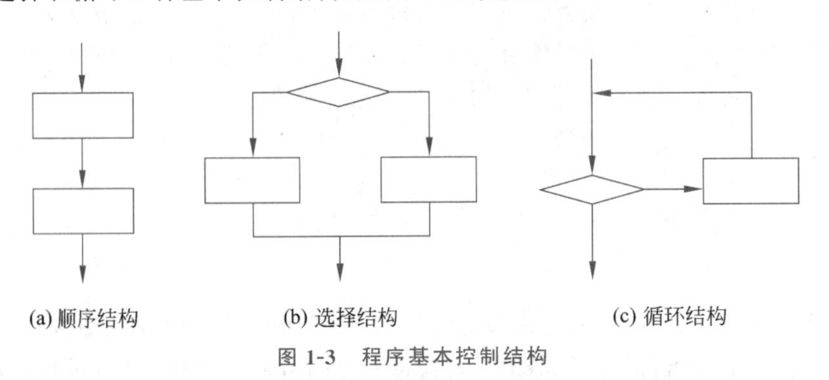

图1-3 程序基本控制结构

在结构定理的基础上,Dijkstra主张避免使用goto语句(goto语句会破坏这3种结构形式),而仅用上述3种基本结构反复嵌套来构造程序。这样,可以使程序的动态执行和静态正文的结构趋于一致,从而使程序易于理解和验证。

程序的数据结构有基本数据类型和复合数据类型两种。复合数据类型由基本数据类型按复合规则构成,从而清晰地描述出各种数据结构,并设计出相应的程序。

按照结构化程序设计的要求,程序在设计中应当采用"自顶向下,逐步求精"和"模块化"原则,在开发大型程序时更是如此。通常,为了设计一个复杂程序,首先需对问题本身做出确切描述,并对问题解法做出全局性决策,把问题分解成相对独立的子问题,对每个子问题用抽象数据及其上的抽象操作来描述;然后,再以同样的方式对抽象数据和抽象操作进一步精确化,直到获得计算机能理解的程序为止。这一过程称为"自顶向下,逐步求精"。在这一过程中,要求程序设计必须首先考虑全局,不要一开始就过多追求细节,先从最上层总目标开始设计,逐步使问题具体化。模块化是将一个大的系统按照子结构之间的疏密程度分解成较小的部分,每部分称为模块。分解的原则须使模块之间相对独立,联系较少。提供给模块外部可见的只是抽象数据及其上的抽象操作,隐蔽了实现细节。整个程序是由层次的逐级抽象的诸模块组成。在结构化的设计和程序实现中，模块一般是以“函数”(function)为单位，函数可以将数据作特定的处理来完成特定的工作。在具体程序设计时，应尽量采用典型的基本控制结构(顺序结构、选择结构、循环结构、函数和过程)，避免使用无条件跳转语句。

在结构化程序设计中，数据与处理数据的方法(函数)是相互分离的。这使得对函数的理解变得很难。尤其随着问题复杂度的提高，数据规模和数据类型的空前激增导致许多程序的规模和复杂性均接近或达到用结构化程序设计方法无法管理的程度。

尽管结构化程序设计技术具有诸多优点，如对于规模较小的软件，结构化程序设计非常适用；但当软件规模大到一定程度，结构化程序设计方法就显现出稳定性低、可修改性和可重用性差的弊端。为了克服这些困难，出现了面向对象程序设计方法。

1.3.2 面向对象程序设计

面向对象的程序设计是另一种重要的程序设计方法，它能够有效地改进结构化程序设计中存在的问题。面向对象的程序与结构化的程序不同，由 C++ 编写的结构化的程序是由一个个的函数组成的，而由 C++ 编写的面向对象的程序则是由一个个的对象组成的，对象之间通过消息而相互作用。

在结构化的程序设计中，要解决某个问题，就要确定这个问题能够分解为哪些函数，数据能够分解为哪些基本的类型，即思考方式是面向机器实现的，不是面向问题的结构，需要在问题结构和机器实现之间建立联系。面向对象的程序设计方法的思考方式是面向问题的结构，它认为现实世界是由对象组成的，而问题求解的方法与现实世界是对应的。因此，采用面向对象的程序设计方法来解决某个问题，则要确定这个问题是由哪些对象组成的，这些对象之间是如何相互作用的。总的来说，结构化程序设计方法强调的是算法，面向对象程序设计方法更关注的是数据。

面向对象程序设计是通过为数据和代码建立分块的内存区域，以便提供对程序进行模块化的一种程序设计方法，这些模块可以被用作样板——类，在需要时将其实例化成对象。面向对象的程序设计有 3 个主要特征，即封装、继承和多态性。因此，面向对象程序设计方法要求语言必须具备抽象、封装、继承和多态性等关键要素。本书的后半部分将详细介绍面向对象程序设计方法。

简单地说，面向对象程序设计方法可以分成以下 4 步。

(1) 找出问题中的对象和类。

(2) 确定每个对象和类别的功能。例如，具有哪些属性，提供哪些方法等。

(3) 找出这些对象和类别之间的关系，确定对象之间的消息通信方式、类之间的继承和复合等关系。

(4) 用程序代码实现这些对象和类。

可以看出，面向对象程序设计完全不同于结构化程序设计。结构化程序设计是将问题进行分解，然后用许多功能不同的函数来实现，数据与函数是相互分离的，程序通过函数之间的相互调用来完成功能；而面向对象程序设计是将问题抽象成若干类，将数据与对数据的操作封装在一起，各个类之间可能存在着继承关系，对象是类的实例，程序是由对象组成的，通过对象之间相互传递消息、进行消息响应和处理来完成功能。面向对象程序设计可以较好地克服结构化程序设计存在的问题，可以开发出健壮、易于扩展和维护的应用程序，可以方便地重用和修改已有的、经过仔细测试的代码。

1.4 C与C++

1.4.1 C语言

1. C语言的历史

C语言是目前世界上最流行、使用最广泛的高级程序设计语言之一。C语言起源于名为Algol 60的程序设计语言,基于该语言发展出CPL(Combined Programming Language)。在CPL的基础上,1967年由Martin Richards为编写操作系统软件和编译器而开发了BCPL(Basic Combined Programming Language)。1970年,美国AT&T公司贝尔实验室的Ken Thompson将BCPL改良成B语言,并用B语言在DEC PDP 7计算机上实现了第一个UNIX操作系统。而这几种语言就是C语言的前身。C语言正式的产生是在1972年,由Dennis Ritchie和Ken Thompson在贝尔实验室设计UNIX系统时,共同设计开发出了C语言。

C语言从问世以来,就是作为UNIX操作系统的开发语言而闻名于世的。事实上,目前许多UNIX和Linux操作系统都是用C语言编写的。对于操作系统和系统实用程序,以及需要对硬件进行操作的场合,用C语言明显优于其他高级语言。此外,C语言也成为开发各种应用程序的主要工具之一。

随着计算机的日益普及,出现了许多C语言版本。由于没有统一的标准,使得这些C语言之间出现了不一致的地方。为了改变这种情况,1988年美国国家标准化协会为C语言制定了一套ANSI标准,并且被国际标准化组织(ISO)所采纳,成为现行的C语言标准。目前,C语言最新版本的标准是ISO/IEC 9899:2018,简称C18(也有称C17)标准。

2. C语言的特点

归纳起来,C语言具有以下特点。

(1) 数据类型丰富。C语言的数据类型有整型、实型、字符型、数组类型、指针类型、结构体类型等,能用来实现各种复杂的数据类型的运算,并通过引入指针概念使程序效率更高。另外,C语言具有强大的图形功能,且计算功能、逻辑判断功能强大。

(2) 运算符丰富。C语言的运算符范围很广泛,共有34个运算符。C语言把括号、赋值、强制类型转换等都作为运算符处理。因此,C语言的运算类型极其丰富,表达式类型多样化,灵活使用各种运算符可以实现在其他高级语言中难以实现的运算。

(3) 支持结构化程序设计。C语言是结构化语言,其显著特点是代码与数据的相互分离,即程序的各部分除了必要的信息交换外彼此独立。这种结构化方式可使程序层次清晰,便于使用、维护以及调试。C语言通过函数为程序员提供了模块化的机制,函数可以方便地进行定义和调用,并提供顺序语句、循环语句、条件语句等机制来控制程序流向,提高程序结构化的程度。

(4) C语言方便、灵活。它把高级语言的基本结构和语句与低级语言的实用性有机结合起来。C语言可以像汇编语言一样对位、字节和地址进行操作,为程序员提供了非常灵活的编程手段。C语言甚至允许直接访问物理地址,可以直接对硬件进行操作。所以C语言成为编写系统软件的首选语言。

(5) C语言程序生成代码质量高,程序执行效率高。一般只比汇编程序生成的目标代码效率低10%～20%。

(6) C语言可移植性好。C语言突出的优点就是适合于多种操作系统，如Linux、macOS、Windows等，也适用于多种机型。

1.4.2 C++ 语言

C++语言和C语言相同，也是诞生在贝尔实验室。几乎在ANSI C的委员会致力于建立标准的C语言的同时，贝尔实验室的Bjarne Stroustrup博士在20世纪80年代就将面向对象的思想引入了C语言，并将这种扩展后的语言命名为C++。所以，C++语言是C语言的扩展，是C语言的一个超集。根据Stroustrup自己的说法，C++语言是一个“更好的C语言”。它是一种混合型的语言，既支持传统的结构化程序设计，又支持面向对象程序设计。

C++语言设计的初衷是为了扩充C语言并引入面向对象程序设计思想。C语言虽然有强大的地方，但是作为一种结构化编程语言，当程序规模相当大的时候，其局限性不可避免地暴露出来。而C++语言以其对面向对象程序设计方法的支持，成为设计和开发大规模软件的强有力工具。同时，C++语言在设计时充分考虑了与C语言的兼容性，使得大量基于C语言的开发工作得以继承和发展。许多用C语言编写的代码不需修改就可为C++语言所用，而且原来用C语言编写的众多库函数和实用程序也可以用于C++语言中。因此，对于传统财富不是完全抛弃，而是继承并发展，这是C++语言成功的重要原因。

C++语言和C语言的主要区别并非是C++语言对C语言语法的扩充，而是其对数据抽象和面向对象程序设计方法的支持。C++语言允许数据抽象，支持封装、继承和多态性等特征。在此基础上，C++语言的重要改进是通过参数化模板引入泛型编程(generic programming)机制，进一步提高了C++程序的可扩展性。除此之外，C语言程序的设计一般采用自上而下、逐步求精的方式进行软件开发，而C++语言则是兼有自下而上和自上而下两种方式。目前，C++语言已被广泛用于程序设计的众多领域。实践证明，C++语言尤其适用于大、中型软件的开发。

C++程序是由类(class)、函数(function)和模板(template)组成的。C++语言还有一个标准库(C++ standard library)，是由一组函数、常量、类和对象等构成的集合，提供了与操作系统进行交互的基本功能，以及经常使用的一些标准类、对象和算法，它们可以在不同的程序中重复使用。因此，要能熟练运用C++语言进行程序设计，一方面要掌握C++语言本身，另一方面是懂得如何利用C++标准库中现有的类和函数。

C++语言的发展也是一个持续演进的过程。从1998年ISO发布的C++ 98标准，到2011年发布的C++ 11标准，再到2020年最新发布的C++ 20标准，C++语言的功能一直在不断增强。

1.5 C++编程简介

1.5.1 C++ 编程的典型过程

1. C++集成开发环境

C++的流行使得许多软件厂商都提供了自己的C++集成开发环境(Integrated Developing Environment，IDE)。著名的有Microsoft公司的Visual Studio、Apple公司的XCode、GCC、CLion、QtCreator、Code::Blocks等。其中，Visual Studio是当今Windows操作系统下最流

行的 C++ 集成开发环境之一,本书的程序实例均用 Visual Studio 2019 调试通过。而 GCC (GNU Compiler Collection)则是目前应用范围最广的 C++ 编译器套件,是自由软件,很多 C++ 集成开发环境都支持或内置 GCC 编译器。

通常来说,一个集成开发环境是将源程序的编写、编译、连接、调试、运行以及应用程序的文件管理等功能有机地集成在一起。

2. 开发 C++ 程序的步骤

开发 C++ 程序通常要经过 6 个阶段:编辑、预处理、编译、连接、装入和执行。

(1) 编辑(edit):这是用编辑器程序来完成的。程序员用编辑器输入 C++ 程序,并进行必要的修改,然后将程序命名存放在磁盘中。C++ 程序的文件名通常以 cpp、cxx、cc 或 c 为扩展名。

(2) 预处理(preprocess):在 C++ 系统中,预处理程序是在编译器翻译阶段开始之前自动执行的。C++ 预处理程序完成对“预处理指令”的处理。预处理指令表示程序编译之前要进行的某些处理操作。这些处理操作通常包含在要被编译的文件中,如包含其他文件、包含指令及各种文本替换指令等。

(3) 编译(compile):计算机其实无法理解和执行高级语言编写的程序。程序员需要发出编译命令,通过编译器将 C++ 程序翻译为二进制格式的机器语言代码,又称目标代码。这些目标代码文件在 Windows 平台下以 obj 为扩展名,在类 UNIX 的操作系统(如 Linux、macOS)中以 o 为扩展名。

(4) 连接(link):C++ 程序常常会引用定义在其他程序模块中的数据或函数,如标准库中或特定项目中程序员使用的库中的函数。因此,C++ 编译器产生的目标代码通常会缺少这部分内容。连接器可以把目标代码和这些函数的代码连接起来产生最终可执行程序的映像文件(在 Windows 平台下以 exe 为扩展名)。

(5) 装入(load):执行程序之前,必须先将其装入内存,这是由装入器来完成的。装入器从磁盘中取出可执行程序的映像文件,并把它装入内存的特定位置。

(6) 执行(execute):计算机在 CPU 的控制下执行该程序。

C++ 程序的编译和连接过程如图 1-4 所示。

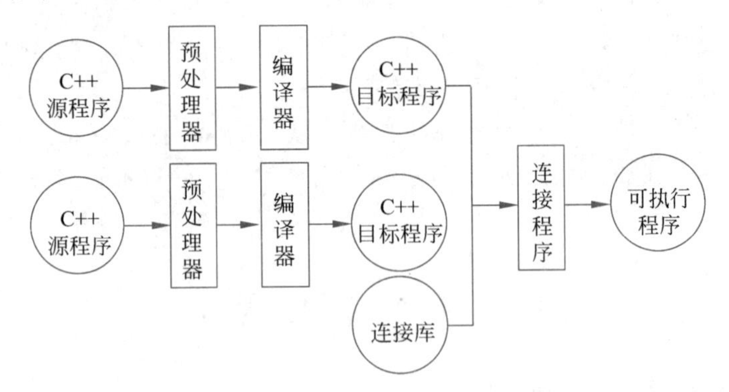

图 1-4　C++ 程序的编译和连接过程

1.5.2 第一个 C++ 程序

下面介绍一个简单的 C++ 程序,通过这个示例程序,希望读者能对 C++ 语言编写的程序有一个初步印象。

【例 1-2】 编写一个 C++ 程序,在屏幕上输出"Hello world."。

```
//ex1_2.cpp:输出"Hello world."
#include <iostream>
using namespace std;
int main()
{
    cout << "Hello world." << endl;            //在屏幕输出信息
    return 0;
}
```

在选定的 C++ 集成开发环境中创建一个 C++ 源文件(根据 IDE 环境要求,可能需要创建一个工程 Project),输入以上示例代码,然后试着编译并执行这个程序,最后会在终端屏幕上输出"Hello world."。下面简单解释这段程序。

示例代码第 1 行是 C++ 程序的注释语句,只用于对程序功能的解释,而对具体执行没有影响。第 2 行是一条预处理指令,它告诉预处理器要在程序中要使用输入输出流功能。

第 4 行语句是每个 C++ 程序都包含的语句,main 后面的括号表示它是一个函数。C++ 程序由一个或多个函数组成,其中有且只有一个 main 函数,C++ 程序都是从函数 main 开始执行的。main 左边的关键字 int 表示函数 main 返回一个整数值。第 5 行的左花括号"{"与第 8 行的右花括号"}"表示函数体的开头和结尾。

第 6 行语句是一个输出语句,告诉计算机把双引号之间的字符串送到标准输出设备(终端屏幕)上,最后的 endl 是一个输出控制指令,表示换一行,即把光标移到屏幕中的下一行开头。

第 7 行语句是函数的返回语句,一般是函数的最后一条可执行语句,返回程序执行的结果。main 函数末尾使用 return 语句时,数值 0 表示程序正常结束。

1.6 程序设计风格

所谓程序设计风格,是指借助于好的设计方法编写结构好的程序。在编写源程序时,往往需要采用各种措施来提高程序的可读性、可理解性和可修改性,以利于程序的查错、测试、维护修改及交流。程序设计风格已成为程序员的基本素养之一,对初学的程序员,必须加强这方面的训练与培养。

C++ 是一个复杂的程序设计语言。为帮助读者养成良好习惯,编写更清晰、更易读易懂、更易维护、更易测试和调试的代码,本节针对 C++ 程序设计简单介绍几种基本的风格。读者从编写第一个程序开始,就应该遵循一定的程序设计风格,通过长期的训练和积累,使良好的程序设计风格成为习惯。

1. 以简洁明了的方式编写程序

以简洁明了的方式编写 C++ 程序是一种良好的程序设计习惯。通常称这种编写程序的方法为 KIS(Keep It Simple,保持简洁),不要使用不常用或稀奇古怪的方式来编写程序。

2. 缩排规则

所谓缩排规则,就是使程序的书写格式应能较好地反映出该程序的层次结构。例如,处于同一层的语句都从同一个字符位置开始书写;将每个函数的整个函数体在定义函数体的花括号中缩排一级,可使程序中的函数结构更明显,使程序更易读;确定一个自己喜欢的缩排格式,并且以后一直坚持。

3. 标识符命名规则

标识符的命名虽然可由程序员任意选择,但最好选择能够反映相关功能和特征的单词来命名,以便于见名识意。例如,选择有相对意义的变量名,可使该程序比较容易理解;程序中使用的常量,可根据其意义,在常量说明中起一个有助于记忆的名字;避免用下画线和双下画线开头的标识符,因为 C++ 编译器内部使用这类名称。本书采取表 1-1 的标识符命名规则。

表 1-1 标识符命名规则

标识符类型	命名规则	例子
类	类名一般是一个名词或名词词组,要能反映该类的意义或功能,采用大小写混合的方式,每个单词的首字母大写	class Controller; class Student; class EmployeeInformation;

函数或方法	一般是一个动词或动词词组,要能反映该函数或方法的功能,采用大小写混合的方式,第一个单词的首字母小写,其后单词的首字母大写	display();
		diaplayMessaget();
		getStudentNum();

变量或成员变量	采用大小写混合的方式,第一个单词的首字母小写,其后单词的首字母大写。变量名不应以下画线或美元符号开头,尽管这在语法上是允许的。 变量名应简短并能反映变量的意义。尽量避免单个字符的变量名,除非是一次性的临时变量	float width; char c; int i;
常量	常量名中的字母应该全部大写,单词间用下画线隔开	#define MIN_WIDTH 10 #define MAX_WIDTH 255

4. 注释

注释(comment)是增加程序可读性、可理解性的常用措施。注释是为了方便人阅读和理解程序,虽然对程序的行为和性能不会造成任何影响,但是给程序添加合适的注释是一种良好的程序设计风格。注释应该视为程序的重要组成部分,通常用来解释概述算法、确定变量的用途或者解释晦涩难懂的代码片段。在 C++ 程序中可以使用单行注释与多行注释。

下面是两种注释的例子。

(1) 单行注释:注释以双斜线(//)开始,到本行结束。例如:

```
//处理一些特殊情况
```

(2) 多行注释:注释以/*开始,以*/为结束,可以包含除*/以外的任意内容,包括换行符等。例如:

```
/*
  这是一个多行注释
*/
```

多行注释可以跨越多行,但不是必需的。多行注释也可以用于一行或半行,例如:

```
if (a == 2) {
    return 1;                                    /*特殊情况处理*/
} else {
    return isPrime(a);                           /*works only for odd a*/
}
```

注意：注释不能嵌套使用。

5. 注意大小写英文字母

C++ 语言中是区分英文字母的大小写的。因此，a1 和 A1 是两个不同的标识符。

6. 输出信息

利用 C++ 的输出语句尽量将要输出的信息组织得直观清晰、布局合理，使之形象化、表格化、页面化、自动成文，便于他人看懂和存档。

上述这些原则仅是养成良好的程序设计风格的基本要求。事实上，许多具有丰富程序设计经验的专家总结出很多详细、实用、经典的编程规范，读者可以选择合适的规范加以实践。程序设计风格的原则是非常简单和明确的，而最重要也是最难做到的就是在实践中始终如一地按照这些风格和规范进行程序设计。要想成为高水平的程序设计员，良好的程序设计风格是必备的素质。

习　　题

1.1　指出下列项目哪些是硬件，哪些是软件。

(1) CPU　　(2) C++ 编译器　　(3) ALU

(4) C++ 预处理器　　(5) 输入单元　　(6) 编译程序

1.2　分别简述 C 语言和 C++ 语言各自的特点以及不同之处。

1.3　为什么面向对象程序设计方法成为当前软件开发的主流方法？

1.4　简述 C++ 程序开发的基本步骤。

1.5　简述编译、连接的作用，为什么编译之后得到的目标文件不能直接运行？

1.6　请先分析下面程序的代码，得出程序运行应该输出的结果，然后上机实际运行下面的程序，对比验证与分析的结果是否一致。

```
#include <iostream>
using namespace std;
int main()
{
    cout << "This " << "is";
    cout << " a ";
    cout << "C++ program." << endl;
    return 0;
}
```

1.7　请先分析下面程序的代码，得出程序运行应该输出的结果，然后上机实际运行下面的程序，对比验证与分析的结果是否一致。

```
#include <iostream>
using namespace std;
int main()
{
    int a, b, c;
    a = 12;
    b = 34;
    c = a + b;
    cout << "a + b = " << c << endl;
```

```
    return 0;
}
```

1.8 模仿本章中的两个程序,编写下列 C++ 语句。

(1) 打印信息"Enter two numbers"。

(2) 将输入的两个数读入变量 a 与 b 中。

(3) 将变量 a 和 b 的乘积赋给变量 c。

(4) 打印"a * b=",加上变量 c 的值。

1.9 判断下列变量名是否体现了良好的风格,并说明理由。

m829123,t5,j7,her_sales,his,account_total,a,i,z,_under_bar,_name,sumOfScore,averageage。

1.10 在 Internet 上寻找一些编写程序的规范,从中选择一个合适的作为今后程序设计的风格规范。

第 2 章 C++ 语言基础

【学习内容】

本章介绍 C++ 语言的基础内容，包括描述数据的基础机制——基本数据类型，使用数据的方式——变量和常量，初步了解输入输出等库函数的使用。内容包括：

◆ C++ 语言的基本元素、字符集和关键字。

◆ 基本数据类型的表示方法。

◆ 常量和变量。

◆ 基本输入输出方法。

【学习目标】

◆ 理解字符集、标识符和关键字的意义。

◆ 掌握基本数据类型的定义。

◆ 掌握各种常量的性质和定义。

◆ 掌握变量声明和使用方法。

◆ 掌握 C++ 程序基本的输入输出方法。

考虑对第 1 章的第一个 C++ 程序功能进行改进，允许用户输入他的名字，然后程序以 Hello 问候输入的名字，例如用户输入“James”，程序输出“Hello James.”。要实现该功能，程序需要能够读入用户输入的名字，并且要考虑以何种方式存储并输出这个名字。为解决这个现实问题，C++ 程序考虑如何输入数据，数据在程序中如何表示和存储，以及如何输出结果。上述这些都是本章重点介绍的内容。

2.1 C++ 的字符集和关键字

从形式上看，程序只不过是一个字符序列。对于 C++ 程序来说，能够出现在程序中的字符是有限的，即 C++ 程序是由一定字符集中的字符构成的。

2.1.1 字符集

字符是一些可区别的符号，C++ 语言规定了构成源程序的基本源字符集(basic source character set)，包括下列字符。

(1) 大小写的英文字母：A～Z，a～z。

(2) 数字字符：0～9。

(3) 其他字符：_ { } [ ] # ( ) < > % : ; . ? * + - / ^

& | ~   !=   ,   \   "   '。

(4) 编辑性字符：空格、回车符、水平制表符、垂直制表符、换页符、换行符等。

2.1.2 标识符

在高级程序设计语言中，各种数据对象都是有名字的，它们都是用所谓的标识符来命名的。标识符一般是以非数字字符开头、由字母和数字组成的有穷字符序列，通常用来表示常量、变量、语句标号以及用户自定义函数的名称。不同的语言，对于标识符的组成形式的规定也各不相同。C++ 标识符的定义很灵活，但作为标识符必须满足以下规则。

(1) 所有标识符必须由一个字母 (a～z，A～Z)或下画线(_)开头。

(2) 标识符的其他部分可以用字母、下画线或数字(0～9)组成。

(3) 大小写字母是区分的，表示不同的符号。

(4) 标识符只有前 32 个字符有效。

(5) 用户定义的标识符不能与 C++ 语言的关键字相同。

(6) 建议以双下画线开头或以下画线和大写字母开头的名称留给编译器使用。

例如，smart、_decision、key_board、FLOAT 是正确的标识符；而 5smart、bomb?、key.board 都不是合法的标识符，而 int、float 虽然是合法的标识符，但不是合法的用户定义标识符，它们是关键字(也称保留字)。第 6 条是一个建议，不是必须要满足的规则，例如__the_func 是合法的标识符，但一般是编译器内部使用。

2.1.3 关键字

关键字是 C++ 语言预定义的具有特殊意义的标识符。程序员不能将关键字挪作它用，只能按照 C++ 语言为它们定义的意义来使用，所以关键字也称为保留字。有些关键字代表计算机的动作，有的表示语言预定义的某种数据类型，有的用于标识某个程序段。表 2-1 列出了 C++ 11 标准的关键字。关于 C++ 关键字的意义和用法将在后续的相关章节分别予以介绍。

表 2-1 C++ 11 标准的关键字

alignas	const	for	private	throw
alignof	const_cast	friend	protected	true
and	constexpr	goto	public	try
and_eq	continue	if	register	typedef
asm	decltype	inline	reinterpret_cast	typeid
auto	default	int	return	typename
bitand	delete	long	short	union
bitor	do	mutable	signed	unsigned
bool	double	namespace	sizeof	using
break	dynamic_cast	new	static	virtual
case	else	noexcept	static_assert	void
catch	enum	not	static_cast	volatile
char	explicit	not_eq	struct	wchar_t
char16_t	export	nullptr	switch	while
char32_t	extern	operator	template	xor
class	false	or	this	xor_eq
compl	float	or_eq	thread_local	

另外，第1章曾提到编译器的预处理功能。C++语言还提供了一些预处理指令(详细内容参见5.9节)，如#define、#error、#elif、#endif、#ifdef、#ifndef、#undef、#line和#pragma等。显然，#之后都是一些合法的标识符。虽然C++未将它们列入关键字加以保护，程序员可以在程序设计时使用它们作为自定义标识符表示其他意义，但是因为它们已经具有特殊的意义，为了避免破坏程序设计风格，仍然不提倡将这些标识符作为自定义标识符加以使用。

2.2 基本数据类型

前面介绍过，程序从本质上来说是描述一定数据的处理过程。高级语言通过数据类型来描述程序中的数据对象，C++语言也提供了丰富的预定义数据类型以及相关的运算，它们和语句组合在一起，可以方便地表达复杂的客观世界。

同一类型的数据，其成分都具有相同的特性，可进行相同的操作。例如，对于整数来说都有相同的数学特性和相同的内部表示法；对于实数、复数和逻辑数等也是如此。在高级语言程序中，每个数据对象都属于确定的数据类型。数据类型的定义包含两方面的意义，即该类型所有可能取的值以及在这些值上可允许的操作。类型概念的明显特征可以概括如下：

(1) 类型决定对应变量或表达式所能取值的集合。

(2) 每一个值属于一个且仅属于一个类型。

(3) 每一种操作要求有一定类型的操作数，并且得出一定类型的结果。

(4) 一种类型的值及其规定的基本操作的性质，可由一组公理阐明。

根据数据类型的复杂程度，C++提供的数据类型可分为两类：基本数据类型和复合数据类型。这里先介绍C++的基本数据类型，包括整型(int)、浮点型(float和double)、字符型(char)、布尔型(bool)和空类型(void)。复合数据类型将在后续章节介绍。

2.2.1 整型

在C++程序中，整型数据可以分成有符号和无符号两类。其中，有符号整型可以表示正负整数，而无符号整型只能表示非负整数。每类又包含几种不同的整型，各种整型的名字、意义、存储特性和表示数据范围都不相同。需要特别指出的是，在不同的机器、操作系统和C++编译器中，数据类型的具体表示和存储方式各不相同，因此所能表示的数据范围也不一样。按照C++标准的规定，各种整型的表示范围应满足下面的条件。

- short 至少16位。
- int 至少与 short 一样长。
- long 至少32位，且至少与 int 一样长。
- long long 至少64位，且至少与 long 一样长。

表2-2给出了Visual Studio 2019中C++的各种整型类型的特性。说明：在计算机存储系统中，1字节(Byte)表示8个二进制位。

表 2-2　C++的各种整型类型的特性

类别	类　型　名	意　　义	存储特性	表 示 范 围
有符号	signed short int (简写为 short)	有符号短整型	占 2 字节	−32 768～32 767
	signed int (简写为 int)	有符号整型	占 4 字节	−2 147 483 648～2 147 483 647
	signed long int (简写为 long)	有符号长整型	占 4 字节	−2 147 483 648～2 147 483 647
	signed long long (简写为 long long)	有符号长整型	占 8 字节	−9 223 372 036 854 775 808 ～ 9 223 372 036 854 775 807
无符号	unsigned short int (简写为 unsigned short)	无符号短整型	占 2 字节	0～65 535
	unsigned int (简写为 unsigned)	无符号整型	占 4 字节	0～4 294 967 295
	unsigned long int (简写为 unsigned long)	无符号长整型	占 4 字节	0～4 294 967 295
	unsigned long long	无符号长整型	占 8 字节	0～18 446 744 073 709 551 615

整型数据可以参与的运算包括算术运算、关系运算、逻辑运算和按位运算等,3.2 节将详细介绍。

2.2.2　浮点型

浮点型数又称实型数。C++中有 3 种浮点类型：float、double 和 long double。与整型类似,C++也未规定各种浮点类型的表示范围,只是规定了各种类型的表示精度满足下面的条件。

- float 至少 4 字节。
- double 至少 6 字节,且不少于 float。
- long double 至少与 double 一样长。

表 2-3 给出了 Visual Studio 2019 中 C++的各种浮点类型的特性。

表 2-3　C++的各种浮点类型的特性

类型名	意　　义	存储特性	可表示的最小非 0 的绝对值	可表示的最大的绝对值
float	浮点型	占 4 字节	1.175 494 351E−38	3.402 823 466E+38
double	双精度型	占 8 字节	2.225 073 858 507 201 4E−308	1.797 693 134 862 315 8E+308
long double	长双精度型	占 8 字节	2.225 073 858 507 201 4E−308	1.797 693 134 862 315 8E+308

需要注意,浮点数均为有符号浮点数,没有无符号浮点数。浮点类型数据可以参与的运算包括算术运算、关系运算、逻辑运算等,参见 3.2 节。

数据类型的选择提示：以下是一些选择整型和浮点型的基本数据类型的经验准则。

- 当明确知道数值不可能为负数时,选用无符号类型。
- 实际应用中一般用 int 类型进行整数运算,short 类型的数据表示范围通常太小,long 类型的数据表示范围很多时候与 int 相同,如果数值超过了 int 类型的范围,可以考虑选择 long long 类型。

- 如果节省内存很重要，在取值范围内可以使用 short 类型。
- 对于浮点数建议选择 double 类型，因为 float 类型的数据表示精度受限，而且 double 类型的数据计算代价一般与 float 类型没有明显区别，long double 类型虽然可能会提高表示精度，但是其运行时的性能开销也大很多，实际上用到 long double 类型的数据机会非常少。

2.2.3 字符型

字符型用于表示字符数据，以方便字符处理。实际上，C++ 将字符类型看作一种整型，并要求字符类型的长度不超过 short 类型。C++ 为每个字符数据对应一个整数值，如 Visual Studio 中的字符类型的取值集合为 ASCII 字符集，ASCII 为每个合法的字符定义了一个整数值，该整数值就是该字符在 C++ 的字符类型中的数值表示(见附录 B 的 ASCII 字符集)。C++ 有 3 种字符类型：char、signed char 和 unsigned char。通常情况下，char、signed char 和 unsigned char 占用的字节数相同，都是一字节。其中，signed char 的值是有符号的；unsigned char 的值是无符号的；char 类型的值是有符号还是无符号取决于 C++ 的具体实现，C++ 没有统一的规定。表 2-4 给出了 Visual Studio 2019 中字符类型的特性及表示范围。

表 2-4 C++ 的字符类型的特性及表示范围

类型名	意义	存储特性	表示范围
char	字符型	占 1 字节	−128～127
signed char	有符号字符型	占 1 字节	−128～127
unsigned char	无符号字符型	占 1 字节	0～255
wchar_t	宽字符	占 2 字节	−32 768～32 767
char16_t	Unicode 字符	占 2 字节	16 位无符号整数
char32_t	Unicode 字符	占 4 字节	32 位无符号整数

由此可见，字符在计算机中以其 ASCII 码方式表示，其长度为 1 字节，有符号字符型数取值范围为−128～127，无符号字符型数取值范围是 0～255。因此，C++ 语言的字符型数据在操作时可按整型数处理。一般来说，在不考虑字符类型数据的符号特性时，C++ 程序中直接用 char 类型即可。

由于 char 等类型能够表示的范围过于受限，最多只能表示 256 个字符，无法有效表示汉字、日文等。所以，C++ 语言新引入了 wchar_t、char16_t 和 char32_t 3 种扩展字符类型。其中，wchar_t 主要用在国际化程序的实现中，char16_t 和 char32_t 则用于 Unicode 字符集。

因为字符类型数据可以作为整型数据参与运算，所以字符类型可以进行的运算与整型完全一样。

2.2.4 布尔类型

布尔类型(bool 类型，简称布尔型)用于表示布尔逻辑数据，布尔逻辑数据只有两个：true 和 false。在 C++ 中，布尔型的数据可以作为整型数据进行运算，true 为整数 1，false 为整数 0；整型数据也可以当作布尔型数据进行运算，非 0 整数为 true，整数 0 为 false。

需要注意，这是C++新增的一种基本数据类型。在标准的C语言中并未定义bool类型。布尔类型数据上可以施加逻辑运算，参见3.2.3节。

2.2.5 空类型

关键字void定义的类型，不能用于普通变量的声明和普通的操作，只能用于表示一些特殊的指针型变量、函数返回值和函数参数等。

2.3 常量与变量

2.3.1 常量

在C++程序运行中，有一些数据是一直不变的，这些数据称为常量。下面分别介绍各种类型的常量。

1. 整型常量

按不同的进制区分，整型常量可以有以下3种表示方法。

（1）十进制整数：以非0数字开头、由十进制数字组成的整数，如220、45978。

（2）八进制整数：以0开头、由八进制数字组成的整数，如06、0106。

（3）十六进制数：以0X或0x开头、由十六进制数字组成的整数，如0X0D、0XFF、0x4e。

此外，可在整型常数后添加一个L或l字母表示该数为long类型长整型数，如22L、0773L、0Xae4l。若加上一个u或U字母表示该数为无符号整型数，如27u、0400U、0xb8000000U。若加上一个ul或UL字母表示该数为无符号long类型长整型数，如27ul、0400UL、0xb8000000UL。ll和LL表示long long类型长整型数，ull、Ull、uLL、ULL表示unsigned long long长整型数常量。

如果整数的值超出相应整型所能表示的范围，称为整数溢出。整数溢出将造成程序逻辑上的错误，要特别注意加以避免。

2. 浮点型常量

C++语言表示浮点型常量有两种方法，即十进制表示法和科学表示法。其中，十进制表示法就是人们熟悉的小数表示法，科学表示法也就是指数表示法（即E表示法）。例如：

```
3.14159                                //十进制表示法
0.314159e1                             //科学表示法，注意这里 e 和 E 的作用是相同的
```

下面是关于浮点型常量的几点说明。

（1）浮点常数只有一种进制——十进制。

（2）浮点型常量的后缀可以为f、l、F和L，f和F表示float，而l和L表示long double，后缀也可以省略，如果省略，常量的类型为double，即所有浮点型常量都被默认为double。

（3）绝对值小于1的浮点数，其小数点前面的零可以省略。如0.22可写为.22，−0.0015E−3可写为−.0015E−3。

3. 字符型常量

C++的字符集中的字符可以直接用单引号括起，以表示字符类型的常量，如'a', '9', 'Z'。下面是几点说明。

（1）字符型常量只能表示一个字符，例如'ab'就不是一个字符型常量，如果要表示多个字

符,请使用即将介绍的字符串常量。

(2) 字符型常量区分大小写字母。

(3) 单引号(')是定界符,不是字符常量的一部分,例如'a'表示的是一个字符,而不是3个字符。

在C和C++程序中,字符常量是用该字符的ASCII码值来表示的,即字符常量的内部表示就是该字符对应的ASCII码值。例如,十进制数97表示小写字母a,十进制数65表示大写字母A。也可以用十六进制或八进制来表示ASCII码值。例如,十六进制数0x41表示大写字母A,八进制数0101也表示大写字母A。关于ASCII字符集的详细信息参见附录B。

此外,程序中还存在一些不方便用符号表示的控制字符,如回车、换行等。对于这些控制字符,直接用对应的ASCII码值来表示是一种可行的方法。例如,十进制数10表示换行,十六进制数0x0d表示回车,八进制数033表示Esc。

为了方便在程序代码中表示这些常用的控制字符,C++做了一些特殊表示形式,也称为转义符。转义符要求以反斜线(\)开头,后面的字符则有其他含义。例如,'\n'中的'n'不代表字母n,而表示的是"换行符"。常用的转义符见表2-5。

表2-5 常用的转义符

规定符	ASCII码值	含义
\n	10	换行符
\r	13	回车符
\t	9	制表符
\f	12	换页符
\a	7	警报声
\\	92	\符
\'	39	'符
\"	34	"符
\0	0	空字符
\ddd		3位八进制数所代表的字符
\Xhh		2位十六进制数所代表的字符

表2-5最后两行意思是可以用八进制和十六进制的ASCII码值的字符形式来表示一个字符。例如,'\012'也可表示"换行符",'\x0d'也表示"换行符",大写字母A也可表示为'\101'和'\x41'。

字符型数据在内存中是以ASCII码值存储,它的存储形式与整型数的存储形式相同。所以,C++语言将字符型数据视为一种整型数据,即字符型数据与整型数据之间可以通用。一个字符型数据既可以字符形式输出,也可以整数形式输出。以字符形式输出时,需要先将存储单元中的ASCII代码转换成相应字符,然后输出;以整数形式输出时,直接将ASCII代码作为整数输出。

【例2-1】 以不同形式输出字符,以及字符与整数之间的相互转换。

```
//ex2_1.cpp:以不同形式输出字符,以及字符与整数之间的相互转换
#include <iostream>
```

```
using namespace std;

int main()
{
    cout << 'A' << endl;                        //字符常量
    cout << '\101' << endl;                     //八进制数表示的字符常量
    cout << '\x41' << endl;                     //十六进制数表示的字符常量
    cout << (char) 65 << endl;                  //把整数转换成对应的字符
    cout << 'A' + 32 << endl;                   //把字符'A'的 ASCII 码加上 32
    cout << (char) ('A' + 32) << endl;          //把求和结果转换成字符类型
    return 0;
}
```

程序运行结果：

```
A
A
A
A
97
a
```

在此例子中，前 4 个输出语句都是输出大写字母 A，前 3 个语句都是字符 A 的不同表现形式；对于第 4 个输出语句，65 是大写字母 A 的 ASCII 码值，所以将其通过类型转换（详见 3.3 节）转换成字符类型，最后仍然会输出字符 A；在第 5 个输出语句中，需要把字符'A'的 ASCII 码 65 加上 32，最后输出整数 97；在第 6 个输出语句中，把求和结果 97 又转换成字符类型，由于 97 是小写字母 a 的 ASCII 码值，所以最后会输出字母 a。从这个例子，读者可以体会 C++ 程序可以很方便地实现大小写字母之间的互相转换。

4. 字符串常量

有时一个字符序列也会成为处理的数据，如一个单词、一句话乃至一段文字等。这种字符序列称为字符串常量，C 和 C++ 要求用双引号括起来表示。例如，"Hello world!"。

需要特别指出的是，不要将字符常量与字符串常量混淆，字符常量是指单独一个字符，而字符串常量代表一个有穷的字符序列，也可以是长度为 1 的字符序列，甚至可以是长度为 0 的字符序列。例如：

'a'是字符常量。

"a"是长度为 1 的字符串常量，即由 1 个字符 a 组成的字符串。

""是长度为 0 的字符串常量，即由 0 个字符组成的字符串。

在内部存储方面，字符串常量占用连续的存储单元，字符串常量中的每个字符按照顺序存放在这片连续单元中，在最后的字符后面加一个空字符'\0'作为字符串结束标志。

'a' 在内存的存放形式：| a |。

"a"在内存的存放形式：| a | \0 |。

空字符串""在内存的存放形式：| \0 |。

5. 布尔型常量

C++ 的布尔型常量很简单，只有 false 和 true。前面已经指出，在 C++ 中布尔型的数据是作为整型数据进行运算的。需要注意，false 和 true 是布尔型常量，不是字符串。

2.3.2 变量

在C++程序中,除了常量以外,大多数数据对象是动态变化的,它们可能随着程序的执行,通过运算不断改变自身的值。例如,将100个整数逐步累积求和,这个过程中累积的“和”就是一个不断变化的量。一般将在程序运行过程中其值可以改变的量称为变量(variable)。

1. 变量的声明(declaration)

一个变量应该有一个标识符(称为变量名)来标识它,并且在内存中占据一定的存储单元用来存放变量的值。C++要求对所有用到的变量作强制定义,必须先声明后使用。

基本数据类型的变量声明形式如下:

```
<类型名>  <变量名列表>;
```

类型名是指C++的有效数据类型的名字,这些名字都是标识符。变量名列表是一个或多个标识符名,多个变量标识符之间用逗号“,”分隔,表示这些变量都具有类型名标识的数据类型,既指明这些变量的取值类型,也规定变量的存储特性。下面是一些变量声明的例子。

```
unsigned char c;                    //c被定义为无符号字符变量
int age, number, width;             //age、number和width被定义为有符号整型变量
unsigned long c;                    //c被定义为无符号长整型变量
float price, weight;                //price和weight被定义为单精度浮点型变量
double averageScore;                //averageScore被定义为双精度浮点型变量
```

程序设计风格提示:变量名一般是由以小写字母开头能够反映变量意义的英文单词组成,如果需要用多个单词来命名变量,那么第一个单词的首字母小写,后续单词的首字母大写,必要时可以对较长的单词进行缩写,如averageScore,这种表示方法也称为驼峰表示法(其中的大写字母像骆驼的驼峰);也可以所有字母都用小写,单词之间用下画线进行分隔,如the_total_number,这种表示方法称为下画线间断法。

2. 变量的初始化(initialization)

可以在声明变量的同时,给其赋予一个初始值,这称为变量初始化。用于初始化变量的值可以是一个任意表达式。例如:

```
int number = 100;                   //变量number被赋予初始值100
double price = 119.9;               //变量price被赋予初始值119.9
double discount = price * 0.7;      //discount初始化时用到了price的值
```

在C++语言的新标准中,甚至还可以通过关键字auto忽略变量的类型,由编译器根据右侧初始化表达式的结果类型自动推导出变量类型,非常方便。例如:

```
auto index = 37;                    //变量index由编译器自动推导出为整型int
auto grade = 'A';                   //变量grade由编译器自动推导出为字符型char
```

注意在C++语言中,变量赋值也用等号“=”,但是初始化和赋值是两个完全不同的操作,初始化的含义是在创建变量时赋予其一个初始值,而赋值是把变量的当前值擦除,以一个新的值进行替代。事实上,C++语言的变量初始化是一个比较复杂的事情,后面将会反复讨论这个问题。

需要指出的是,变量在声明之后,如果没有主动初始化或赋值,其值是不确定的(取决于变

量的类型和定义变量的位置)。使用未初始化的变量是一种很常见的错误,往往会带来无法预计的严重后果,而且这种错误很难调试。如果不能确保变量正确使用,一个简单可靠的做法就是对每个变量都进行初始化。

2.3.3 符号常量

在程序运行过程中,其值不能改变的量称为常量,包括整型、实型、字符、字符串等各种类型的常量。C++可以为常量定义一个"名字"来代表这些常量。当用一个标识符代表一个常量时,称之为符号常量(symbolic constants);而把直接出现在程序中的常量称为字面常量(literal constants)。

C++定义符号常量的格式如下:

```
#define <标识符> <常量>
```

#define是C++的预处理指令,说明程序中的<标识符>都代表了<常量>,在编译之前<标识符>会被替换成对应的<常量>。例如:

【例2-2】 计算指定半径大小的圆的周长和面积,圆周率用符号常量表示。

```
//ex2_2.cpp:计算指定半径大小的圆的周长和面积
#include <iostream>
using namespace std;
#define PI 3.14

int main()
{
    double radius = 10;                         //浮点变量 radius 初始化为 10
    //计算圆的周长
    cout << "The circumference is " << 2 * PI * radius << endl;
    //计算圆的面积
    cout << "The area is " << PI * radius * radius << endl;
    return 0;
}
```

程序运行结果:

```
The circumference is 62.8
The area is 314
```

在上例中,10和2是字面常量,而PI就是符号常量,即凡在程序中出现的PI都代表3.14。使用符号常量的好处是:一方面提高了程序可读性,可以根据常量的名字(如PI)推断出常量的含义;另一方面程序的可维护性也更好。例如,在上述示例程序中,如果希望提高计算结果的精确度,只需把第4行的3.14替换成精度更高的3.1415926即可,程序中所有使用PI的地方都会自动用更高精度的圆周率值。

程序设计风格提示:成为常量的"名字"的标识符要能够反映该常量的意义。即使一个常量代表了不同的意义,也应当为该常量定义多个反映其意义的"名字"。一般符号常量名用大写字母组成,如果需要用多个单词来描述一个符号常量,那么这些单词之间可以用下画线分隔,如TOTAL_SCORE等。程序中应当尽可能减少字面常量的出现次数,尽量多使用符号常量。

2.3.4 const 修饰符

通过#define预处理指令来定义符号常量其实来源于C语言。目前，新的C++标准建议使用一种功能更强的创建常量的方法，即const修饰符。使用方法是在普通变量初始化表达式之前加上const修饰符即可。例如：

```
const double PI = 3.14;
const int months = 12;
```

这里PI和months与普通变量的区别在于值是不能修改的，即实际上是一个常量(有的教材也将其称为常变量)。

相比较用#define预处理指令定义常量，使用const修饰符的最大优势是能够明确指定常量的数据类型，除了C++基本数据类型之外，还可以是数组、结构等复杂的数据类型。另外，还可以使用C++语言的作用规则限定常量的使用范围。

使用const修饰符的限制是要求该常量必须进行初始化，即声明的同时给其赋一个初值，不可以在后续程序中给其赋值。例如，上面的months常量不能写成：

```
const int months;
months = 12;                              //错误,除了初始化,后续程序中不允许给其赋值
```

2.4 初识输入输出

之前的示例代码中，在程序的最开始位置都可以看到以下两行代码。

```
#include <iostream>
using namespace std;
```

下面将详细解释这两行代码的具体作用。

2.4.1 使用库函数

不同程序之间一般有很多基本的、公共的功能，如输入输出。为了便于C++程序实现和减少重复工作量，这些基础功能以库函数的形式提供给开发者选用，C++标准库(C++ standard library)就包含了数量众多的库函数。

1. 头文件

这些库函数的使用方式(函数原型)是在头文件(head file)定义的。C++程序如果要使用库函数，需要先通过#include预处理指令包含相应的头文件。例如：

```
#include <iostream>
```

头文件命名的兼容性问题：在早期的C++语言中，为了跟C语言相融合，使用带文件扩展名形式，如#include <iostream.h>，但后来的C++标准已经不推荐使用。而为了兼容C语言一些比较重要库函数的头文件，采取的方法是去掉扩展名h，并在文件名前面加上前缀c。例如，C++版本的math.h对应的是cmath，即包含数学库头文件的方式是：

```
#include <cmath>
```

2. 命名空间

命名空间(namespace)是 C++ 的特性,目的是在编写大型程序过程中包含多个库更加方便。如果两个库中有两个相同名字的函数则用命名空间进行区分。方法是在函数前面加上"所属命名空间::"。例如:

```
std:cout << "Hello world!" << std::endl;
```

但是,每次调用都加上命名空间比较麻烦,可以通过 using 声明和 using 编译指令两种方式进行简化,任选其一。

using 声明是在程序对应位置提前声明要使用特定命名空间下的某个函数。例如:

```
using std::cout;
using std::endl;
```

之后就可以直接调用对应函数。例如:

```
cout << "Hello world!" << endl;
```

using 编译指令是一种更加简化的方式,通过 using 编译指令后,对应命名空间下的所有函数全部可以直接使用。例如,引入

```
using namespace std;
```

之后 std 命名空间下的所有名字可以直接使用,如直接书写 cout。

程序设计风格提示:虽然 using 编译指令的方式更加简单,但对于大型程序来说,这种简化可能带来潜在的问题,会加大命名冲突的风险。所以,C++ 编程规范通常还是建议逐个使用 using 声明进行引入。但对于简单程序来说,using 编译指令这种偷懒的办法并没什么影响。本书重点是介绍 C++ 语言的基本知识,将主要采用这种简化方法。

2.4.2 使用 cin 和 cout

程序的输入输出(Input/Output,I/O)为用户提供与计算机进行交互的功能。用户可以通过程序的输入功能将执行意图和需要处理的数据传递给计算机,而计算机又通过程序的输出功能将对数据的处理结果告知用户。

在 C++ 标准库中,把进行数据传送操作的设备也抽象成流对象,将"流"(stream)作为具有输入输出功能的外设(如键盘、显示器等)和程序之间通信的通道。在 iostream 库中,cout 代表标准输出流,即显示器;cin 代表标准输入流,即键盘。此外,iostream 库中还有用来输出日志、警告和错误等信息的 clog 和 cerr。

1. 通过 cout 流输出数据

流插入运算符(<<)和 cout 结合在一起使用,可向显示器屏幕输出数据。其一般形式如下:

```
cout << <表达式>;
```

这条语句把<表达式>的值输出到屏幕上,该表达式可以是各种基本类型的常量、变量或

者由它们组成的表达式(见第3章)。输出时,程序根据表达式的类型和数值大小,采用不同的默认格式输出,大多数情况下可满足要求。若要输出多个数据,可以连续使用流插入运算符＜＜,具体形式如下:

```
cout << <表达式1> << <表达式2> << <表达式3> …;
```

但要注意,不能用一个流插入运算符连续输出多个数据。例如,下面的写法是错误的。

```
cout << a, b, c;
```

而

```
cout << a << b << c;
```

是正确的。为了增强输出的可读性,在输出多个数据时,可以通过插入空格符、制表符或其他提示信息将数据进行组织,以获得更好的输出效果。例如:

```
cout << a << "\t" << b << "\t" << c;
```

下面的程序片段使用一条流插入语句显示字符串:

```
cout << "Welcome to C++!\n";
```

其输出结果是:

```
Welcome to C++!
```

还可以用流操纵算子endl(行结束)实现转义符'\n'(换行符)的相同功能。例如:

```
cout << "Welcome to C++!" << endl;
```

与上一行代码具有相同的输出结果。

endl是一个流操纵算子,它发送一个换行符并刷新输出缓冲区(不管输出缓冲区是否已满都把输出缓冲区的内容立即输出)。下面是流插入运算符在一条语句中连续使用,并且输出表达式计算结果的例子。

```
cout << "123 + 456 = " << (123 + 456) << endl;
```

输出结果:

```
123 + 456 = 579
```

输出格式控制说明:如果需要对输出的数据进行更多的格式控制,例如字段宽度、浮点数小数部分位数、整数的输出进制等,请参考第9章的流操纵算子。

2. 通过cin流输入数据

流读取运算符(＞＞)和cin结合在一起使用,可从键盘输入数据。其一般形式如下:

```
cin >> <变量>;
```

这条语句的功能是从键盘读取一个数据并将其值赋给＜变量＞,该变量一般是整型、浮点

型等基本的算术类型,从键盘输入的数据的类型应和变量一致。也可以连续使用>>,实现从键盘对多个变量输入数据,其形式如下:

```
cin >> <变量1> >> <变量2> >> <变量3> …;
```

这要求从键盘输入数据的个数、类型与变量列表一致。各数据之间要有分隔符,分隔符可以是一个或多个空格符、制表符或回车符。

【例2-3】 流读取运算符“>>”和cin的使用。

```
//ex2_3.cpp:使用cin和流读取运算符">>"
#include <iostream>
using namespace std;

int main()
{
    char c;
    int i;
    float x, y;

    cout << "Enter: \n" ;
    cin >> i >> x >> y ;
    c = i;
    cout << "c=" << c << "\ti=" << i;
    cout << "\tx="<< x << "\ty=" << y << endl;
    return 0;
}
```

程序运行时显示:

```
Enter:
```

这时从键盘输入一个整数和两个实数,中间用一个或多个空格键作分隔符。例如输入:

```
65 2.3 3.5
```

最后屏幕显示:

```
c=A     i=65    x=2.3   y=3.5
```

程序中的'\t'和'\n'是转义符,'\n'和"\n"效果相同,表示换行符。字符变量和整型变量i的值都是65,但输出的形式不同。使用标准流输入输出方便安全。本书大部分的例题中使用它们进行输入输出。

2.5 main函数

在之前的示例代码中,已经多次展示了main函数。那么,main函数的作用是什么?应该如何编写main函数?下面将解释这些问题。

函数是构成C++程序的基本单位,程序执行过程中也是函数互相调用的过程。一个C++程序中可能有多个函数,但是有且仅有一个主函数(main),主函数是程序执行的唯一入口。C++ 函数的具体定义分为函数头和函数体两部分。

函数头一般由函数返回值、函数名称、函数参数列表构成。在之前示例代码中，每个程序都有一个 main 函数。main 函数的返回值(即执行结果)是整数类型，这个返回值一般是给操作系统使用，用于表明程序最终的执行状态，返回 0 表示正常结束(对应于符号常量 EXIT_SUCCESS)。main 函数可以没有参数，即程序执行无须额外输入数据。当然，C++ 程序执行是支持提供外部输入数据的。如果程序执行有输入数据，则一般是通过 main 函数的两个参数提供。例如：

```
int main(int argc, char * argv[])
{
    …
    return 0;
}
```

其中，argc 表示输入参数的个数，argv 是一个字符串数组，argv[0]为程序自身的名字，argv[1]指向第一个输入参数，argv[2]指向第二个输入参数，以此类推。例如，当执行程序 prog 时输入：

```
prog -o output.txt
```

则 argc = 3，argv[0]="prog"，argv[1]="-o"，argv[2]="output.txt"。

函数体是由一对花括号包围起来的语句块，左右花括号分别表示函数体定义的开始和结束。

程序设计风格提示：*函数定义时，建议函数头、左花括号、右花括号都各占一行，并且左对齐，内部函数体语句整体相对于函数头缩进一层。*

现在解决最开始提出的问题，对第 1 章的第一个 C++ 程序功能进行改进。允许用户输入他的名字，然后程序以 Hello 问候输入的名字。

问题分析：用户输入的名字先要保存起来，然后在 Hello 问候时再输出。为此需要声明一个变量以保存输入的用户名字。由于名字由多个字符构成，所以这里声明一个特殊类型的变量——字符数组。

【例 2-4】 编写一个 C++ 程序，用户输入他的名字，然后程序以 Hello 问候输入的名字。

```
//ex2_4.cpp:以 Hello 问候输入的名字
#include <iostream>
using namespace std;
int main()
{
    char name[20];                                   //用于存储用户输入名字的字符数组变量
    cout << "Please input your name: ";
    cin >> name;
    cout << "Hello " << name << "." << endl;   //在屏幕输出信息
    return 0;
}
```

程序运行结果：

```
Please input your name: James
Hello James.
```

最后再以 C++ 程序解决一个现实问题，来综合演示本章介绍的知识。

海里单位换算问题：海洋航行通常以海里作为距离的度量单位，但由于地球并不是一个标准的球体，所以海里在各个国家的长度并不完全一致。我国规定 1 海里=1.852 千米。通过编写一个程序，完成适用于我国的从海里到千米的换算功能。

问题分析：在该问题中，需要输入一个以海里为单位的距离值，然后把距离乘以 1.852，得到以千米为单位的距离值，所以程序需要定义两个浮点类型的变量分别存储以海里和千米为单位的不同值。由于 1.852 具有特殊意义，最好以符号常量形式定义。

【例 2-5】 编程解决海里单位换算问题。

```
//ex2_5.cpp:按中国标准把海里为单位的距离值换成千米为单位的距离值
#include <iostream>
using namespace std;

#define KMS_PER_NMILE 1.852

int main()
{
    double nmiles;                                    //存储以海里为单位的距离值
    double kms;                                       //存储以千米为单位的距离值
    cout << "Please input the distance in nmile:";
    cin >> nmiles;
    kms = nmiles * KMS_PER_NMILE;
    cout << "That equals " << kms << " kilometers." << endl;
    return 0;
}
```

程序运行结果：

```
Please input the distance in nmile:781
That equals 1446.41 kilometers.
```

程序第 5 行把 1.852 定义为 KMS_PER_NMILE，使得程序的可读性更好，而且可以方便维护和修改。例如，如果要按照美国的标准(1 海里=1.85101 千米)实现海里换算成千米，只需要修改 KMS_PER_NMILE 对应的值为 1.85101，即可完成程序功能的转变。

习　　题

2.1　列举 C++ 语言中的各种基本数据类型，说明其特点以及定义方式。

2.2　C++ 中有哪些种类的运算符？各有什么功能？

2.3　赋值运算符有哪些？各有什么特点？

2.4　程序中的 #include 预处理指令有什么作用？

2.5　为什么 C++ 有多种整型？无符号整数和有符号整数有什么区别？

2.6　说明下面整型字面常量的具体数据类型，以及它们之间的区别。

```
10    10u    10L    10uL    012    0xC
```

2.7　什么是表达式？C++ 中有哪些表达式？如何计算表达式的值及确定其类型？

2.8　什么是一元、二元、三元运算符？它们在使用时应注意些什么？

2.9　什么是变量？变量的三要素是什么？

2.10　什么是常量？C++中，常用的常量有哪些类型？

2.11　字符常量和字符串常量有何不同？举例说明。

2.12　什么是隐式类型转换？其规则是什么？什么是强制类型转换？

2.13　简述标识符定义。下列用户自己定义的标识符中哪些是合法的？哪些是非法的？如果是非法的，为什么？

```
xy  Book  3ab  x_2  switch  integer  page-1  _name  MyDesk  #NO  y.5  char
```

2.14　下列常量中哪些是合法的？

```
78  063  c56  0x98  '\07'  "\"b""  "abc\n"  "\qaabs"
```

2.15　下列常量各是什么类型？

```
65538  123u  1.2  1.5E4F  7L  9uL
```

2.16　简述符号常量和常变量有何不同。

2.17　C++程序中经常出现的std有什么含义？

2.18　下列语句是否合法？如果合法，那么预期会输出什么结果？如果不合法，那么应该如何修改？上机实际编写程序进行验证。

```
std::cout << "/*";
std::cout << "*/";
std::cout << /*"*/"*/;
std::cout << /*"*/" /*"/*"*/;
```

2.19　先分析下面程序的代码，得出程序运行预期输出的结果，然后上机实际运行程序，对比验证与分析的结果是否一致。

```
#include <iostream>
using namespace std;
int main()
{
    char c1 = 'C', c2 = '+';
    cout << "I say: \"" << c1 << c2 << c2 << "\"\t\t";
    cout << "He says: \"C++ is funny!\"" << '\n';
    return 0;
}
```

2.20　设计一个程序，使其输出由星号(*)构成的C形图案，如图2-1所示。

2.21　基于转义符号，设计一个C++程序，使其输出如图2-2所示的图案。

```
 *****
*
*
*
 *****
```

图2-1　题2.20的C形图案

```
  /\/\/\
<-\- / /-<<
   \/\/
```

图2-2　题2.21的图案

2.22　设计一个程序，从键盘输入一个大写字母，将它转换成对应的小写字母并输出。

第 3 章 表达式

【学习内容】

本章介绍 C++ 对数据进行处理的最基本的手段——运算操作和表达式。内容包括：

◆ C++ 表达式的基本概念。

◆ 各种运算符与表达式。

◆ 运算优先级和结合律。

◆ 表达式语句。

◆ C++ 的类型转换。

【学习目标】

◆ 熟练运用各种运算符与表达式。

◆ 理解运算优先级和结合律。

◆ 掌握类型转换的方法。

在第 2 章中，我们了解了如何在 C++ 程序中表示整数、浮点数等基本数据，以及程序输入输出方式等，但还不清楚如何对数据做进一步的操作。例如，要编写程序求解一个一元二次方程的实数根，如何对系数做运算，这是本章需要解决的问题。

3.1 表达式基础

3.1.1 基本概念

表达式（expression）由一个或多个操作数（operand）及运算符（operator）组成，对表达式求值将得到一个结果。常量和变量是最简单的表达式，其结果就是常量和变量的值。通过运算符把一个或多个操作数组合起来可以构造各种表达式。程序通过计算表达式完成对数据的处理。

C++ 语言提供了丰富的运算符（又称操作符）以实现各种运算功能，主要包括算术运算符、关系运算符、逻辑运算符、位运算符、赋值运算符等。除此之外，还有一些用于完成特殊任务的运算符。在第 5 章中，还会看到表达式可以包括函数调用，即把函数调用的返回值作为操作数参与运算。

按照操作数的数量，可以把运算符分为一元运算符、二元运算符、多元运算符。例如，对于取地址符号（&）有一个操作数，所以是一元运算符；小于符号（<）有两个操作数，所以是二元

运算符。函数调用这种特殊的运算符对操作数的数量没有限制。

同一运算符在不同的场景下有不同的含义。例如，对于星号(*)，通常表示乘法运算(二元运算符)，当用于指令运算时又表示解引用运算(一元运算符)。其实，对于这两种情况，可以看作两个完全不同的运算符。

3.1.2 优先级和结合律

表达式与操作数之间可以通过运算符进一步组合，构成更为复杂的表达式，称为复合表达式(compound expression)。复合表达式是指含有两个和多个运算符的表达式。例如：

```
16+9.8*15
```

计算复合表达式时，运算优先级和结合律共同决定了运算对象的组合方式，运算符的优先级规定了不同运算符出现在同一表达式中优先运算的级别，而结合性质则规定了同等优先级的运算符出现在同一表达式中运算的顺序。高优先级运算符的运算对象要比低优先级运算符的运算对象更加紧密地组合在一起。如果优先级相同，则组合规则由结合律确定。其中，右结合是指对于同等优先级的操作符从右至左依次计算，而左结合则表示从左至右依次计算。

附录A的"C++运算符的优先级和结合性"给出了各种运算符的计算优先级和结合性质，计算机计算表达式时总是按照该表的规定进行的。例如，乘除法优先级高于加减法，则意味着乘除法的运算对象会比加减法先进行运算。加、减、乘、除等算术运算符满足左结合律，这意味着如果运算符的优先级相同，将按照从左到右的顺序组合运算对象。例如：

根据运算符的优先级，表达式 1+2*3 的值是 7，而不是 9；

根据运算符的结合律，表达式 10−5−3 的值是 2，而不是 8。

尤其注意，括号无视优先级和结合律，表达式中括号括起来的部分被当成一个整体先求值，然后再与其他部分按优先级和结合律进行组合。例如：

```
cout << (6+3) * (4/2) << endl;                //输出为 18
cout << 6+3 * (4/2) << endl;                  //输出为 12
```

编程风格建议：当表达式较为复杂，或者对于运算优先级和结合律不太确定时，应该考虑多使用括号，一方面保证表达式的正确性，另一方面提高程序的可读性，方便他人理解程序的功能。

3.2 运算符和表达式

下面介绍具体的运算符和表达式。根据组成表达式的运算符的不同，表达式可以分为算术表达式、关系表达式、逻辑表达式、位运算表达式、逗号表达式和赋值表达式等。

3.2.1 算术运算

1. 基本的算术运算

基本的算术运算符主要有以下5种。

- +：加法，运算结果为两个操作数的和。
- −：减法，运算结果为左操作数减去右操作数的差。

- *：乘法，运算结果为两个操作数的乘积。
- /：除法，运算结果为左操作数除以右操作数的商。
- %：求余，运算结果为左操作数除以右操作数的余数。

这5种运算符都是二元运算符，要求有两个操作数，即左操作数和右操作数。单独的常量和变量是表达式，任何表达式又可以成为操作数。表达式和运算符可以构成更复杂的表达式。在表达式中，运算符之间的优先关系与数学上的规定类似。

(1) 括号中的表达式优先级最高，有括号嵌套时，内层括号优先于外层括号，由内层向外层求值。

(2) 乘法、除法和求余运算优先级次之，三者的优先级相同。如果表达式中有连续的乘法、除法和求余运算，则遵循左结合原则，从左算到右。

(3) 加法和减法优先级较低，二者优先级相同。如果表达式中有连续的加法和减法运算，也遵循左结合原则，从左算到右。

数据类型包括两方面的含义：值的集合和数据上的运算。上述运算符中，+、-、* 和/可以施加于整数和浮点类型上，分别代表整数和实数上的加、减、乘、除运算，其结果类型与操作数的类型相同。求余运算%只用于整型数据，其结果也是整型。

注意，运算符/用于整数和实数的含义是不一样的(即整数和实数的除法运算都用同一个运算符号/来表示，这种现象称为重载)。两个实数做/运算，其结果为实数；两个整数做/运算，其结果为整数，其具体结果取决于C++在具体机器上的实现：一般来说，大多数实现都采取"向零取整"，即直接截去商的小数部分。

例如：

```
5/3    结果为1
-5/3   结果为-1
5/2    结果为2
-5/2   结果为-2
```

整型数据的求余运算%需注意，其运算结果在不同C++的实现中也不一样。C++规定，如果两个操作数都是非负的，那么结果一定是非负的；否则，要看C++的具体实现，C++标准对这种情况未进行明确规定，例如在Microsoft C++实现中，求余运算%的结果总是与左操作数的符号一致。这样，整除运算和求余运算的关系是：

```
e1 % e2 = e1 - (e1/e2) * e2
```

下面是一些例子。

```
11/3     结果为3                11%3     结果为2
-11/3    结果为-3               -11%3    结果为-2
11/-3    结果为-3               11% -3   结果为2
-11/-3   结果为3                -11% -3  结果为-2
```

对于+、-、* 和/来说，如果两个操作数的类型不同，C++会对操作数做隐式类型转换，使得两个操作数具有相同的数据类型，详见后面的3.3节。具体做法是，总是将类型较低的操作数转换成较高的数据类型，运算结果也具有较高的数据类型。例如：

```
5/2 结果为整型的 2
5/2.0 先将 5 转换成 double 类型,结果为 double 类型的 2.5
```

【例 3-1】 温标转换。摄氏温标和华氏温标是目前国际使用最为广泛的两种计量温度的标准。摄氏温标是1740年瑞典人摄尔修斯(Celsius)提出的,在标准大气压下以水作为测温物质,以C为表示符号。华氏温标是1714年德国人华伦海特(Fahrenheit)创立的温标,以水银作为测温物质,用F为表示符号。摄氏温标转华氏温标的计算方法是:

$$F=9\div5\times C+32$$

由此,如下编写温标转换程序。

```
//ex3_1.cpp:把摄氏温标转换成对应华氏温标
#include <iostream>
using namespace std;

int main()
{
    float C, F;
    cout << "Input the temperature with Centigrade:";
    cin >> C;
    F = 9.0 / 5 * C + 32;                          //温标转换
    cout << "The Fahrenheit value is:" << F << endl;
    return 0;
}
```

程序运行结果:

```
Input the temperature with Centigrade:37.2
The Fahrenheit value is:98.96
```

本程序的实现思路较为直接,C和F是两个浮点类型的变量,分别表示对应的摄氏温度和华氏温度,读入要转换摄氏温度后,参照计算公式通过一个复合表达式实现求解,然后输出结果。

但在这个程序中,需要特别注意的是,如果表达式跟计算公式一致(即F=9/5 * C+32),由于除法和乘法优先级相同,并且是左结合的,所以会先执行除法。对于表达式"9/5",由于被除数和除数都是整数,所以执行的是整数除法,即结果为整数1,而不是意料之中的1.8,所以这种写法是错误的。为了解决这个问题,上述代码使用的是"F=9.0/5 * C+32",由于被除数是浮点数,按照类型转换的原则和结果(见3.3节),此时会执行浮点除法,得到期望值1.8。

2. 其他算术运算

除了上面介绍的二元运算符,C++还有一元运算符,这些运算符只有一个操作数。如取正运算+和取负运算-,一元取正运算+和二元加法运算的符号是相同的,取正运算的结果就是操作数本身,而一元取负运算的结果则是操作数的负数。

C++还有两个使用起来非常方便、灵活的算术运算符:自增运算符++和自减运算符--。这两个运算符都是一元运算符,只有一个操作数,而且该操作数必须具有左值性质(即该操作数具有对应的内存地址,其值可以被修改)。它们的功能相对复杂一些,而且++和--出现在操作数之前和之后具有不同的功能,具体见表3-1。

表 3-1　算术运算符++和--的功能运算符名称示例

运算符	名　称	示　例	说　明
++	前自增	++a	将a加1,a增加后的新值为运算的结果
++	后自增	a++	将a加1,a增加前的旧值为运算的结果
--	前自减	--a	将a减1,a减少后的新值为运算的结果
--	后自减	a--	将a减1,a减少前的旧值为运算的结果

自增运算和自减运算的优先级相同,它们都比括号的优先级低,但比加法、减法、乘法、除法和求余运算要高。下面给出几个示例,假设变量a的当前值为5,那么有

```
++a + 12      结果为 18(运算后 a 为 6)
a++ + 12      结果为 17(运算后 a 为 6)
--a * 12      结果为 48(运算后 a 为 4)
a-- * 12      结果为 60(运算后 a 为 4)
```

以上代码确实令人困惑,实际程序中很少出现这类代码。自增、自减运算一般单独使用,不用在复合表达式中。

自增、自减运算符提示:虽然传统的C语言程序员经常使用后自增、后自减,但除非必要,一般情况下优先考虑使用前置版本,即前自增和前自减。首先是消除不必要的歧义,通常使用自增、自减运算的初衷是把操作数加1或减1,不会使用自增、自减运算之前的结果。其次,编译器为了保存自增、自减运算之前的结果,需要付出一定的开销,对于整数等简单类型来说代价不大,但对于后面介绍的基于面向对象方法实现的迭代器等类型来说,这个额外的消耗成本是很大的。

3.2.2　关系运算

现实世界中通常需要对数据进行比较,为此C++也提供了一组关系运算符,以实现对数据进行关系比较,包括<、>、<=、>=、==和!=等,它们分别计算数据的小于、大于、小于或等于、大于或等于、相等和不相等关系。关系运算的结果反映了操作数的大小关系,为布尔类型,即true和false。下面是一些关系运算表达式示例。

```
1 <= 0      结果为 false
x != x+1    结果总为 true
x > y       结果表示 x 是否大于 y
```

需要注意,“相等比较”运算符是连续两个等号(即==),对于<=、>=、==和!=,这些运算符都是由两个字符组成,书写时两个字符间不能加空格。

3.2.3　逻辑运算

前面的关系运算能够得到布尔型的结果,即true和false。但是,仅有这些简单的条件测试不能满足现实世界中复杂的逻辑计算问题。例如,当需要判断各种复杂的组合条件时,还必须提供逻辑运算的能力。

C++提供了3种逻辑运算符:二元逻辑与运算符(&&)、二元逻辑或运算符(||)和一元逻辑非运算符(!)。表3-2是表示3种逻辑运算的真值表。

表 3-2　逻辑运算的真值表

a	b	a && b	a || b	!a
true	true	true	true	false
true	false	false	true	false
false	true	false	true	true
false	false	false	false	true

通过这 3 种逻辑运算符的组合，可以构造出非常复杂的条件，以实现强大的逻辑测试功能。3 种逻辑运算中，逻辑非(!)的优先级最高，逻辑与(&&)次之，逻辑或(||)最低。在结合性质上，逻辑非(!)是右结合，而逻辑与(&&)和逻辑或(||)为左结合。关系表达式是一种基本的逻辑表达式。下面是一组逻辑表达式的例子。

```
(grade >= 60) && (grade <= 70)
```

表示测试 grade 是否在 60 和 70 之间(包括 60 和 70)。

在计算逻辑表达式时，C++ 语言遵循一种所谓的“短路计算法”，即如果按照逻辑运算符的优先顺序和结合性质，只要计算部分表达式就可以确定整个表达式的结果，就不再计算表达式的剩余部分。以上面的表达式为例，计算(grade >= 60) && (grade <= 70)时，如果 grade 是小于 60 的，&& 左边的子表达式(grade >= 60)的结果为 false，此时无须计算右边的子表达式(grade <= 70)，就可以知道整个表达式为 false。对于 a&&b 来说，只有当计算了 a 得到的结果为 true 时，才需要计算 b 的值，以确定整个表达式的值。与此类似，对于逻辑或运算(||)，只有当左操作数的结果为 false 时，才需要计算右操作数的值，该值就是整个表达式的结果。

【例 3-2】　判断闰年：用户输入一个年份，编程判断该年份是否为闰年。

满足闰年的条件是：年份是 4 的倍数，但不是 100 的倍数，或者是 400 的倍数。判断年份是否是某数倍数(即整除)，则可以用年份对该数做求余运算，如果余数为 0，则是倍数关系。然后再通过逻辑运算符把这些条件组合起来进行判断。

由此，如下编写判断闰年程序。

```
//ex3_2.cpp:判断是否为闰年
#include <iostream>
using namespace std;

int main()
{
    int year;
    cout << "请输入一个年份:";
    cin >> year;
    if (((year % 4) == 0) && ((year % 100) != 0) || ((year % 400) == 0))
        cout << "该年份是闰年." << endl;
    else
        cout << "该年份不是闰年." << endl;
    return 0;
}
```

下面是两种可能的运行结果:

```
请输入一个年份:2020
该年份是闰年.
请输入一个年份:2022
该年份不是闰年.
```

测试用户输入的年份保存在变量 year,然后再通过下面的表达式判断是否是闰年。

```
((year % 4) == 0) && ((year % 100) != 0) || ((year % 400) == 0)
```

若表达式结果为 true,则满足闰年条件。其中出现了求余运算、关系运算和逻辑运算等多种运算符。初学 C++ 时,如果不确定运算的优先级,可以参照示例代码,多使用括号以确保正确性。比较熟练之后,有些括号可以省略。本例还使用了 if-else 选择结构,关于选择结构详见 4.3 节。此外,从完整性角度出发,本例应该要判断用户输入年份取值的合法性。

需要说明的是,C 和 C++ 程序在做逻辑判断时,可以把任意非零值当作 true(全零为 false)。所以,如果在 C 和 C++ 程序中看到类似下面的代码,不要奇怪。

```
double x;
…
if (x)                                    //x≠0
    cout << 1 / x << endl;
```

上述程序的判断条件是,如果 x≠0,则条件为"真",计算并输出 x 的倒数。

从 C++ 11 标准开始,C++ 新引入了关键字 and、or、not,也可以实现逻辑与、或、非运算,即其作用等同于运算符 &&、||、!。例如:

```
(grade >= 60) and (grade <= 70)
```

也是判断 grade 是否在 60 和 70 之间(包括 60 和 70)。

3.2.4 位运算

位运算是 C 语言的重要特色之一,C++ 保留了这一特色。位运算允许在二进制位级别上对数据进行处理。各种位运算符说明如表 3-3 所示。

表 3-3 各种位运算符说明

运算符	名称	示例	说明
&	按位与	a & b	a 和 b 的每一位做与运算
|	按位或	a | b	a 和 b 的每一位做或运算
^	按位异或	a ^ b	a 和 b 的每一位做异或运算
~	按位取反	~ a	将 a 的每一位取反
<<	向左移位	a << b	将 a 的每一位向左移 b 位
>>	向右移位	a >> b	将 a 的每一位向右移 b 位

这些运算符中,除了~是一元运算符以外,其余的都是二元运算符,操作数都只能是整型

或字符型数据，不能为浮点型数据，结果也为整型或字符型。

1. 按位与(&)

& 运算结果的每一位是两个操作数二进制表示的对应位进行与运算的结果，即如果两个操作数的对应位都为 1，则结果的对应位也为 1，否则为 0。

例如，3 & 14 的结果为 2。具体计算过程如下。

```
3 的二进制表示:                00000011
14 的二进制表示:               00001110
3 & 14 结果的二进制表示:       00000010
```

2. 按位或(|)

|运算结果的每一位是两个操作数二进制表示的对应位进行或运算的结果，即如果两个操作数的对应位都为 0，则结果的对应位也为 0，否则为 1。

例如，3 | 14 的结果为 15。具体计算过程如下。

```
3 的二进制表示:                00000011
14 的二进制表示:               00001110
3 | 14 结果的二进制表示:       00001111
```

3. 按位异或(^)

^运算结果的每一位是两个操作数二进制表示的对应位进行异或运算的结果，即如果两个操作数的对应位不相同，则结果的对应位为 1，否则为 0。

例如，3 ^ 14 的结果为 13。具体计算过程如下。

```
3 的二进制表示:                00000011
14 的二进制表示:               00001110
3 ^ 14 结果的二进制表示:       00001101
```

4. 按位取反(～)

～运算结果的每一位是操作数二进制表示的对应位进行取反运算的结果，即如果操作数的对应位为 0，则结果的对应位为 1，否则为 0。

```
例如,14 的二进制表示:          00001110
~14 结果的二进制表示:          11110001
```

5. 向左移位(<<)

<<运算将左操作数的二进制表示向左移位，移动的位数就是右操作数的值，右端移出的空位填充 0，移位后的左操作数的值即为运算的结果。

例如，3 <<5 的具体计算过程如下。

```
3 的二进制表示:                00000011
3 << 5 的结果:                 01100000
```

6. 向右移位(>>)

>>运算将左操作数的二进制表示向右移位，移动的位数就是右操作数的值，移位后的左操作数的值即为运算的结果。左端移出的空位填充方式取决于左操作数的类型和具体的值：如果左操作数是无符号类型，或者是有符号类型但其值非负(最高位为 0)，那么高位填充 0；如

果左操作数是有符号类型，并且为负数(最高位为1)，那么高位填充的值取决于所用的计算机系统，有的C++实现填充0，有的填充1。

例如，-7 >> 5 的具体计算过程如下。

```
-7的二进制补码表示:        11111001
-7 >> 5的结果:             00000111 (填充 0)
-7 >> 5的结果:             11111111 (填充 1)
```

对于&、|和^等二元位运算，如果参与位运算的操作数类型不同，系统将二者按右端对齐，并根据操作数的类型和值进行填充，使得两个操作数位数完全一样。例如，如果a是short，占2字节，b是int，占4字节，则系统将按照a的符号位扩展成4字节，即如果a非负，则用0扩展；如果a为负数，则用1扩展。如果需扩展的操作数是无符号类型，则总是用0扩展。

位运算符的优先顺序为：按位取反~的优先级最高，向左移位<<和向右移位>>次之，然后依次是&、^和|。

位运算为程序员提供了非常灵活的、直接对二进制位进行处理的手段。通过各种位运算的合理组合，可以实现很多有趣的功能，位运算的常见组合如表3-4所示。

表3-4　位运算的常见组合

功　能	表 达 式	说　明
逐位清零	a & 0	将a的每一位清零
取指定的二进制位	a & 0X00FF	取a的低位字节
设置指定位	a | 0X00FF	将a的低位字节的每一位设置为1
指定位翻转	a ^ 0X00FF	将a的低位字节的每一位置翻转，0变1，1变0
乘以2的n次幂	a << n	a乘以 2^n
除以2的n次幂	a >> n	a除以 2^n

需要注意，一种常见错误是将位运算和逻辑运算搞混。例如，将位与(&)和逻辑与(&&)、位或(|)和逻辑或(||)、位求反(~)和逻辑非(!)搞混。

此外，C++ 11标准新引入了关键字bitand、bitor、xor、compl，也可以分别实现按位与、按位或、按位异或、按位取反运算。

下面通过解决一个现实问题来演示C++位运算的应用。常见的数字图像有彩色图像和灰度图像两种。彩色图像一般使用RGB颜色模型，其中R(红色)、G(绿色)、B(蓝色)3个分量的取值是[0,255]内的一个整数。如果用一个32位的无符号整数来表示一个像素的颜色，其二进制格式是00000000BBBBBBBBGGGGGGGGRRRRRRRR，即31～24位取0，23～16位为蓝色分量，15～8位为绿色分量，7～0为红色分量。例如，RGB格式的颜色值4 292 863，对应的二进制格式是00000000 01000001 10000000 11111111，所以该颜色的B分量是65，G分量是128，R分量是255。而灰度图像是把白色与黑色之间按对数关系分为若干等级，灰度取值是[0,255]内的一个整数。

对于把RGB格式的彩色转灰度，有一个著名的心理学公式：

$$Gray = R \times 0.299 + G \times 0.587 + B \times 0.114$$

现在编程实现把RGB彩色图像转换成灰度图像功能的程序，用户输入一个由RGB颜色模型的无符号整数，程序输出对应的灰度值(也是无符号整数)。

问题分析：在该问题中，用户输入的颜色值是一个 32 位的无符号整数，关键是如何按照 RGB 颜色模型的格式分别提取出红色分量、绿色分量和蓝色分量。根据二进制位数分配，最直接的方法可通过二进制位运算实现提取 3 个分量值，例如把颜色值与 255(换算成二进制，低 8 位全为 1，其余位为 0)进行位与运算，即可提取出红色分量。对于绿色分量，可以把颜色值向右移动 8 位，即把 15～8 位移动到 7～0 位，再与 255 进行位与运算，得到结果。蓝色分量类似处理。然后，剩下的转换按照公式直接计算即可。

【例 3-3】 将彩色颜色值转换成灰度值。

```
//ex3_3.cpp:把按 RGB 格式输入彩色颜色值转换成灰度值
#include <iostream>
using namespace std;

int main()
{
    unsigned int color;
    unsigned short R, G, B, gray;
    cout << "Input the color using RGB pattern:";
    cin >> color;
    R = color & 255;                                    //提取红色分量
    G = (color >> 8) & 255;                             //提取绿色分量
    B = (color >> 16) & 255;                            //提取蓝色分量
    gray = (unsigned short)(R * 0.299 + G * 0.587 + B * 0.114);
    cout << "The corresponding gray value is " << gray << endl;
    return 0;
}
```

程序运行结果：

```
Input the color using RGB pattern:4292863
The corresponding gray value is 158
```

由于红、绿、蓝 3 个分量和灰度值都小于 256，所以第 8 行声明为 unsigned short 类型的变量，第 11～13 行是按上述分析分别计算提取 3 个分量值，第 14 行按心理学公式计算得到的是一个浮点数，所以还需要把结果强制转换为 unsigned short 类型。

需要说明的是，提取红、绿、蓝 3 个分量的方法还有其他做法。例如，以 256 为进制单位来看待 RGB 颜色值，把颜色值对 256 求余可以得到红色分量(color % 256)，把颜色值除以 256 后再对 256 求余可以得到绿色分量(color / 256 % 256)，蓝色分量类似可得。

3.2.5 赋值运算

1. 赋值运算

赋值运算实现了对变量的赋值，即为已声明的变量赋给一个特定值。其功能是：先将赋值运算符右边表达式的值计算出来，将该值赋给赋值运算符左边的变量，并将该值作为赋值运算的结果。因此，赋值表达式 a=3+5 表示将 3 加 5 的和 8 赋给变量 a。

需要特别指出的是，C++ 的赋值运算符除了对变量进行赋值以外，作为一种运算符，还具有运算的结果，这是 C++ 与很多其他程序设计语言不同的地方。对于赋值表达式 a=3+5，整个表达式的计算结果也是 8。所以，可以连续使用赋值运算符。例如：

```
a = b = c = 33 + 67;
```


赋值运算符比大多数运算符的优先级都要低,且具有右结合性质,即相邻的赋值运算符从右算到左。所以,上述示例代码执行结束后,变量 a、b 和 c 的值都是 100。

赋值运算符"="是二元运算符,也就是说有两个操作数。赋值运算符和这两个操作数一起构成了赋值表达式,其中左边的操作数必须具有左值的表达式。

左值(lvalue)和右值(rvalue)是来源于 C 语言的概念,简单来说,"="左边的是左值,"="右边的是右值。当一个数据对象被用作右值时,用的是数据对象的值(内容),当数据对象被用作左值时,用的是数据对象的身份(数据在内存中的位置)。

例如,设 i 是一个整型变量,对于表达式 i=i+1,右边的 i 用的就是其右值,左边 i 用的就是其左值,具体执行过程是:先从内存中读出 i 的取值(右值),把该值复制一份,与整数 1 做加法运算,运算的结果根据 i 的内存地址(左值)存储到内存对应的位置。

新手尤其需要注意上述赋值表达式,它是一种赋值运算,最后的结果就是变量 i 存储的值加一,不要与相等判断运算混淆,相等判断是逻辑运算符"=="。

需要指出的是,如果赋值运算中,赋值运算符两边的变量和表达式的类型不同,C++ 先隐含地将表达式的结果转换成变量的类型,再将转换的结果赋给变量。当然也可以显式地转换表达式的值的类型。因此,赋值运算的结果的类型总是与赋值运算符左边的变量的类型一致。例如,如果 a 为浮点变量,b 和 c 为整型变量,那么 a=b+c 计算过程为:先对整型变量 b 与 c 的值进行整数求和,然后将结果转变成浮点类型,再赋给浮点型的变量 a,同时,该浮点值也是整个表达式的值。下面的表达式具有同样的效果。

```
a = (float)(b + c)
```

3.3 节将会进一步介绍类型转换的功能。

2. 复合赋值运算

程序中经常需要对变量进行某种运算,然后把计算的结果再赋给该变量。这种复合操作可以通过复合赋值运算进行简化。复合赋值运算符包括 *=、/=、%=、+=、-=、>>=、<<=、&=、^=、|=。

注意,复合赋值运算符的两个字符之间不能留空格。复合赋值运算符的使用,都可以概括为下面的模式。

```
变量 操作符= 表达式
```

其功能相当于

```
变量 = 变量 操作符 表达式
```

具体操作是:先计算赋值运算符右边的表达式的值,将作为左操作数的变量的当前值与该值做操作符代表的运算,运算的结果复制给变量并作为整个表达式的结果。例如,假设 a 为整型变量,当前值为 10,那么 a += 18 / 3 的计算过程为:先计算 18 除以 3 的整商,得到整数 6,将变量 a 的当前值 10 与 6 求和,得到 16,再将 16 赋给变量 a,整个表达式的结果也是 16。在这个过程中,a 的值被使用了两次,第一次使用 a 的右值,第二次使用 a 的左值。

此外,C++ 11 标准新引入了关键字 and_eq、or_eq、xor_eq,功能分别与复合赋值运算符 &=、

|=、^=等价。

3. 变量初始化

在2.3.2节介绍过,C++允许在声明变量时通过"="对变量进行初始化,给变量定初始值。这个初始值可以是一个表达式,但是要求这个表达式的值在编译时是可计算的,即要求该表达式的值是一个常量。下面是一些合法的带初始化的变量声明。

```
int i = 2;
double x = i + 1.0;
double a = i * x;
```

经过声明和初始化后,变量i的值为2,x的值为3.0,a的值为6.0。

在C++新标准中,允许使用花括号括起来的初始化值列表。例如:

```
double pi = {3.14};
int array[5] = {1, 2, 3, 4, 5};
```

其中,array是一个数组,初始化的结果是数组中5个元素值依次取1、2、3、4、5(详见第6章)。

3.2.6 逗号运算

C++提供了一种特殊的运算符——逗号运算符(,)。该运算符将两个表达式连接起来构成逗号表达式。逗号运算符是一个二元运算符,具有左结合性质,其优先级比前面介绍的运算都要低。其计算过程是:先计算逗号左边的表达式,再计算逗号右边的表达式,并且将右边的表达式的计算结果作为整个表达式的结果。例如:

```
12 + 4, 3 * 5 表达式的结果为 15。
12 + 4, 3 * 5, 4 - 1 表达式的结果为 3。
```

大多数情况,使用逗号表达式的目的是为了顺序计算多个表达式的值,而并非一定要获得逗号运算的结果。第4章将会看到逗号表达式常用于for循环语句中。

3.2.7 条件运算符

条件运算符是一个三目运算符。该运算的一般形式如下:

```
<表达式 1> ? <表达式 2> : <表达式 3> ;
```

条件运算符的含义是:先计算<表达式1>的值,如果为true(非0),则计算<表达式2>的值,并把该值作为整个表达式的值;如果表达式1的值为false(为0),则直接计算<表达式3>的值,并把它作为整个表达式的值。

例如,假设浮点型变量grade的值为70,result为字符型变量,表达式

```
result = grade >= 60 ? 'P' : 'F'
```

的计算过程是:计算条件表达式grade >= 60的值,结果为true,所以直接将'P'作为赋值运算符右边表达式的值,并赋给result,该值也是整个表达式的计算结果。可见,利用条件运算符,可以根据条件完成不同的计算。

条件运算符提示:条件运算表达式允许嵌套使用,即<表达式2>和<表达式3>也可以

是一个条件运算表达式，但是随着嵌套层数的增加，代码的可读性急剧下降，所以一般建议嵌套不超过两层。更复杂的条件判断嵌套应该使用第 4 章介绍的选择结构。

3.2.8 sizeof 运算符

sizeof 运算符返回一个表示式结果值或者一个类型名字所占的字节数，所得到的值是一个类型为 size_t 的无符号整数。例如：

```
cout << sizeof(3 + 5) << endl;                //输出结果为 4
cout << sizeof(int) << endl;                  //输出结果也为 4
```

需要说明，sizeof 运算符用于一个表达式时，并不实际计算该表达式的值，只需确定表达式结果的类型。

3.3 类型转换

在表达式求解过程中，参与运算的操作数的类型可能不完全相同，所以常常需要由一种类型转换成另一种类型。C++ 允许不同类型的数据进行转换，即可以将一种数据类型的数据转换成另一种类型的数据。

但是，由于各种数据类型在表示范围和精度上是不同的，所以有的转换不会丢失数据的精度，而有的转换则会丢失数据的精度。例如，将 int 类型数据转换成 double 类型，不会导致数据的改变，而将 double 类型的数据转换成 int 类型，则会截去 double 的小数部分，从而可能改变数据的值；与此类似，将大的整数类型变为较小的整数类型，如 long 转换成 short，也可能改变数据的值。为此，C++ 规定了一个“提升规则”，说明如何保证当一种数据类型转换为另一种数据类型时不会丢失数据的精度。C++ 按照各种数据类型的表示范围和精度，将各种数据类型由高到低进行排序，如图 3-1 所示。

```
long double             高
double
float
unsigned long long
long long
unsigned long int
long int
unsigned int
int
unsigned short int
short
unsigned char
char                    低
```

图 3-1　数据类型的排序

类型转换是指把一种类型的数据转换成另一种类型的数据，将数据转换成较低的类型可能导致取值不正确。C++ 的类型转换有两种：隐式类型转换和强制类型转换。C++ 语言要求，如果要将数据转换成较低的类型，必须显式地使用强制类型转换；如果将数据转换成较高的类型则可以通过隐式类型转换。

1. 隐式类型转换

隐式类型转换由系统自动隐含地进行。当表达式中操作数据的类型不同时，要进行隐式类型转换，使表达式中的数据类型相同。例如，在算术表达式和赋值表达式中类型不同时，就进行隐式类型转换。

下面是算术表达式中隐式类型转换规则。

(1) 表达式中如有 char、short 和 enum 类型的数据时，自动将它们转换成 int 类型。

(2) 把表达式中不同类型的数据转换成精度最高、占用内存最多的那个数据的类型。例如，3.14/2，由于被除数是浮点数，其精度比除数要高，所以在执行除法运算之前，首先把除数转换为浮点数，然后再执行浮点数的除法。

注意，正如 3.2.5 节的赋值表达式的介绍，自动将赋值运算符右边表达式值的类型转换成左边变量的类型，这时如果左边变量类型的精度低于右边表达式值的类型时，可能会丢失数据的精度，虽然这种转换是由系统自动进行的。

2. 强制类型转换

强制类型转换又称显式类型转换，它把表达式值的类型强制转换成指定的类型。早期的 C++ 语言使用 C 风格的强制类型转换，其一般形式如下：

```
(<目标数据类型>) <原数据类型的数据>
```

例如：

```
(int) 3.14
```

将 3.14 转换成整数 3。

在这种方式中，类型转换也可以看作一种单目运算符，其优先级比乘、除运算符要高。

C++ 语言也可以使用如下的类型转换形式。

```
<目标数据类型> (<原数据类型的数据>)
```

例如：

```
double (3)
```

将 3 转换成双精度浮点数 3.0。

这种方式把类型转换当成函数使用。两种类型转换方式等价。再看以下示例。

```
(double)3/2
```

或

```
double(3)/2
```

是先把整数 3 强制转换成双精度类型，再把 2 隐式转换成双精度类型，最后得到的值是双精度数 1.5。如果修改括号的位置，把上式写成

```
(double)(3/2)
```

或

```
double(3/2)
```

则先计算 3/2 得到整数值 1，再把 1 转换成双精度类型 1.0。

3. 命名类型转换

在类型转换（主要是强制类型转换）中，由精度高、占用内存多的数据类型转换成精度低、占用内存少的数据类型时，不仅改变数据的类型，也可能改变其值，所以使用类型转换时要非常小心。

C++ 语言为了进一步强调类型转换的风险，使得问题追溯更加方便，从 C++ 11 标准开始，为强制类型转换专门引入了 4 个关键字：static_cast、const_cast、reinterpret_cast 和

dynamic_cast,称为命名类型转换,其基本形式如下:

```
xxx_cast < <目标数据类型> > (<原数据类型的数据>)
```

例如:

```
double score = 95.6;
int n = static_cast<int>(score);
```

这两行代码的作用是,先初始化浮点变量 score 为 95.6,然后读取其值,构造一个副本,转换为整数 95(注意不是四舍五入),用该整数值初始化整型变量 n。所以,static_cast 与之前介绍的强制类型转换功能基本一致。但是 static_cast 要比传统强制类型转换更加严格,使用时编译器会对转换过程的安全性进行检查,尤其是对于后面将介绍的指针转换和对象之间的转换来说。

其他 3 种转换各有其适用场景,基本情况如表 3-5 所示。

表 3-5　命名类型转换说明

关　键　字	说　　明
static_cast	用于风险较低的良性转换,一般不会导致意外发生
const_cast	用于 const 与非 const、volatile 与非 volatile 之间的转换
reinterpret_cast	最危险也是最灵活的类型转换,仅仅是对二进制位的重新解释,不会借助已有的转换规则对数据进行调整
dynamic_cast	主要用于 C++ 类层次间之的上行转换和下行转换

3.4　表达式语句

表达式语句是 C++ 最基本的语句。在任何表达式之后加上分号";",就是一个表达式语句。表达式语句的形式如下:

```
表达式;
```

表达式语句的功能是计算分号前表达式的结果,但该计算的结果并没有被再利用。需要特别说明的是,分号是表达式语句的组成部分。

常用的表达式语句是赋值语句和具有返回值的函数调用语句,其中赋值语句就是赋值运算表达式构成的语句,而函数调用语句就是由函数调用构成的语句,第 5 章中将介绍。

注意:C++ 允许仅以分号";"构成一个语句,这种语句称作空语句。空语句仅起标识作用,不做任何事情,一般起到占位作用。

下面是一些表达式语句的示例。

```
a = a + 3;                                  //赋值语句
x = y = z = 0;                              //多重赋值语句
t = 2, t + x + a;                           //逗号表达式语句
z = i <j ? x : x + y ;                      //条件表达式语句
;                                           //空语句
```

```
f1();                                         //函数调用语句
x1 = exp(x);                                  //函数表达式语句,计算 e^x
x2 = pow(x, y);                               //函数表达式语句,计算 x^y
```

上面的 exp 和 pow 都是标准数学库函数,使用这些函数需要包含头文件 cmath。

【例 3-4】 求解一元二次方程 $ax^2+bx+c=0(a\neq0)$。

现在解决最开始提出的问题,求解一元二次方程 $ax^2+bx+c=0(a\neq0)$。众所周知,如果 b^2-4ac(一般称为 Δ)大于 0,则方程的两个根分别是:$(-b+\sqrt{\Delta})/2a$,$(-b-\sqrt{\Delta})/2a$。所以,首先求出 Δ 值,然后根据求根公式计算两个实根,下面是对应的代码。

```
//ex3_4.cpp:求一元二次方程的根
#include <iostream>
#include <cmath>
using namespace std;

int main()
{
    double a, b, c;                          //存放 3 个系数
    double root1, root2;                     //存放 2 个实根
    cout << "Please input three coefficients in order: ";
    cin >> a >> b >> c;
    double delta;
    delta = b * b - 4 * a * c;
    root1 = (-b + sqrt(delta)) / (2 * a);
    root2 = (-b - sqrt(delta)) / (2 * a);
    cout << "Two real roots are: " << root1 << "\t" << root2 << endl;
    return 0;
}
```

程序运行结果:

```
Please input three coefficients in order: 1 -5 6
Two real roots are: 3    2
```

因为用到开根号函数,所以程序引入了数学库 cmath。需要说明的是,这里并没有考虑 Δ 小于或等于 0 和系数 a 等于 0 这些异常情况。如果要改进这一问题,需要引入第 4 章的判断选择语句。

习　　题

3.1　将下列数学表达式改写为程序表达式。

(1) $\dfrac{\cos x}{a+b+c}$　　　　(2) $\sqrt{(x+y)^2+(x-y)^2}$

(3) $\sin\alpha/\cos\beta+\tan\delta$　　　　(4) $\dfrac{|x-y|}{z+x}$

3.2　假设 a=4,b=10,c=2,计算下面算术表达式的值。

(1) a+b * c/(a+c)%3/a

(2) (float)(a+c)/3+(b-a)%a

(3) a = b = (c = a += 6)

3.3　假设 x=3, y=10, z=12,判断下面关系表达式或者逻辑表达式的真假。

(1) x-y>y-z　　(2) x<=y&&(x>0)||(y>0)

(3) !(x-y)>0||(y-z>0)　　(4) x+z==y||z-x<0

3.4　执行下列语句后,3 个变量 a、b、c 的值各为多少?

```
int  a,  b,  c;
a=20;
b=++a;
c=a++;
```

3.5　若 x=3,y=2,z=1,下列各式的结果是什么?

(1) x|y &z　　(2) x|y-z　　(3) x^y&-z　　(4) x <<=2　　(5) y << 2

3.6　若 x=1,y=-1,下列各式的结果是什么?

(1) !x|x　　(2) ~x|x　　(3) x^x　　(4) x <<=2　　(5) y << 2

3.7　设计一个程序,测试你的计算机是如何处理下面的移位运算的:

(1) 如果向左移位运算>>和向右移位运算<<的右操作数是负数,结果是什么?

(2) 如果向右移位运算<<的左操作数是有符号类型,并且为负数(最高位为 1),高位填充的值是 0 还是 1?

3.8　写出下面表达式运算后 a 的值,设原来 a 的初始值为 12。

(1) a+=a　　(2) a-=2

(3) a*=2+3　　(4) a/=a+a

(5) a%=(n%=2),n 的值等于 5　　(6) a+=a-=a*=a

3.9　先分析下面程序的代码,得出其预期运行结果,然后上机实际运行程序,对比验证与分析的结果是否一致。

```
#include <iostream>
using namespace std;
int main()
{
    int a = 3, b = 7, c, d;
    c = ++a+b++;
    d = (++a)+(++b);
    cout << a << '\t' << b << '\t' << c << '\t' << d << endl;
    return 0;
}
```

3.10　设计一个计算体重指数 BMI(Body Mass Index)的程序,BMI 是体重(kg)除以身高(m)的平方,从键盘输入一个人的体重和身高,计算其 BMI 指数并输出。

3.11　设计一个程序,从键盘输入一个圆的半径,求其周长和面积。

3.12　设计一个程序,从键盘输入一个圆柱底面圆的半径、圆柱的高,求其表面积和体积。

3.13　设计一个程序,从键盘输入一个 3 位正整数,程序逆序输出该整数。例如,若输入 123,则程序输出 321。

3.14　设计一个程序,输入一个整数,判断是否同时满足除 3 余 2、除 5 余 3 和除 7 余 2,如果满足则输出 Yes,否则输出 No。

3.15　设计一个程序，从键盘输入以秒数表示的时间段，然后换算成以天、小时、分钟和秒的组合方式来表示这个时间段，并打印输出。

3.16　美国汽车的油耗量指标是以1加仑(等于3.785L)燃油的行驶里程(以mile为单位，100km等于62.14mile)来表示，单位为mpg(miles per gallon)，中国的汽车油耗量指标一般是行使100km消耗的燃油量，单位为L/100km。所以，27mpg约合8.7L/100km。设计一个程序，用户输入美国标准的汽车油耗量指标，计算转换为中国标准的汽车油耗量，并输出结果。

第 4 章 控制结构

【学习内容】

本章介绍 C++ 的基本控制结构，学习结构化程序设计方法。主要内容包括：

◆ 顺序结构：复合语句。

◆ 选择结构：if 语句、if-else 语句和 switch 语句。

◆ 循环结构：while 语句、do-while 语句和 for 语句。

◆ 控制转移语句：continue 语句、break 语句和 goto 语句。

【学习目标】

◆ 熟练使用控制结构进行结构化程序设计。

◆ 掌握自顶向下、逐步求精的结构化程序设计方法。

程序从本质上说是描述一定数据的处理过程。对数据的加工和处理往往是复杂的。前面看到，通过计算表达式可以实现对数据的简单处理，如果要对数据进行更为复杂的处理，还需要利用程序设计语言提供的各种控制机制。在 C++ 中，这些控制机制都具有良好的结构性，通过组合可以实现强大的计算功能，满足复杂的需求。

4.1 程序的语句和基本控制结构

程序是由若干语句组成的。不同程序语言都有不同形式和功能的各种语句。从功能上说，语句分成说明性语句和执行性语句两类。说明性语句旨在声明各种不同数据类型的变量或运算，而执行性语句旨在描述程序的动作，即对数据如何进行操作。

构成一段程序的若干语句可以按照顺序一条一条地执行，这种顺序结构是简洁的。但在现实世界中，很多问题的解决都难以严格按照顺序进行，不可避免地遇到需要进行选择、需要不断循环反复的情况。这时，控制的顺序会发生转移，而非从前向后逐一执行。程序设计也是如此。因此，程序中除了顺序结构以外，通常还有选择结构、循环结构和控制转移机制。

从结构化程序设计观点看，所有程序都可只用 3 种控制结构(顺序结构、选择结构和循环结构)实现，Bohm 和 Jacopini 的研究已经证明了这一点。C++ 在默认情况下采取顺序结构，即除非特别指明，计算机总是按语句顺序一条一条地执行。为使程序更清晰、更易调试与修改，并且不容易出错，结构化编程要尽量少用或者不用 goto 等跳转语句。

C++ 为了支持这些控制结构，提供了丰富、灵活的语句。C++ 除了说明性语句外，还提供了 5 种形式的执行性语句：表达式语句、空语句、函数调用语句、复合语句(又称块)、控制语句等。表达式语句见3.4节，空语句即除了一个分号外没有其他内容，经常用于方便格式控制，函数调用语句在第5章介绍，本章介绍复合语句和控制语句。

C++提供了3种选择结构，即if选择结构、if-else选择结构和switch选择结构。if选择结构也称为单分支选择结构，选择或跳过一个操作；if-else选择结构也称为双分支选择结构，在两个不同操作中选择其一执行；switch选择结构也称为多分支选择结构，在多个不同操作中做出选择。

C++提供了while、do-while和for 3种循环结构。

C++规定if、else、switch、while、do和for等都是关键字，这些关键字是C++语言保留的，不能作为变量名等一般标识符。

4.2 顺序结构——复合语句

C++程序由若干语句构成。语句规定了对数据进行加工处理的顺序和方法，大部分语句按它在程序中的位置顺序执行，C++提供了复合语句来描述顺序结构。

复合语句也称为分程序或块，是包含在一对花括号内的任意的语句序列。有时也把用花括号括起来的一段程序称为程序块。作为复合语句结束标志的右花括号后不需要分号。

在复合语句内可以有数据声明，被声明的数据仅在声明它的复合语句内起作用。

复合语句是典型的顺序结构，其中的语句按照书写的顺序依次执行，除非有其他控制语句改变了控制流程。执行流程如图4-1所示。

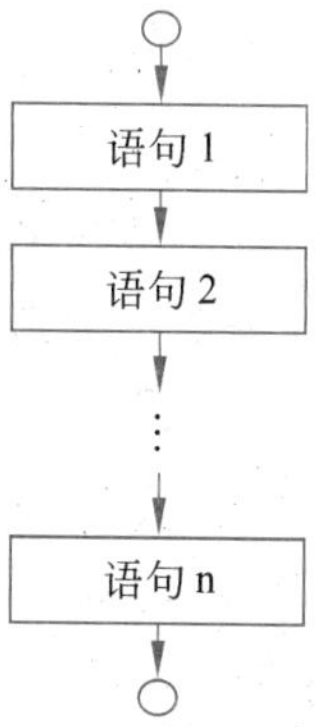

语句1

语句2

⋮

语句n

图4-1 复合语句的执行流程

注意，在复合语句中还可以含有复合语句，这种情况称为复合语句的嵌套。

程序设计风格提示：*书写复合语句时，左右花括号要对齐，组成复合语句的各语句要相对花括号缩进一层并对齐。*

下面通过一个计算三角形面积的程序来说明复合语句的使用。

【例4-1】 计算一个三角形的面积。关于三角形面积，有一个经典的海伦公式：设三角形的3条边长分别是a、b和c，设 $p=(a+b+c)/2$，三角形面积等于 $\sqrt{p(p-a)(p-b)(p-c)}$。按该公式，计算三角形面积的程序如下。

```
//ex4_1.cpp:计算三角形的面积
#include <iostream>
#include <cmath>
using namespace std;

int main()
{
    double a, b, c;                                  //存储三角形的3条边长
    cout << "Please input the length of the three sides of a triangle:";
    cin >> a >> b >> c;

    {   //计算三角形的面积
        double p, area;
```

```
            p = (a + b + c) / 2;
            area = sqrt(p * (p - a) * (p - b) * (p - c));
            cout << "The area of the triangle is:" << area << endl;
        }

        return 0;
    }
```

程序运行结果：

```
Please input the length of the three sides of a triangle:3 4 5
The area of the triangle is:6
```

在 main 函数中有一个复合语句，这个复合语句含有两个变量声明、两个赋值表达式和一个输出语句。注意，变量 p 和 area 仅在这个复合语句中起作用；而变量 a、b 和 c 在整个函数范围内都可以使用，包括复合语句内。变量的可使用范围称为变量作用域(variable scope)。

需要说明，从完整性角度出发，该程序应该检查输入的三角形边长的合法性，如果不能构成三角形，则要给用户以提示。

4.3 选择结构

程序中除了顺序处理以外，有时还需要根据某些特定的条件决定对数据进行不同的操作，这就需要一种判断和选择的机制。为此，C++ 语言提供了 3 种类型的选择结构：if 选择结构、if-else 选择结构和 switch 选择结构。这 3 种结构可以实现单分支选择、双分支选择和多分支选择功能。

4.3.1 if 选择结构

像许多程序设计语言一样，C++ 也提供 if 选择语句，其一般形式如下：

```
if  (<条件表达式>)
    <语句>
```

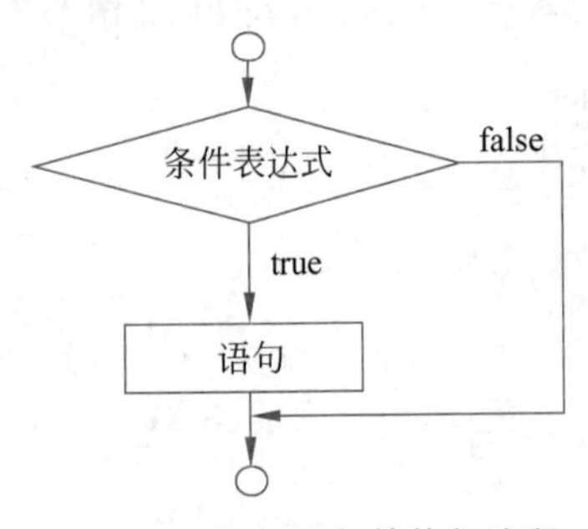

图 4-2 if 选择语句的执行流程

如果<条件表达式>的值为非 0(true)，即“真”，则执行指定的<语句>，然后按顺序执行 if 语句的后继语句。如果<条件表达式>的值为 0(false)，即“假”，则忽略<语句>，按顺序执行 if 语句的后继语句。执行流程如图 4-2 所示。

程序设计风格提示：从语法上来说，整个 if 语句可以写成一行。如果测试表达式和语句都非常简单，那么整个语句可以写在一行内；否则，最好在测试表达式后换行，而且语句部分要相对 if 缩进一层，如果是复合语句更应如此。

从第 3 章的内容可知，任何合法的逻辑表达式都可以充当 if 语句的测试条件。事实上，C++ 也可以用任何表达式作为测试条件：如果表达式的值(准确来说是二进制形式的)为非 0，就认为它为“真”；如果表达式的值为 0，就认为它为“假”。

【例 4-2】 if 选择结构语句示例：根据输入的成绩输出不同的信息。

```
//ex4_2.cpp:if 选择结构语句示例
#include <iostream>
using namespace std;

#define PASS_GRADE          60
#define EXCELLENT_GRADE   90

int main()
{
    int score;

    //输入成绩
    cout << "Please input your score:";
    cin >> score;

    //关系表达式作为测试条件
    if (score < PASS_GRADE)
        cout << "Sorry, you've failed!\n";

    if (score >= PASS_GRADE)
        cout << "Congratulation, you've passed!\n";

    if (score > EXCELLENT_GRADE)
        cout << "You've got an excellent score!\n";

    //复杂逻辑表达式作为测试条件
    if (score >= PASS_GRADE && score <= EXCELLENT_GRADE)
        cout << "Work harder!\n";

    return 0;
}
```

程序运行结果：

```
Please input your score:76
Congratulation, you've passed!
Work harder!
```

4.3.2 if-else 选择结构

if 选择结构只有在条件为真时才执行指定的动作；否则就跳过这个动作。实际应用中，我们经常需要根据测试条件的真假分别执行不同的处理，这种情况下 if 选择结构用起来就不自然了。为此，C++ 提供了一种双分支选择结构——if-else 选择结构，可以在条件为真或假时分别执行指定的不同动作。C++ 的 if-else 语句的一般形式如下：

```
if (<条件表达式>)
    <语句 1>
else
    <语句 2>
```

else 和＜语句 2＞称为 else 分支或 else 子句。上述结构表示：如果＜条件表达式＞的值为非 0，即“真”(true)，则执行＜语句 1＞，执行完＜语句 1＞后继续执行整个 if-else 语句的后继语句;如果<条件表达式>的值为 0,即“假”(false),那么跳过<语句 1>而执行<语句 2>,执行完<语句 2>后继续执行整个 if-else 语句的后继语句。也就是说,if-else 语句总是根据<条件表达式>的结果,选择<语句 1>和<语句 2>中的一个执行。执行流程如图 4-3 所示。

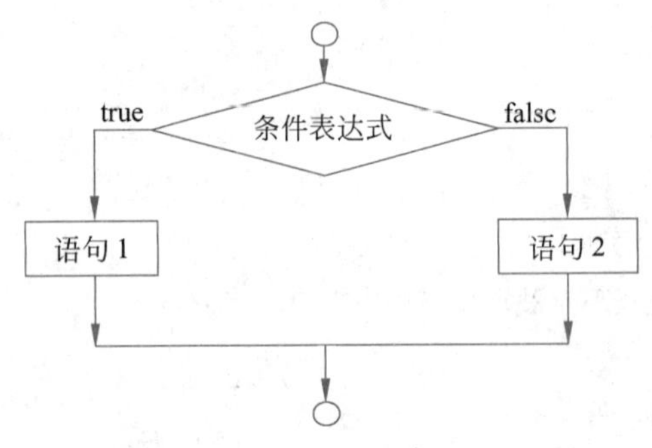

图 4-3　if-else 选择语句的执行流程

程序设计风格提示:书写 if-else 语句时,if 和 else 要对齐,而分支的语句部分要缩进一层。

对于例 4-2 的程序段,可以修改成

```
if (score >= PASS_GRADE)
    cout <<"Congratulation,you've Passed!\n";
else
    cout <<"Sorry,you've Failed!\n";
```

这样实现的功能是:学生的成绩大于或等于 60 时输出“Congratulation,you've passed!”;小于 60 时输出“Sorry,you've failed!”。在这两种情况下,完成输出之后都会按顺序执行整个 if-else 语句的后继语句。例 4-3 给出了用 if-else 选择结构实现根据成绩输出信息的功能。

【例 4-3】 if-else 选择结构语句示例:根据用户输入的成绩,判断并输出考试是否通过的信息。

```
//ex4_3.cpp:if 选择结构语句示例
#include <iostream>
using namespace std;

int main()
{
    int score;

    //输入成绩
    cout << "Please input your score:";
    cin >> score;

    //根据成绩输出考试是否通过的信息
    if(score >= 60)
        cout << "Congratulation, you've passed!\n";
    else
        cout << "Sorry, you've failed!\n";

    return 0;
}
```

输入及格分数时程序运行结果：

```
Please input your score:85
Congratulation, you've passed!
```

输入不及格分数时程序运行结果：

```
Please input your score:55
Sorry, you've failed!
```

对于 if-else 选择结构，需要说明下面几点。

（1）＜语句 1＞和＜语句 2＞目前只有一条语句，但＜语句 1＞和＜语句 2＞可以是复合语句，即如果各分支有多于一条语句要执行时，必须使用{和}把这些语句包括在其中，此时选择结构语句形式如下：

```
if (表达式)
{
    语句块 1
}
else
{
    语句块 2
}
```

对于例 4-1，可以先判断输入的边长是否满足能构成三角形的合法性要求，满足根据海伦公式求面积，否则提示输入的边长不合法。所以，基于 if-else 选择结构，改进后的程序代码如下：

```
int main()
{
    double a, b, c;                                   //存储三角形的 3 条边长
    cout << "Please input the length of the three sides of a triangle:";
    cin >> a >> b >> c;

    if ((a + b > c) && (b + c > a) && (c + a > b))
    {   //计算三角形的面积
        double p, area;
        p = (a + b + c) / 2;
        area = sqrt(p * (p - a) * (p - b) * (p - c));
        cout << "The area of the triangle is:" << area << endl;
    }
    else
        cout << "The inputted length of sides are illegal.\n";

    return 0;
}
```

（2）if 选择结构与 if-else 选择结构中的分支可以是任何合法的语句，可以是简单的表达式语句，也可以是复合语句，甚至可以是 if 语句和 if-else 语句，这种情况称为 if 选择结构或 if-else 选择结构的嵌套。出现这类嵌套时，要特别注意 if 和 else 的匹配问题。例如：

```
if (x >20 || x < -10) if (y <=100 && y > x) cout<<"Good"; else cout<<"Bad";
```

如图4-4所示,有两种可能的解释。

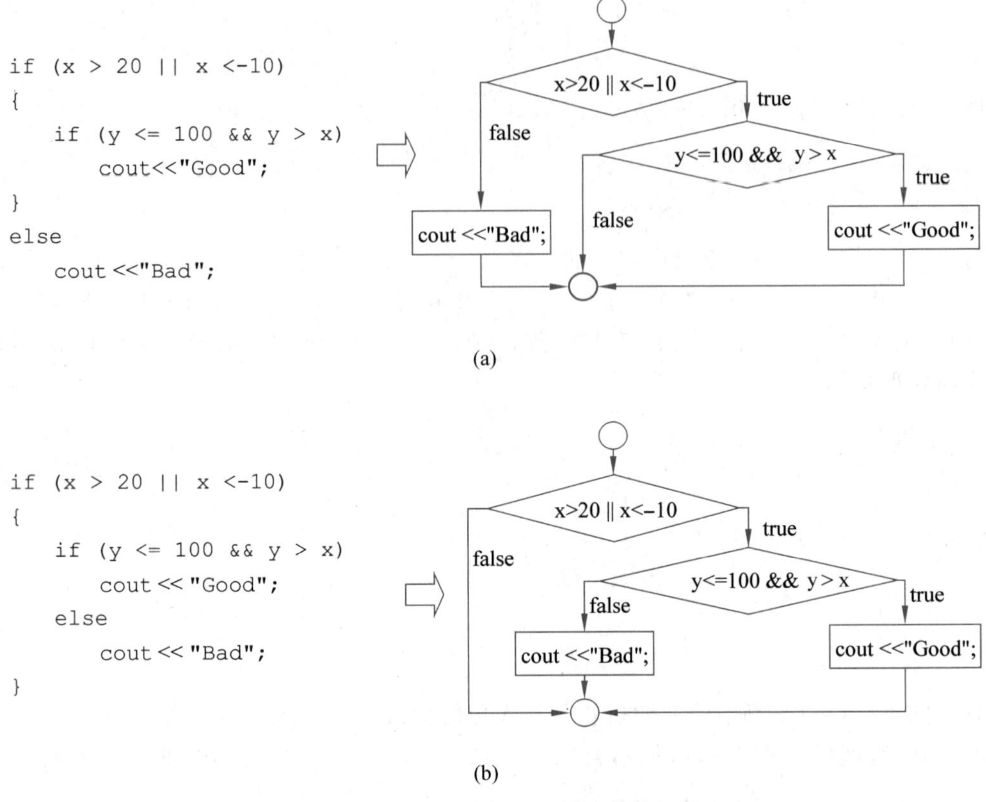

图 4-4　两种可能的解释及对应的流程图

图4-4(a)的解释是else与外层的if匹配,可视为在一个if-else语句中嵌套了一个if语句;图4-4(b)的解释为else与内层的if匹配,可视为在一个if语句中嵌套了一个if-else语句。这种出现不同的解释的现象称为二义性,不同的解释将导致不同的执行效果。然而程序只能采取一种执行方式。对于这种情况,C++规定:else分支总是与最近的一个尚未匹配的的if语句匹配,上例中的else与if (y<=100 && y > x)相匹配,也就是说C++按照图4-4(b)右边的解释执行。如果要让else与if (x > 20 || x<−10)相匹配,必须用复合语句,通过花括号来明确匹配关系,例如图4-4(a)所示的代码。

(3) 对于复杂连续的判断,可以采用阶梯式嵌套的if-else-if结构。其一般形式如下:

```
if (<测试表达式 1>)
    <语句 1>
else if (<测试表达式 2>)
    <语句 2>
else if (<测试表达式 3>)
    <语句 3>
⋮
else
    <语句 n>
```

这种结构是从上到下逐个对条件进行判断,一旦发现测试条件满足就执行与它对应的语句,执行完后,整个if-else-if结构就执行完了。从效果上看,相当于一旦满足某个条件就执行与它对应的语句,并跳过其他剩余分支语句。如果没有一个条件得到满足,则执行最后一个else后面的<语句n>。最后这个else常起着默认处理的作用。类似地,如果某个条件的处理部分有多于一条语句要执行,必须使用花括号“{”和“}”把这些语句包括在其中,构成一个复合语句。

【例4-4】 修改完善例3-4,实现完整的求一元二次方程$ax^2+bx+c=0$实数根的功能,要求能处理$\Delta<0$和系数$a=0$等特殊情况。

设计思想:这里需要考虑$a=0$、$\Delta>0$、$\Delta=0$和$\Delta<0$这4种情况,所以在输入3个系数后,先计算Δ值,然后再用阶梯式嵌套的if-else-if结构实现连续4种情况的判断。

```
//ex4_4.cpp:求一元二次方程的实数根
#include <iostream>
#include <cmath>
using namespace std;

int main()
{
    double a, b, c;                                    //存放3个系数
    cout << "Please input three coefficients in order:";
    cin >> a >> b >> c;
    double delta = b * b - 4 * a * c;
    if (a == 0)
        cout << "Input error." << endl;                //输入有误
    else if (delta > 0)
    {
        double root1 = (-b + sqrt(delta)) / (2 * a);
        double root2 = (-b - sqrt(delta)) / (2 * a);
        cout << "Two real roots:" << root1 << "\t" << root2 << endl;
    }
    else if (delta == 0)
    {
        double root = (-b) / (2 * a);
        cout << "Only one real root:" << root << endl;
    }
    else
        cout << "No real root." << endl;
    return 0;
}
```

程序运行结果:

```
Please input three coefficients in order:0 1 2
Input error.
Please input three coefficients in order:1 3 2
Two real roots:-1      -2
Please input three coefficients in order:1 2 1
Only one real root:-1
Please input three coefficients in order:1 2 3
No real root.
```

需要说明,当系数$a=0$时,因为不符合一元二次方程的要求,这里视为输入错误,但严格来说方程此时也可能存在解。

【例 4-5】 输入 3 个数,按照由大到小的顺序将 3 个数显示出来。

设计思想:这是一个排序问题。排序的方法很多,这里用最简单的方法将 3 个数排序。首先比较第一个数与第二个数的大小,较大的暂定为最大数,较小的暂定为最小数;然后将第三个数与暂定的最大者和最小者进行比较,最后确定大小顺序。

```
//ex4_5.cpp:输入 3 个数,并按最大到小的顺序显示
#include <iostream>
using namespace std;

int main()
{
    int num1, num2, num3;
    int max, min, mid;

    //输入数据
    cout << "Please input three integers:\n";
    cin >> num1 >> num2 >> num3;

    //比较第一个数与第二个数的大小,较大的暂定为最大数,较小的暂定为最小数
    if (num1 < num2)
    {
        min = num1;
        max = num2;
    }
    else
    {
        min = num2;
        max = num1;
    }

    //将第三个数与暂定的最大者和最小者进行比较
    if (max < num3)
    {
        mid = max;
        max = num3;
    }
    else if (min > num3)
    {
        mid = min;
        min = num3;
    }
    else
        mid = num3;

    //输出
    cout << "The sorted integers are: ";
    cout << max << " " <<  mid << " " << min << endl;

    return 0;
}
```

程序运行结果：

```
Please input three integers:
12 56 34
The sorted integers are: 56 34 12
```

4.3.3 switch 选择结构

有时需要对多于两种可能性的情况进行分别处理，利用嵌套的 if-else 语句是一种实现方法。

【例 4-6】 如果学生的考试成绩采取百分制(分数为 0～100 的整数)评定，现要根据输入的学生成绩输出对应的等级评定(A、B、C、D 和 E)。

```
//ex4_6.cpp:根据输入的学生成绩(百分制，分数为 0~100 的整数)输出对应的等级评定(A、B、C、D、E)
#include <iostream>
using namespace std;

int main()
{
    int score;

    //输入分数
    cout << "Please input the score:";
    cin >> score;

    //判断并输出等级
    if (score >= 90)
        cout << "Grade is " << 'A' << '.' << endl;
    else if (score >= 80)
        cout << "Grade is " << 'B' << '.' << endl;
    else if (score >= 70)
        cout << "Grade is " << 'C' << '.' << endl;
    else if (score >= 60)
        cout << "Grade is " << 'D' << '.' << endl;
    else if (score >= 0)
        cout << "Grade is " << 'E' << '.' << endl;
    else
        cout << "The score is illegal!" << endl;

    return 0;

}
```

下面是两种可能的运行结果：

```
Please input the score:90
Grade is A.

Please input the score:77
Grade is C.
```

从这个程序可以看出，嵌套的 if-else 结构确实可以处理多分支的情况，但在表现各分支之间的关系上并不自然,容易出错。对于这类情况,C++ 提供了一种 switch 多分支选择结构,也称为开关语句。switch 语句格式如下:

```
switch(<条件表达式>)
{
    case <常量表达式 1>:
        <语句序列 1>
    case <常量表达式 2>:
        <语句序列 2>
     ⋮
    case <常量表达式 n>:
        <语句序列 n>
    default:
        <语句序列 n+1>
}
```

上述语句中,switch、case 和 default 为 C++ 的关键字;<条件表达式>是值为整型的表达式;每个 case 对应一个分支处理;default 分支为默认处理分支;<常量表达式 1>～<常量表达式 n>都是值为整型常量的表达式;<语句序列 1>～<语句序列 n+1>都是一组语句,可以为空。

switch 语句执行时,首先计算<条件表达式>得到一个整型的值,将该值与<常量表达式 1>～<常量表达式 n>的值逐个进行比较,如果与其中一个相等,则执行该常量表达式下的语句序列。注意,执行完该常量表达式对应的语句序列后,还将继续执行后续分支的处理语句序列,直到 switch 语句结束或者遇到转移指令;如果测试表达式的值不与任何一个常量表达式的值相等,则执行 default 分支后面的语句。switch 语句的执行流程如图 4-5 所示。

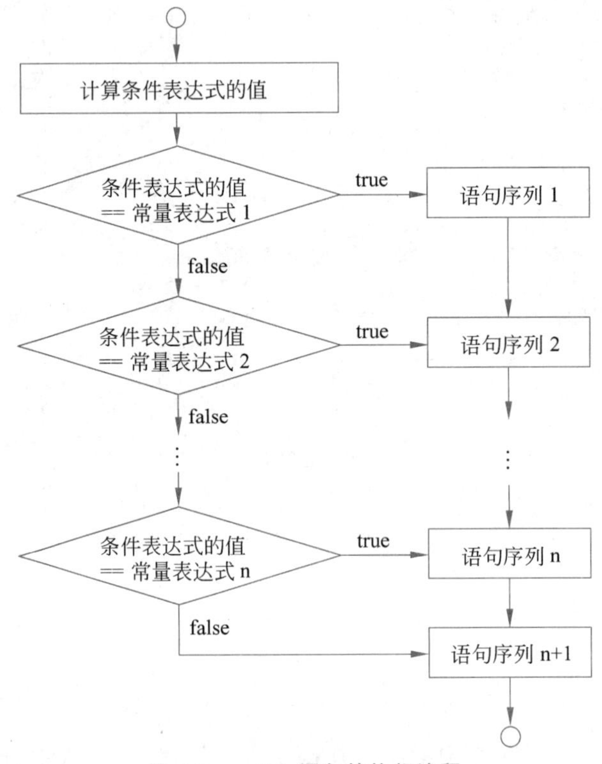

图 4-5　switch 语句的执行流程

需要注意以下3点。

(1) switch语句中测试表达式可以是整数值,也可以是字符。

(2) 并不要求各分支处理要覆盖测试表达式的所有取值,可以省略一些case和default。

(3) 每个case或default后的语句序列可以包含多条语句,不需要使用花括号括起来。

程序设计风格提示:写switch语句时,switch及测试表达式单独一行,各case分支和default分支要缩进一层并对齐,分支处理语句要相对再缩进一层,以体现不同层次的结构。

需要特别指出的是,当一个分支条件得到满足时,执行完该分支的语句序列后,switch结构还将继续执行后续分支的处理语句序列。那么,如果需要执行完一个分支后就结束整个switch语句,应该如何设计呢?C++提供了一种简便的方法——使用break语句。

break语句是一种控制转移语句,该语句只能出现在switch结构和循环结构中。执行break语句,将导致终止包含该break语句的最内层的switch结构或循环结构,程序控制离开该switch结构或循环结构,直接执行其后继语句。switch语句格式如下:

```
switch(<条件表达式>)
{
    case <常量表达式 1>:
        <语句序列 1>;
        break;
    case <常量表达式 2>:
        <语句序列 2>;
        break;
    ⋮
    case <常量表达式 n>;
        <语句序列 n>;
        break;
    default:
        <语句序列 n+1>;
}
```

switch语句的执行过程:首先计算<条件表达式>,将得到的整型值与<常量表达式1>~<常量表达式n>的值逐个进行比较,一旦检测到与其中一个相等,则执行该常量表达式下的语句序列,执行完后,紧接着就执行break语句,离开该switch结构,不再执行后续分支的处理语句序列,直接转向整个switch语句的后继语句。

在程序设计过程中,可以灵活使用空的分支处理语句序列和break语句,以满足不同的处理需求。

【例4-7】 用switch语句实现成绩转换:根据输入的学生成绩(百分制,分数为0~100的整数)输出对应的等级评定(A、B、C、D和E)。

```
//ex4_7.cpp:根据输入的学生成绩(百分制,分数为 0~100 的整数)输出对应的等级评定(A、B、C、D、E)
#include <iostream>
using namespace std;

int main()
{
    int score;
    //输入分数
    cout << "Please input the score: \n";
```

```
    cin >> score;
    if (score < 0 || score > 100)
    {
        cout << "The score is illegal!" << endl;
        return 0;
    }
    int scorePhrase = score / 10;                  //计算分数段

    //判断并输出等级
    switch ( scorePhrase )
    {
        case 10:
        case 9:
            cout << "Grade is " << 'A' << '.' << endl;
            break;
        case 8:
            cout << "Grade is " << 'B' << '.'  << endl;
            break;
        case 7:
            cout << "Grade is " << 'C' << '.'  << endl;
            break;
        case 6:
            cout << "Grade is " << 'D' << '.'  << endl;
            break;
        case 5:
        case 4:
        case 3:
        case 2:
        case 1:
        case 0:
            cout << "Grade is " << 'E' << '.'  << endl;
            break;
        default:
            cout << "The score is illegal!" << endl;
    }

    return 0;
}
```

下面是几种可能的运行结果：

```
Please input the score:
85
Grade is B.

Please input the score:
55
Grade is E.

Please input the score:
120
The score is illegal!
```

从上例可以发现，多个case可以共用一组执行语句，例如当scorePhrase小于或等于5的情况。

4.4 循环结构

实际生活中，经常遇到需要对数据进行反复处理的情况。例如，为了统计某学生的考试的总分，需要反复地将每门课程的成绩累加到总和中，直到所有的课程都处理完毕；全班所有学生的成绩通过反复的加法运算累加起来，然后求得平均成绩。为了支持对这类问题的处理，高级程序设计语言提供了多种循环控制结构，使得程序员能够方便地进行程序设计。C++ 有 3 种基本的循环控制结构：while 语句、do-while 语句和 for 语句。这 3 种循环结构具有不同的特点，分别适用于不同的应用场合。

4.4.1 while 循环语句

while 循环语句的一般形式如下：

```
while (<条件表达式>)
    <语句>
```

while 是 C++ 的关键字，是 while 语句开始的标记，＜条件表达式＞为一个合法的表达式，作为循环控制条件，＜条件表达式＞后面的语句是循环体。

while 语句执行过程是：首先计算＜条件表达式＞的值，如果＜条件表达式＞的值为 0（即 false），则跳过指定的＜语句＞，执行整个 while 语句的后继语句；如果＜条件表达式＞的值为非 0（即 true），则执行指定的＜语句＞，执行完该语句后，再计算＜条件表达式＞的值，如果＜条件表达式＞的值仍然为非 0，则继续执行指定的＜语句＞，再进行测试，以此类推，直到＜条件表达式＞的值为 0，再跳过指定的＜语句＞，结束整个 while 语句的执行，接着执行整个 while 语句的后继语句。其执行流程如图 4-6 所示。

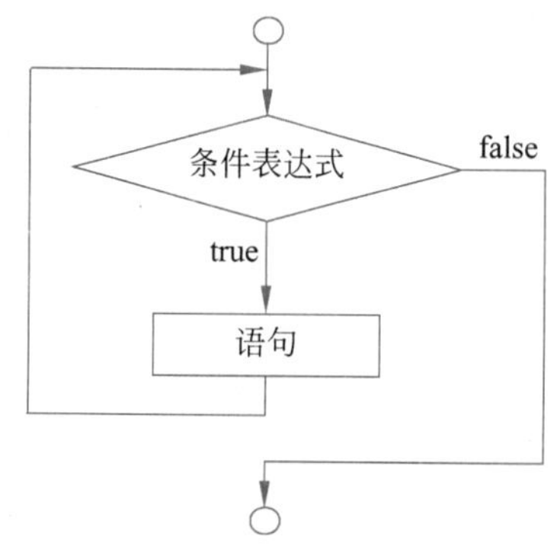

图 4-6　while 语句的执行流程

程序设计风格提示：书写 while 语句时，while 及测试表达式单独一行，循环体的语句要缩进一层。

如图 4-5 所示，while 语句的执行总是先测试＜条件表达式＞是否满足，然后才决定是否继续执行循环体。while 语句特别适合非定数循环，即循环重复的次数在设计程序时不能确定，要依赖于运行时的具体情况。

【例 4-8】　利用 while 循环语句设计一个程序，该程序能够从键盘上接收任意多个非负数（以负数作为数据输入的结束标记），并计算出这些数据的和。

设计思路：由于不知道待求和数据的实际数目，所以无法预知循环执行的次数，只能根据输入的数据是否为负数来判断是否还有数据需要处理。流程图如图 4-7 所示。

```
//ex4_8.cpp:计算任意多个非负数的和
#include <iostream>
using namespace std;
```

```
int main()
{
    //初始化
    int sum = 0;
    int i;

    //输入数据到 i
    cout << "Please input integers, using negative as the end mark:\n";
    cin >> i;

    //求和
    while ( i >= 0 )
    {
        sum = sum + i;
        //输入下一数据到 i
        cin >> i;
    }

    //输出
    cout << "The sum of the input integers is: " << sum << endl;

    return 0;
}
```

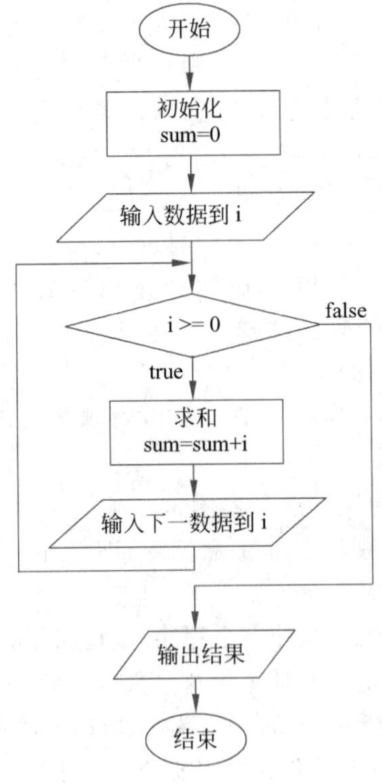

图 4-7　计算任意多个非负数的和的流程图

程序运行结果：

```
Please input integers, using negative as the end mark:
```

```
12 34 56 78 -2
The sum of the input integers is: 180
```

需要注意以下 3 点。

(1) 在 while 循环体内也允许空语句。

(2) 可以有多层循环嵌套。

(3) 循环体的语句可以是复合语句体,此时必须用花括号“{”和“}”括起来。

【例 4-9】 编写一个程序,输出 100 以内的斐波那契(Fibonacci)数列,其定义如下:

$a_1 = 1$

$a_2 = 1$

$a_n = a_{n-1} + a_{n-2}, \quad n \geqslant 3$

设计思想:由于不知道 100 以内的斐波那契数列元素的确切数目,因而只能先检查当前产生的元素的大小,如果小于或等于 100,则继续产生后续的数列元素,直到元素的值大于 100 就终止循环。算法描述如图 4-8 所示。

1. 初始化:a1 置为 1,a2 置为 1;
2. 计算并输出数列元素:
   如果 a1 和 a2 都小于或等于 100,那么反复执行:
   2.1 输出当前的数列元素 a1 和 a2;
   2.2 计算下一组元素:
      2.2.1 a1 = a1 + a2;
      2.2.2 a2 = a2 + a1;
3. 判断并输出最后一组元素:
   3.1 如果 a1 <= 100,输出 a1;
4. 结束。

图 4-8 输出的 100 以内的斐波那契(Fibonacci)数列的算法

```
//ex4_9.cpp:输出的 100 以内的 Fibonacci 数列
#include <iostream>
using namespace std;

int main()
{
    //初始化
    int a1 = 1, a2 =1;

    //计算并输出数列元素
    while (( a1 <= 100 ) && ( a2 <= 100 ))
    {
        cout << a1 << "\t";
        cout << a2 << endl;
        a1 = a1 + a2;
        a2 = a2 + a1;
    }

    //判断并输出最后一组元素
    if (a1 <= 100)
        cout << a1 << endl;
```

```
    return 0;
}
```

程序运行结果：

```
1       1
2       3
5       8
13      21
34      55
89
```

另外，要注意理解程序的循环中计算数列元素的两个赋值语句的功能，以及最后一组元素为什么只需要判断并输出 a1。

4.4.2 do-while 循环语句

C++ 还提供了另外一种循环结构——do-while 语句，其一般格式如下：

```
do
    <语句>
while (<条件表达式>) ;
```

do 和 while 都是 C++ 的关键字，do 和 while 之间的语句是循环体，<条件表达式>作为循环控制条件，整个 do-while 语句的最后是作为语句结束标志的分号。

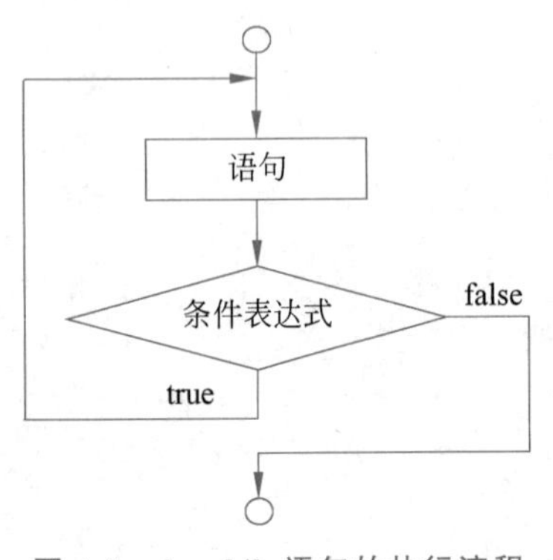

图 4-9 do-while 语句的执行流程

do-while 语句构成的循环与 while 语句构成的循环有所不同：它先执行循环中的<语句>，然后计算<条件表达式>的值，判断条件的真假，如果为 true，则继续循环；如果为 false，则终止循环，继续执行整个 do-while 语句的后继语句。do-while 语句的执行流程如图 4-9 所示。

同样当循环体由多个语句组成时，要用花括号“{”和“}”把它们括起来，组成一个复合语句。此外，还需注意 do-while 循环的条件表达式部分的变量必须是在循环体外部定义的。

程序设计风格提示：书写 do-while 语句时，do 单独一行，循环体的语句要缩进一层，while 与 do 对齐。若循环体是复合语句，while 可接在复合语句右花括号后面。

【例 4-10】 编写程序，用下面的公式计算 π 值，直到最后一项的绝对值小于 10^{-7}。

$$\frac{\pi}{4}\approx 1-\frac{1}{3}+\frac{1}{5}-\frac{1}{7}+\cdots$$

程序如下实现。

```
//ex4_10.cpp:计算 π 的值
#include <iostream>
#include <iomanip>
```

```
#include <cmath>
using namespace std;

int main()
{
    //初始化
    double pi = 1.0;
    double t = 1.0;
    int n =1;
    //求数列元素
    do
    {
        t = 1.0 / (2 * n + 1);
        if (n % 2 == 1)
            t = -t;
        pi += t;
        n ++;
    } while ( fabs(t) > 1e-7 );

    pi = 4 * pi;
    cout << "PI = " << setprecision( 7 ) << pi << endl;

    return 0;
}
```

程序运行结果：

```
PI=3.141593
```

可以看出，do-while 语句与 while 语句功能相似，很多循环问题用两种方法都可以实现，但二者也有一些明显差异。具体来说，do-while 语句是一种出口控制的循环结构，其循环体至少要被执行一次；而 while 语句是入口控制的循环结构，其循环体有可能一次都不执行。在实际编程时，应当根据具体情况选择最好的方案。

4.4.3 for 循环语句

在处理实际问题时，很多情况下可以预先知道循环应该重复的次数。例如，如果需要计算整数 1～100 的和，用 while 语句可以编写如下代码实现。

```
int sum = 0;
int i = 1;
while ( i <= 100 )
{
    sum = sum + i;
    i ++;
}
```

用 do-while 语句则如下实现。

```
int sum = 0;
int i = 1;
do
{
```

```
    sum = sum + i;
    i ++;
} while ( i <= 100 );
```

这两段程序有相似之处：变量 i 起到了循环计数的作用，该变量在循环体内的变化是有规律的，把这种变量称为循环控制变量。对于这类问题，C++专门提供一种语句——for 循环语句，又称计数循环。其一般形式如下：

```
for ( <初始化语句>; <条件表达式>; <增量表达式> )
    <语句>
```

for 是 C++的关键字，表示 for 循环语句的开始。<初始化语句>可以是任何合法的语句，<条件表达式>和<增量表达式>则可以由任何合法的表达式充当，其中<初始化语句>通常是一个赋值语句，用来给循环控制变量赋初值；<条件表达式>是一个能够转换成逻辑值的表达式，它决定什么时候退出循环，该表达式可以为空，这时逻辑值为 true；<增量表达式>定义了循环控制变量每循环一次后按什么方式变化，该表达式也可以为空，这时不产生任何计算效果。<初始化语句>可以是表达式语句或声明语句，应该以分号“;”结束。<条件表达式>和<增量表达式>之间用分号“;”分开。<语句>构成了循环体。

for 语句的功能是：首先计算<初始化语句>，然后计算<条件表达式>的值，如果该值为 false，则结束循环，跳过循环体的<语句>，转到整个 for 语句的后继语句继续执行；如果该值为 true，则执行循环体的<语句>，执行完循环体后，紧接着执行<增量表达式>，再计算<条件表达式>的值，如果该值为 true，则执行循环体的<语句>，再执行<增量表达式>，再计算<条件表达式>进行测试，以此类推，直到<条件表达式>的值为 false，则结束循环，跳过循环体的<语句>，继续执行整个 for 语句的后继语句。for 语句流程如图 4-10 所示。

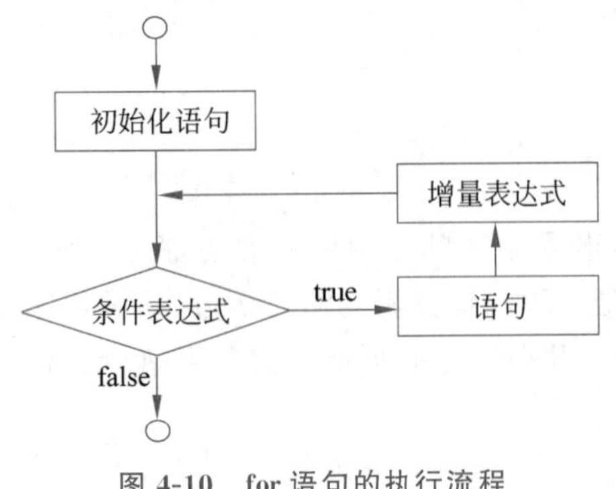

图 4-10　for 语句的执行流程

程序设计风格提示：*书写 for 循环语句时，循环体的<语句>相对于 for 缩进一层。*

下面的例子显示 for 循环结构中改变控制变量的方法。在每个例子中，给出了相应的 for 循环结构的首部。注意循环中控制变量的变化与循环终止条件的关系。

（1）将控制变量从 1 变到 100，增量为 1。

```
for (i = 1; i <= 100; ++i)
```

（2）将控制变量从 100 变到 1，增量为－1。

```
for (i = 100; i >= 1; --i)
```

（3）控制变量的变化范围为 7～77，增量为 7。

```
for (i = 7; i <= 77; i += 7)
```

（4）控制变量的变化范围为20～2，增量为－2。

```
for (int i=20; i >= 2; i -= 2)
```

（5）按所示数列改变控制变量值：99、88、77、66、55、44、33、22、11、0，增量为－11。

```
for (int j = 99; j >=0; j -= 11)
```

（6）控制变量i和j共同进行循环控制，i从1变到99，j从2变到100，增量均为2。

```
for (int i = 1, j = 2; i <= 99 && j <=100; i += 2, j += 2)
```

需要说明以下几点。

- for循环中的＜语句＞可以为复合语句。
- for循环中的＜初始化语句＞可以是空语句（即仅以分号"；"构成的语句），表示不对循环控制变量赋初值。＜条件表达式＞和＜增量表达式＞都是可选项，可以省略，但"；"不能省略。若省略＜条件表达式＞，如果没有其他处理，将导致死循环；若省略＜增量表达式＞，则每次循环体执行完后不会对循环控制变量进行操作，这时语句体中应有修改循环控制变量的语句。
- 可以在for循环的＜初始化语句＞中声明变量（如上面的最后3个例子），这些变量只在该for循环结构中有效，离开了该for结构，变量就无效了。
- for循环可以有多层嵌套，即for语句的循环体中可以包含其他语句，也可以包括for语句。

【例4-11】 利用for循环语句计算并输出1～100的和。

```
//ex4_11.cpp:利用 for 语句计算 1~100 的和
#include <iostream>
using namespace std;

int main()
{
    //初始化
    int sum = 0;

    //求和
    for (int i = 1; i <= 100; i++)
        sum += i;

    //输出
    cout<<"The sum of 1 to 100 is: " << sum << endl;

    return 0;
}
```

程序运行结果：

```
The sum of 1 to 100 is: 5050
```

【例 4-12】 利用 for 循环语句计算并输出 1～100 中奇数及偶数的和。

```
//ex4_12.cpp:利用 for 语句计算 1~100 中奇数及偶数的和
#include <iostream>
using namespace std;

int main()
{
    //初始化
    int sumOfOddNum = 0;
    int sumOfEvenNum = 0;

    //求和
    for (int odd = 1, even = 2; odd <= 99 && even <= 100; odd += 2, even += 2)
    {
        sumOfOddNum += odd;
        sumOfEvenNum += even;
    }

    //输出
    cout<<"The sum of odd numbers between 1 to 100 is: " << sumOfOddNum << endl;
    cout<<"The sum of even numbers between 1 to 100 is: " << sumOfEvenNum << endl;

    return 0;
}
```

程序运行结果：

```
The sum of odd numbers between 1 to 100 is: 2500
The sum of even numbers between 1 to 100 is: 2550
```

4.4.4 循环嵌套

灵活利用 for 循环语句我们还可以实现许多有趣的功能，例如，可以设计一个程序画出等腰三角形。

```
   *
  ***
 *****
*******
```

图 4-11 等腰三角形

【例 4-13】 利用 for 循环语句输出图 4-11 的等腰三角形。

设计思想：图 4-11 中的等腰三角形是有规律的，该三角形共有 4 行，第 1 行有 1 个 *，第 2 行有 3 个 *，第 3 行有 5 个 *，第 4 行有 7 个 *，而且每行第 1 个 * 的起始位置分别是 4、3、2、1，即前导空格数目分别为 3、2、1、0。总结上述规律：第 i 行有 2 * i－1 个 *，前导空格数目是 4－i。按照这一规律，利用 for 循环嵌套输出每一行，就可得到整个三角形。

```
//ex4_13.cpp:利用 for 循环语句输出等腰三角形
#include <iostream>
using namespace std;

#define LINE_NUM  4
int main()
{
    int line;                                     //行控制变量
```

```
    int blankNum;                                   //前导空格控制变量
    int starNum;                                    //'*'控制变量

    //输出等腰三角形
    for ( line = 1 ; line <= LINE_NUM ; line ++ )
    {
        //输出前导空格
        for ( blankNum = 1 ; blankNum <= LINE_NUM - line ; blankNum ++ )
            cout << ' ';

        //输出'*'
        for ( starNum = 1 ; starNum <= 2 * line - 1 ; starNum ++ )
            cout << '*';

        //换行
        cout << endl;
    }

    return 0;

}
```

程序中将行数定义为符号常量，使得程序更容易维护。例如，如果需要输出行数为10的三角形，只要将LINE_NUM定义为10，而执行代码无须变动。

while结构、do-while结构和for结构具有不同的特点，可以证明，任何循环结构都可以用while结构来实现，do-while结构和for结构的功能用while结构也能完成。实际使用时，应当根据具体问题的特点选择最合适、最自然的结构来实现，以保证良好的程序设计风格。

程序设计技巧提示：*如果不能预先确定循环的次数，则应当选择合适的特征数据作为循环控制的条件，这时使用while结构和do-while结构较合适；如果事先可以确定循环的次数，或者存在某数据随循环有规律的变化，这时宜采用for结构。*

4.5 控制转移语句

控制转移语句的功能是无条件改变程序的执行顺序。早期的程序设计主要通过无条件控制转移goto语句实现控制的跳转。使用goto语句确实可以使程序员随心所欲地控制程序的流程，但是，如果滥用goto语句会导致程序的正确性难以控制，为程序的调试和维护带来很大的困难。因此，提倡尽可能少用goto语句。计算机科学家甚至证明了任何程序可以只用3种控制结构（即顺序结构、选择结构和循环结构）来实现，不需要使用goto语句。但该原则也并非绝对的，不可否认，适当地使用控制转移语句确实能为程序设计带来好处。C++中可以使用4种控制转移语句：break、continue、goto和return语句。其中，break和continue语句不同于goto语句，它们与控制结构相关，带有结构化的色彩，对程序结构的破坏性比goto语句要小，所以这两种控制语句使用较多。return语句实现从函数调用中返回。此外，C++改变程序执行顺序还可用exit和abort等标准函数，它们的原型将在cstdlib头文件中说明。

4.5.1 break语句

break语句通常用在循环语句和switch语句中。当break语句用于switch语句的分支处理代码中时,可使程序控制跳出 switch 结构而执行该 switch 语句的后继语句。break 语句在 switch 结构语句中的用法已在介绍 switch 结构语句时出现,这里不再举例。

当 break 语句用于 while、do-while、for 循环结构语句中时,可使程序终止包含该 break 语句的最内层的循环而执行该循环语句的后继语句。通常 break 语句总是与 if 语句连在一起,即满足条件时便跳出循环。

【例 4-14】 编写一个程序,判断输入的整数是否是素数,并输出判断结果(输入的整数小于或等于 0 时表示结束)。

设计思想:素数只有 1 和自身两个因子,对于任何自然数,只要依次判断 2～n－1 是否存在 n 的因子即可(实际上还有更高效的方法,请思考)。

```
//ex4_14.cpp:判断输入的整数是否是素数
#include <iostream>
using namespace std;

int main()
{
    int n;
    bool isPrime;

    cout << "Please enter an integer: ";
    cin >> n;
    while (n > 0)
    {
        isPrime = true;
        for (int i = 2; i <= n - 1; ++i)
            if (n % i==0)
            {   //i 是 n 的因子
                isPrime = false;
                break;
            }

    if (isPrime)
        cout << n <<" is a prime number." << endl;
    else
        cout << n <<" is not a prime number." << endl;

    return 0;
}
```

下面是两种可能的运行结果:

```
Please enter an integer: 123
123 is not a prime number.
Please enter an integer: 71
71 is a prime number.
```

需要注意下面两点。

(1) break 语句对 if-else 条件语句不起作用。

(2) 在多层循环中,break 语句终止的是包含该 break 语句的最内层的循环,即只向外跳一层。

4.5.2 continue 语句

continue 语句只用在 while、do-while 和 for 这 3 种循环结构中，其功能是跳过该循环体中剩余的语句而强行开始下一次循环。continue 语句常与 if 条件语句一起使用，用来跳过某些特殊的情况或加速循环处理。在 while 或 do-while 结构中，循环条件测试在执行 continue 语句之后立即求值并进行判断，而在 for 结构中，则先执行递增表达式，然后再进行循环条件测试。

例 4-15 给出了不同循环结构中 continue 语句的使用示例，注意思考为什么 while、do-while 语句内执行 continue 语句之前要对控制变量进行自增。

【例 4-15】 循环中 continue 语句的使用示例。

```
//ex4_15.cpp:循环中 continue 语句的使用
#include <iostream>
using namespace std;

int main()
{
    int x;

    //while 循环中 continue 语句的使用
    x = 1;
    while ( x <= 10 )
    {
        if ( x == 5 )
        {
            x ++;
            continue;                         //x 为 5 时,跳过,开始下一次循环
        }
        cout << x << " ";
        x ++;
    }
    cout << endl;

    //do-while 循环中 continue 语句的使用
    x = 1;
    do
    {
        if ( x == 5 )
        {
            x ++;
            continue;                         //x 为 5 时,跳过,开始下一次循环
        }
        cout << x << " ";
        x ++;
    } while ( x <= 10 );
    cout << endl;

    //for 循环中 continue 语句的使用
    for ( x = 1; x <= 10; x ++ )
    {
        if ( x == 5 )
```

```
            continue;                           //x 为 5 时,跳过,开始下一次循环
        cout << x << " ";
    }
    cout << endl;

    return 0;
}
```

程序运行结果:

```
1 2 3 4 6 7 8 9 10
1 2 3 4 6 7 8 9 10
1 2 3 4 6 7 8 9 10
```

4.5.3 goto 语句

goto 语句是一种无条件转移语句,使用格式如下:

```
goto <标号>;
```

<标号>是 C++ 程序中一个有效的标识符,这个标识符加上一个西文冒号":"一起出现在某个语句的前面,以标识该语句。执行 goto 语句时,程序将跳转到该标号处,从其后的语句开始继续执行。标号必须与 goto 语句同处于一个函数中。通常 goto 语句与 if 条件语句联用,当满足某一条件时,程序将跳到标号处运行。

在结构化编程中,提倡尽可能不用 goto 语句,主要因为它将破坏程序的结构,使程序层次不清晰、不易理解。但在某些情况下,适当使用 goto 语句也有利于程序的可读性。如例 4-16 中的多层嵌套需要退出时,用 goto 语句是可以接受的。请思考,使用 break 语句如何实现该功能?

【例 4-16】 设计一个程序,按 5 个整数一组输入数据,每组数据分别求和并输出结果,遇到负数时结束。

```
//ex4_16.cpp:循环中 goto 语句的使用
#include <iostream>
using namespace std;

int main()
{
    int i, j;
    int x;
    int sum;

    //for 循环中 continue 语句的使用
    for ( i = 1; i <= 10; i ++ )
    {
        sum = 0;
        cout << "Please enter 5 integers: " << endl;
        for ( j = 1; j <= 5; j ++ )
        {
            cin >> x;
```

```
            if ( x < 0 )
                goto end;                          //x 为负数时,跳出

            sum += x;
        }

        cout << "Sum is: " << sum << endl;
    }

end:
    cout << "Jumped out of loop." << endl;
    cout << "Current sum is: " << sum << endl;

    return 0;

}
```

程序运行结果：

```
Please enter 5 integers:
1 2 3 4 5
Sum is: 15
Please enter 5 integers:
6 7 8 9 10
Sum is: 40
Please enter 5 integers:
11 12 -3
Jumped out of loop.
Current sum is: 23
```

4.5.4 return 语句

return 语句在函数中使用。程序执行到 return 语句时，立刻从被调用函数中无条件地返回到调用函数。在主函数中遇到 return 语句，将导致整个程序结束。关于 return 语句的进一步说明将在第 5 章中详细介绍。

4.6 结构化程序设计方法

第 1 章已提及在计算机上求解问题的基本过程和算法的概念，本节将进一步介绍结构化程序设计方法。

4.6.1 结构化程序设计思想

1. 结构化程序的构成

前面学习了 3 种基本控制结构：顺序结构、选择结构和循环结构。从结构化的观点来看，所有程序都是根据程序所需的算法组合这 3 种控制结构而成的。用 C++ 编写的结构化程序是由许多函数组成的，每个函数只有一个入口和一个出口，并且仅由上面 3 种结构组成，这种程序称为结构化程序。

本章前面几节中给出的 C++ 的 3 种基本控制结构流程图中，每个流程图都使用了两个小

圆圈,一个是控制结构入口点,另一个是控制结构出口点。从这些图中可以看出,这些控制结构都是单入口/单出口的控制结构,这种结构使程序更容易建立,只要将一个控制结构的出口与另一个控制结构的入口连接,即可组成结构化程序。这种控制结构的并列连接方法称为控制结构堆叠(control structure stacking),还有另一种控制结构连接方法称为控制结构嵌套(control structure nesting)。

2. C++ 的结构化程序形成的规则

假设在流程图中用矩形框表示任何操作,包括输入输出。那么在 C++ 中形成结构化程序的规则如下所述。

规则 1:从"最简单的流程图"开始,如图 4-12 所示。

规则 2:将其中某个矩形框(操作)换成两个顺序矩形框(操作),即控制结构堆叠。

规则 3:将其中某个矩形框(操作)换成某个控制结构(如 if、if-else、switch、while、do-while 或 for 结构),即控制结构嵌套。

规则 4:可按任何顺序多次重复规则 2 和规则 3。

利用上述规则总是可以得到整洁的结构化流程图。例如,对最简单的流程图重复采用规则 2 即可得到包含许多顺序放置矩形框的流程图,如图 4-13 所示。这是一种堆栈控制结构,因此规则 2 被称为堆栈规则。

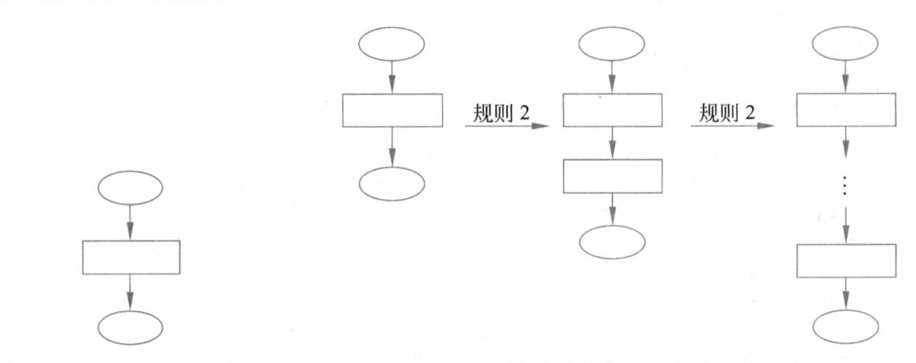

图 4-12　最简单的流程图　　　　图 4-13　最简单的流程图重复采用规则 2

规则 3 被称为嵌套规则。对最简单的流程图重复采用规则 3 即可得到包含整齐嵌套控制结构的流程图。例如在图 4-14 中,首先将最简单的流程图中的矩形框换成双分支选择结构(if-else)。然后再对双分支选择结构中的两个矩形框采用规则 3,将两个矩形框中的一个变成一个双分支选择结构,另一个变成 while 循环结构,每个结构周围的虚线框表示最初的简单流程图中被替换的矩形框。

应用规则 4 可以产生更大、更复杂且层次更多的嵌套结构,构成各种可能的结构化流程图,从而实现各种可能的结构化程序。从上面的例子可以看出,应用上述规则的过程,就是自顶向下、逐步求精的设计过程。

结构化方法的精髓在于只需要使用简单的单入/单出块,通过两种简单组合的方法,就可以实现程序的设计。图 4-15 显示出采用规则 2 的堆栈构件块和采用规则 3 的嵌套构件块。图 4-15 中还显示了结构化流程图中不能出现重叠构件块(因为结构化程序设计要消除 goto 语句)。

综上所述,结构化程序设计的思想包括以下 3 方面的内容。

(1) 程序由一些基本结构组成。任何一个大型的程序都可以由 3 种基本结构所组成,由

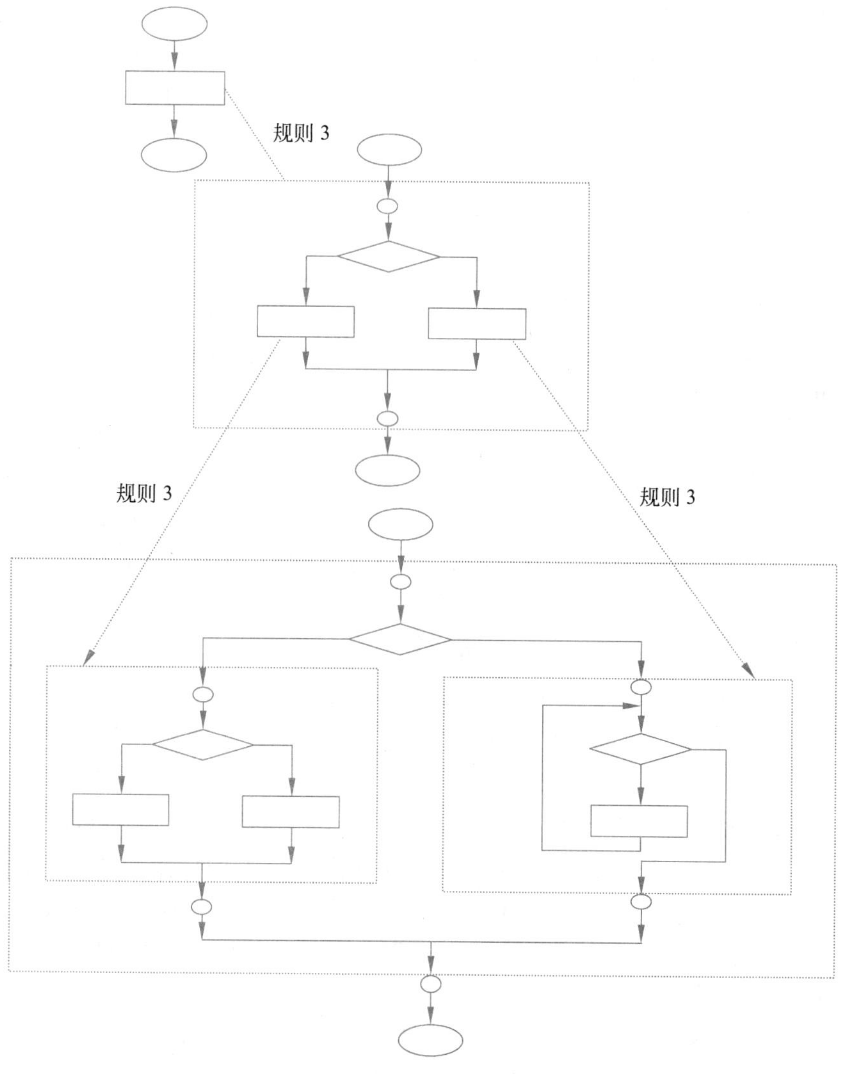

图 4-14　最简单的流程图重复采用规则 3

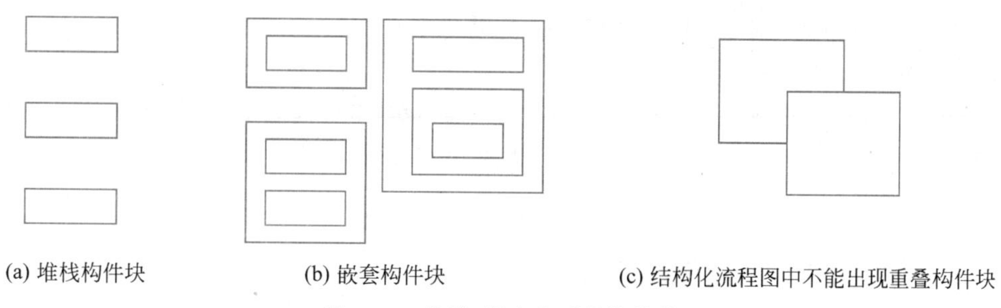

(a) 堆栈构件块　(b) 嵌套构件块　(c) 结构化流程图中不能出现重叠构件块

图 4-15　堆栈、嵌套和重叠构件块

这些基本结构顺序地构成了一个结构化的程序。这 3 种基本结构为顺序结构、选择结构和循环结构。

（2）一个大型程序应该按照功能分割成一些功能模块，并把这些模块按层次关系进行组织。

（3）在程序设计时应采用自顶向下、逐步求精的实施方法。

按结构化程序设计方法设计出的程序优点是：结构良好，各模块间的关系清晰简单，每一模块内都由基本单元组成。这样设计出的程序清晰易读，可理解性好，容易设计，容易验证其正确性，也容易维护。同时，由于采用自顶向下、逐步细化的实施方法，能有效地指导和组织程序设计活动，有利于软件的工程化开发。

4.6.2 结构化程序设计原则

结构化程序设计就是把一个应用程序划分成若干基本结构，在编写程序代码时，各结构独立编写，最后统一成为一个整体。结构化程序设计要遵循的原则是：自顶向下、逐步求精、模块化和限制使用goto语句。

1. 自顶向下、逐步求精

所谓"自顶向下、逐步求精"，是指程序设计时，应先考虑总体，后考虑细节；先考虑全局目标，后考虑局部目标。也就是说，先设计第一层（即顶层）问题的求解方法，然后逐步深入，设计一些比较粗略的子目标作为过渡，再逐层细分，直到整个问题可用程序设计语言明确地描述出来为止。

采用自顶向下、逐步求精的原则进行程序设计时，为了设计一个复杂程序，首先必须做出对问题本身的确切描述，并对问题解法做出全局性决策，把问题分解成相对独立的子问题，再以同样的方式对每个子问题进一步精确化，直到获得计算机能理解的程序为止。

2. 模块化

任何一个大系统都可以按子结构之间的疏密程度分解成较小的部分，每部分称为模块，每个模块完成一定问题的求解。整个程序是由层次的逐级抽象的诸模块组成的。所谓"模块化"，是指对于一个复杂问题来说，它肯定是由若干稍简单的问题构成；为解决这个复杂问题，要把它分解成若干稍小的、简单的部分。这一过程称为"模块划分"。模块化与自顶向下、逐步求精紧密联系。模块划分要满足以下基本要求。

（1）模块的功能在逻辑上尽可能单一、明确化、一一对应。

（2）模块之间的联系及影响尽可能少，必要的联系必须加以明确说明，尽量避免传递控制信号，仅限于传递处理对象。

（3）每个模块的规模不能过大，以使其本身易于实现。

3. 限制使用goto语句

结构化程序设计中，要尽可能限制使用无条件转移语句——goto语句。因为它将破坏程序的结构化逻辑，使程序模块间的界面模糊，降低了程序的可读性，直接影响程序的质量。除非使用goto语句能明显降低程序设计的难度，并且对程序结构的破坏性较小，一般情况下建议不要使用goto语句。

4.6.3 结构化程序设计示例

下面用具体例子来说明如何采用自顶向下、逐步求精的结构程序设计方法进行程序设计。

【例4-17】 编写一个程序，能够从键盘读入一个正整数，输出从2到该正整数之间的所有素数。

首先分析这个问题，明确需求：

- 读入一个正整数。
- 输出从 2 到该正整数之间的所有素数。

下面采用自顶向下、逐步求精的方法，设计本题的算法，算法采用伪码和框图两种方式描述。

问题的顶层描述是：输入一个正整数，输出从 1 到该正整数之间的所有素数。

顶层描述是对整个程序功能的完整、精简的描述，要在顶层描述中明确程序设计的需求，作为逐步求精的基础。

接着，对顶层描述做第一步求精，得到一个顺序结构(见图 4-16)。

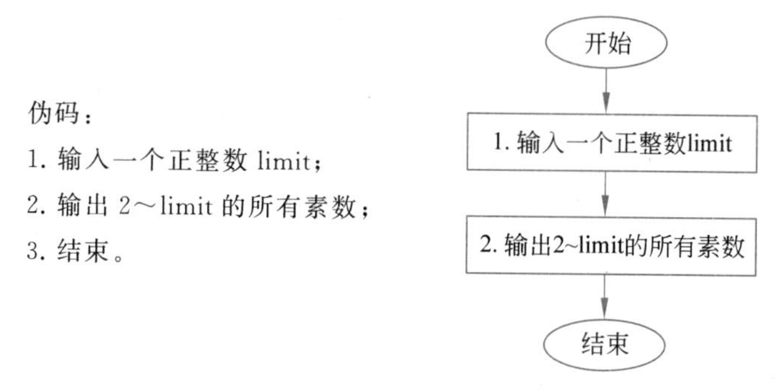

图 4-16　第 1 步求精

但是细化成这两步，还不足以和程序结构对应起来，因此还需要进一步求精。

首先考虑第 1 步“输入一个正整数 limit”。这一步看上去很简单，似乎用程序的输入语句就可实现，但是考虑到用户可能输入一个小于或等于 0 的数据，为了增加程序的健壮性，还需要增加一些处理功能：判断用户输入的数是否大于 0，若是，则继续；否则，报错并结束程序。因而将算法细化，如图 4-17 所示。

伪码：
1. 输入一个正整数；
    1.1　读入一个整数 limit；
    1.2　判断 limit 是否小于或等于 0，若是则输出报错信息，结束程序；
2. 输出 2～limit 的所有素数；
3. 结束。

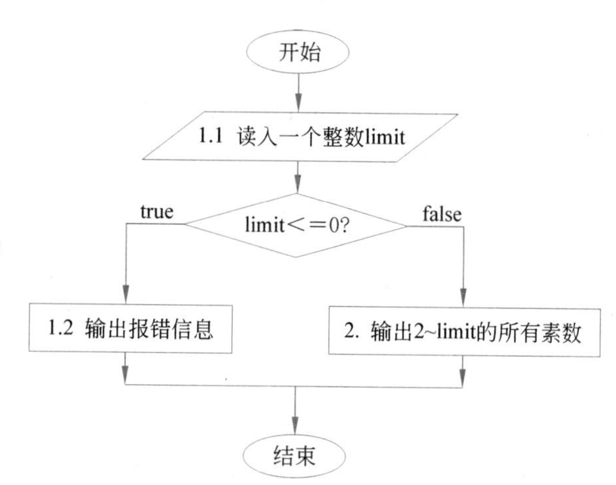

图 4-17　对第 1 步“输入一个正整数”求精后

下面考虑程序的核心部分——第 2 步“输出 1～该正整数的所有素数”。本部分需要对 2～limit 的所有整数逐个进行判断，若是素数，则输出该数；否则，不输出该数。于是，对算法的第 2 步使用循环结构进行求精，如图 4-18 所示。

伪码:
1. 输入一个正整数;
   1.1 读入一个整数 limit;
   1.2 判断 limit 是否小于或等于 0,若是则输出报错信息,结束程序;
2. 输出 1～该正整数的所有素数;
   2.1 循环控制变量 i 置 2;
   2.2 判断 i <= limit,
      2.2.1 若是,则判断 i 是否为素数,若是,则输出该数;
      2.2.2 否则,转 3;
   2.3 i 自增,转 2.2;
3. 结束。

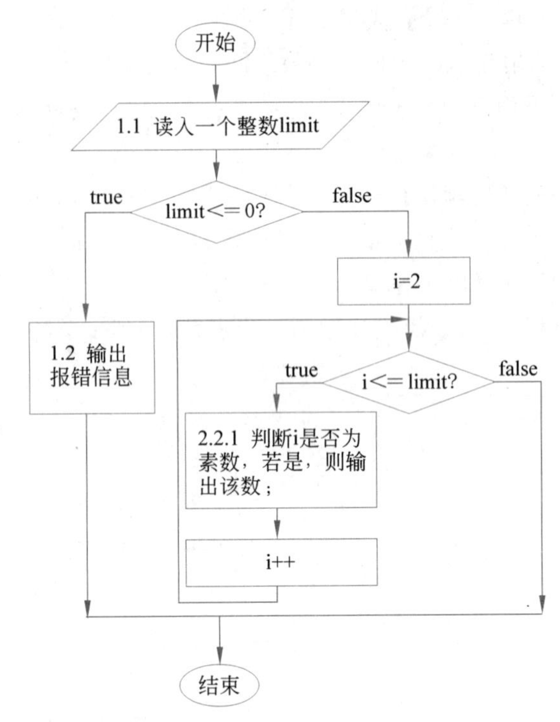

图 4-18 对第 2 步使用循环结构求精

继续对第 2.2.1 步“判断 i 是否为素数,若是则输出该数”进行细化。本次求精将明确判断素数的算法:判断整数 i 是否是素数的简单方法,是看 i 是否能被 2～i/2 的某个整数整除,如果能被整除,那么 i 就不是素数;否则是素数。

通过对第 2.2.1 步“判断 i 是否为素数,若是则输出该数”求精后的伪码如图 4-19 所示,对第 2.2.1 步“判断 i 是否为素数,若是则输出该数”求精后的算法流程图如图 4-20 所示。

伪码:
1. 输入一个正整数;
   1.1 读入一个整数 limit;
   1.2 判断 limit 是否小于或等于 0,若是则输出报错信息,结束程序;
2. 输出 1～该正整数的所有素数;
   2.1 循环控制变量 i 置 2;
   2.2 判断 i <= limit,
      2.2.1 若是,则判断 i 是否为素数,若是则输出该数;
         2.2.1.1 循环控制变量 divisor 置 2;
         2.2.1.2 判断 divisor <= i/2,
            2.2.1.2.1 若是,则判断 i 是否能被 divisor 整除(i % divisor== 0),若能整除则退出内层循环,转 2.2.1.4;
            2.2.1.2.2 否则,转 2.2.1.4;
         2.2.1.3 divisor 自增,转 2.2.1.2
         2.2.1.4 若 divisor > i/2,则 i 是素数,输出 i,转 2.3;
      2.2.2 否则,转 3;
   2.3 i 自增,转 2.2;
3. 结束。

图 4-19 对第 2.2.1 步“判断 i 是否为素数,若是,则输出该数”求精后的伪码图

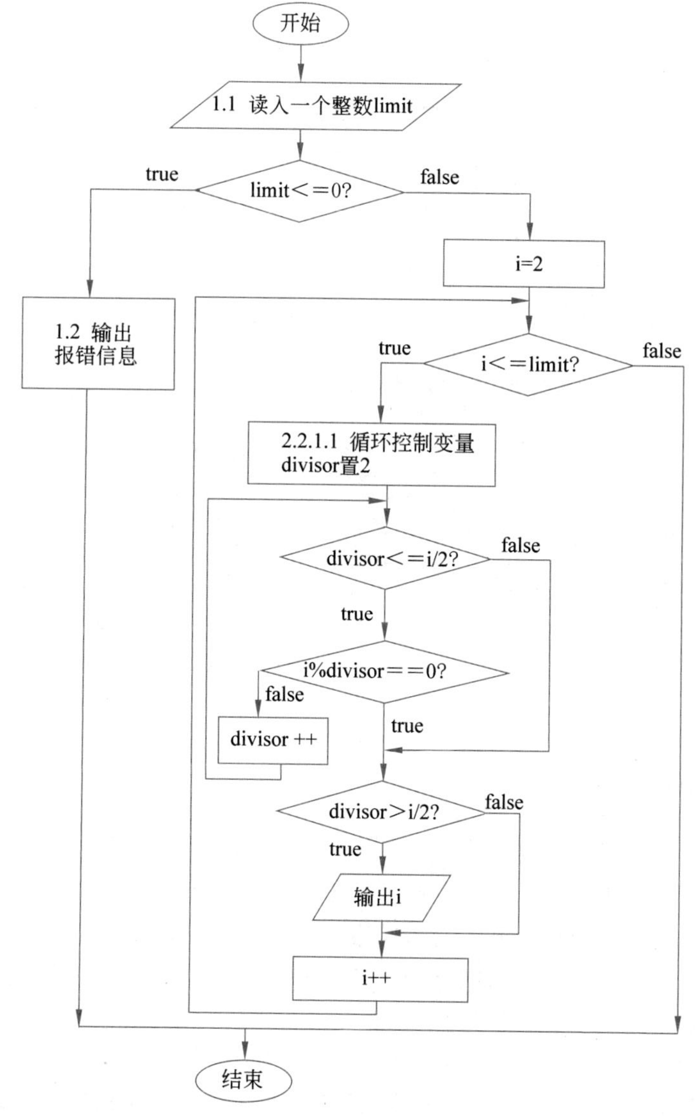

图 4-20 对第 2.2.1 步"判断 i 是否为素数,若是则输出该数"求精后算法流程图

显然,算法求精到这种程度,已经能够很方便地变换成程序了。

```
//ex4_17.cpp:输入一个正整数,输出 2~该正整数的所有素数
#include <iostream>
using namespace std;

int main()
{
    int i, divisor, limit;

    //输入一个正整数
    //读入一个整数 limit
    cout << "Please enter a positive integer number: ";
    cin >> limit;
```

```
    //判断 limit 是否小于或等于 0,若是则输出报错信息,结束程序
    if ( limit <= 0 )
    {
        cout << limit << "is not a positive integer number. Program exit.";
        return 0;
    }

    //输出 1~limit 的所有素数
    for ( i = 2; i <= limit; i ++ )
    {
        for ( divisor = 2; divisor <= i / 2; divisor ++ )
            if ( i % divisor == 0 )
            //判断 i 是否能被 divisor 整除(i%divisor==0),若能整除,则退出内层循环
                break;

        if ( divisor > i / 2)
            //若 divisor > i/2,则 i 是素数,输出 i
            cout << i << " ";

    }

    return 0;
}
```

程序运行结果:

```
Please enter a positive integer number: 20
2 3 5 7 11 13 17 19
```

从这个例子可以看出,自顶向下、逐步求精的方法是一种行之有效的结构化程序设计方法。这种方法使得人们能够从分析问题开始,对问题一步一步地深入剖析,随着不断地细化,离问题的解决也越来越接近,最终得到一个能够正确执行的程序。

可能有些读者认为,问题本身并不复杂,有必要如此煞费苦心地通过逐步细化来进行算法设计吗?有些初学的程序设计者,甚至不经过算法设计,而直接就在机器上编写程序,以求获得快速的开发效率。其实“磨刀不误砍柴工”,良好的设计是编写正确、高质量程序的基础,尤其当问题复杂时程序设计的意义更重要。解决实际问题时,在设计上花费的代价往往会明显超过用于编写代码的代价,无数经验表明,不经过精心设计,只能带来编程效率的下降和软件质量的低下,只要设计完善细致,程序编写就会变得简单和直接明了。

程序设计风格提示:*采取逐步求精完成算法设计后,得到的算法应该直接成为程序的一部分:顶层算法描述就是程序功能的注解说明,较粗的算法步骤应该成为程序中的注解,较细的步骤则变换成程序代码。令初学者苦恼的变量命名也有了依据:应该尽量采用算法中出现的词作为程序相应变量的名字。可见,先进行设计,再编写程序,是养成良好程序设计风格的基础和保证。*

4.6.4 再谈程序设计风格

第1章已讨论过程序设计风格问题,在此基础上,这里再针对结构化程序设计的特点进一步讨论C++的程序设计风格。程序员在编码时在源程序文件、语句结构、程序注释等方面要

遵循一贯、标准的方法和规则。好的编码风格不仅能提高程序的质量、保证符合设计所要求的程序功能,而且还应该易读、易懂、易维护。下面补充一些好的程序设计风格的原则。

1. 清晰地书写代码

如果没有必要,尽量不要使用语言中生僻的特性,因为这些特性不易于理解和调试,应当采用最自然、最有利于保持良好结构的实现途径,使用大多数程序员都能理解的语言成分来书写代码,不易犯错且易于理解和维护。

2. 编写安全健壮的代码

进行程序设计时,往往将大部分注意力放在处理程序的正常流程上,总是假想用户会和程序员一样使用软件,然而用户总是会在与软件的交互过程中采取一些超出程序员设想的动作,如果程序设计时未考虑这些因素,就会导致软件的崩溃。因此,在设计时应当考虑用户所有可能的动作,特别是超出正常程序逻辑以外的异常情况。

3. 用简单的语句行

在C++语言中,一行可写多个语句。但调试是面向行的,如果一行程序过于复杂,将难于调试。因此,从调试的角度出发,每一个语句都应独自成行。

4. 适当地应用括号

用括号使书写清晰。表达式中的括号能明显地改善可读性。多使用括号还可减少对语法理解的歧义。由于读程序的人不一定能完全记住各种运算符的优先级和结合律,而且使用多余的括号并不影响编译后的代码,因此,如果在容易引起误解的地方增加括号,可以提高可读性。

5. 灵活使用C++的控制结构

用缩进表示循环和选择结构能使程序结构清晰、易读。

6. 充分利用C++的特性

例如,可以用输入输出流(iostreams)代替 stdio,以充分利用C++的编译器的特性。

7. 使用头文件

把所有的共享定义放在头文件中,以利于保持程序的一致性。

8. 初始化变量

在使用变量之前一定要把它们初始化。在初始化之前使用变量会产生错误。

9. 利用空行和空格

空行和空注释行能显著地改善可读性。例如,在程序中,说明部分和执行部分之间,一个逻辑相关联部分和另一部分开始之间都可以用空行显式地隔开。

水平方向加适当的空格可突出运算的优先性,避免发生运算错误,改善可读性。

例如,可以将

```
(a<-17)&&!(b<=49)||c
```

写成

```
(a < -17) && !(b <= 49) || c
```

在程序设计时应当尽可能遵循上述原则,保持良好的程序设计风格。

习　　题

4.1　条件语句的格式如何？ else 如何与 if 配对？

4.2　开关语句和格式如何？ break 语句在开关语句中有何作用？

4.3　C++ 中提供的 3 种循环语句各有什么特点？

4.4　break 语句和 continue 语句在循环体内的作用有何不同？

4.5　编写程序，比较 exit()和 abort()函数有何不同？

4.6　下列程序打印出什么结果？

```
#include <iostream>
using namespace std;
int main()
{
  int count=1 ;
  while (count <=10) {
     cout << (count % 2 ?  "****" : "++++++++") << endl ;
     ++count ;
  }
  return 0 ;
}
```

4.7　下列程序打印出什么结果？

```
#include <iostream>
using namespace std;
int main()
{
  int row=10 ,  column ;
  while (row >=1) {
     column=1 ;
     while (column <=10) {
        cout << (row % 2 ?"<" : ">") ;
        ++column ;
     }
     --row ;
     cout << endl ;
  }
  return 0 ;
}
```

4.8　下列程序的作用是什么？

```
#include <iostream>
using namespace std;
int main()
{
    int x,y;
    cout <<"Enter two integers in the range 1~20: ";
    cin >> x >> y ;
    for (int I=1;I <=y; I++) {
```

```
        for (int j=1; j <=x; j++)
          cout <<'@';
        cout << endl ;
      }
    return 0;
}
```

4.9 寻找下列各题的错误(注意,可能有多处错误)。

(1) 下列代码试图判断并输出整数 value 是奇数还是偶数。

```
switch (value % 2) {
   case 0:
      cout <<"Even integer" << endl ;
   case 0:
      cout <<"odd integer" << endl ;
}
```

(2) 下列代码输出 19～1 的奇数。

```
for (x=19 ; x>=1; x+=2)
   cout << x << endl;
```

(3) 下列代码输出 2～100(含 2 和 100)的偶数。

```
counter=2;
do {
  cout << counter << endl ;
  counter+=2 ;
} while (counter < 100);
```

4.10 设计一个程序,输入实型变量 x 和 y,若 x>y,则输出 x－y;若 x<y,则输出 y－x。

4.11 编写一个程序,用户输入一个不多于 5 位的正整数,要求如下:

(1) 求出它是几位数。

(2) 分别打印出每一位数字。

(3) 按逆序打印出各位数字,例如原数为 321,则应输出 123。

4.12 编写一个程序,输入 10 个数,确定和打印其中最大数。

4.13 编写一个程序,读取 3 个 float 类型的非 0 值,并确定和打印其能否构成一个三角形的 3 条边。

4.14 编写一个程序,读取 3 个非 0 整数值,并确定和打印其能否构成一个三角形的 3 条边。

4.15 编写一个程序,打印整数 1～156 的二进制、八进制、十六进制和十进制对照表。

4.16 输入 4 个整数,要求按由大到小的顺序输出。

4.17 编写一个程序,根据用户输入,利用循环输出 26 个英文字母。如果输入 a,则依次输出 26 个小写字母;如果输入 A,则依次输出 26 个大写字母;如果都不是,则输出 Error。

4.18 设计一个程序,将键盘上输入的百分制成绩转换成对应的五分制成绩并输出。若 90 分以上则为 A,若 80～89 分则为 B,若 70～79 分则为 C,若 60～69 分则为 D,若 60 分以下则为 E。要求分别用条件语句和开关语句完成。

4.19 求一个正整数的所有因子。例如,24 的因子是 1、2、3、4、6 和 12。

4.20 输入平面直角坐标系中一点的坐标值(x,y),判断该点是在哪一个象限中或哪一条坐标轴上。

4.21 有一分数数列 2/1,3/2,5/3,8/5,13/8,…。求出该数列前 20 项的和。

4.22 求出所有“水仙花数”。所谓“水仙花数”,是指一个 3 位数,其各位数字的立方和等于该数本身。例如,153 是“水仙花数”,即 $153=1^3+5^3+3^3$。

4.23 求出 1000 之内的“完数”。所谓“完数”,是指这个数等于它的因子之和。例如,6 是一个完数,即 6=1+2+3。

4.24 设计一个程序,按下列公式求出数列的前 20 项并输出。公式如下:

当 n=0 时,y=0;

当 n=1 时,y=1;

当 n=2 时,y=2;

当 n>2 时,$y=y^{n-1}y^{n-2}+y^{n-3}$。

4.25 编写程序,输入两个正整数 m 和 n,求在[m, n]内的素数的个数。

4.26 编写一个程序求一系列整数的和。假设第一个读取的整数指定后面要输入的数值的个数,程序在每个输入语句中只读取一个值。典型的输入序列如下:

```
5  100  200  300  400  500
```

4.27 编写一个程序打印如图 4-21 所示的图案,要求使用 for 循环打印每一个图案。所有星号(*)应在一条 cout<<'*'的语句中打印(使星号靠在一起)。提示:最后两个图案要求每一行以适当空格数开始。附加部分:将这 4 个问题的代码组合在一个程序中,利用嵌套 for 循环使 4 个图案并排打印。

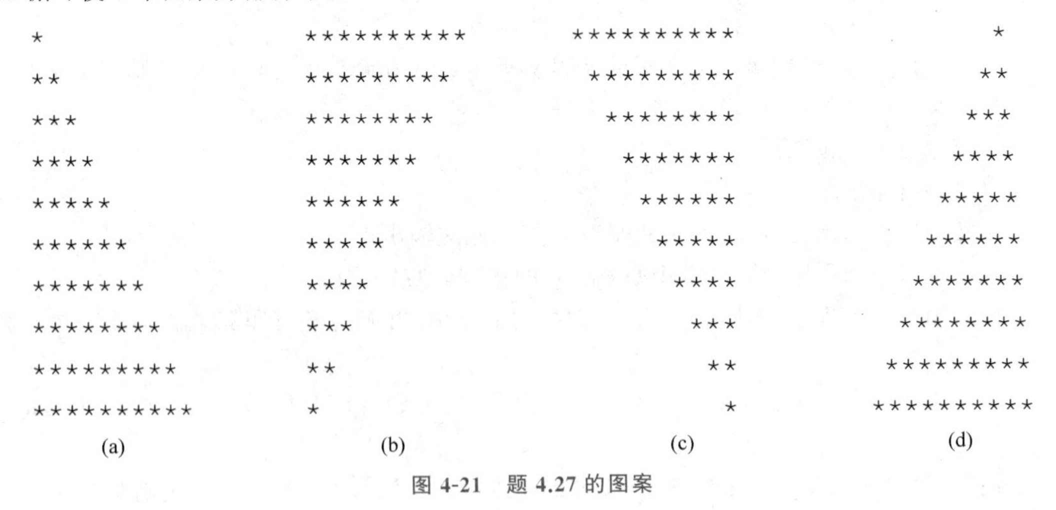

图 4-21 题 4.27 的图案

4.28 两个乒乓球队进行比赛,每队各出 3 人。甲队为 A、B、C 共 3 人,乙队为 X、Y、Z 共 3 人。已抽签决定比赛名单。有人向甲队队员打听比赛的名单,A 说他不和 X 比,C 说他和 X、Z 比,请编程序找出 3 对赛手的名单。

4.29 设用 100 元买 100 支笔,其中钢笔每支 3 元,圆珠笔每支 2 元,铅笔每支 0.5 元,问钢笔、圆珠笔和铅笔可以各买多少支(每种笔至少买 1 支)?

提示：设钢笔、圆珠笔和铅笔各买 i、j、k 支，则应有下列式子成立。

$$3*i+2*j+0.5*k=100$$

$$i+j+k=100$$

用穷举法将购买钢笔、圆珠笔的数量用二重循环遍历一遍。从中找出符合上述条件的购买方法。

4.30　甲买了单利 10%的某银行理财产品，投资额 1 万元，所以每一年的利润都是投资额的 10%，即 1000 元；乙买了复利 5%的某银行理财产品，投资额也是 1 万元，每一年的利润都是当年存款（包含之前产生的利润）的 5%，即第一年的利润是 10000 元×5%=500 元，第二年是（10000+500）元×5%=525 元。编写程序，计算要多少年之后乙的投资价值才会超过甲。

4.31　编写程序，输入一个正整数，输出一个对应大小（菱形边长）的由有序字符序列构成的菱形。例如，输入 4，输出的字符菱形如图 4-22 所示。

```
   A
  ABA
 ABCBA
ABCDCBA
 ABCBA
  ABA
   A
```

图 4-22　题 4.31 图案

4.32　线性拟合（又称线性回归）是用一条直线描述一组数组点的分布情况，确定一个线性方程 $y=m\times x+b$，使得该直线与这组数据点的距离的平方和达到最小，这种拟合方法也称为最小二乘法。这组数据点可以用 $(x_1, y_1), (x_2, y_2), \cdots, (x_n, y_n)$ 来表示，那么斜率 m 和截距 b 则可以用下面的公式计算。

$$m=\frac{\sum_{k=1}^{n} x_k \times \sum_{k=1}^{n} y_k - n \times \sum_{k=1}^{n} x_k y_k}{\left(\sum_{k=1}^{n} x_k\right)^2 - n \times \sum_{k=1}^{n} x_k^2}$$

$$b=\frac{\sum_{k=1}^{n} x_k \times \sum_{k=1}^{n} x_k y_k - \sum_{k=1}^{n} x_k^2 \times \sum_{k=1}^{n} y_k}{\left(\sum_{k=1}^{n} x_k\right)^2 - n \times \sum_{k=1}^{n} x_k^2}$$

在此基础上，给出一个 x 坐标值 x_0，则可以用求得的斜率 m 和截距 b 计算对应的 y 坐标 y_0，$y_0=m\times x_0+b$。

编写程序，输入一组数据点，基于线性拟合公式计算拟合直线的斜率和截距。

第 5 章 函数

【学习内容】

本章将介绍 C++ 的函数机制，学习模块化程序设计思想。主要内容包括：

◆ 函数的定义和函数原型。

◆ 函数调用和参数传递机制。

◆ 函数重载。

◆ 存储类别和作用域。

◆ 递归函数设计和函数的递归调用。

◆ 预处理指令。

【学习目标】

◆ 掌握函数的定义和使用方法，理解函数原型、函数重载。

◆ 掌握传值和传引用两种参数传递的机制。

◆ 理解存储类别和作用域。

◆ 理解函数递归调用的执行过程。

◆ 能够熟练利用函数进行自顶向下、逐步求精的程序设计。

通过前面的学习，我们已经可以设计程序了，但能设计的程序都非常简单，真正有实际应用价值的程序都比较复杂。那么，如何设计复杂的程序？如何组织大型的软件呢？通过本章的学习，读者将了解函数机制，掌握通过函数实现程序的模块化的方法。

5.1 模块化程序设计

前面介绍过模块化的思想：对于一个复杂问题，将其分解成若干稍简单的问题；解决这个复杂问题时，要把它分解成若干稍小的、简单的部分，每部分对应一个模块进行问题求解。因此，要设计一个解决复杂问题的较大的系统，可以按子结构之间联系的疏密程度分解成较小的模块，每个模块完成一定子问题的求解，整个程序是由层次的逐级抽象的诸模块组成。在 C++ 程序中，每个模块可以是一个类或函数。

函数是 C 程序构成的基础，C 程序就是由一个个函数组成的。由于 C++ 是 C 的超集，所以一个 C++ 程序也可以像传统的 C 程序一样，也由一个个函数组成。但是，采用面向对象程序设计方法设计的 C++ 程序是由一个个类构成的，即便如此，任何一个 C++ 程序也至少包含一个函数——main 函数。函数也是类的方法的实现手段。因此，在 C++ 中，函数的作用有两个：一是按功能将一个复杂的大任务划分为若干小任务时，这些小任务可用函数来实现；二是在类中，用函数来定义类对象的方法，详见第10章及其后续章节。一个C++程序无论有多么复杂、规模有多么大，程序的设计最终都落实到一个个函数模块的设计上，通过对函数模块的调用实现程序的特定功能。

函数是C++源程序的基本模块，C++中的函数相当于其他高级语言中的子程序。C++中的函数包括两类：预定义函数和用户自定义函数。C++提供了极为丰富的库函数，这些库函数是预定义好的，程序员可以在自己的程序中直接使用。当然，还需要将包含欲使用的函数声明的头文件包括进来。另外，C++还允许用户根据需要建立自定义函数，把自己的算法编写成一个个相对独立的函数模块，然后像调用库函数一样来调用这些函数。程序一般都由程序员编写的各种自定义函数与C++标准库中提供的预定义函数组合而成。

C++继承了ANSI C语言在结构化程序设计上的优点，通过采用函数模块式的结构，C++语言易于实现结构化程序设计，使程序的层次结构清晰，便于程序的编写、阅读和调试。其实，结构化程序设计的方法也是面向对象程序设计的基础，因为在面向对象程序设计中，一个类的方法的实现，最后还是要使用结构化程序设计手段。本章重点学习如何用C++的函数机制实现结构化和模块化的程序设计思想。

使用C++进行模块化程序设计时，一个C++完整的程序可包含多个文件，一个文件中可包含多个函数。此外，文件是通常意义下的"模块"，它也是编译单位。因此，当某一文件内容改变时，只需单独编译此文件，然后将它们与其他编译过的文件进行连接，就可生成可执行程序。

5.2 预定义函数的使用

C++提供了丰富的预定义函数，也称为库函数。这些库函数的声明（一般称为函数原型）都放在相应的头文件中，库函数的声明说明了库函数的名字、参数个数及类型、函数返回结果的类型等信息。使用这些库函数时，首先要将相应的头文件包括进来，然后就可直接使用库函数了。例如，数学库函数中的函数能完成一般数学运算，其声明包含在math.h中，使用这些函数时应加下面的代码。

```
#include <math.h>
```

如第2章介绍，这是早期的C++语言为了跟C语言相融合，头文件使用带后缀".h"的形式。但新的C++标准已经不推荐使用，直接删除了后缀".h"，如#include <iostream>。而为了兼容C语言一些比较重要库函数的头文件，采取的方法是去掉后缀".h"，并在文件名前面加上前缀c，表示其中的函数来自C标准库。例如，C++版本的math.h对应的是cmath，即C++新标准引用数学库的方式是：

```
#include <cmath>
```

在程序中要调用库函数时，遵循的调用格式如下：

```
<函数名>(<参数列表>)
```

上述格式中括号内是提供给被调用函数的参数，称为实在参数（actual arguments），简称实参。如果有多个参数,参数之间用逗号分隔,提供的参数可以是常量、变量和各种表达式。要求调用函数时提供的参数在数目、类型上必须与函数的声明一致。函数可以有一个返回结果,所以函数调用本身可以构成表达式的一部分。

函数调用的一般过程是:先计算实参表达式的值,将计算的结果交给被调用函数(通过后面介绍的参数传递机制);接着执行被调用函数的代码;直至执行到返回语句 return 或执行到函数末尾,程序控制返回到调用函数的调用处,继续执行。

例如,求平方根函数 sqrt 的声明在 cmath 中,该函数接受一个 double 类型的参数,函数的返回结果也是 double 类型,假设 main 函数中有下面的代码:

```
printf("%.2f", sqrt(900.0));
```

执行过程是:以 double 类型的 900.0 为参数调用 sqrt 函数,该函数计算参数 900.0 的平方根,返回结果 30.0;然后,以%.2f 和 30.0 为参数调用 printf 函数,实现格式化输出。这里 printf 也是预定义库函数,其声明在 cstdio 中。

除了预定义的库函数外,程序员还可根据实际需要、按照模块化原则设计自己的函数,然后通过调用这些函数完成相应的功能。下面介绍用户自定义函数的定义和使用。

5.3 函数定义与函数原型

函数是一个命名的程序代码块,是程序完成其操作的功能单位。在程序设计中,有许多算法是通用的。例如,求一个数的平方根,解一元二次方程。如果将这些算法定义为一个函数,就可以在程序中需要这些算法的地方直接使用它们(而不必再进行定义)。C++ 的库函数已经提供了丰富的功能,但在进行程序设计时,程序员往往还需要根据具体问题的需求设计自己的函数模块。为此,应该先定义一个函数,然后就可以像使用预定义函数一样使用自定义函数。定义一个函数就是编写完成该函数功能的程序块。

5.3.1 函数定义

1. 函数定义格式

函数定义的一般格式如下:

```
<返回值类型> <函数名>(<参数列表>)
<函数体>
```

说明:

- <返回值类型>说明函数返回值的数据类型,简称函数的返回类型。它可以是任一基本数据类型或用户自定义的数据类型;如果无返回值,则用关键字 void 说明。默认的返回类型是 int,即若未指定返回类型,则返回类型是 int(注意不是 void)。
- <函数名>是程序员为该函数指定的名字,函数名应遵守标识符命名的规定。
- <参数列表>指明参数的个数、名称和类型,多个参数之间用逗号分隔。函数定义中的参数称为形式参数(formal parameters),简称形参,因为在函数没有调用时,形参还没有分配对应的存储空间,所以也称为虚拟参数。如果函数没有形参,参数列表为空,函数名后面的圆括号不能少,这时也可在括号中加上关键字 void,表示这是一个无参函数。

- ＜返回值类型＞、＜函数名＞及＜参数列表＞构成了函数头。
- ＜函数体＞描述函数的功能，即函数所完成的具体操作。它由一系列说明语句和执行语句组成。函数体实际上是一个复合语句，花括号不能少，它指明函数体的开始和结束。函数执行时，如同执行一个复合语句一样，顺序执行函数体，直到遇到 return 语句或者遇到表示函数体结束的那个右花括号为止，函数执行完毕后，返回调用程序继续执行。

例如：

```
int max(int a, int b, int c)
{
    int m;
    m = (a > b) ? a : b;
    return (m > c) ? m : c;
}
```

定义了一个名为 max 的函数，该函数有 3 个形式参数 a、b 和 c，类型均为 int，返回值也是 int 类型。函数体由一个变量说明语句、一个赋值语句和一个返回语句构成。函数的功能是求 a、b 和 c 中最大的值。

兼容性提示：*和 C++ 不同，在 C 语言中，空的参数列表表示函数可以接收任意多个参数，参数列表必须为 void 才表示无参函数，所以对于 C 语言的无参函数最好在参数列表中写上 void。*

所有函数的定义是并列的、平行的，不支持函数嵌套，即不允许在一个函数定义内部定义另外一个函数。但是，可以对别的函数进行调用或作引用说明。

函数定义中声明的所有变量都是局部变量(local variable)，局部变量只在声明语句所处的程序块中有效。大多数函数都有一组参数，函数定义时指明了每个形式参数的名字、类型，形式参数与函数调用时提供的实在参数一一对应，函数执行时，形式参数可以视为实在参数的代表。参数机制提供了函数之间沟通信息的方式。函数的形式参数也可视为局部变量，在函数体范围内有效。

2. 函数的返回值

根据返回值的情况，函数可以分为两类：无返回值的函数和有返回值的函数。

(1) 无返回值的函数：函数无返回值时，返回类型必须用关键字 void 说明。这类函数的函数体内无 return 语句或 return 语句中无表达式。

如果函数体中包含不带表达式的 return 语句，当函数体执行到这样的 return 语句时，即返回到原先的调用位置；如果函数体无 return 语句，当执行完函数体最后的语句，遇到表示函数体结束的右花括号时，返回到原调用位置。

(2) 有返回值的函数：函数返回值的类型如果不是 void，表示该函数有返回值，此时函数体必须包含带表达式的 return 语句。表达式的值将返回给调用程序，该值具有函数说明的返回值类型。函数返回值的类型可以是算术类型，也可以是后面将介绍的指针、引用及用户定义的数据类型(如结构、联合或类等)。

不论函数有无返回值，函数体可有多个 return 语句。函数调用时，只要遇到一个 return 语句，就将忽略函数体中其余的代码，立刻返回到调用程序。例如，上面定义的函数 max 计算并返回 3 个整数中的最大值。

5.3.2 函数原型

函数一经定义,就可在程序中多次使用,函数的使用是通过函数调用实现的。而对于编译器来说,则要求在调用某个函数之前先定义该函数,以便编译器对函数调用的合法性进行全面检查。这种要求则对程序代码结构组织带来很多限制,甚至是难以完成的任务。

为解决上述问题,C++引入函数原型(function prototype)的概念。跟变量声明类似,函数原型作用是声明函数,目的是告诉编译器该函数的函数名字、函数返回的数据类型、函数要接收的参数个数、参数类型和参数顺序。编译器通过函数原型来验证函数调用的正确性。

函数原型的基本形式如下:

```
<返回值类型>  <函数名>(<参数列表>);
```

函数原型看上去只是比函数头多了一个分号,实际上,函数原型的参数列表中形参的名称可以省略。因为函数原型的意义在于验证函数调用时实在参数和形式参数的一致性,而不用关心形式参数的名字,因而只要指明参数的个数、类型及顺序就足够了。

例如,函数 max 的原型是:

```
int  max(int , int , int);
```

这个原型表示函数 max 具有 3 个 int 参数,返回 int 类型结果。注意这个函数原型与 max 函数定义的首部相似,只是不包括参数名 a、b 和 c,并且在尾部多了一个分号";"。

编译器在调用某个函数之前,要求是先给出该函数的定义。有了函数原型之后,函数调用前可以先给出该函数的原型,函数的具体定义在后续或其他代码中提供,如例 5-1 所示。

【例 5-1】 用自定义函数计算并返回 3 个整数的最大值,并输出结果。

```
//ex5_1.cpp:用自定义函数计算并返回 3 个整数的最大值,并输出结果
#include <iostream>
using namespace std;

int max(int, int, int);                        //函数原型

int main()
{
    int x, y, z;
    int maximum;

    cout << "Please enter three integers: ";
    cin >> x >> y >> z;

    maximum = max(x, y, z);                    //调用 max 函数
    cout << "The maximum integer is: " << maximum << endl;

    return 0;
}

int max(int a, int b, int c)                   //具体函数定义
{
    int m;
```

```
    m = (a > b) ? a : b;
    return (m > c) ? m : c;
}
```

程序运行结果：

```
Please enter three integers: 12 34 23
The maximum integer is: 34
```

程序设计风格提示：如果有几个函数在同一个文件中，为方便阅读代码，有经验的程序员一般把主函数放在前，而把被调用函数的定义放在后，并将其原型放在主函数前进行声明，以符合"先声明，后使用"的原则。

5.4 函数的调用

5.4.1 函数调用的概念

在C++程序中，除了main函数以外，任何一个函数都不能独立地在一个程序中存在，都是通过main函数直接或间接地调用引发执行的。调用一个函数就是执行该函数的函数体的过程。

函数调用的一般形式如下：

```
<函数名>(<实在参数列表>)
```

＜函数名＞是用户自定义的函数名或者系统预定义的标准函数名。＜实在参数列表＞是一个表达式列表。实在参数与形参表中的形式参数要顺序一致、类型匹配、个数相同(可变参数除外)。如果被调用函数是无参函数，它被调用时就没有实参，但圆括号必须有。如果有形式参数，相应的实在参数应该是类型一致的表达式，包括常量、变量或后面介绍的数组元素等。

C++的函数调用可以出现在表达式中，这种情况下要求被调用的函数应该有返回值。对于没有返回值的函数，也可以单独构成函数调用语句(在函数调用后面加上分号即可)。

函数调用时，先计算每个实参表达式的值，并给每个形式参数分配内存单元；接着将实参的值赋给被调用函数的对应的形参；然后再执行被调用函数的函数体。函数体执行时，顺序执行各语句，直到遇到return语句或者遇到表示函数体结束的右花括号为止，被调用的函数执行完毕，返回调用程序继续执行。如果被调用函数有返回值，系统从被调用函数返回到调用程序时，会将return语句中的表达式的值返回给调用程序，调用程序可以继续使用该值进行后续运算；如果被调用函数没有返回值，则被调用的函数执行完毕时，直接返回到调用程序，继续执行。图5-1给出了调用max函数的示意图。

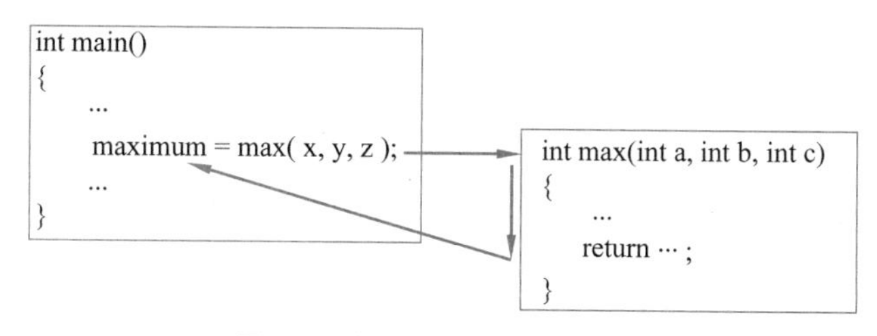

图5-1 调用max函数示意图

如果实在参数与形式参数的类型不同,则需要把实参的类型转换成对应形参的类型。例如,数学库函数 sqrt 可以用整型参数调用,虽然 cmath 中的函数原型指定为 double 参数,但函数仍然可以顺利工作。下列语句

```
cout << sqrt(4);
```

先隐式地将 int 类型的 4 转换成 double 类型的 4.0,然后再用 4.0 调用 sqrt 函数,所以能正确地求出 sqrt(4)的值为 double 类型的 2.0。一般来说,与函数原型中参数类型不完全相符的参数值将被隐式地转换为正确类型之后才能进行函数调用。

将数值转换为较低类型时可能导致数据丢失精度。为了避免在编写调用代码时出现这类错误,C++ 不会自动将精度较高类型的实在参数自动转换成精度较低类型的形式参数。如果确实要将精度较高类型的实在参数值传递给精度较低类型的形式参数,只能先显式地将该值赋给较低类型的变量,再用该变量作为实在参数来调用函数,或者在实参表达式中使用强制类型转换运算符实现类型转换。这种要求可以看成保证程序安全性的一种措施。

例如,对于例 5-1 的 max 函数,3 个形式参数 a、b 和 c 都是 int 类型,如果变量 x、y 和 z 是 double 类型的,下面对 max 的调用方式 1 和调用方式 2 是正确的,而调用方式 3 将导致警告性错误。

调用方式 1:

```
max((int)x, (int)y , (int)z);
```

调用方式 2:

```
int nx=(int)x;
int ny=(int)y;
int nz=(int)z;
max(nx, ny, nz);
```

调用方式 3:

```
max(x, y, z);
```

【例 5-2】 用自定义函数求两个整数的最大公因子,并编写程序调用该函数输出结果。

设计思想:本题解法可分为 3 步:①输入数据;②求最大公因子;③输出结果。核心问题是如何设计一个函数求两个整数的最大公因子。求最大公因子有多种方法,下面的辗转相除法是其中一种。

对于 a 和 b 两个整数,假设 a>b,如果 a 不能被 b 整除(余数记为 remainder),则反复执行下面的步骤,直到 a 能被 b 整除。

```
a = b;
b = remainder;
remainder = a % b;
```

运算结束后 b 的值就是两个输入整数的最大公因子。程序如下实现。

```
//ex5_2.cpp:用自定义函数求两个整数的最大公因子
#include <iostream>
```

```
using namespace std;

int gcd(int a, int b);                              //gcd 函数的原型

int main()
{
    int x, y;
    int fac;

    cout << "Please enter two integers: ";
    cin >> x >> y;
    fac = gcd(x, y);                                //调用 gcd 函数
    cout << "The greatest common divisor of ";
    cout << x << " and " << y << " is: " << fac << endl;

    return 0;
}

int gcd(int a, int b)                               //gcd 函数的定义
{
    //如有必要,通过交换确保 a>=b
    if (a < b)
    {
        int temp = a;
        a = b;
        b = temp;
    }

    int remainder = a % b;
    while (remainder != 0)
    {
        a = b;
        b = remainder;
        remainder = a % b;
    }

    return b;
}
```

程序运行结果：

```
Please enter two integers: 120 64
The greatest common divisor of 120 and 64 is: 8
```

5.4.2 参数传递

在调用带参数的函数时，需要进行参数传递。参数传递提供了调用函数和被调用函数交换信息的渠道。C++ 中的参数传递默认采用的是传值(call by value)方式，即传入的只是参数的值的副本，这个过程可以理解为，在参数传递时执行了“形式参数＝实在参数”的赋值操作，所以传递之后，形参中存放了实参值的副本，但形参和实参是两个独立的变量。

在被调用函数执行时，只能访问形式参数对应的内存单元，而不能直接访问实在参数对应的内存单元，因而无法直接改变实在参数的值。下面的 swap 函数试图交换两个参数的值。

```
#include <iostream>
using namespace std;

void swap(int x, int y)
{
    int temp = x;
    x = y;
    y = temp;
}

int main()
{
    int x = 10, y = 20;
    swap(x, y);
    cout << "x:" << x << "y:" << y << endl;
    return 0;
}
```

程序运行结果：

```
x:10   y:20
```

运行结果显示，x与y的值并没被交换，这是因为main函数在执行swap(x, y)时，是把实在参数x和y的值传给了swap中形式参数x和y(注意，实参x、y与形参x、y虽然名字相同，但其实是不同的变量，在计算机内存中有各自不同的存储单元)，swap函数中交换的也只是形参x和y这两个局部变量的值，修改的是形式单元中的值，当swap函数执行完后，控制返回main函数的调用语句处，继续向下执行，此时形参x和y这两个局部变量也被撤销。可见，在整个swap函数执行过程中，形参x和y数值的改变丝毫不影响调用函数中实参x和y的值。

从上面的程序可以看出，参数传递允许信息从调用函数流向被调用函数，而被调用函数想要将数据传给调用函数，只能通过返回结果这一途径。在许多情况下，这一限制为程序设计带来了不便，因为它使得从被调用函数向调用函数传递的信息非常有限。为了弥补这一不足，使被调用的函数能够访问调用它的函数的变量，C++提供了传引用(call by reference)这一传递参数的方式。

如果采用传引用方式进行参数传递，要求实在参数只能是变量(具有左值性质，即具有对应的内存地址)。当调用一个函数时，是把对实参变量的引用传给形式参数，此时形参与对应的实参可视为是同一变量，或者说形参是实参在被调用函数中的别名。实际上是将实参变量的内存地址存放到对应的形参的内存单元中，当程序在执行被调用函数过程中，对形式参数的任何操作都被处理成对相应实参变量的间接访问。当被调用函数执行完毕返回时，形式参数所指的实参变量就存储了所期望的值。可见传引用的参数传递方式可以通过形式参数访问调用函数中的实参变量，实现信息从被调用函数传向调用函数，从而可以间接实现返回多个值。

为了区分参数不同的传递方式，C++规定，对于按照传引用方式传递的参数，对应形式参数名前要加上符号"&"，如果没有该符号，说明该参数按照默认传值方式进行传递。同一函数中，允许有的参数传引用，有的参数传值。

例如，为了实现两个整数的交换，上面的swap函数应该采取传引用方式。

【例 5-3】 用自定义函数实现两个整数的交换。

```
//ex5_3.cpp:用自定义函数实现两个整数的交换
#include <iostream>
using namespace std;

void swap(int &, int &);

int main()
{
    int x = 10, y = 20;
    swap(x, y);
    cout << "x:" << x << "   y:" << y << endl;

    return 0;
}

void swap(int &a, int &b)
{
    int temp;
    temp = a;
    a = b;
    b = temp;
}
```

程序运行结果：

```
x:20   y:10
```

可见，采取传引用方式进行参数传递，形参、实参结合时的语义与传值方式的调用是不同的。在这个例子中，形式参数 a 和 b 视为对应的实参变量 x 和 y 的别名，即虽然名字不同，但可以简单认为是同一变量。对形式参数 a 和 b 的任何访问(包括赋值)，实际上是对实参变量 x 和 y 的访问，因而可以实现在调用函数过程中对实参变量进行修改。通过这种方式，可以达到间接返回多个值的效果。

与传引用方式类似，C++ 还可以通过传递指针参数来实现被调用函数访问调用它的函数的变量。这部分内容将在第 7 章中详细介绍。

对比传值和传引用：传值和传引用这两种方法各有优缺点。使用传值方式，可通过函数的返回值显式地将数据交给调用程序，从而改变调用程序中变量的值，但它不能返回多个值，返回值的类型也受到限制。采取传引用方式，可将更多的数据从被调用函数传向调用函数，但它不是显式地修改调用程序中的变量，损害模块的独立性，易导致一些潜在的错误。

5.4.3 默认参数

为了方便程序设计，在函数调用时可能要为某些参数传递特定的值。程序员可以将这些参数指定为默认参数，并提供这些参数的默认值。当函数调用时，如果没有为默认参数提供相应的实参，系统将把预设的默认参数值传递给被调用函数的形参。

默认参数应在函数名第一次出现时(如函数原型或具体函数定义)指定，通常是在函数原型中，直接在参数说明中增加一个赋值符号和默认值，默认值可以是常量、全局变量或函数调用。

【例 5-4】 使用默认参数计算长方体的容积。

```
//ex5_4.cpp:使用默认参数计算长方体的容积
#include <iostream>
using namespace std;

//函数原型,指定默认参数及默认值
int cubeVolume(int length = 1, int width = 1, int height = 1);

int main()
{
    cout << "The default cube volume is: " << cubeVolume()
        << endl;

    cout << "The volume of a cube with length 10, "
        << "default width 1 and default height 1 is: " << cubeVolume( 10 )
        << endl;

    cout << "The volume of a cube with length 10, "
        << "width 5 and default height 1 is: " << cubeVolume( 10, 5 )
        << endl;

    cout << "The volume of a cube with length 10, "
        << "width 5 and height 2 is: " << cubeVolume( 10, 5, 2 )
        << endl;

    return 0;
}

//计算长方体的容积
int cubeVolume( int length, int width, int height )
{
    return length * width * height;
}
```

程序运行结果:

```
The default cube volume is: 1
The volume of a cube with length 10, default width 1 and default height 1 is: 10
The volume of a cube with length 10, width 5 and default height 1 is: 50
The volume of a cube with length 10, width 5 and height 2 is: 100
```

需要注意的是,默认参数必须是函数参数表中最右边(尾部)的参数。一旦某个形参被赋予默认值,则其右面的所有形参都必须有默认值,下面示例的函数原型中的默认参数就不符合要求。

```
int cubeVolume(int length = 1, int width = 1, int height);
```

所以,调用具有两个或多个默认参数的函数时,如果省略的参数不是参数表中最右边的参数,那么该参数右边的所有参数也应省略。

*5.4.4 内联函数

将程序用一组函数来实现有很多好处,如提高程序的模块化程度和可维护性等,但函数的调用却会增加程序执行时的开销,包括保存当前的执行状态(一般称为保存现场)、传递参数、转入被调用函数和返回调用函数等,都带来了额外的开销。为此,C++ 提供了内联函数(inline function)机制,以减少函数调用的开销。

声明一个函数是内联函数,只要在函数名第一次出现(函数原型或函数定义)时函数返回值类型前增加 inline 限定符即可。例如:

```
inline double cube(double s) {
    return s * s * s;
}
```

inline 指示编译器在所有调用这个函数的地方将其实际的函数代码复制到程序中以避免函数调用。用一个函数代码的副本替换函数调用称作内联扩展或内联。其代价是会产生函数代码的多个副本并分别插入程序中的每一个调用该函数的位置上(从而导致代码规模变大),而不是只有一个函数副本(每次调用函数时将控制传入函数中)。这一方式减小了函数调用带来的开销,但使得程序代码的规模增大,所以只有较小函数适宜采取内联方式。

内联函数的定义(即声明以及整个函数代码)必须出现在每一调用该函数的源文件之中,否则编译器会因无法访问其函数代码而不能实现内联。可把该函数的定义放在头文件中,这样每一个调用模块都可使用该定义的同一个副本。和非内联函数不同,如果内联函数有了更改,调用它的所有源程序必须重新编译。

C++ 标准并未强制规定编译器一定要对具有 inline 限定符的函数进行内联扩展,这依赖于编译器的具体实现(在许多编译器中,递归函数和用指针调用的函数即使用了 inline 指令,也不会被内联扩展)。但需要指出,是否内联扩展并不会改变程序的语义,只会影响目标代码的执行速度和规模大小。一般情况下,内联扩展后速度会提高、代码规模将增多。因此,如果定义了一个小函数(调用该函数的额外开销可能超过执行函数本身的时间),整个程序调用它的地方相对来说不多,则可以使用 inline 限定符,尤其是在循环中重复调用此函数时。一般来说,内联函数不宜太复杂。

【例 5-5】 使用内联函数计算 1～10 的所有整数的平方。

```
//ex5_5.cpp:使用内联函数计算 1~10 的所有整数的平方
#include <iostream>
using namespace std;

inline int square(int x) { return x * x; }

int main()
{

    for (int i = 1; i <= 10;  ++i)
        cout << "The square of integer " << i << " is "
            << square(i) << endl;

    return 0;
}
```

程序运行结果:

```
The square of integer 1 is 1
The square of integer 2 is 4
The square of integer 3 is 9
The square of integer 4 is 16
The square of integer 5 is 25
The square of integer 6 is 36
The square of integer 7 is 49
The square of integer 8 is 64
The square of integer 9 is 81
The square of integer 10 is 100
```

5.5 函数重载

在 C++ 中允许定义多个同名函数来表示类似的操作,只要这些函数有不同的参数(参数的个数、类型或顺序不同),这种功能称为函数重载(function overloading)。调用重载函数时,C++ 编译器通过检查调用中的实在参数个数、类型和顺序来确定相应的被调用函数。函数重载一方面能够减少函数名的使用,另一方面合理使用函数重载也能提高程序的可读性。例如,如果若干函数是对不同的数据进行类似的操作,那么这些操作可以实现成一组重载的同名函数。因此,函数重载常用于设计多个功能类似而处理对象的类型不同的同名函数。

例如,C 语言中有多个标准函数能够计算数值参数的绝对值,由于 C 语言中要求函数命名具有唯一性,所以需要为这些功能类似的函数取不同的名字。例如:

```
int abs(int i);
long labs(long l);
double fabs(double d);
```

上面 3 个函数的功能类似,但是使用 3 个不同的函数名,看上去有些累赘,如果把 3 个函数定义为相同的名字,只是参数的类型不同,例如:

```
int abs(int i);
long abs(long l);
double abs(double d);
```

而在函数调用时,采用下面统一的调用形式:

```
abs(-10);                          //调用 int abs(int)
abs(-1000000);                     //调用 long abs(long)
abs(-3.1415926);                   //调用 double abs(double)
```

既直观又简便。程序员不必根据参数的类型去判断到底应调用 abs、labs,还是该调用 fabs,现在只要知道 abs 函数能够返回输入参数的绝对值就可以了。

C++ 之所以能处理重载函数得益于函数签名(function signature)这一概念。函数签名不仅指出了函数名,也指出了函数的形式参数的数目、类型和顺序。但与函数原型相比,函数签名不包括返回值类型。在调用函数时,即使有两个函数的名字相同,只要形参的数目、类型或顺序不同,编译器就能够根据实在参数的数目、类型和顺序,找到唯一一个与之匹配的一个函数,这一过程称为绑定(binding)。例如,abs(－10)是调用的 int abs(int)而不是 long abs(long)或double abs(double),就因为其参数类型为 int。类似地,abs(−1000000)调用的是long abs(long)而不是 int abs(int),就因为其参数类型为 long,而 abs(−3.1415926)参数类型为 double,因而它调用 double abs(double)。

【例 5-6】 使用重载函数计算 char 类型、int 类型以及 double 类型值的平方。

```
//ex5_6.cpp:使用重载函数计算 char 类型、int 类型以及 double 类型值的平方
#include <iostream>
using namespace std;

int square( char );
long square( int );
double square( double );

int main()
{
    char c = 7;
    int i = 1000;
    double d = 3.1415926;

    cout << "The square of char integer " << (int)c << " is "
        << square( c ) << endl;

    cout << "The square of integer " << i << " is "
        << square( i ) << endl;

    cout << "The square of double " << d << " is "
        << square( d ) << endl;

    return 0;
}

int square( char x ) { return x * x; }

long square( int x ) { return x * x; }

double square( double x ) { return x * x; }
```

程序运行结果:

```
The square of char integer 7 is 49
The square of integer 1000 is 1000000
The square of double 3.14159 is 9.8696
```

5.6 作　用　域

C++ 中的变量除了具有名字、类型和值以外,还有其他丰富的属性,如作用域、存储类别和连接特性等。本节将介绍变量的作用域,5.7 节将介绍存储类别。

程序中一个标识符能被使用的区域范围称作这个标识符的作用域(scope)。C++ 的作用域有 6 种:块作用域、文件作用域、函数原型作用域、函数作用域、类作用域和名字空间作用域。本节介绍前 4 种作用域,类作用域和名字空间作用域将在后面章节中讨论。

1. 块作用域

块作用域也称局部作用域。在程序块(即用一对花括号括起来的语句,函数体是一个块,一个控制结构语句也构成一个块)中声明的标识符具有块作用域,该标识符的作用域从声明点开始,到所在块结束处为止。具备局部作用域的变量称为局部变量(local variable)。换句话说,本书之前出现的所有变量都是局部变量。函数的形参也是块作用域,开始于函数定义开始的第一个左花括号处,结束于函数定义结束的右花括号处。

一个在程序块B1中声明的标识符X只在B1中有效(局部于B1);如果B2是嵌套在B1内部的一个内层块,且B2中对标识符X没有新的声明,则原来的名字X在B2中仍然有效;如果B2对X重新进行了声明,则B2对X的任何访问都是指重新声明过的这个X。这就是所谓块作用域的"最近嵌套原则"。

在图5-2的示例程序中,所有的变量和函数形参都是块作用域,即都只在自己所属的程序块或函数中可以使用。所以,函数g的形参x、y和main函数中的局部变量x、y虽然名字相同,但其实是完全不同的变量。需要注意的是,对于函数f中的形式参数a和其中if结构定义的局部变量a,虽然作用域有重合,但是按照"最近嵌套原则",if结构中使用的a应该是其自己定义的a,即"覆盖"了外部的形式参数a,在if结构之后使用的a才是对应的函数形式参数a。

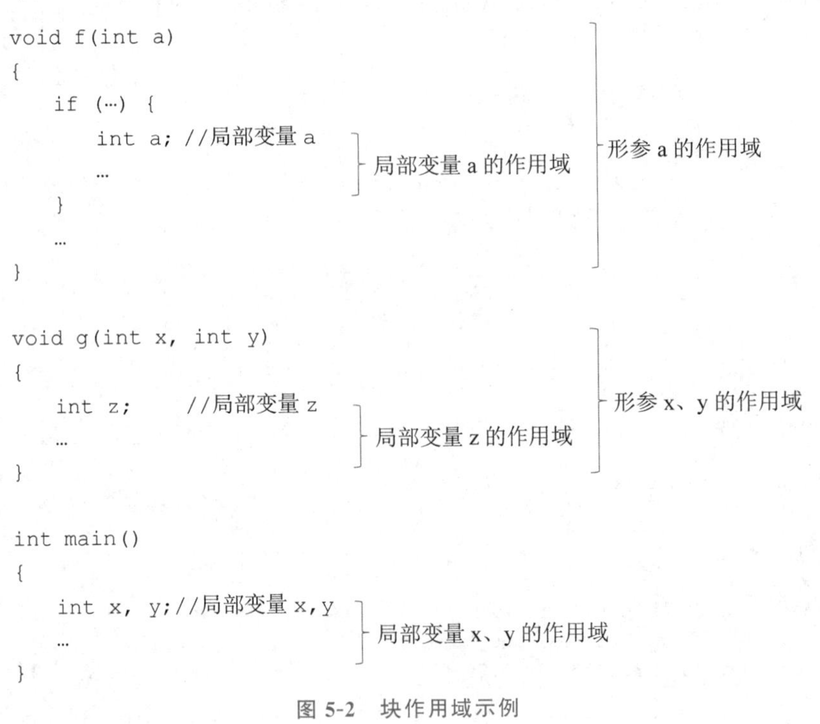

图5-2 块作用域示例

2. 函数作用域

具有函数作用域的标识符在该函数内的任何地方可见。在C++中只有标号具有函数作用域,它才能在整个函数范围内可见,包括标号定义之前和之后的任何代码。容易理解,标号在一个函数内必须唯一。

3. 函数原型作用域

函数原型作用域是C++程序中最小的作用域,是指在函数原型声明时形式参数的作用范围(开始于函数原型声明的左括号,结束于函数原型的右括号),只有函数原型的形式参数才具有函数原型作用域。

4. 文件作用域

在函数和类之外声明的标识符具有文件作用域，其作用域从声明点开始，在文件结束处为止。如果标识符出现在头文件的文件作用域中，那么当这个头文件被包括进其他源程序文件中时，该标识符的作用域将扩展到嵌入这个头文件的源程序文件中，直到该源程序文件结束。

具备文件作用域的变量由于是在函数之外声明，这些变量使用范围可跨越多个函数，一般称为全局变量(global variable)。如图 5-3 所示，全局变量 b 在函数 f、g 和 main 中都能使用，全局变量 c 在函数 g 和 main 中都能使用。注意，在 main 函数中还定义一个局部变量 b，按照“最近嵌套原则”，main 函数中对 b 的任何访问应该是访问局部变量 b，即局部变量 b 在 main 函数起了“覆盖”全局变量 b 的作用。图 5-3 还展示了函数原型作用域和函数作用域。

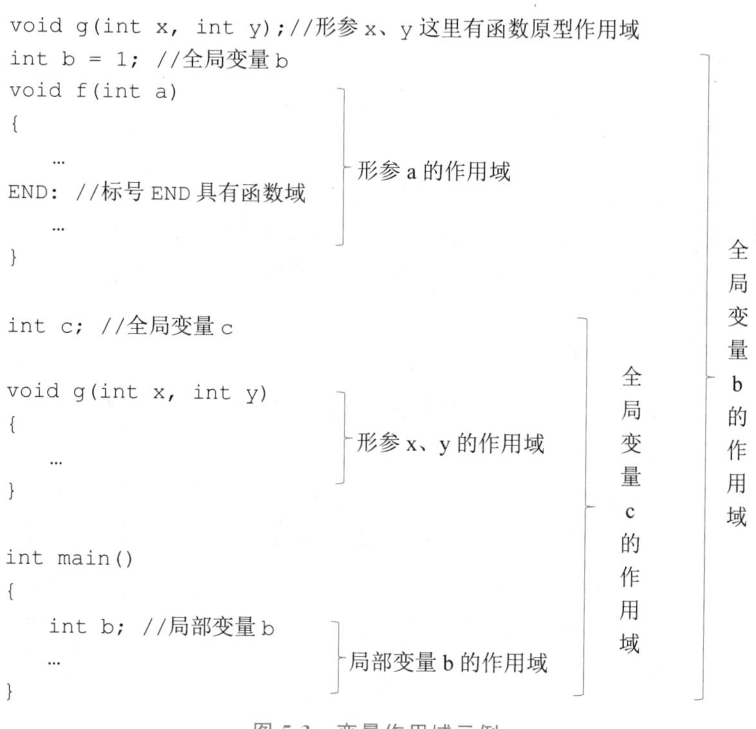

图 5-3 变量作用域示例

作用域最小化原则：即变量的作用域建议越小越好。例如，全局变量虽然增加了函数间传递数据的通道，提供一定的便利性，但全局变量的作用域太大将导致可能同时被多个函数访问，从而降低了程序的可靠性、可移植性和可维护性，所以建议不必要时不使用全局变量。

5.7 存储类别

C++ 根据变量的存储类别(也称为存储特性)来确定其生存期，对于变量来说，生存期表示该变量的存在的时间范围。生存期和作用域是从时间(程序执行的时间)和空间(源程序的范围)这两个不同的角度来描述变量的特性，二者既有联系又有区别。作用域是一个静态的概念，说明了一个标识符在哪些代码中能够被使用，是程序中的一段区域，一个标识符只有在其作用域内才能被程序代码访问。而生存期是一个动态的概念，说明了名字表示的数据对象存在的时间区间。显然,生存期大于或等于作用域,因为数据对象只有存在才能被访问,但反之则不一定。

5.7.1 变量的存储特性

变量的存储类别确定了其占用内存空间的时间。在C++新标准中,有以下4种不同方案存储变量中的数据。

(1) 自动存储:在函数内部定义的局部变量(包括函数形参)的存储特性都属于自动存储,它们在程序开始执行所属函数或代码块时被创建,在执行完所属函数或代码块时,使用的内存被释放。

(2) 静态存储:包括在函数外部定义的变量和使用关键字static定义的变量,静态存储变量在程序整个运行过程中会持续存在。

(3) 动态存储:单独用new运算符(或malloc函数)分配内存空间,会一直持续存在,直到用delete运算符(或free函数)将其释放或程序运行结束。第7章指针将会详细介绍动态存储。

(4) 线程存储:在并行计算程序中,可能有多个线程同时运行。线程存储的变量用关键字thread_local声明,表示其生命周期与线程一样。本书不对此展开介绍。

下面分别介绍前面两种存储类别,以及两种特殊存储特性限定符的作用。

5.7.2 自动存储变量

默认情况下,函数中定义的变量(包括形式参数)都是自动存储变量。换句话说,本书之前示例程序中的所有变量的存储特性都是自动存储。自动存储变量具有以下特点。

(1) 自动存储变量仅在定义该变量的函数体或程序块内有效,即在函数中定义的自动变量,只在该函数内有效,在复合语句中定义的自动变量只在该复合语句中有效。

(2) 自动存储变量采取的是动态使用内存的方式,只有当定义该变量的函数被调用时,才给它分配存储单元(对应的内存区域一般称为栈区),开始它的生存期;当函数调用结束,就要释放该存储单元,生存期结束。因此,函数调用结束后,自动变量的值不能保留。在复合语句中定义的自动变量,在进入复合语句时建立该变量、分配存储单元,退出复合语句时撤销该变量、释放存储单元,这之后该自动变量不能再使用,否则将引发错误。总之,自动变量的生存期开始于所在语句块的开始执行的时刻,终止于所在语句块的结束时刻。

由于自动存储变量的生存期都局限于定义它的函数体或复合语句(语句块)内,因此不同的语句块中允许使用同名的变量而不会混淆,即使在函数内定义的自动存储变量也可与该函数内部的复合语句中定义的自动变量同名。C++按照“最近嵌套原则”来确定每个标识符到底是哪个数据的名字。

需要注意的是,早期C++标准中还有一个关键字auto专门用来表示这种自动存储特性。但是,在C++新标准中,auto的含义发生了重大改变,其新作用是让编译器通过初始值来推断变量的类型。例如:

```
auto item = val1 + val2;                    //item 初始化为 val1 和 val2 相加的结果
```

这里变量item的数据类型取决于val1和val2相加的结果。

5.7.3 静态存储变量

静态存储变量简称静态变量。静态存储变量通常是在变量定义时就分配存储单元(对应的内存区域一般称为静态区),整个程序结束时被撤销。而自动存储变量是在程序执行过程中,在进入它定义所在的程序块时才分配存储单元,退出语句块时立即释放。典型的例子是函数的形式参数,在函数定义时并不给形参分配存储单元,只是在函数被调用时,才予以分配,函数执行完毕立即释放。如果一个函数被多次调用,则反复地分配、释放形参变量的存储单元。总之,静态存储类别的变量是一直存在的,而动态存储类别的变量则时而存在、时而撤销。

静态变量的类别描述符是 static。对于前面介绍的自动存储变量可以用 static 限定它为静态变量,称为静态局部变量。例如:

```
static int a, b;
```

静态局部变量具有以下特点。

(1) 静态局部变量在函数内定义,但不像自动变量那样,当执行该函数时就存在,退出函数时就撤销,静态局部变量始终存在着,其生存期为从程序第一次执行到声明该变量的语句开始,到整个程序的执行完毕时结束。

(2) 静态局部变量的生存期虽然延续到整个程序执行完毕,但其作用域仍与自动变量相同,即只能在定义该变量的函数或语句块内使用该变量。退出该函数或语句块后,尽管该变量还继续存在,但其他的程序代码不能使用它,这是静态局部变量与全局变量的不同之处。

(3) 对于基本类型的静态局部变量,如果在声明时未赋予初值,则系统自动赋予 0 值;而对于自动变量,系统不会赋初值,其初始值是不定的。对于静态局部变量来说,虽然离开定义它的函数后不能使用,但如再次进入定义它的函数时,它又可继续使用,而且保存了前次被调用后留下的值。

静态局部变量使用提示:*当多次调用一个函数,并要求在各次调用之间保留某些变量的值时,可考虑采用静态局部变量。虽然用全局变量也可以达到上述目的,但全局变量作用域跨越函数范围,有时会造成意外的副作用,而静态局部变量可以将对该变量的访问限制在函数或语句块内,因此仍以采用局部静态变量为宜。*

考虑下面的程序:

```
void f();                                      /* 函数原型 */
int main()
{
    for (int i = 1; i <= 5; i++)
        f();                                   /* 函数调用 */
    return 0;
}
void f()                                       /* 函数定义 */
{
    int j = 0;
    ++ j;
    cout << j << endl;
}
```

程序中定义了函数 f,其中的变量 j 说明为自动变量并赋予初始值为 0。当 main 中多次调用f时,j均赋初值为0,故每次输出值均为1。下面的程序把j改成了静态局部变量。

```
void f();                                     /* 函数原型 */
int main()
{
   for(int i = 1; i <= 5; i++)
      f();                                    /* 函数调用 */
   return 0;
}
void f()                                      /* 函数定义 */
{
   static int j=0;
   ++ j;
   cout << j << endl;
}
```

由于j为静态变量,能在每次调用后保留其值,并在下一次调用时继续使用,所以输出值变为累加的结果。

需要说明的是,全局变量也是采取静态存储方式,即其生存期为程序的整个执行过程,而且全局变量的作用域可以跨越函数的范围。此外还有静态全局变量的概念,即在全局变量声明时加上static限定。与普通全局变量相比,静态全局变量只能在当前源文件中使用;而普通全局变量配合后面介绍的extern描述符,可以在当前工程的多个文件中使用。

【例5-7】 变量的作用域和生存期示例。

```
//ex5_7.cpp:变量的作用域和生存期示例
#include <iostream>
using namespace std;

void a( void );                  //函数原型
void b( void );                  //函数原型
void c( int i );                 //函数原型,i具有函数原型作用域,仅在该函数原型中可见

int x = 1;                       //全局变量,作用域可以跨越函数的范围

int main()
{
   int x = 5;                    //局部变量,具有块作用域,从当前位置直到main结束可见
   cout << "local x in outer scope of main is " << x << endl;

   {   /* 开始新的块作用域 */
      int x = 7;               //局部变量,具有块作用域,从当前位置直到当前复合语句结束可见

      cout << "local x in inner scope of main is " << x << endl;
                                 //访问的是内层声明的x,外层声明的x不可见
   }                             /* 新的块作用域结束 */

   cout << "local x in outer scope of main is " << x << endl;

   a();                          //函数a使用了局部自动变量x
   b();                          //函数b使用了局部静态变量x
   c(10);                        //函数c使用了全局变量x
   a();                          //函数a中的局部自动变量x被重新建立
```

```
   b();                              //局部静态变量 x 保留了上次调用后的值
   c(10);                            //全局变量 x 保留了原来的值

   cout << "local x in main is " << x << endl;
   return 0;
}

void a( void )
{
   int x = 25;                       //每次调用都重新建立并初始化
   cout << endl <<"local x in a is " << x << " after entering a" << endl;
   ++x;
   cout << "local x in a is " << x << " before exiting a" << endl;

   //结束时,撤销局部自动变量 x
}

void b( void )
{
    static int x = 50;               //只在程序开时执行时初始化一次
    cout << endl << "local static x is " << x << " on entering b" << endl;
    ++x;
    cout << "local static x is " << x << " on exiting b" << endl;

    //结束时,局部静态自动变量 x 不被撤销
}

void c( int i )
{
   cout << endl << "global x is " << x << " on entering c" << endl;
   x *= i;                           //使用全局变量 x
   cout << "global x is " << x << " on exiting c" << endl;
}
```

程序运行结果：

```
local x in outer scope of main is 5
local x in inner scope of main is 7
local x in outer scope of main is 5

local x in a is 25 after entering a
local x in a is 26 before exiting a

local static x is 50 on entering b
local static x is 51 on exiting b

global x is 1 on entering c
global x is 10 on exiting c

local x in a is 25 after entering a
local x in a is 26 before exiting a

local static x is 51 on entering b
local static x is 52 on exiting b
```

```
global x is 10 on entering c
global x is 100 on exiting c
local x in main is 5
```

*5.7.4 寄存器变量

程序中大部分变量都存放在存储器内，而在计算机的 CPU 内部，对数据进行计算和处理大部分都在寄存器中进行。因而当对一个变量频繁读写时，势必要反复访问存储器，将数据在存储器和寄存器之间频繁传送，花费大量的存取时间。为了在程序设计语言这一层次上支持效率优化，早期 C++ 的标准提供了一种寄存器变量。这种变量被优先分配在 CPU 的寄存器中，使用时直接从寄存器中读写，这样可以提高程序的执行效率。对于循环次数较多的循环控制变量以及循环体内反复使用的变量均可定义为寄存器变量。寄存器变量的描述符关键字是 register。例如，求 s=1+2+…+200 的程序段可以如下设计。

```
register i, s = 0;
for(i = 1; i <= 200; ++i)
    s=s+i;
```

本程序的 i 和 s 都将频繁使用，因此将它们定义为寄存器变量可以提高执行效率。

需要注意，寄存器变量除了是在寄存器中分配，其他性质与自动存储变量相同，所以只有局部自动变量和形式参数才可以定义为寄存器变量。此外，将变量声明为寄存器变量并不能保证编译器一定将该变量分配在寄存器中，这只是早期 C++ 程序提供的一种存储方式建议。但是，从 C++ 11 标准开始，关键字 register 不再有这种作用，不过 register 也没有用做其他用途，仍然保留为关键字，只是没有之前的含义了。

*5.7.5 外部变量

外部变量的存储类别描述符为 extern。外部变量总是和全局变量联系在一起。默认情况下，全局变量和函数名具有 extern 属性。外部变量具有如下特点。

(1) 外部变量采取静态存储方式，即程序开始执行时就建立外部变量，直到整个程序结束(extern 也可用来限定函数名，说明该函数名从程序开始执行时就可用)。

(2) 当一个源程序由若干源文件组成时，在一个源文件中声明的外部变量需要在某个源文件中定义为全局变量。例如，下面的源程序由源文件 F1.cpp 和 F2.cpp 组成。

```
F1.cpp:
int a, b;                          /*定义全局变量 a,b*/
char c;                            /*定义全局变量 c*/
main()
{…}
F2.cpp:
extern int a, b;                   /*声明 a 和 b 是外部整型变量,在 F1.cpp 文件中定义*/
extern char c;                     /*声明 c 是外部字符型变量,在 F1.cpp 文件中定义*/
func (int x, y)
{…}
```

在 F1.cpp 和 F2.cpp 两个文件中都要使用 a、b 和 c 这 3 个变量。在 F1.cpp 文件中定义了

a、b 和 c，在 F2.cpp 文件中用 extern 把 3 个变量声明为外部变量，表示这些变量已在其他文件中定义，并声明了这些变量的类型和变量名，编译系统不再为它们分配内存空间，而只利用声明的信息在编译时进行检查。这里注意变量的声明和变量的定义之间的区别，声明变量不会为变量分配存储空间，定义变量则会分配具体内存空间。

5.8 递归函数

到目前为止，所介绍的函数调用都是按照层次方式，由一个函数调用另一个函数。C++ 是否允许函数调用自己呢？C++ 确实允许函数直接或间接地调用自己。这种直接调用自己或通过其他的函数间接地调用自己的函数称为递归函数(recursive function)。对某些问题，可以通过递归函数直观、简洁地加以解决。本节首先介绍递归的概念，然后通过具体的例子来学习设计递归函数的基本方法。

5.8.1 递归的概念

实际生活中有许多这样的问题，这些问题比较复杂，问题的解决又依赖于类似问题的解决，只不过后者的复杂程度或规模较原来的问题更小，而且一旦将问题的复杂程度和规模化简到足够小时，问题的解法其实非常简单。许多数学问题表现得更突出。例如，计算某个自然数 n 的阶乘，公式如下：

$$n! = n \times (n-1) \times (n-2) \times \cdots \times 2 \times 1$$

对于这种阶乘的计算，可以利用下面的循环结构。

```
int factorial = 1;
for (int counter = 1; counter <= n; counter++)
    factorial = factorial * counter;
```

可以从另外一个角度来看待阶乘的计算，自然数 n 的阶乘可以通过递归定义为

$$n! = n \times (n-1)! \quad (n>1)$$
$$n! = 1 \quad (n=1)$$

根据这个递归定义，假设 n=5，那么 5!的递归计算过程如图 5-4 所示。

从图 5-4 中可以看出，为了计算 5!，要先计算出 4!，要计算 4!，又要先计算出 3!的结果，要得到 3!的结果，则要先计算 2!，而求 2!又需要先计算 1!(这个过程一般称为递推)。根据定义，1!=1，有了 1!就可以计算 2!了，有了 2!的结果就可以计算出 3!的值，有了 3!的值就可以算出 4!的值，最后得到 5!的结果(这个过程一般称为回溯)。这种解决问题的方法具有明显的递归特征。从这一计算过程可以看到，一个复杂的问题，被一个规模更小、更简单的类似问题替代了，经过逐步分解，最后得到一个规模非常小、很容易解决的类似问题，将该问题解决后，再逐层回溯解决上一级问题，最后解决较复杂的原始问题。

很多问题具有上面例子的特征，都可以用递归方法加以解决。在程序设计时，这类问题求解的方法可以用递归函数来实现。在用递归函数解决问题时，递归函数可能只需解决最简单的情况，即所谓的最基本情况。对于最基本的情况，递归函数往往只需要简单地返回一个结果。如果要解决更复杂的问题，那么函数要将问题分成两部分：一部分是当前能够直接处理的部分；另一部分是函数当前不能直接处理的部分，这部分子问题也可以转化成原问题求解，

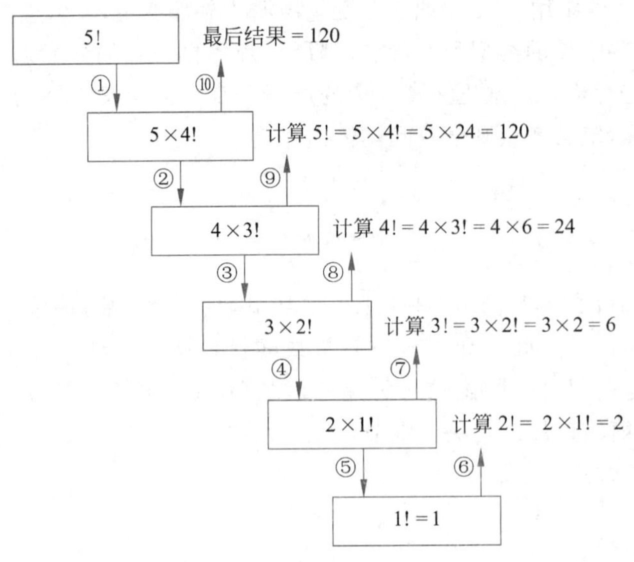

图 5-4　5!的递归计算过程

只是问题有所简化或缩小。由于这个子问题与原问题相似,因此该函数可以通过调用其自身来解决这个简化后的子问题,这称为“递归调用”(recursive call)。每一步递归的返回结果都要和函数前一部分(能够处理的部分)结合起来,得到当前问题的结果,并将结果返回给上一级。

实际上,递归函数的调用过程与一般函数的调用过程完全一样,正因如此,函数的递归调用有下面两个性质。

(1) 像一般函数调用一样,发生函数调用时,调用程序在函数调用处暂时挂起,程序控制离开调用程序转入被调用函数执行,只有当被调用函数执行完后,才返回到调用程序的原调用处继续向下执行,所以调用函数一定要在被调用函数执行完成后才能继续执行并结束。在函数的递归调用过程中,表现出典型的“后进先出”的特征,最先进入的函数调用最后结束并返回,最后开始执行的函数调用最先结束并得到调用结果。

(2) 如同一般函数调用一样,每当一个函数被调用,系统就会为该函数的这次执行分配存储空间,包括为该函数的形式参数和局部变量分配单元。因此,递归函数执行时,在某一时刻,计算机内可能有该递归函数的多个活动同时存在,每个活动(即函数的每次调用执行)都有自己对应的存储空间。也就是说,函数的形式参数和局部变量在函数的每次调用执行中都有不同的存储空间。

以上两点性质对于准确理解递归函数的执行过程具有重要的意义。

【例 5-8】 计算一个正整数 n 的阶乘。

```
//ex5_8.cpp:计算一个正整数 n 的阶乘
#include <iostream>
using namespace std;

long factorial( long );

int main()
{
```

```
    int i;

    cout << "Please enter a positive integer: ";
    cin >> i;
    cout << i << "! = " << factorial(i) << endl;

    return 0;
}

long factorial( long number )
{
    if ( number <= 1 )
        return 1;
    else
        return ( number * factorial( number - 1 ) );
}
```

程序运行结果：

```
Please enter a positive integer: 10
10 != 3628800
```

说明：本例中 factorial 函数的形式参数 number，在 factorial 的每次调用执行时都有不同的存储空间；最后一次调用 factorial 函数(实在参数为 1，即 factorial(1))最先返回。

5.8.2 递归函数应用举例

本节通过两个例子深入学习递归函数的设计方法。

【例 5-9】 用递归方法求 n 阶勒让德多项式的值。

$$P_n(x)=\begin{cases}1 & n=0\\ x & n=1\\ ((2n-1)\times x\times P_{n-1}(x)-(n-1)\times P_{n-2}(x))\div n & n>1\end{cases}$$

设计思想：采用递归程序设计方法时，与其说是设计问题的解法，不如说是将问题的递归性质分析清楚，用递归的方法描述问题。一般按照下面两步进行设计即可。

(1) 准确分解问题的递归结构，分清楚哪些是当前能够直接处理的，哪些是当前不能直接处理的而其解决方法又和原来的问题一样的，只不过相对原问题简化一些。

(2) 根据问题的递归结构特征规划递归算法。递归算法与递归问题是对应的：当前能直接解决的问题就设计相应的算法解决之；不能直接解决的，通过递归调用算法自身来解决。综合这两部分的结果就可得到问题的解决方法。

由于 n 阶勒让德多项式本身就是通过递归进行定义的，因此本例的递归结构是非常清楚的：当 n=0 和 n=1 时，问题的答案可以直接计算得到；当 n>1 时，当前问题的答案 $P_n(x)$需要 $P_{n-1}(x)$和 $P_{n-2}(x)$的结果才能计算。程序如下设计。

```
//ex5_9.cpp:用递归方法求 n 阶勒让德多项式的值
#include <iostream>
using namespace std;

float P(int, float);
```

```
int main()
{
    int n;
    float x;

    cout << "Please enter n and x: ";
    cin >> n >> x ;

    cout << "P( " << n << ", " << x << " ) = ";
    cout << P(n, x) << endl;

    return 0;
}

float P(int n, float x)
{
    if (n == 0)
        return 1;
    else  if (n == 1)
        return x;
    else
        return ((2 * n - 1) * x * P((n-1), x) -
                         (n-1) * P(( n - 2), x)) / n;
}
```

程序运行结果:

```
Please enter n and x: 3 7
P(3, 7)=847
```

在上面这个例子中,问题本身就是一个递归函数,因此递归函数的设计非常直接而简单。有时很多问题的递归求解过程需要仔细分析才能发现,如汉诺(Hanoi)塔问题。

【例 5-10】 汉诺塔问题。假设有 3 根针 A、B、C,其中 A 针上有 N 个盘子,盘子大小不等,大的在下,小的在上。要将 N 个盘子从 A 针移动到 C 针,每次只能移动一个盘子,可借助 B 针,但必须保证任何时候 3 根针上盘子始终保持大盘在下,小盘在上。

设计思想:汉诺塔是一个经典的递归问题。该问题如果采取非递归方法非常复杂,但是采取递归解法则很简洁。

如果盘子数目为 1,那么搬动的方法很简单,即从 A 针移到 C 针即可;如果 N>1,将 N 个盘子从 A 针移到 C 针,借助 B 针,可以分解成以下 3 个步骤,如图 5-5 所示。

(1) 将 N−1 个盘从 A 针移到 B 针,借助 C 针。

(2) 将 A 针上的盘移到 C 针。

(3) 将 N−1 个盘从 B 针移到 C 针,借助 A 针。

说明:N=1 时,可以直接解决;当 N>1 时,算法的第(1)步和第(3)步与原问题相似,只是移动的盘数减少了。通过分析,发现了问题的递归性质。可将完成上述算法的函数原型设计如下(注意函数的参数与算法中数据的关系)。

```
void moveDisks(int diskNum, char sourcePole, char targetPole, char midPole);
```

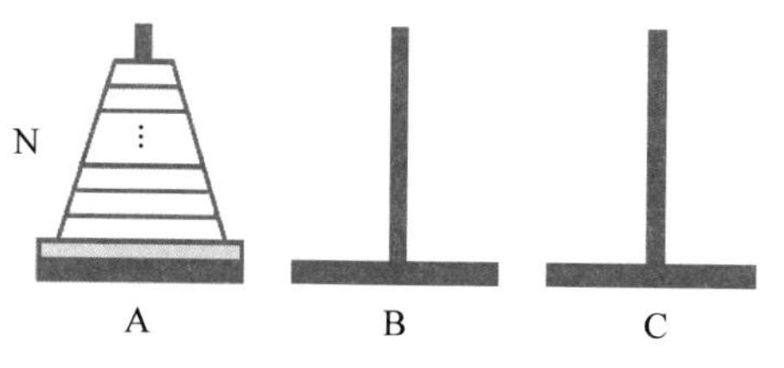

(a) 问题：将N个盘子从A针移到C针，借助B针

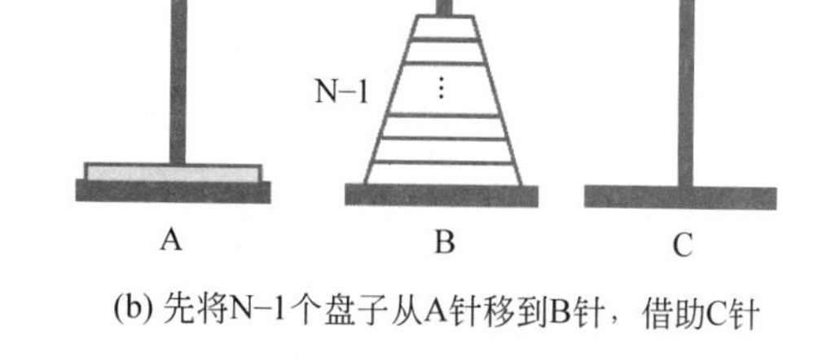

(b) 先将N–1个盘子从A针移到B针，借助C针

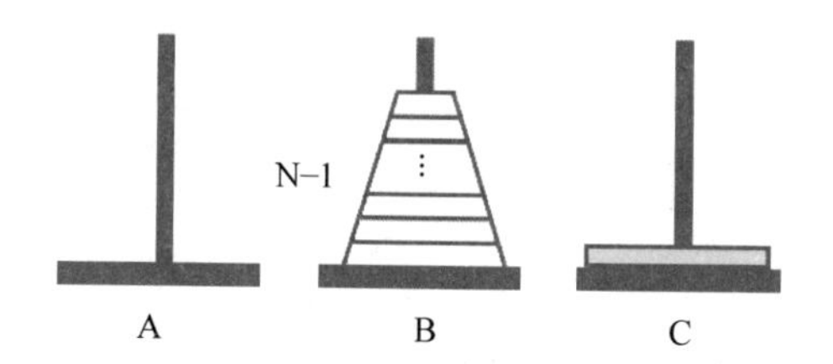

(c) 再将A针上的盘子移到C针

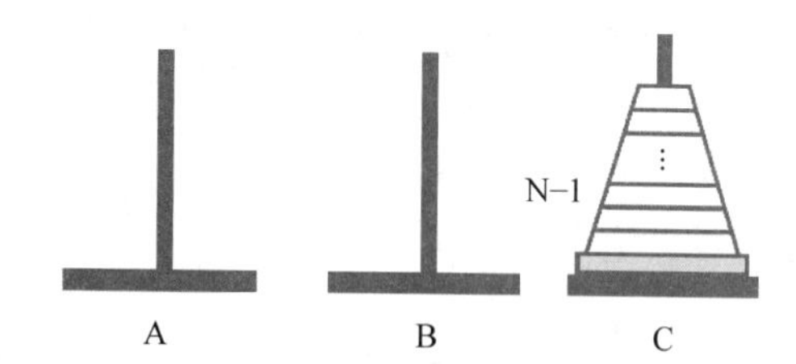

(d) 最后将N–1个盘子从B针移到C针，借助A针

图 5-5　汉诺塔移动示意图

各参数意义如下：

- diskNum，欲搬动的盘子的数目。
- sourcePole，欲搬动的盘子原来所处的针的编号，即搬动的源针。
- targetPole，盘子搬动的目标针的编号，即搬动的目标针。
- midPole，盘子搬动的借助的针的编号，即搬动的借助针。

上述函数的功能可描述为：将 diskNum 个盘子，从 sourcePole 针，借助 midPole 针，搬到 targetPole 针上。

将算法写成程序，就可以得到如下该函数的具体定义的程序。

```
//ex5_10.cpp:汉诺塔问题的递归解法
#include <iostream>
using namespace std;

void moveDisks(int diskNum, char sourcePole, char targetPole, char midPole);

int main()
{
    int n;
    cout << "Please enter the number of the plates: ";
    cin >> n;

    if ( n <= 0 )
        cout << "The plates number must be greater than 0!";
    else
        moveDisks( n, 'A', 'C', 'B' );

    return 0;
}

/****************************************************************
Function:    moveDisks
```

```
Parameters:
    diskNum     搬动的盘子的数目
    sourcePole 欲搬动的盘子原来说出的针的编号,即搬动的源针
    targetPole 盘子搬动的目标针的编号,即搬动的目标针
    midPole     子搬动的借助的针的编号,即搬动的借助针

Description: 将 diskNum 个盘子,从 sourcePole 针,借助 midPole 针,搬到 targetPole 针上
***************************************************************/
void moveDisks(int diskNum, char sourcePole, char targetPole, char midPole)
{
    if ( diskNum == 1 )
        cout << sourcePole << "->" << targetPole << endl;
    else
    {
        //将 N-1 个盘子从 A 针移到 B 针,借助 C 针
        moveDisks(diskNum-1, sourcePole, midPole, targetPole);
        //将 A 针上的盘子移到 C 针
        cout << sourcePole << "->" << targetPole << endl;
        //将 N-1 个盘子从 B 针移到 C 针,借助 A 针
        moveDisks(diskNum-1, midPole, targetPole, sourcePole);
    }
}
```

程序运行结果:

```
Please enter the number of the plates: 3
A->C
A->B
C->B
A->C
B->A
B->C
A->C
```

如果输入的盘子数目太大,程序运行将花费相当长的时间。这一方面是因为问题复杂,另一方面也反映出递归函数调用由于在函数调用上的开销太大,因而效率较低。有的问题既可以用递归方法来解,也存在非递归解法,二者相比较各有优缺点:递归解法设计思想清晰简洁,程序易于理解和维护,但是执行效率可能较低;非递归解法设计思想复杂,不容易理解,不利于程序的维护,但执行效率较高。

5.9 预处理指令

第1章曾提到预处理功能,预处理发生在编译之前(见图1-4),主要完成的功能为:把其他文件包含到当前文件中、定义符号常量和宏、程序代码的条件编译以及预处理指令的条件执行。所有的预处理指令都是用井号“#”开头的。一行预处理指令的前面只能出现空白字符。注意,预处理指令不是C++语句,因此也不能用分号“;”结尾。预处理指令由预处理程序执行,在编译之前处理完毕,预处理的结果作为编译器的输入。预处理的结果不是目标代码,它只是对源程序进行简单处理后得到的高级语言程序,还需要经过编译器的翻译才能变成目标

代码。

预处理指令主要包括＃include、＃define、＃error、＃if、＃else、＃elif、＃endif、＃ifdef、＃ifndef、＃undef、＃line、＃pragma。每个预处理指令均带有符号＃。下面介绍常用的预处理指令。

5.9.1 ＃include 指令

＃include 指令的作用是指示编译器将该指令所指出的另一个源文件嵌入＃include 指令所在的程序中，文件应使用双引号或尖括号括起来。例如：

```
#include <cmath>
```

表示将文件 cmath 中的内容包括到该预处理指令处。C++ 的程序也允许嵌入其他文件，例如：

```
main()
{
    #include <help.cpp>
}
```

假设 help.cpp 是另一个文件，其内容可为一行语句：

```
printf("Glad to meet you here!");
```

那么，上述函数经过预处理之后将变换成

```
main()
{
    printf("Glad to meet you here!");
}
```

尽管＃include 指令可以包括各种源程序文件，但使用最多的是用来包括头文件。

在 C++ 语言中每一个标准库都有对应的头文件(header file)，该头文件包含了该库中各种数据类型、类、常量和函数原型的定义。

程序员可以建立自定义头文件，自定义头文件应以.h 结尾，并使用＃include 预处理指令将自定义的头文件包含到程序中。例如，在程序的开头用下列指令可把 const.h 头文件包含到程序中。

```
#include "const.h"
```

在＃include 指令中，文件名使用尖括号和双引号具有不同的意义。使用尖括号时，预处理程序总是在指定目录中寻找被包括的文件，通常标准库的头文件都用尖括号括起来，因为它们都在固定的系统目录中；使用双引号时，预处理程序将优先在被编译的程序所在的目录中寻找被包括的文件，然后再到系统目录中找。

5.9.2 ＃define 指令

＃define 指令可以定义符号常量或宏。＃define 指令定义的一般形式如下：

```
#define 符号常量标识符   字符串
#define 宏标识符   字符串
```

由#define指令定义后,在程序中每次遇到已定义的符号常量标识符或宏标识符时,就用所定义的字符串代替它。

例如,可用下面指令定义了符号常量:TRUE表示数值1,FALSE表示0。

```
#define TRUE 1
#define FALSE 0
```

一旦在源程序中使用了TRUE和FALSE,编译时会自动地用1和0代替。

#define指令还可以定义宏。宏是在预处理指令#define中定义的一种操作,是C++从C中继承保留下来的。宏在C程序中使用很广,但由于C++提供了模板和内联函数,宏的作用减弱了。这里只简单介绍宏的定义和使用。和符号常量一样,程序中的宏标识符也在程序编译之前被替换文本取代。可以定义带参数或不带参数的宏。预处理器就像处理符号常量一样处理不带参数的宏。对带有参数的宏的处理方式是:先用替换文本取代参数,然后再把宏展开,即用替换文本取代程序中的标识符和参数表。

下面看一个定义宏的例子。假设有定义:

```
#define PI 3.1415926
#define CIRCLE_AREA(x) (PI * (x) * (x))
```

如果程序中出现了下面的语句

```
area = CIRCLE_AREA(5);
```

预处理程序将该语句展开成

```
area = (3.1415926 * (5) * (5));
```

用括号把宏的参数x括起来是为了保证在宏参数是表达式时,也能够强制编译器以正确的顺序计算表达式的值。例如,下列语句

```
area = CIRCLE_AREA(c+2);
```

展开成

```
area = (3.14159 * (c+2) * (c+2));
```

表达式中的括号使得表达式能够以正确的顺序计算。如果去掉括号,宏就被展开成

```
area = 3.14159 * c+2 * c2;
```

就会错误地按照下面的表达式求值。

```
area = (3.14159 * c)+(2 * c)+2;
```

还可以定义更复杂、功能更强大的宏,有兴趣的读者可以进一步深入思考并阅读相关资料。

程序设计技巧提示：宏和函数调用不同。宏的替换由预处理程序完成，发生在编译之前的预处理阶段；而函数调用发生在目标代码执行时。从执行效率上考虑，通过宏扩展产生的代码执行效率较高，相对于函数调用来说，省去了函数调用的开销，与内联函数类似。从程序设计角度看，如果操作复杂，定义宏比定义函数难度更大，宏替换经常带来设计者意想不到的情况。所以，C++ 新标准建议，如果使用宏执行了类似函数的功能，则应考虑将其转换为 C++ 的内联函数。

5.9.3 #if、#else、#endif、#ifdef、#ifndef 指令

#if、#else 和 #endif 指令为条件编译指令，其一般形式如下：

```
#if 常量表达式
    程序段 1;
#else
    程序段 2;
#endif
```

上述结构的含义是：若 #if 指令后的常量表达式为 true，则编译 #if 到 #else 之间的程序段 1；否则，编译 #else 到 #endif 之间的程序段 2。

例如：

```
#define MAX 200
void main()
{
    #if MAX>999
        printf("compiled for bigger\n");
    #else
        printf("compiled for small\n");
    #endif
}
```

上面这段代码的相当于

```
#define MAX 200
main()
{
    printf("compiled for small\n");
}
```

如果将 MAX 定义为 2000，原来的代码相当于

```
#define MAX 2000
main()
{
    printf("compiled for bigger\n");
}
```

#ifdef、#ifndef 指令分别相当于 #if define 和 #if !define，一般形式如下：

```
#ifdef 宏替换名
#ifndef 宏替换名
```

其意义等价于

```
#if define 宏替换名
#if !define 宏替换名
```

条件编译可以为程序设计带来很多好处。例如,下面的程序

```
#ifdef DEBUG
printf("Show debug message here!\n");
#endif
```

只有当定义了符号 DEBUG 时,才会编译该输出语句;否则,目标程序中不会有该语句对应的代码。这样,在调试程序时可以加入许多输出调试信息的语句,当程序调试通过后,在程序中删除符号 DEBUG 的定义指令或使用 # undef DEBUG,再进行编译,这时得到的目标代码就不会包含输出调试信息的代码了。

程序设计技巧提示:使用条件编译,可以用通过定义的符号来选择程序的功能。例如,有时我们可以写一个功能丰富的程序,但是根据应用需求的不同可能需要选择定制程序的功能,这时我们可以通过定义符号来选择编译哪一部分代码,而不必在编写程序时大量删除某些代码,或添加或取消大量的注解。

习　　题

5.1 回答以下问题。

(1) 函数的定义格式是如何规定的？在具体定义时哪些是可以省略的？

(2) 在什么情况下,必须使用函数的原型声明？

(3) 如何实现函数的返回值？用返回值实现函数间的数据传递有何局限性？

(4) 什么叫内联函数？如何定义内联函数？使用内联函数的实质与目的是什么？

(5) 什么是函数的重载？调用重载函数时,通过什么来区分不同的重载函数？

(6) 什么叫递归？递归和递推有什么区别和联系？

(7) 编译预处理指令是 C++ 语句吗？为什么？

(8) 变量的存储类别有哪几种？其作用域和生命期各有什么不同？

(9) 静态变量有何特点？

(10) 什么是传引用调用？它有何特点？

(11) 实在参数和形式参数有什么区别？

5.2 从键盘上输入 10 个浮点数,求出它们的和以及平均值,要求用函数实现。

5.3 设计一个函数,这个函数有两个形参,一个表示年份,另一个表示月份,要求该函数返回这月的天数。

5.4 编写两个函数,分别求两个整数最大公约数和最小公倍数。

5.5 求 400 以内的亲密对数。所谓亲密对数,是指 A 的所有因子之和等于 B,B 的所有因子之和等于 A。

5.6 设计一个函数,实现把输入的一个十进制数转换为十二进制数。

5.7 编写函数 multiple,确定一对整数中的第二个整数是否为第一个整数的倍数。函数取两个整数参数,如果第二个整数是第一个的倍数则返回 true,否则返回 false。在程序中输

入一系列整数，并调该函数。

5.8 设计一个函数 primc，这个函数带有一个整型参数，当这个参数的值是素数时，该函数返回非 0，否则返回 0。利用这个函数编写一个程序来验证哥德巴赫猜想：任何一个充分大的偶数（大于或等于 6）总可以表示成两个素数之和。

5.9 设计一个程序，用重载函数实现计算两个数的平方和，分别实现整型和浮点型的计算。

5.10 编写一个 C++ 程序，用内联函数 circleArea 提示用户输入圆的半径，并计算和打印圆的面积。

5.11 对于下面的程序，指出下列元素的作用域（函数范围、文件范围、块范围或函数原型范围）。

（1）main 中的变量 x。

（2）cube 中的参数 y。

（3）函数 cube。

（4）函数 main。

（5）cube 的函数原型。

（6）cube 函数原型中的标识符 y。

```
#include <iostream>
using namespace std;
int cube(int y);
int main(int y);
{
   int x;
   for (x=1;x <=10;x++)
      cout << cube(x) << endl;
    return 0;
}
int cube(int y)
{
   return y * y * y;
}
```

5.12 已知组合数 c(m,r)=m!/(r!(m−r)!)，其中 m、r 为正整数，且 m>r。分别求出 c(5,2)、c(8,6)的组合数。阶乘及组合数用函数完成。

5.13 用牛顿迭代法设计一个通用的解一元二次方程的函数。求方程 $x^3-3x^2+1=0$，$3x^2-4x+2=0$ 的根。牛顿迭代公式：$x_{n+1}=x_n-f(x_n)/f'(x_n)$，其中 $f'(x)$是 $f(x)$的导函数。迭代初值由键盘输入。

5.14 编写一个时制转换函数，将 24 小时制转换为 12 小时制，如将 14:25 转换为 2:25PM，函数原型为：

```
void convert(int &hour, int &minute, char &form);
```

注意，函数所有参数都使用传引用参数，其中参数 form 是一个字符类型，取值'A'表示'AM'，取值'P'表示'PM'。

5.15 编写一个递归函数，将一个正整数的各个数字之间加上短横线并输出。例如，设原始整数为123,则函数输出为1-2-3。

5.16 根据斐波那契数列的计算公式,用递归的方法计算该数列。

5.17 将例5-2中用辗转相除方法求最大公因子的函数改写成递归函数,试比较这两种不同的实现方法。

5.18 当x>1时Hermite多项式定义如下:

$H_0(x)=1$

$H_1(x)=2x$

$H_n(x)=2xH_{n-1}(x)-2(n-1)H_{n-2}(x)$

试编写输出Hermite多项式对应变量x的前n项值的递归函数和非递归函数。

5.19 编写一个函数power(float x, int n),用递归的方法计算x的n次幂。在主函数中实现输入输出。

5.20 已知三角形的3条边a、b、c,分别用带参数的宏和函数编写求三角形的面积的程序。公式如下:

$$s=(a+b+c)/2$$

$$area=\sqrt{s(s-a)(s-b)(s-c)}$$

5.21 先分析下面程序的代码,得出程序运行预期输出的结果,然后上机实际运行程序,对比验证与分析的结果是否一致。

```
#include <iostream>
using namespace std;
#define A b*b-b
#define C A-A
int main()
{
    int b = 1;
    cout << "C=" << C;
    return 0;
}
```

5.22 使用#define语句对求两个整数的最大值进行宏定义,并编写完整的程序:给定两个整数,求两个整数的最大值。

5.23 编写一个递归函数求斐波那契数列的前n项之和,并在程序中加入条件编译语句,使得在定义了DEBUG时,显示调试信息,没有定义时则不显示。

5.24 编写一个程序,能够求根据用户命令和所输入锐角计算输出三角函数值。这里要求不能使用C++数学库中的预定义函数,用自定义的函数求各个三角函数值,这里用泰勒级数展开实现。例如:

$$\sin(x)=x-(x^3/3!)+(x^5/5!)-(x^7/7!)+\cdots$$

$$\cos(x)=1-(x^2/2!)+(x^4/4!)-(x^6/6!)+\cdots$$

说明:公式中的!表示阶乘。程序要求能实现6个基本三角函数。为简化起见,用一个整数表示用户命令:1表示sin,2表示cos,3表示tan,4表示cot,5表示sec,6表示csc。例如,输入为1 30,表示求sin(30)的值。建议每种三角函数用单独的一个函数实现,并且灵活使用三角函数之间的关系。

第 6 章 数组

【学习内容】

本章介绍 C++ 的数组。主要内容包括：

◆ 一维数组的定义与使用。

◆ 多维数组的定义与使用。

◆ 字符串与字符数组。

【学习目标】

◆ 理解数组的概念，掌握数组声明和使用的方法。

◆ 理解数组元素的存放方式。

◆ 熟练掌握数组和循环配合的程序设计方法。

从本章开始介绍一些复合的数据类型。

程序设计过程中，除了要处理整型、实型、字符型、布尔型等简单数据类型的数据外，还需要处理具有结构性质的数据。例如，全班学生的学号，所有学生某次考试的成绩等，这些数据逻辑意义相关，有明显的结构特征。虽然这些数据本身都能够通过简单数据类型来表示，但是仅使用简单数据类型，不能很好地体现这些数据的逻辑相关性和结构特征。因此，需要一种机制来描述这些相关的数据，这就是数据结构。所谓数据结构，是指由简单类型的数据构造复合类型数据的方法和表示。把简单的数据类型的数据(如整数、实数和字符)加以组合，构造复合类型的数据(如数组、结构、联合等)。把复合类型的数据再加以组合，可构造更为复杂的复合类型的数据。

1966 年，沃思和霍尔提出了数据结构的概念。随后，沃思在 PASCAL 程序设计语言中提出数据类型的构造方法。1972 年，霍尔进一步阐述数据结构，并对每种结构进行非形式的描述，讨论了建立数据结构的几种方法。数据结构概念提出之后，高级程序设计语言大多提供了基本数据类型，如整型、逻辑型(布尔型)、实型和字符型；也提供如何由基本数据类型构造复合数据类型的方法，如 PL/1 中的“结构型”、PASCAL 中的“记录型”等。C++ 作为高级程序设计语言，也提供了这种构造能力。

本章将介绍数组这一基本的数据结构。数组是由类型相同、逻辑意义相关的一组数据构成的。例如，上面提到的全班学生的学号，全班所有学生某次考试的成绩等，这些数据都可以用数组来描述。每个数组都有一个由标识符来充当的名字，也称为数组名。数组中的每个元素称为数组元素，它们按顺序分配在内存中一片连续的内存单元中，每个元素占用相同数目的单元。数组元素是按顺序排列的，顺序号称为数组元素的下标。数组元素通过数组名和下标来表示。数组可以有多个下标,下标的个数称为数组的维数。数组按维数多少分为一维数组、多维数组,按数组元素的类型分为字符数组、整型数组、实型数组和指针数组等。

6.1 一维数组

6.1.1 一维数组的声明与初始化

1. 声明

一维数组只有一个下标,其一般形式如下:

```
<元素类型>  <数组名>[<元素个数>];
```

<元素类型>指明了数组元素的类型,可以是整型、实型、布尔型和字符型等简单数据类型,也可以是用户定义的复合数据类型,甚至包括数组类型;<数组名>由标识符充当,代表了一个数组变量;<数组名>后面的方括号“[]”是必需的,它说明前面的标识符是数组名,在C++中方括号是作为运算符处理的,其优先级与括号相同,从左向右结合;方括号中的<元素个数>是整常量表达式,表示数组元素的个数。例如:

```
int a[10];
```

声明了a是一个整型数组,它有10个整型元素。注意声明数组时,<元素个数>必须是一个整型常量表达式(可以是符号常量或以const修饰符表示的常变量),不可以是变量。例如,下面的数组声明是不合法的。

```
int n;
cin >> n;                           //期望由用户输入的值确定数组的大小
int a[n];                           //错误,数组元素个数必须是常量
```

实际上这里要求的是数组的元素个数必须要在编译程序时先确定,编译器才能给数组分配存储空间。如果确实是在程序运行过程中才能确定,可以参看第7章的动态内存分配。

数组元素是通过数组名和下标来访问的,程序中数组元素的表示形式如下:

```
<数组名>[<下标表达式>]
```

<下标表达式>是值为整型的表达式,它指明了拟访问的数组元素的下标,注意数组元素的下标是从0开始计数的。例如,对于之前的数组声明“int a[10];”,数组a的下标的变化范围是0~9,其中10个元素可以依次表示为

```
a[0],a[1],a[2],…, a[9]
```

数组访问越界问题:*如果访问数组元素时提供的下标超出了元素的数目,会导致访问越界错误。C++不检查访问越界,如果发生了访问越界,有可能导致程序的运行时错误,这一点要特别注意。*

数组a的各元素按顺序分配在内存中一片连续的内存单元中,如图6-1所示。图中间一列是对应数组元素具体存储数据的示例,通过数组名和下标值,可以跟普通变量一样访问数组元素。最后一列是数组元素在内存中对应存储单元实际地址的示例(十六进制表示),数组各

个元素的地址是连续的，即各元素是按顺序依次分配存储空间的。

a[0]	−321	0x0012FF00
a[1]	2223	0x0012FF04
a[2]	87	0x0012FF08
a[3]	−231	0x0012FF0C
a[4]	0	0x0012FF10
a[5]	92	0x0012FF14
a[6]	−171	0x0012FF18
a[7]	−612	0x0012FF1C
a[8]	210	0x0012FF20
a[9]	32	0x0012FF24

图 6-1　数组 a[10]的内存分配

2. 初始化

在声明数组时可以对数组中开始的若干元素乃至全部元素进行初始化，其方法是把初始值按顺序放在花括号中，数值之间用逗号分开。例如：

```
int a[5] = {1, 2, 3, 4, 5};
double d[3] = {10.0, 5.0, 1.0};
float r[20] = {0.1, 5.1};                    //数组剩余的元素被自动初始化为 0
```

如果初始值的数目小于数组元素的数目，数组剩余的元素被自动初始化为 0。例如：

```
int n[5] = {0};
```

实际上将所有的数组元素都初始化为 0。

如果初始值的数目超过了数组中元素的数目，编译程序将报告语法错误。

如果声明数组时省略了数组元素的数目，那么系统将根据初始值的数目来确定数组元素的数目，这时数组元素的个数与初值的个数相同。例如：

```
int x[] = {1, 2, 3, 4, 5};
```

实际上声明了一个包含了 5 个整型元素的数组 x，并对每个数组元素使用初始值进行了初始化，各元素的值是：x[0]=1，x[1]=2，x[2]=3，x[3]=4，x[4]=5。

需要注意的是，只有声明数组的同时才能进行初始化，也只有初始化操作才能对数组多个元素同时赋值。例如，下面代码是典型的初始化使用不正确。

```
int a[5];
a[5] = {1, 2, 3, 4, 5};                 //错误，在声明数组之后就无法再进行初始化
```

6.1.2　数组的应用

在使用上，数组元素和一般变量一样，可以构成表达式，参加各种运算。例如：

```
a[7] = 4;                                    //给数组元素 a[7]赋值
x = 2 * a[i + 2];                            //数组元素作表达式的运算量
```

在实际编程过程中,通常把数组和循环语句(主要是 for 循环)结合起来,对数组元素进行遍历和处理。

【例 6-1】 输出数组的每个元素,并对数组元素求和。

```
//ex6_1.cpp:输出数组的每个元素,并对数组元素求和
#include <iostream>
using namespace std;

#define SIZE 10

int main()
{
   int n[ SIZE ] = { 12, 34, 55, 71, 1, 65, 423, 19, 540, 10 };
   int i, sum = 0;

   for ( i = 0; i < SIZE; i++ ) {
      cout << "n[" << i << "] = " << n[ i ] << endl;
      sum += n[ i ];
   }

   cout << "The summary is: " << sum << endl;
   return 0;
}
```

程序运行结果:

```
n[0]=12
n[1]=34
n[2]=55
n[3]=71
n[4]=1
n[5]=65
n[6]=423
n[7]=19
n[8]=540
n[9]=10
The summary is: 1230
```

下面分析一个稍复杂的问题——排序。在很多应用中,都需要将数据按照某个标准排好顺序。排序是一个经典的问题,已经有许多排序算法,如直接选择排序、冒泡排序等。这里介绍最简单的直接选择排序方法,如果希望了解更多的排序算法,可以参看数据结构和算法方面的教材。

直接选择排序是一种简单的排序方法。例如,要将一个包含 n 个元素的数组的各元素从小到大排序,其工作过程是:首先将第 1 个位置上的元素与它后面的所有的元素依次比较,如果后面的元素较小,则将第 1 个位置上的元素与该元素进行交换,这样与后面所有元素的比较完成后,处于第 1 个位置上的元素就是数组中最小的元素;然后将第 2 个位置上的元素与它后面的所有的元素依次比较,如果后面的元素较小,也将其与第 2 个位置上的元素进行交换,当

与后面所有的元素比较完成后，在第 2 个位置上的元素就是数组中第 2 小的元素；以此类推，直至确定第 n－1 个位置上的元素。这样，数组中所有元素就按照从小到大的顺序排列好了。在第 i 趟中，通过 n－i 次比较选出所需的元素(第 i 小的元素)。图 6-2 是一个直接选择排序过程示例图。

排序前：	18	35	36	61	9	112	77	12
第 1 次扫描后：	9	[35	36	61	18	112	77	12]
第 2 次扫描后：	9	12	[36	61	35	112	77	18]
第 3 次扫描后：	9	12	18	[61	36	112	77	35]
第 4 次扫描后：	9	12	18	35	[61	112	77	36]
第 5 次扫描后：	9	12	18	35	36	[112	77	61]
第 6 次扫描后：	9	12	18	35	36	61	[112	77]
第 7 次扫描后：	9	12	18	35	36	61	77	[112]
排序后：	9	12	18	35	36	61	77	112

图 6-2　直接选择排序过程示例

图 6-2 中方括号括住的部分为尚未排序的部分，方括号之前为已处理的部分。如果数组有 n 个元素，直接选择排序最多需要对数组进行 n－1 次扫描，就可以将所有的元素排好序。

【例 6-2】　使用直接选择排序方法对整数数组元素按照从小到大的顺序排序。

```
//ex6_2.cpp:使用直接选择排序方法对整数数组元素按照从小到大的顺序排序
#include <iostream>
using namespace std;

#define SIZE 8

int main()
{
    int a[SIZE] = {18, 35, 36, 61, 9, 112, 77, 12};
    int i;

    for (int pass = 0; pass < SIZE - 1; pass ++ )          //扫描一遍
    {
        for (i = pass + 1; i < SIZE; i ++ )
            if ( a[ pass ] > a[ i ] )
            {
                int hold;
                //交换
                hold = a[ pass ];
                a[ pass ] = a[ i ];
                a[ i ] = hold;
            }

        //输出当前结果
        cout << "After No. " << pass + 1 << " scan: ";
        for (i = 0; i < SIZE; i++ )
            if ( i == pass +1 )
                cout << "\t" << "[" << a[ i ];
            else
                cout << "\t" << a[ i ];
```

```
        cout << "]" << endl;
    }

    //输出排序后的结果
    cout << "After sorting: \t";
    for (i = 0; i < SIZE; i++ )
        cout << "\t" << a[ i ];

    cout << endl;

    return 0;
}
```

程序运行结果：

```
After No. 1 scan:   9  [35  36  61  18  112  77  12]
After No. 2 scan:   9  12  [36  61  35  112  77  18]
After No. 3 scan:   9  12  18  [61  36  112  77  35]
After No. 4 scan:   9  12  18  35  [61  112  77  36]
After No. 5 scan:   9  12  18  35  36  [112  77  61]
After No. 6 scan:   9  12  18  35  36  61  [112  77]
After No. 7 scan:   9  12  18  35  36  61  77  [112]
After sorting:      9  12  18  35  36  61  77  112
```

程序中有一个二重循环，外循环控制对数组进行扫描的次数，内循环实现在"第 i 次扫描中，通过 n－i 次比较选出所需的元素(第 i 小的元素)"。实际上，在某些情况下对数组的扫描次数可能比 SIZE－1 更少。

6.1.3 通过范围 for 循环访问数组

使用下标访问数组时，一定要确保下标在合法的取值范围内。尤其通过 for 循环访问数组时，需要设置循环变量的初始值和结束条件。针对这种情况，从 C++ 11 标准开始，引入一种更加简单方便的 for 循环语句，称为范围 for 循环语句(range for statement)，其基本格式如下：

```
for ( <变量> : <序列> )
    <语句>
```

序列可以是数组、字符串和后面将要介绍的 vector 等容器，这里的变量将会依次取序列中的每个元素。所以，范围 for 循环语句对于遍历数组序列中元素非常方便。例如：

```
int a[5] = {1, 2, 3, 4, 5};
int sum = 0;
for (auto i : a)
{
    cout << i << endl;
    sum += i;
}
cout << "The summary is: " << sum << endl;
```

这里用了 auto 关键字，即变量 i 的数据类型无须声明，具体由编译器根据后面数组中元素的类型自动推导得到。当然,i 也可以在代码中声明其类型。

运行该程序段输出:

```
1
2
3
4
5
The summary is: 15
```

但在使用范围 for 循环需要注意,序列在循环过程一般不能改变大小。此外,范围 for 循环无特殊说明,一般用于依次读取序列中元素,如果需要修改元素值,则需要在变量名前面加上引用符号"&",后面将会进一步介绍。例如:

```
int a[5] = {1, 2, 3, 4, 5};
for (auto &i : a)
    i++;                                    //把数组 a 中的每个元素值加 1
```

6.1.4 数组作为函数参数

数组可以作为函数的参数进行传递。数组作为函数的形式参数时,通常在声明时不指明元素的数目,而仅仅说明该参数是一个数组,其元素的数目由实在参数决定。

【例 6-3】 假设一个整型数组中存放了一个班所有 10 名学生的百分制成绩,由于评分制的调整,需要将百分制的成绩都转换为 5 分制。请编写程序实现这一功能,要求将分数改变通过一个函数实现,将要修改的数组作为函数的参数进行传递。

```
//ex6_3.cpp:数组作为函数的参数
#include <iostream>
using namespace std;

#define SIZE 10

void convertScores(int [], int);                    //convertScores 函数原型

int main()
{
    int scores[ SIZE ] = { 85, 63, 72, 52, 95, 82, 77, 69, 88, 73};

    //调用函数 convertScores
    convertScores(scores, SIZE);

    //输出调用函数 convertScores 后 scores 的情况
    cout << "After calling convertScores: " << endl;
    for ( int i = 0; i < SIZE; i ++ )
        cout << "scores[" << i << "] = " << scores[ i ] << endl;

    return 0;
}

void convertScores( int s[], int len)               //convertScores 函数定义
{
```

```
    for ( int index = 0; index < len; index ++ )
        s[ index ] =  s[ index ] / 20 ;
}
```


程序运行结果：

```
After calling convertScores:
scores[0] = 4
scores[1] = 3
scores[2] = 3
scores[3] = 2
scores[4] = 4
scores[5] = 4
scores[6] = 3
scores[7] = 3
scores[8] = 4
scores[9] = 3
```

在程序中，convertScores 是一个使用数组作为参数的函数，有两个参数：s 是一个数组类型的形式参数；len 是整型参数。要让函数通过函数调用接收数组，函数的参数表应指定接收数组(如 s)。数组形参的方括号中的数组长度不是必需的，如果有，编译器也会将其忽略。为了防止访问越界，通常还要将数组长度作为另一个参数一起传递过来。函数体内对数组 s 进行了遍历，并将所有的元素都进行了转换。

主程序将数组 scores 作为参数传递给函数 convertScores，提供了相应的实在参数：数组名 scores 和数组的长度 SIZE。这个调用导致函数 convertScores 被执行，最后输出的结果显示数组 scores 中的每个元素都被转换了。这个例子说明，在被调用函数体内对形参数组 s 的元素进行的修改操作发生在实参数组 scores 的元素上，这是否与前面介绍的 C++ 传递参数采取的传值方式相矛盾呢？是不是数组传递时采取的是传引用呢？实际上，C++ 处理数组参数时还是采取了传值方式，但传递数组的方式有其特殊之处。

要想准确理解传递数组的机制，首先要明确下面两点。

(1) 和一般变量一样，数组名也是有值的，数组名的值就是数组的第一个元素的地址。

(2) 和一般变量一样，数组作为函数参数进行传递时，传递的也是数组名的值，即数组第一个元素的地址。

从上面的分析可以看到，正是由于数组名的值就是数组的第一个元素的地址以及访问数组元素的方式，才使得将数组传递给函数时，尽管采取的是传值方式，但客观上起到了传引用的效果。所以，上面的程序中实参 scores 的每个元素都发生了修改，第 7 章还会进一步讨论。

如果将数组元素作为参数传递给函数，与一般变量没有任何区别，都是传值。

下面的示例程序将例 6-2 的排序算法设计成一个独立的函数，同时提供一个输出数组元素的函数。并且针对不同类型的数组，这两个函数还进行了重载，可提供给其他程序使用。

【例 6-4】 用函数实现数组元素排序和输出。

```
//ex6_4.cpp:用函数实现数组元素排序和输出
#include <iostream>
using namespace std;

#define SIZE 8
```

```
void sortArray( int [], int);
void sortArray( double [], int);
void displayArray( int [], int);
void displayArray( double [], int);

int main()
{
    int ai[ SIZE ] = { 18, 35, 36, 61, 9, 112, 77, 12};
    double af[ SIZE ] = { 12.1, -23.8, 3.7, -16.0, 9.1, 12.12, 7.7, 56.3};

    //调用函数 displayArray 输出 ai 排序前的数据
    cout << "Before sorting:\n";
    cout << "ai: \t";
    displayArray(ai, SIZE);

    //调用函数 sortArray 对 ai 进行排序
    sortArray(ai, SIZE);

    //调用函数 displayArray 输出 ai 排序后的结果
    cout << "After sorting:\n";
    cout << "ai: \t";
    displayArray(ai, SIZE);

    //调用函数 displayArray 输出 af 排序前的数据
    cout << "Before sorting:\n";
    cout << "af: \t";
    displayArray(af, SIZE);

    //调用函数 sortArray 对 af 进行排序
    sortArray(af, SIZE);

    //调用函数 displayArray 输出排序结果
    cout << "After sorting:\n";
    cout << "af: \t";
    displayArray(af, SIZE);

    return 0;
}

void sortArray( int b[], int len)
{
    for (int pass = 0; pass < len - 1; pass ++ )     //扫描一遍
        for ( int i = pass + 1; i < len; i ++ )
            if ( b[ pass ] > b[ i ] )
            {
                int hold;
                //交换
                hold = b[ pass ];
                b[ pass ] = b[ i ];
                b[ i ] = hold;
            }
}

void sortArray( double b[], int len)
```

```
{
    for (int pass = 0; pass < len - 1; pass ++ )    //扫描一遍
        for ( int i = pass + 1; i < len; i ++ )
            if ( b[ pass ] > b[ i ] )
            {
                double hold;
                //交换
                hold = b[ pass ];
                b[ pass ] = b[ i ];
                b[ i ] = hold;
            }
}

void displayArray(int b[], int len)
{
    for ( int index = 0; index < len; index ++ )
        if ( index != len -1 )
            cout << b[ index ] << "\t";
        else
            cout << b[ index ] << endl;
}

void displayArray( double b[], int len)
{
    for ( int index = 0; index < len; index ++ )
        if ( index != len -1 )
            cout << b[ index ] << "\t";
        else
            cout << b[ index ] << endl;
}
```

程序运行结果：

```
Before sorting:
ai:     18      35      36      61      9       112     77      12
After sorting:
ai:     9       12      18      35      36      61      77      112
Before sorting:
af:     12.1    -23.8   3.7     -16     9.1     12.12   7.7     56.3
After sorting:
af:     -23.8   -16     3.7     7.7     9.1     12.1    12.12   56.3
```

下面介绍一种在数组中查找某个元素的方法。

【例 6-5】 用二分法实现数组元素的查找。

设计思想：在数组中查找一个指定的元素有很多方法。最简单的一种是线性查找，即从头至尾对数组的每个元素逐个进行比较，直到找到指定的元素。可使用更高效的查找算法——二分法。二分法首先要求数组元素已经按从小到大顺序进行排列，然后采取的是以下递归的思想。

把数组中央的元素(middle)和要查找的关键值(key)进行比较：

(1) 如果相等，则找到该元素。

(2) 如果 key $<$ middle，则在数组的前一半的元素中进行二分查找。

(3) 如果 key > middle,则在数组的后一半的元素中进行二分查找。

显然,用一个递归函数可以实现上面的二分查找算法,但这里通过一个 while 循环控制查找的过程。为了能够形象地显示二分查找的进程,程序还在过程中输出了每次比较查找的范围和被比较的元素。

```
//ex6_5.cpp:用二分法实现数组元素的查找
#include <iostream>
using namespace std;

#define SIZE 10

int binarySearch( int [],  int, int, int );
void displayArray( int [], int, int, int );

int main()
{
   int a[ SIZE ], i, key, result;

   for ( i = 0; i <= SIZE - 1; i++ )
      a[ i ] = 2 * i;

   cout << "Please enter a number: " ;
   cin >> key;

   result = binarySearch( a, key, 0, SIZE - 1 );

   if ( result != -1 )
      cout << key << " found in the array at index " << result << "."<< endl;
   else
      cout << key << " not found in the array." << endl;

   return 0;
}

//二分查找
int binarySearch( int b[], int searchKey, int low, int high )
{
   int middle;

   while ( low <= high ) {
      middle = ( low + high ) / 2;

      displayArray( b, low, middle, high );

      if ( searchKey == b[ middle ] )
         return middle;
      else if ( searchKey < b[ middle ] )
         high = middle - 1;
      else
         low = middle + 1;
   }

   return -1;                              /* searchKey not found */
```

```
}

//显示数组
void displayArray( int b[], int low, int mid, int high)
{
    for ( int i = 0; i < SIZE; i ++ )
    {
        if ( i == low)
            cout << "[";                         //标记搜索的起点
        if ( i == mid )
            cout << " * ";                       //标记被比较的元素
        cout << b[ i ];
        if ( i == high)
            cout << "]" ;                        //标记搜索的终点
        if ( i != SIZE - 1)
        cout << "\t";
    }
    cout << endl;
}
```

下面是程序的两种运行结果：

```
Please enter a number: 7
[0  2    4     6         * 8   10   12   14   16   18]
[0   * 2  4     6]       8     10   12   14   16   18
0    2    [ * 4  6]      8     10   12   14   16   18
0    2    4      [ * 6]  8     10   12   14   16   18
7 not found in the array.

Please enter a number: 10
[0  2  4  6  * 8  10      12    14     16   18]
0   2  4  6  8    [10     12    * 14   16   18]
0   2  4  6  8    [ * 10  12]   14     16   18
10 found in the array at index 5.
```

对于一个有 N 个元素的数组，二分查找最多需要进行 $\log_2 N+1$ 次比较，而线性查找则最多需要 N 次比较。读者可自己写一个线性查找的函数，并和二分查找的函数进行比较。

6.2 多维数组

前面学习的一维数组可以看作数学上的向量在计算机中的表示方式，那么数学上的矩阵如何表示呢？在 C++ 中，也可以构造多维数组来表示矩阵。

6.2.1 多维数组的定义与初始化

1. 多维数组的定义

C++ 中有多个下标的数组称为多维数组。具有两个下标表示的数组称为二维数组。多维数组可以有多于两个的下标。例如：

```
int a[3][4];
char c[4][3][5];
```

声明 a 是一个二维整型数组，c 是三维字符型数组。二维数组是多维数组中最简单、最常用的多维数组，数学上的二维矩阵可以用二维数组表示出来。下面仅讨论二维数组，多维数组也可以类似地使用。

在数学上，一维数组类似于向量，二维矩阵可以看作元素是向量的向量。在 C++ 中，二维数组可以看作元素是一维数组的一维数组。上面声明的二维数组 a 有 2 个下标，第 1 个下标称为行，变化范围是 0～2；第 2 个下标称为列，变化范围是 0～3。因此，a 有 3 行 4 列，共 12 个元素，其逻辑结构如图 6-3 所示。每个数组元素用数组名和两个下标表示。例如：

```
a[1][2],a[2][1]
```

分别表示第 1 行第 2 列的元素和第 2 行第 1 列的元素。

需要注意的是，二维数组在内存中实际上按行顺序存放，先存第 0 行，再存第 1 行，等等。上面声明的二维数组 a 在内存中的存放顺序如图 6-4 所示。可以发现，越靠后的下标先变化，越靠前面的下标后变化。

第0行	a[0][0]	a[0][1]	a[0][2]	a[0][3]
第1行	a[1][0]	a[1][1]	a[1][2]	a[1][3]
第2行	a[2][0]	a[2][1]	a[2][2]	a[2][3]
	第0列	第1列	第2列	第3列

图 6-3　二维数组逻辑结构示意图

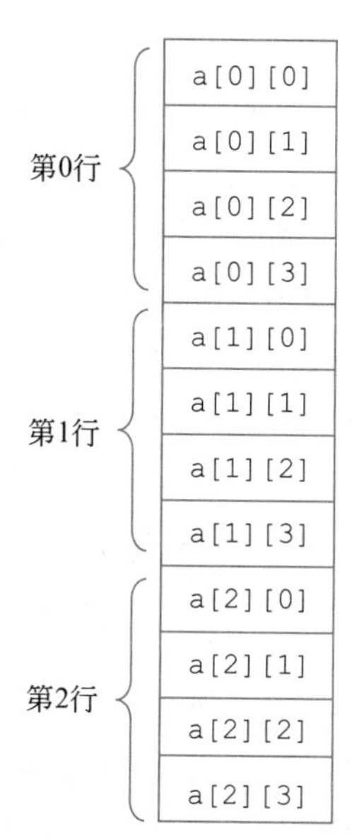

图 6-4　二维数组存放示意图

2. 多维数组的初始化

多维数组也可以在声明时初始化，与一维数组的初始化一样，二维数组初始化时可以给全部元素赋初值，也可以只给部分元素赋初值。例如，一个 2×2 的二维数组 matrix 可以说明和初始化如下：

```
int matrix[2][2]={ {1, 2}, {3, 4} };
```

数组元素的值用花括号按行分组，因此整型常数 1 和整型常数 2 初始化了 matrix[0][0]和 matrix[0][1]，整型常数 3 和整型常数 4 初始化了 matrix[1][0]和 matrix[1][1]。如果指定行没有足够的初始值，与一维数组类似，则该行的剩余元素初始化为 0，如果初始值只给出了部分行，则剩余的行中的所有元素都被初始化为 0。这样，下列说明：

```
int matrix[2][2]={ {1}, {3, 4} };
```

初始化 matrix[0][0]为 1、matrix[0][1]为 0、matrix[1][0]为 3、matrix[1][1]为 4。而

```
int matrix[3][4]={ {1}, {3, 4}}
```

初始化完成后,数组 matrix 的各元素的值为: matrix[0][0]为 1,matrix[1][0]为 3,matrix[1][1]为 4,其余元素均为 0。

如果初始值之间没有用花括号按行分组,那么编译器会自动地用初始值顺序初始化第 0 行的元素、第 1 行的元素……,显然,这种初始化的顺序是和数组元素的存放顺序相一致的。如果初始值的数目少于数组元素的数目,剩余的元素自动初始化为 0。例如:

```
int matrix[3][4]={ 1, 2, 3, 4, 5, 6}
```

初始化完成后,数组 a 的各元素的值为: matrix[0][0]为 1,matrix[0][1]为 2,matrix[0][2]为 3,matrix[0][3]为 4,matrix[1][0]为 5,matrix[1][1]为 6,其余元素均为 0。

6.2.2 多维数组的应用示例

数字图像在计算机内部的存储和表示格式就是一种典型的矩阵。原始图像经过采样后,被划分成以矩阵格式组织的多个小格子,每个格子被称为一个像素(pixel)。根据具体采用的颜色模式,每个像素取相应格式的值。其中,灰度图一般是由 256 种不同浓淡的灰色描绘的图像,即灰度图每个像素取 0~255 的一个整数值,整个灰度图表示为一个各个像素灰度值构成的整型矩阵。

在数字图像处理领域中,经常需要把灰度图转换为二值化图。在二值化图像中,每个像素只有 0 和 255 两种取值(非黑即白)。灰度图二值化的一个简单有效方法是:首先计算所有像素点灰度值的平均值作为阈值(threshold),然后让每个像素点与阈值一一比较,小于或等于阈值的像素点就为 0(黑色),大于阈值的像素点为 255(白色)。下面编程实现上述的灰度图二值化过程。

【例 6-6】 把灰度图转化为二值化图。

设计思想:原始灰度图和目标二值化图都用一个整型矩阵表示,转化时要先计算二值化转化的阈值,即灰度图各个像素值的平均值,然后按上述规则把二值化图每个像素的值置为 255 或 0。代码如下实现。

```
//ex6_6.cpp:把灰度图转化为二值化图
#include <iostream>
using namespace std;

#define IMAGE_WIDTH 8                                    //图像矩阵宽度
#define IMAGE_HEIGHT 8                                   //图像矩阵高度

int main()
{
    int grayImage[IMAGE_WIDTH][IMAGE_HEIGHT];            //存储原始灰度图的矩阵
    int i, j;
    //输入原始灰度图矩阵
    cout << "Please input the original gray image:" << endl;
    for (i = 0; i < IMAGE_HEIGHT; i++)
        for (j = 0; j < IMAGE_WIDTH; j++)
```

```
            cin >> grayImage[i][j];

    //计算二值化阈值
    double total = 0;                                  //为避免溢出,求和结果声明为 double 类型
    for (i = 0; i < IMAGE_HEIGHT; i++)
        for (j = 0; j < IMAGE_WIDTH; j++)
            total += grayImage[i][j];
    double threshold = total / (IMAGE_HEIGHT * IMAGE_WIDTH);

    int binaryImage[IMAGE_WIDTH][IMAGE_HEIGHT]; //存储二值化图的矩阵
    //灰度图转化为二值化图
    for (i = 0; i < IMAGE_HEIGHT; i++)
        for (j = 0; j < IMAGE_WIDTH; j++)
            if (grayImage[i][j] > threshold)
                binaryImage[i][j] = 255;            //大于阈值则为 255
            else
                binaryImage[i][j] = 0;              //小于或等于阈值则为 0

    //输出二值化图矩阵
    cout << "After binarization, the result image is:" << endl;
    for (i = 0; i < IMAGE_HEIGHT; i++)
    {
        for (j = 0; j < IMAGE_WIDTH; j++)
            cout << binaryImage[i][j] << "\t";
        cout << endl;
    }
    return 0;
}
```

程序运行结果：

```
Please input the original gray image:
68   32   130  60   253  230  241  194
107  48   249  14   199  221  1    228
136  117  52   162  15   11   13   4
195  110  216  14   113  224  253  119
176  118  112  235  148  11   213  51
95   151  61   170  256  216  97   155
145  255  201  17   245  124  206  212
88   187  191  44   224  55   83   201
After binarization, the result image is:
0    0    0    0    255  255  255  255
0    0    255  0    255  255  0    255
0    0    0    255  0    0    0    0
255  0    255  0    0    255  255  0
255  0    0    255  255  0    255  0
0    255  0    255  255  255  0    255
255  255  255  0    255  0    255  255
0    255  255  0    255  0    0    255
```

这个示例中，以符号常量的形式把图像定为 8×8 的矩阵，可以根据实际需要改成其他值。注意，在计算二值化阈值的过程中，首先要计算各个像素灰度值之和，考虑矩阵规模过大可能导致求和结果超出整型的表示范围，所以这里把 total 声明为 double 类型，其表示范围要远超整型。读者可以思考如何彻底解决这个取值仍然可能溢出的问题。

6.2.3 多维数组作为函数参数

下面用二维数组来实现数学上的方阵(即行和列数目相同的矩阵)的加法、减法和乘法。矩阵上的各种运算都由相应的函数来实现,矩阵的输出也由专门的函数来完成。

与一维数组一样,多维数组变量的值也是数组第一个元素的地址。如果要将二维数组作为参数传递给函数,定义相应的形式参数时,要给出第二维的大小。

【例 6-7】 用二维数组实现二维方阵的加法和乘法。

设计思想:采用逐步求精方法进行设计。首先,顶层的算法是:

1. 二维方阵初始化。
2. 两个二维矩阵进行加法和乘法运算,并输出结果:
   2.1 输入参加运算的两个方阵。
   2.2 执行方阵的运算。
   2.3 输出运算的结果方阵。

为了提高程序的模块化程度,可以将输出方阵的功能用单独的函数 displayMatrix 实现,方阵的加法和乘法运算也分别用 addMatrix 和 mulMatrix 两个函数实现。这样,在 addMatrix 和 mulMatrix 函数中只要按照矩阵加法和乘法定义,借助多重循环结构就可以实现相应的运算。

```
//ex6_7.cpp:用二维数组实现二维方阵的加法和乘法
#include <iostream>
using namespace std;

#define SIZE 4

void addMatrix( int [][SIZE], int [][SIZE], int [][SIZE]);
void mulMatrix( int [][SIZE], int [][SIZE], int [][SIZE]);
void displayMatrix( int [][SIZE]);

int main()
{
    int m1[ SIZE ][ SIZE ] = {{1, 1, 1, 1},
                              {2, 2, 2, 2},
                              {3, 3, 3, 3},
                              {4, 4, 4, 4} };
    int m2[ SIZE ][ SIZE ] = {{5, 5, 5, 5},
                              {6, 6, 6, 6},
                              {7, 7, 7, 7},
                              {8, 8, 8, 8}};
    int resultAdd[ SIZE ][ SIZE ]  = { 0 };     //加法的结果
    int resultMul[ SIZE ][ SIZE ]  = { 0 };     //乘法的结果

    cout << "**********************************************************";
    cout << endl;
    //调用函数 displayMatrix 输出 m1 和 m2
    displayMatrix(m1);
    cout << "                    +" << endl;
    displayMatrix(m2);

    //调用函数 addMatrix 计算 m1+m2
```

```
    addMatrix(m1, m2, resultAdd);

    //调用函数 displayMatrix 输出 m1+m2 的结果 resultAdd
    cout << "                        =" << endl;
    displayMatrix(resultAdd);

    cout << endl;
    cout << "*****************************************************";
    cout << endl << endl;
    //调用函数 displayMatrix 输出 m1 和 m2
    displayMatrix(m1);
    cout << "                        * " << endl;
    displayMatrix(m2);

    //调用函数 mulMatrix 计算 m1 * m2
    mulMatrix(m1, m2, resultMul);

    //调用函数 displayMatrix 输出 m1 * m2 的结果 resultMul
    cout << "                        =" << endl;
    displayMatrix(resultMul);

    return 0;
}

/*****************************************************
Function: displayArray
Parameters:
    a          ---- 拟输出的矩阵
Description:
    将矩阵 a 输出
*****************************************************/
void displayMatrix( int a[][SIZE])
{
    for ( int indexLine = 0; indexLine < SIZE; indexLine ++ )
    {
        for ( int indexCol = 0; indexCol < SIZE; indexCol ++ )
            cout << "\t" << a[ indexLine ][ indexCol ];

        cout << endl;
    }
}

/*****************************************************
Function: addMatrix
Parameters:
    a1              ---- 参加加法运算的第一个矩阵
    a2              ---- 参加加法运算的第二个矩阵
    result          ---- 保存加法结果的矩阵
Description:
    将矩阵 a1 和 a2 相加,结果保存在 result 中
*****************************************************/
void addMatrix( int a1[][SIZE], int a2[][SIZE], int result[][SIZE])
{
    for ( int indexLine = 0; indexLine < SIZE; indexLine ++ )
        for ( int indexCol = 0; indexCol < SIZE; indexCol ++ )
```

```
            result[indexLine][indexCol] = a1[indexLine][indexCol] +
                                          a2[indexLine][indexCol];

}

/****************************************************
Function: mulMatrix
Parameters:
    a1            ---- 参加乘法运算的第一个矩阵
    a2            ---- 参加乘法运算的第二个矩阵
    result         ---- 保存乘法结果的矩阵
Description:
    将矩阵 a1 和 a2 相乘,结果保存在 result 中
****************************************************/
void mulMatrix( int a1[][SIZE], int a2[][SIZE], int result[][SIZE])
{
    for ( int indexLine = 0; indexLine < SIZE; indexLine ++ )
        for ( int indexCol = 0; indexCol < SIZE; indexCol ++ )
            for ( int k = 0; k < SIZE; k ++ )
            result[indexLine][indexCol] += a1[indexLine][k] *
                                            a2[k][indexCol];

}
```

程序运行结果：

```
*******************************************************
    1    1    1    1
    2    2    2    2
    3    3    3    3
    4    4    4    4
         +
    5    5    5    5
    6    6    6    6
    7    7    7    7
    8    8    8    8
         =
    6    6    6    6
    8    8    8    8
    10   10   10   10
    12   12   12   12

*******************************************************

    1    1    1    1
    2    2    2    2
    3    3    3    3
    4    4    4    4
         *
    5    5    5    5
    6    6    6    6
    7    7    7    7
    8    8    8    8
         =
```

```
26   26   26   26
52   52   52   52
78   78   78   78
104  104  104  104
```

请思考：为什么二维数组作为函数参数时，形参的第二维取值不能省略？

6.3 字符串

6.3.1 字符与字符串的概念

C++ 程序中的字符常量是用单引号括起来的一个字符，这个字符的值是机器字符集中该字符的整数值(如 ASCII 字符集中的值)。例如，'a'表示字符 a 的整数值(ASCII 字符集中为 97)，'\n'表示换行符的整数值(ASCII 字符集中为 10)。

在 C++ 语言中，一个字符串就是用一对双引号括起来的一串字符，双引号是该字符串的起止标识符，它们不属于字符串本身。字符串可以包含字母、数字和+、−、*、/、$ 等各种特殊字符。例如，"string"、"Visual C++ "、"a+b="、"姓名，年龄"和 "Input an integer to x："都是合法的 C++ 字符串。

一个字符串的长度等于双引号内所有字符的长度之和，其中每个 ASCII 码字符的长度为 1，而每个区位码字符(如汉字)按 GB2312 字符集其长度为 2。

特殊地，当一个字符串不含有任何字符时，则称为空串，用""表示，其长度为 0；当只含有一个字符时，其长度为 1，如"A"是一个长度为 1 的字符串。

如 2.3 节介绍，'A'和"A"是不同的，前者表示一个字符 A，后者表示一个字符串 A，虽然它们的值都是 A，但它们具有不同的存储格式。

在一个字符串中不仅可以使用一般字符，而且可以使用转义字符。例如，字符串"\"cout<<ch\"\n"中包含有 11 个字符，其中第 1 个和第 10 个为表示双引号的转义字符，最后一个为表示换行的转义字符。

6.3.2 字符串与字符数组

1. 字符串的存储

在 C++ 中，字符串的存储是利用一维字符数组来实现的，该字符数组的长度为待存字符串的长度加 1。设一个字符串的长度为 n，则用于存储该字符串的数组的长度应为 n+1。

把一个字符串存入数组时，是把每个字符依次存入数组的对应元素中，即把第一个字符存入下标为 0 的元素中，第二个字符存入下标为 1 的元素中，以此类推，最后把一个空字符'\0'存入下标为 n 的元素中，这里假定字符串的长度为 n。当然存储每个字符就是存储它的 ASCII 码或区位码。例如，利用一维字符数组 a[12]来存储字符串"Strings.\n"时，数组 a 中的内容如下存放。

字符表示：

S	t	r	i	n	g	s	.	\n	\0		
0	1	2	3	4	5	6	7	8	9	10	11

对应的 ASCII 码表示：

83	116	114	105	110	103	115	46	10	0		
0	1	2	3	4	5	6	7	8	9	10	11

若一个数组被用来存储了一个字符串后，其尾部还有剩余的元素，最好也将其置为'\0'。

2. 利用字符串初始化字符数组

一个字符串能够在定义字符数组时作为初始化数据存入数组中，但不能通过赋值表达式直接赋值。例如：

(1) char a[10]="array";

(2) char b[20]="This is a pen. ";

(3) char c[8]="";

(4) a="struct";　//错误

(5) a[0]='A';

第(1)条语句定义了字符数组 a[10]并被初始化为"array"，其中 a[0]～a[5]元素的值依次为字符'a'、'r'、'r'、'a'、'y'和'\0'；第(2)条语句定义了字符数组 b[20]，其中 b[i]元素(0≤i≤13)被初始化为所给字符串中的第 i+1 个字符，b[14]被初始化为字符串结束标识符'\0'；第(3)条语句定义了一个字符数组 c[8]并初始化为一个空串，此时它的每个元素的值均为'\0'；第(4)条语句是非法的，因为它试图使用赋值号把一个字符串直接赋值给一个数组，这在 C++ 中是不允许的；第(5)条是合法的，它把字符'A'赋给 a[0]元素，使得数组 a 中保存的字符串变为"Array"。

利用字符串初始化字符数组也可以写成初值表的方式。例如，上述第一条语句与下面语句完全等效。

```
char a[10]={ 'a', 'r', 'r', 'a', 'y', '\0'};        //'\0'也可直接写为 0
```

注意：最后一个字符'\0'或 0 是必不可少的，它是一个字符串在数组中结束的标志。

3. 利用二维数组存储多个字符串

利用一维字符数组能够保存一个字符串，而利用二维字符数组能够同时保存若干字符串，最多能保存的字符串个数等于该数组的行数。例如：

```
(1) char week[7][11] = {"Sunday", "Monday", "Tuesday", "Wednesday", "Thursday",
"Friday", "Saturday"};
(2) char grade[][16]={ "excellent", "good", "middle", "pass", "bad"};
(3) char typeName[6][10]={ "int", "double", "char"};
(4) char d[10][20]={ "" };
```

在第(1)条语句中定义了一个二维字符数组 week，包含 7 行，每行有 11 个字符的空间，可以保存一个长度小于或等于 10 的字符串，该语句同时对 week 进行了初始化，使得"Sunday"被保存到行下标为 0 的行里，该行包含 week[0][0]、week[0][1]、week[0][2]、week[0][3]、week[0][4]和 week[0][5] 这 6 个二维数组元素，每个元素的值依次为'S'、'u'、'n'、'd'、'a'和'y'，而 week[0][6]里存放了'\0'，第 0 行剩余元素全部初始化为 0，刚好等于字符'\0'的 ASCII 码值；同样，"Monday"被保存到行下标为 1 的行里，以此类推，"Saturday" 被保存到行下标为 6 的行里。以后既可以利用双下标变量 week[i][j](0≤i≤6，0≤j≤10)访问每个字符元素，也可以利用只带行下标的单下标变量 week[i](0≤i≤6)访问每行，它代表一个一维的字符数组，也可视为一个字符串。

例如,week[2]表示字符串"Tuesday",week[5]表示字符串"Friday"。二维数组 week 存放如图 6-5 所示。

week											
	S	u	n	d	a	y	\0	\0	\0	\0	\0
	M	o	n	d	a	y	\0	\0	\0	\0	\0
	T	u	e	s	d	a	y	\0	\0	\0	\0
	W	e	d	n	e	s	d	a	y	\0	\0
	T	h	u	r	s	d	a	y	\0	\0	\0
	F	r	i	d	a	y	\0	\0	\0	\0	\0
	S	a	t	u	r	d	a	y	\0	\0	\0

图 6-5　二维数组 week 存放示意图

上述第(2)条语句定义了一个二维字符数组 grade,它的行数没有显式地给出,取决于初始值的个数,因为所列字符串为 5 个,所以该数组 grade 的行数为 5,又因为列下标的上界定义为 16,所以每一行所存字符串的长度要小于或等于 15。该语句被执行后,grade[0]表示字符串"excellent",grade[1]表示字符串"good",grade[2]表示字符串"middle",grade[3]表示字符串"pass",grade[4]表示字符串"bad"。

第(3)条语句定义了一个二维字符数组 typeName,它最多能够存储 6 个字符串,每个字符串的长度不能超过 9,该数组前 3 个字符串元素 typeName[0]、typeName[1]和 typeName[2]分别被初始化为"int"、"double"和"char",后 3 个字符串元素均被初始化为空串。

第(4)条语句定义了一个能够存储 10 个字符串的二维字符数组 d,每个字符串的长度不能超过 19。该语句将所有数组元素初始化为'\0'。

6.3.3　字符串的输入和输出

用于存储字符串的字符数组,其元素可以通过下标运算符访问,这与一般字符数组和其他任何类型的数组都是相同的。例如:

```
char word[10] = "china";                    //把字符数组 word 初始化为字符串"china"
word[0] = "C";                              //把第 0 个字符改成大写字母'C'
cout <<  word[2];                           //输出小写字母'i'
```

除了上面通过下标运算访问字符数组外,C++ 还提供了对字符串进行整体输入输出的操作以及其他相关函数操作。例如,允许在提取或插入操作符后面使用一个字符数组名,假定 a 为一个一维字符数组,那么

```
(1) cin >> a;
(2) cout << a;
```

分别实现了向数组 a 中输入字符串或输出数组 a 中保存的字符串的功能。计算机执行上述第(1)条语句时,要求用户从键盘上输入一个字符串,以空格、制表符、回车符和文件结束符作为字符串输入的结束标志,系统就把该标志之前的字符串(不包括该标志)存入字符数组 a 中,当然在存入的整个字符串的后面将自动存入一个结束符'\0'。

字符数组长度定义提示:一定要保证输入的字符串的长度小于数组 a 的长度,这样才能

把输入的字符串有效地存储起来,否则将引发越界,可能导致程序运行出错。另外,输入的字符串无须另加双引号定界符,只要输入字符串本身即可,假如输入了双引号,则双引号将被视为一般字符。

执行上述第(2)条语句时,将向屏幕输出在数组 a 中保存的字符串,将从数组 a 中下标为 0 的元素开始,依次输出每个元素的值(实际上是按照元素的值输出其对应的字符),直到碰到字符串结束符'\0'为止。若数组 a 中的内容为如下以字符形式描述,实际上存放的是对应的 ASCII 码:

w	r	i	t	e	\0	R	e	a	d	\0
0	1	2	3	4	5	6	7	8	9	10

那么输出 a 时只会输出第一个空字符前面的字符串"write",而它后面的任何内容都不会被输出。同理,在其他情况下,以字符串方式来访问 a,都只认为其值是"write"。

利用插入操作符<<不仅能够输出字符数组中保存的字符串,而且能够直接输出一个字符串常量,即用双引号括起来的字符串,这种方式已经使用得非常多了。例如:

```
cout <<"x+y=" << x+y << endl;
```

此语句输出字符串"x+y="后接着输出 x+y 的值和一个换行符。若 x 和 y 的值分别为 15 和 24,则得到的输出结果为

```
x+y=39
```

由于二维字符数组的每一行可以存储一个字符串,所以可以对二维字符数组的每一行直接进行输入和输出。例如,如果 a 是一个二维字符数组,则

```
cin >> a[4];
```

表示从键盘上向 a[4]输入一个字符串,而

```
cout << a[i]
```

则表示向屏幕输出 a[i]中保存的字符串。

下面的程序段能够从键盘上依次输入 10 个字符串到二维字符数组 w 中保存起来,输入的每个字符串的长度不得超过 29。

```
#define N 10
char w[N][30];
for(int i = 0; i < N; i ++)
    cin >> w[i];
```

下面的一条 for 语句将按相反的次序依次输出在数组 w 中保存的所有字符串,在输出每个字符串之后都输出一个换行符。

```
for(i = N - 1; i >= 0; i --)
    cout << w[i] << endl;
```

除了输入输出功能外,C++ 还提供了许多库函数用于对字符串进行操作,这些将在第 7

章中结合指针进行介绍。

6.3.4 字符串的应用示例

下面以回文判断为例,介绍字符串的使用。回文是指一个句子从左到右读和从右到左读完全一样。英文中有很多这样有趣的例子,例如,"level"、"Madam"、"Live on no evil"以及跟拿破仑相关的一句名言"Able was I ere I saw elba"等。下面通过编程实现判断一个英文句子是否是合法的回文。

基本思路:把该句子(字符串)保存在一个字符数组(要确保数组存储空间足够大),由于句子的实际长度不确定,所以先要通过一个循环遍历该字符串实现长度计算,遇到结束标志'\0'则遍历结束;然后再把句子前半部分字符依次与后半部分进行比较,如果不相等则表示找到反例,直接结束比较过程。这里的关键在于确定前半部分字符和后半部分字符在字符数组中的对应位置(即数组下标),如果考虑到句子中可能有大小写字母,可以在比较之前先统一转换为小写字母。代码实现如下。

```
//ex6_8.cpp:判断一个英文句子是否为回文
#include <iostream>
using namespace std;

#define MAX_LEGNTH 80                                   //定义句子的最大长度

int main()
{
    char text[MAX_LEGNTH + 1];

    //输入要判断的句子,用 getline 函数读入带空格的句子
    cout << "Please input a sentence: ";
    cin.getline(text, MAX_LEGNTH);

    //先计算字符串的有效长度
    int length = 0;
    while (text[length] != '\0')
        length++;

    //判断字符串是否为回文
    bool isPalindrome = true;
    for (int i = 0; i < length / 2; i++)
    {
        //确定要比对的字符
        char ch1 = text[i];
        char ch2 = text[length - i - 1];

        //如果是大写字母,则先转成对应的小写字母
        if (ch1 >= 'A' && ch1 <= 'Z')
            ch1 = ch1 + 32;
        if (ch2 >= 'A' && ch2 <= 'Z')
            ch2 = ch2 + 32;

        //判断是否相等
        if (ch1 != ch2)
        {
```

```
            isPalindrome = false;
            break;                                  //如果不相等,则直接结束循环
        }
    }

    //输出判断结果
    if (isPalindrome)
        cout << "It's a palindrome." << endl;
    else
        cout << "It's not a palindrome." << endl;

    return 0;
}
```

程序运行结果:

```
Please input a sentence: level
It's a palindrome.
Please input a sentence: Able was I ere I saw elba
It's a palindrome.
Please input a sentence: Madam,I'mAdam
It's not a palindrome.
```

说明:这里用符号常量 MAX_LEGNTH 规定句子最大长度是 80 个字符,而在声明字符数组 text 时,将其长度定为 81,即要预留一个空位保存'\0'。在读入字符串时,由于直接使用 cin 语句会以空格作为输入的分隔符,无法完整读入带空格的句子,所以这里用 cin 的 getline 函数实现输入。该函数以换行符作为结束标志读入一个字符串,结果存在函数第 1 个参数表示的字符数组中,第 2 个参数表示最多读入的字符个数。

*6.3.5 string 类型

用字符数组来表示字符串其实是来自 C 语言的表示方法,所以这种字符串也被称为 C 风格的字符串。C 风格的字符串虽然看起来很直观,但其使用起来并不是很方便。例如,不能把一个字符串直接赋值给另一个字符串,而需要用到第 7 章介绍的专用函数。更重要的是,C 风格的字符串容易引发程序漏洞,是 C 程序诸多安全问题的重要原因。所以,对于字符串类型的数据,C++ 程序建议使用专门用来表示字符串的 string 类型。

所谓 string 类型,其实是 C++ 标准库中的一个类。类是面向对象编程的基本概念,后续章节将会介绍,目前我们可以简单理解为是一种新的数据类型。使用 string 类,必须先引入头文件<string>。然后可以声明具体 string 类型的变量(实际上是面向对象编程中所说的对象)。

用 string 类型的字符串要比 C 风格的字符串方便很多。例如,可以用一个字符串常量对其初始化,也可以把一个 string 类型字符串直接赋值给另一个 string 类型字符串。string 类型字符串支持直接用 cout 和 cin 进行流输入输出,仍然可以用类似数组下标的方式访问其中的某个具体字符,也可以用专门的 at 函数读写 string 类型字符串中某个字符。但 string 类型的字符串要比传统 C 风格的字符串功能强大很多。例如,string 类型字符串的长度能够自动调整,无需程序进行控制。表 6-1 列出了 string 类型字符串的基本用法。

表 6-1　string 类型字符串的基本用法

运算符或函数名	功能描述
s1=s2	把 s1 内容替换为 s2 的副本
s1+s2	把 s1 和 s2 连接成一个新字符串，返回新生成的字符串
==, !=, <, <=, >, >=	两个字符串之间的关系运算，保持了这些操作符惯有的含义
s[n]	返回 s 中位置为 n 的字符，位置从 0 开始计数
s.at(n)	返回 s 中位置为 n 的字符，位置从 0 开始计数
s.length()或 s.size()	返回 s 中字符的个数
s.empty()	如果 s 为空字符串，则返回 true；否则，返回 false

下面通过一个例子演示 string 类型字符串的具体使用情况。

```
//ex6_9.cpp:string 类型字符串使用示例
#include <iostream>
#include <string>
using namespace std;

int main()
{
    string s;
    s = "abc";                              //用=赋值
    string s1(s);                           //用 s 内容初始化 s1
    cout << s1 << endl;                     //直接输出字符串
    s = s + "def";                          //用+进行字符串连接
    cout << s << endl;                      //直接输出字符串
    cout << s.length();                     //用 length() 求字符串长度
    cout << s[1];                           //用[]读指定位置的字符
    s[1] = 'a';                             //用[]写指定位置的字符
    cout << s.at(2);                        //用 at()读指定位置的字符
    s.at(2) = 'x';                          //用 at()写指定位置的字符
    cout << s << endl;                      //直接输出字符串

    return 0;
}
```

程序运行结果：

```
abc
abcdef
6
b
c
aaxdef
```

string 类还有很多非常方便、强大的字符串处理功能。所以，相比较而言，string 类型的字符串要比传统 C 风格的字符串更方便、更安全。读者请自行阅读相关资料，并多加编程实践。

习　题

6.1　回答以下问题。

(1) 什么是数组元素？数组元素的下标有何特点？

(2) 什么是字符数组？字符数组与字符串有何不同？

(3) 如何给数组元素赋初值？

6.2　编写完成下列任务的C++语句。

(1) 显示字符数组f第7个元素的值。

(2) 将数值输入一维浮点数数组b的元素4。

(3) 将一维整型数组g的5个元素各初始化为5。

(4) 求出浮点数数组d的100个元素之和并打印这些元素。

(5) 将a数组复制到数组b的开头部分。假设有定义：

```
float a[11] , b[40] ;
```

(6) 确定和打印99个元素的浮点数数组w中的最小值和最大值。

6.3　编写一个程序,实现输入n个数到一维数组,并求均方差。

$$D=\sum_{i=0}^{n-1}(a_i-M)^2,\text{其中 } M=\sum_{i=0}^{n-1}a_i/n$$

6.4　用一个一维数组存放1～10的平方值,编写程序根据用户输入的数值(1～10)输出其平方。

6.5　定义一个可存放30个实数的一维数组来存放一个班(不超过30个人)某门功课的成绩。成绩由用户输入。设计一个循环过程,根据用户输入的号码(1～30)输出对应学生的成绩。当用户输入0时,程序结束。要求成绩的输入和输出用函数实现。

6.6　已知一个已排好序的数组,输入一个数,要求按原来排序的规律将它插入数组中。

6.7　有15个数存放在一个数组中,输入一个数,要求用二分查找法找出该数是数组中第几个元素的值。如果该数不在数组中,则打印出"无此数"。

6.8　设有一个数列,它的前4项分别为0、0、2、5,以后每项分别是其前4项之和,编程求此数列的前20项。用一维数组完成此操作。(提示：a[i]=a[i-1]+a[i-2]+a[i-3]+a[i-4])

6.9　用二维数组int[20][2]存放一个班级的20名学生的物理和数学成绩,先设计一个函数输入学生的成绩,再设计一个函数求全班学生的总平均分和每一门课的平均分。

6.10　设计一个二维数组float[30][6],存放一个班(不超过30个人)中每人的5门功课的成绩及平均成绩。成绩由用户输入,平均成绩通过计算而得。设计一个循环过程,根据用户输入的号码(1～30)输出对应学生的各门成绩及平均成绩。要求成绩的输入和输出用函数实现。

6.11　设计一个程序,求一个4×4矩阵的两对角线元素之和。

6.12　编写求一个3×5阶矩阵与其自身转置矩阵的乘积的程序。

6.13　编写一个计算矩阵主负对角线元素和的函数。

6.14 “魔方”是指一个由正整数组成的方阵，它的每一行、每一列及每条主对角线上数据之和相等。例如，三阶魔方的一种形式如图6-6所示。

6	1	8
7	5	3
2	9	4

图6-6 三阶魔方

编写一个函数，函数的参数是整数n，函数输出1～n^2的自然数组成的魔方。

6.15 编写程序求出二维数组中的鞍点。所谓鞍点，是指一个矩阵元素的值在其所在行中最大，在所在列中最小。

6.16 采用三维字符数组，输入、修改和显示一周课程表。

6.17 设计一个求字符串长度的函数，然后在main函数中输入一个字符串，调用该函数进行测试。

6.18 编写程序，能够输入一行字符，统计其中大写字母、小写字母和数字的个数。

6.19 已知某运动会上男子一百米赛跑决赛成绩。要求编写程序，按成绩排序并按名次输出排序结果，包括输出名次、运动员号码和成绩三项内容。

提示：用M行3列数组存放运动员号码、成绩与名次，对决赛成绩降序排序，最后按排序后的位置输入名次。M为运动员人数。

6.20 输入10个学生的姓名、学号和考试成绩，将其中成绩不及格的学生的姓名和学号输出。

6.21 有两个包含10个元素的整数数组A和B，编写程序计算这两个数组中对应元素的调和平均数。调和平均数的计算公式是：

$$调和平均数=2.0\times A[i]\times B[i]\div(A[i]+B[i])\quad (0\leqslant i\leqslant 9)$$

6.22 编写程序，从键盘输入一行字符，用string类型字符串进行存储，然后将其中所有的大写字符改成对应的小写字符，并输出结果。

6.23 用string类型字符串实现例6-8的程序。

第 7 章 指针

【学习内容】

本章介绍 C++ 的指针。主要内容包括：

◆ 指针的定义与运算。

◆ 指针与数组的关系。

◆ 字符串函数。

◆ 指针与 const 限定符。

◆ 传递指针参数。

◆ 动态内存分配方法。

◆ 函数指针。

【学习目标】

◆ 理解指针的概念。

◆ 掌握传递指针参数的机制。

◆ 理解指针、数组与字符串之间的关系。

◆ 掌握内存分配和释放的方法。

◆ 了解指针函数的作用。

无论是在 C 语言中，还是在 C++ 中，指针都极其重要。利用指针，可以对内存中各种类型的数据进行快速、高效地处理，并为函数间的数据传递提供简洁、便利的方法。正确熟练地使用指针有利于编写高效的程序。当然，指针的使用也是非常复杂的，使用不当，特别是悬挂指针（指针没有指向任何对象）、内存泄漏（动态申请的内存空间没有正确释放）时，程序会出现致命错误或者性能受到严重影响，关键是与指针相关的错误往往极其隐蔽，难以发现。所以，指针很灵活，也很危险，使用时要小心谨慎。

本章讨论指针的有关概念、指针的运算、指针与数组的关系，以及字符指针、函数指针、指针数组、动态内存分配等的使用。

7.1 指针的概念和定义

计算机中的数据都是存放在存储单元中，而每个存储单元都有一个内存地址，根据该地址可以定位存储单元，从而访问其中存放的数据。对于一般变量，对应存储单元中存放的数据就是变量本身的值，可以通过变量名直接访问变量的值，这种访问称作直接访问。如果把某个变量 i 对应存储单元的地址(简称变量 i 的地址,假设为十六进制的 01101100)放在另一个变量 p 对应的单元中,那么如果对变量 p 进行直接访问,得到的是 p 所对应的单元内的数据——变量 i 的地址(01101100),在取得这个地址后,按照该地址所指,再找到变量 i 所对应的单元内的数据——变量 i 的值为 8,这种通过 p 访问变量 i 的单元的访问方式就是间接访问,如图 7-1 所示。

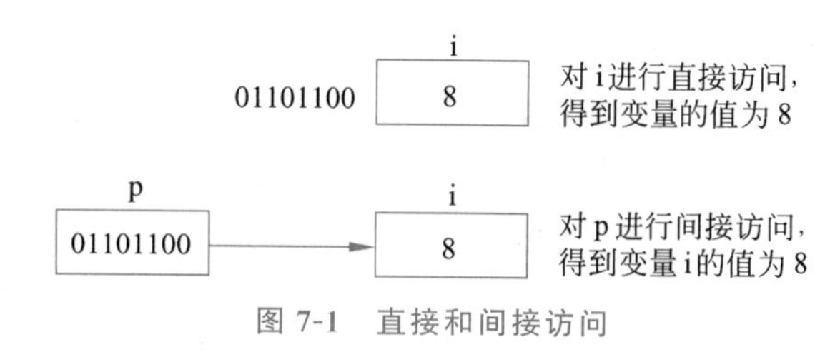

图 7-1　直接和间接访问

指针变量(简称指针)就是存放另一变量地址的变量,如图 7-1 中的变量 p。它与普通变量一样,也占用存储空间,也可以进行运算。指针与其他变量的不同之处在于,指针所对应的存储单元存放的是地址,而不是一般的数据。指针的概念类似于机器语言的间接寻址,在间接寻址方式中,一个存储单元中存放着另一个要处理数据的存储地址,这个存储单元就相当于指针。因此,使用变量名可直接访问变量的值,而使用指针则可以通过间接访问的方式访问变量的值。

指针变量和其他变量一样,必须先声明后使用。其声明的形式与一般变量声明相比,不同之处在于变量名前多一个星号“*”。例如:

```
int *p;
```

声明了变量 p 为指向整型值的指针(即变量 p 中存放的是某个整型变量的地址)。可以在一个语句中声明多个指针,也可以将指针和一般变量一起声明。例如:

```
int *myPtr1, *myPtr2, i;
```

声明了两个指向整型值的指针 myPtr1 和 myPtr2 以及一个整型变量 i。指针可以指向任何数据类型的对象。又如:

```
double *xPtr, *yPtr;
```

表示 xPtr 和 yPtr 都是指向 double 值的指针。

需要强调的是,声明指针时必须确定其所指向变量的数据类型,这个类型也称为基类型。指针不能离开基类型而独立存在。总结起来,声明指针有两层含义:一是指针表示的是一个存储地址;二是明确指针指向的基类型。所以,指针其实是“带类型的地址”。

指针可以在声明时进行初始化,也可以通过赋值语句获得值。指针可以取值为 0、NULL 或某个地址。具有 NULL 值的指针不指向任何值。NULL 是 C++ 预定义的符号常量,但它的值依赖于 C++ 的具体实现,有的编译器将 NULL 定义为 0,在这些编译器中把一个指针初始化为 0 等价于把它初始化为 NULL,但是用 NULL 具有更好的可移植性。从C++ 11 标准开始引入了新的关键字 nullptr,其作用等同于 NULL,C++ 新标准建议尽量使用 nullptr。

指针初始化建议:与其他类型变量一样,访问未初始化的指针将会带来无法预计的错误,而且指针的影响则会更加严重。所以,通常建议指针在声明的同时进行初始化,如果不确定指针指向何处,则可以让其指向 nullptr 或 NULL。

7.2 使用指针

7.2.1 指针的运算

和指针相关的运算有取地址运算、间接引用运算、算术运算、关系运算和赋值运算。

1. 取地址运算符“&”

取地址运算符“&”是一元运算符,它返回操作数的地址。例如,假定有下列语句

```
int y = 5;
int * yPtr;
```

那么赋值语句

```
yPtr = &y;
```

是把变量 y 的地址赋给指针变量 yPtr,即让变量 yPtr 指向变量 y,如图 7-2 所示。

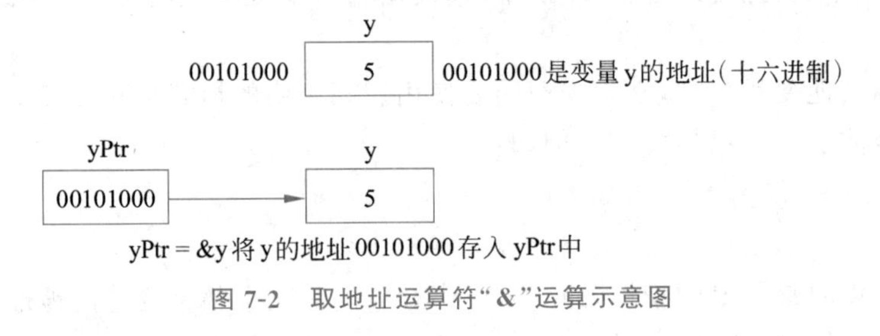

图 7-2 取地址运算符“&”运算示意图

2. 间接引用运算符“*”

间接引用运算符“*”又称解引用运算符,它返回其操作数(指针)所指向的对象。例如,如果接着上面的程序执行语句

```
cout << * yPtr << endl;
```

将输出指针 yPtr 所指的整型变量 y 的值(即 5),在效果上如同下面的语句。

```
cout << y << endl;
```

而语句

```
* yPtr = 10;
```

将把 y 的值置成 10,在效果上如同下面的语句。

```
y =10;
```

注意下面几点。

(1) * 的操作数不能是普通常量。

(2) * 运算必须确保指针变量确实已经指向某个具体内存地址,否则 * 运算是非常危

险的。

(3) * 和 & 的优先级相等,都和一元正(+)及一元负(-)相当。

(4) * 和 & 互为逆运算,例如(≡表示“等价于”):

```
&*yPtr ≡ &(*yPtr) ≡ &(y) ≡ y的地址(也是yPtr的值) ≡ yPtr
*&yPtr ≡*(&yPtr) ≡ *(yPtr的地址) ≡ (yPtr的地址)指向的数据的值≡ yPtr
```

所以,&*yPtr、*&yPtr 和 yPtr 都是等价的,因此 * 和 & 互为逆运算。

【例 7-1】 指针运算符 & 与 * 的使用。

```
//ex7_1.cpp:指针运算符 & 与 * 的使用
#include <iostream>
using namespace std;

int main()
{
    int n;
    int * nPtr;

    n = 7;
    nPtr = &n;                      //把 n 的地址赋值给 nPtr,即让指针 nPtr 指向变量 n

    cout << "The address of n is " << &n << endl;
    cout << "The value of nPtr is " << nPtr << endl;

    cout << endl;
    cout << "The value of n is " << n << endl;
    cout << "The value of * nPtr is " << * nPtr << endl;

    cout << endl;
    cout << "&* nPtr = " << &* nPtr << endl;
    cout << "* &nPtr = " << * &nPtr << endl;

    return 0;
}
```

程序运行结果:

```
The address of n is 012FF8B0
The value of nPtr is 012FF8B0

The value of n is 7
The value of * nPtr is 7

&* nPtr = 012FF8B0
* &nPtr = 012FF8B0
```

通过 cout 输出一个指针值时,输出的是指针变量中存的一个内存地址(通常以十六进制的形式输出)。程序运行结果显示,n 的地址和 nPtr 的值在输出中是一致的,这说明实际指针变量 nPtr 的值确实是变量 a 的地址。此外,& 和 * 运算符同时作用于 nPtr,输出结果均为 nPtr 的值,也说明 & 和 * 是互逆的。

3. 指针的算术运算

指针也可以参与算术运算。这时,运算对象是指针中存放的地址,指针运算本质上是地址的运算,因此指针的算术运算只有加和减两种。指针作为操作数每加上或减去一个整数 n,其运算结果是指向指针当前指向的变量的后方或前方的第 n 个变量。假设 p1 和 p2 是指向相同类型的指针,n 为整数,指针可以进行的算术运算只有下面几种。

```
p1+n, p1-n, p1++, ++p1, p1--, --p1, p1-p2
```

尽管指针也是一种变量,由于它是对地址做运算,算术运算的语义与其他变量的算术运算有所不同。

(1) p1±n 是指将指针从当前位置向前或向后移动 n 个数据单位(每个数据单位字节大小等于指针指向的数据类型的对象的字节大小),而不是移动 n 字节。由于指针可指向不同数据类型,即数据长度不同,所以此种运算的结果取决于指针指向的数据类型。假设它所指向的类型为 T,p1±n 的实际地址是

$$p1 \pm n \times \text{sizeof}(T)$$

其中运算符 sizeof 返回其操作数类型 T 的数据占用的字节数目。假设指针 p 是指向整型值的指针,且每个整数占 4 字节,图 7-3 给出了 p 的若干算术运算的结果。

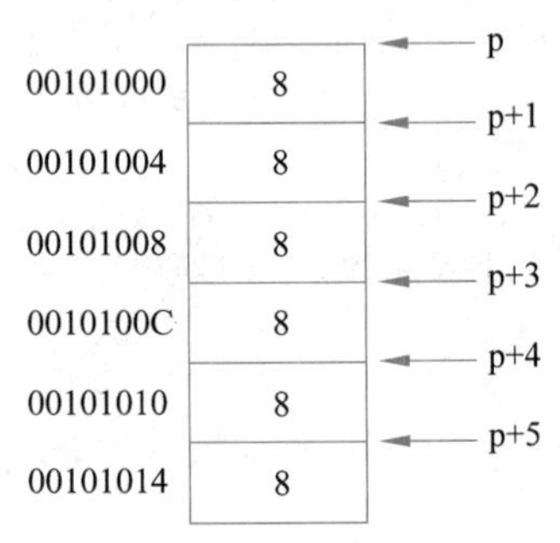

图 7-3 指针的算术运算示意图

(2) p1-p2 求出的是两指针位置之间的数据个数,而不是两指针持有的地址之差。p1-p2 的结果按下列公式计算,注意这里要求 p1 和 p2 指向的必须是同一数据类型(如 T)。

$$(p1\text{ 的值} - p2\text{ 的值}) \div \text{sizeof}(T)$$

(3) 至于 p1++、++p1、p1--及--p1,它们也是向前或向后移一个数据单位,不是移动一个字节。当它们与其他运算符用在一起时,应注意结合顺序。

4. 指针的关系运算

在关系表达式中可对相同类型的两个指针进行各种关系运算,其结果可以反映两指针所指向的地址之间的位置前后关系。例如,对于两指针 p1 和 p2(它们指向相同的数据类型),有关系表达式

```
p1 < p2
```

当 p1 所指位置在 p2 之前时,该表达式的值为 true;否则,该表达式的值为 false。

指针也可以和 0 或 NULL 进行==或!=的关系运算。例如:

```
p1 == NULL 或 p1 != 0
```

可以用它们来判断 p1 是否为空指针。

除此之外,不同类型指针之间以及指针和一般整数间进行的关系运算是没有意义的。

5. 指针的赋值运算

为指针变量赋值时,赋的值必须是内存地址,而不能是普通整数,它有下面几种形式。

(1) 把变量地址赋给指向相同数据类型的指针。例如:

```
char c, *pc;
pc = &c;
```

(2) 把指针赋给相同数据类型的另一个指针,其结果是两个指针指向同一个内存地址。例如:

```
int *p, *q;
p = q;
```

(3) 把数组的地址(即数组变量的值,亦即数组第一个元素的地址)赋给指向相同数据类型的指针。例如:

```
char name[20], *pName;
pName = name;                        //name 的值就是数组第一个元素的地址,即数组的起始地址
```

(4) 此外,还可使用下列形式的赋值。

```
int  *p, *q, n;
p = q + n;
p = q - n;
p += n;
p -= n;
```

【例 7-2】 指针的算术运算、关系运算和赋值运算。

```
//ex7_2.cpp:指针的算术运算、关系运算和赋值运算
#include <iostream>
using namespace std;

int main()
{
    double d = 3.14;
    double *pd = &d;
    cout << "d = " << d << " \t pd = " << pd << "\t *pd = " << *pd << endl;
    pd += 1;
    cout << "After pd += 1: \t pd = " << pd << endl;
    cout << endl;

    int ints[5] = { 1, 2, 3, 4, 5 };
    int *p1 = ints;                   //ints 的值就是数组第一个元素的地址,即数组的地址
    cout << "p1 = " << p1 << " \t *p1 = " << *p1 << endl;
    p1 += 4;
    cout << "After p1 += 4: \t p1 = " << p1 << " \t *p1 = " << *p1 << endl;
    cout << endl;

    int m = 6, n = 7;
    int *p2 = &m;
    int *p3 = &n;
    cout << "p2 = " << p2 << " \t *p2 = " << *p2 << endl;
    cout << "p3 = " << p3 << " \t *p3 = " << *p3 << endl;
    cout << "p2 - p3 = " << (p2 - p3) << endl;
    cout << endl;

    if ( p2 < p3 )
        cout << "p2 < p3" << endl;
    else
```

```
        cout << "p2 >= p3" << endl;
    return 0;
}
```


程序运行结果:

```
d = 3.14        pd = 0113F7B8    * pd = 3.14
After pd += 1:   pd = 0113F7C0

p1 = 0113F790     * p1 = 1
After p1 += 4:   p1 = 0113F7A0    * p1 = 5

p2 = 0113F778     * p2 = 6
p3 = 0113F76C     * p3 = 7
p2 - p3 = 3

p2 >= p3
```

7.2.2 指针作为函数参数

指针作为一种变量,当然可以作为函数参数。但由于指针内部存放的是一个存储单元地址,所以传递指针参数有其特殊之处。同时,指针所指向变量是有类型的,在指针作为函数参数时,注意形式参数和实在参数要类型匹配。

第 5 章已讨论过传值调用与传引用调用的问题,这里通过对比介绍指针参数的传递过程。例 5-3 通过传引用的参数传递方式实现两个整数的交换,下面通过指针参数实现该功能。

【例 7-3】 用指针作为函数参数实现两个整数的交换。

```
//ex7_3.cpp:用指针作为函数参数实现两个整数的交换
#include <iostream>
using namespace std;

void swap(int *, int *);

int main()
{
    int x = 10, y = 20;
    swap(&x, &y);
    cout << "x:" << x << "   y:" << y << endl;

    return 0;
}

void swap(int * a, int * b)
{
    int temp;
    temp = * a;
    * a = * b;
    * b = temp;
}
```

程序运行结果:

```
x:20   y:10
```

所以，传递指针也实现了两个整数的交换。但是和例5-3采用传引用方式进行参数传递的实现相比，本例有两处不同：在调用函数时，如使用指针参数，实际参数是变量的地址（通过&运算符计算得到），即一个指向整数的指针，而在传引用时实际参数是变量名；在被调用函数内部，如使用指针参数，为了通过形式参数访问主程序中的变量，采取了*运算，而在传引用时直接使用了形式参数名。

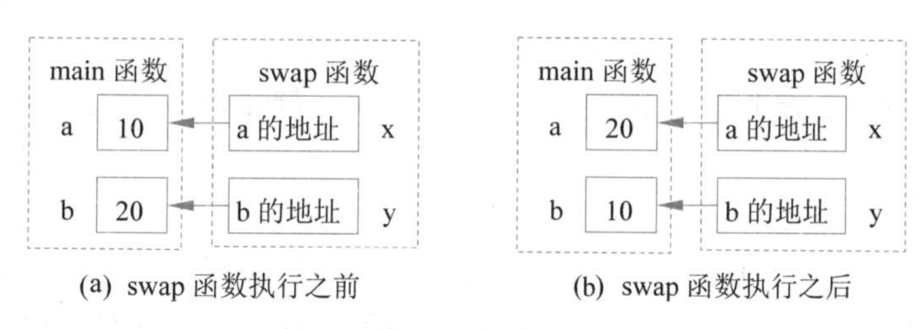

图7-4　指针参数的传递过程

如图7-4所示，本例中的实际参数是变量x和y的地址，这两个地址作为实际参数的值传给了形式参数a和b，放在了a、b对应的存储单元中。当程序控制转入swap函数后，在执行函数体过程中，为了通过a和b访问到x和y，必须对a和b进行间接访问，即通过*运算访问a和b所指的变量x和y。当被调用函数工作完毕返回时，形式参数a和b所指向的x和y中就存放了所期望的值。

所以，指针作为函数参数时也是传值调用，只不过传递的是一种特殊值——地址。在被调用函数中，基于间接访问运算，指针函数可以达到与传引用调用一样的效果，即被调用函数可以通过形参修改调用者的实参。此外，在传递较大规模的数据对象时，普通传值调用要复制数据，在时间和空间上效率较低，而传指针调用只需要传递一个存储地址，避免了复制大量数据的开销。

相比较于传引用调用，传指针调用则更加灵活，而且传指针调用在数据传递过程和间接访问实际参数方面，对于代码表述和理解来说更加“直观”。

7.3　指针与数组

在7.2节中已经注意到，可以将数组赋值给指针，这是因为数组名（数组变量）的值就是数组第一个元素的地址，因此可以将数组的值赋给指针，使得指针指向数组的第一个元素。当然，这有一个前提，即数组元素的类型和指针指向的类型是相同的。可见，在C++中，数组和指针有着密切的关系，二者甚至可以互换使用：数组名可以视为一个指针，只是这个指针的值在数组声明后就不能变化，这种指针称为指针常量；通过指针也可以访问数组的每个元素。此外，数组元素也可以是指针。

1. 指针和数组互换使用

在C++中，由于指针与数组名都表示地址量，因此可以互换使用。数组名可以看成常量指针，也可以用指针代替数组名来访问数组中的元素。例如，下列语句

```
int a[10], * aPtr;
```

定义了整型数组 a[10]和整数指针变量 aPtr。由于数组名(不带下标)是数组的第一个元素的指针,因此可以用下列语句将 aPtr 的值设置为数组 a 第一个元素的地址。

```
aPtr = a;
```

注意,这不是把整个数组赋给目标指针,而是取数组第一个元素的地址赋给指针,如同下面的语句:

```
aPtr = &a[0];
```

在此基础上,数组元素也可以用指针表达式来引用。例如,a[5]可以表示为

```
* (aPtr+5)
```

按指针加法运算的定义,上述表达式中的 5 是指针的偏移量,即 aPtr+5=aPtr+sizeof(int) * 5,所以运算结果恰好是下标为 5 的数组元素的存储地址。可见,如果通过指针访问数组元素,当指针指向数组首地址时,偏移量表示要引用的数组元素,偏移量的值等于数组下标。注意,表达式中括号是必需的,因为 * 的优先级高于+的优先级。

就像数组元素可以通过指针表达式引用一样,下面的表达式

```
&a[5]
```

等价于下列指针表达式

```
aPtr+5
```

数组名(数组变量)本身可以当作指针并参加指针运算。例如,表达式

```
* (a+5)
```

同样引用数组元素 a[5]。注意,上述表达式不修改 a 的值,a 还是指向数组的第一个元素。

指针和数组一样可以加下标。例如,表达式

```
aPtr[5]
```

同样指向数组元素 a[5]。

实际上不管是 a[5],还是 aPtr[5],C++ 编译器都会将其转换成“地址+偏移量”的方式。即对于常见的 a[5]访问数组方式,编译器最终也是以 * (a+5)这样的指针方式访问对应存储单元。

【例 7-4】 数组和指针的互换性。

```
//ex7_4.cpp:数组和指针的互换性
#include <iostream>
using namespace std;

#define SIZE 5

int main()
{
```

```
    int a[SIZE] = { 0, 1, 2, 3, 4 };
    int * aPtr = a;                                    //aPtr 指向数组 a
    int i, offset;

    //通过数组名和下标访问数组
    cout << "Access array through array and subscript:" << endl;
    for (i = 0; i < SIZE; i++)
        cout << "a[" << i << "] = " << a[i] << endl;

    //通过指针和偏移量访问数组
    cout << endl;
    cout << "Access array through pointer and offset:" << endl;
    for ( offset = 0; offset < SIZE; offset ++ )
        cout << "* (aPtr + " << offset << ") = " << * (aPtr + offset) << endl;

    //通过指针和下标访问数组
    cout << endl;
    cout << "Access array through pointer and subscript:" << endl;
    for ( i = 0; i < SIZE; i++ )
        cout << "aPtr[" << i << "] = " << aPtr[i] << endl;

    //通过数组名和偏移量访问数组
    cout << endl;
    cout << "Access array through array and offset:" << endl;
    for ( offset = 0; offset < SIZE; offset ++ )
        cout << "* (a + " << offset << ") = " << * (a + offset) << endl;

    return 0;
}
```

程序运行结果：

```
Access array through array and subscript:
a[0] = 0
a[1] = 1
a[2] = 2
a[3] = 3
a[4] = 4

Access array through pointer and offset:
* (aPtr + 0) = 0
* (aPtr + 1) = 1
* (aPtr + 2) = 2
* (aPtr + 3) = 3
* (aPtr + 4) = 4

Access array through pointer and subscript:
aPtr[0] = 0
aPtr[1] = 1
aPtr[2] = 2
aPtr[3] = 3
aPtr[4] = 4

Access array through array and offset:
```

```
*(a + 0) = 0
*(a + 1) = 1
*(a + 2) = 2
*(a + 3) = 3
*(a + 4) = 4
```

从这个例子可以看出,指针和数组能够互换使用,指针的运算形式和数组下标形式是等价的。一般说来,通过指针访问数组元素比通过下标访问数组元素更加直接和高效,因为数组下标在编译时还是要变成指针表示法,但是使用数组下标更直观和清楚。另外,在访问数组元素时,二者都应注意,不要超过数组的访问范围。

尽管指针和数组下标在访问数组时可互相替代,但指针与数组有差别:指针是地址变量,在程序中可改变其值;数组名是地址常量,是一个其值不可改变的常量指针。

2. 指针数组

由于指针也是一种变量,也可以是数组的元素,即数组可以包含指针。例如,字符指针数组通常用来管理一组字符串,可以看成元素是字符串的数组。字符串数组中每一项都是字符串,C++ 的字符串存储在一个一维字符数组中,字符串可以用一个指向字符的指针来表示,该指针指向了字符串中第一个字符。所以,字符串数组可以用指针数组来表示,其中每一个元素都是指向字符的指针。例如,下列语句

```
const char * week[7] = { "Sunday", "Monday", "Tuesday", "Wednesday", "Thursday",
"Friday", "Saturday"};
```

定义的 week 是一个包含 7 个元素的数组,数组的每个元素都是 char * 类型,即指向 char 类型的指针。数组的 7 个元素分别指向常量字符串"Sunday"、"Monday"、"Tuesday"、"Wednesday"、"Thursday"、"Friday" 和 "Saturday"。常量字符串存放在内存中的某个连续区域中,每个字符串的结尾都增加了一个终止字符'\0',因而每个字符串实际占用的字节数分别为 7、7、8、10、9、7、9。看起来这些字符串好像是放在 week 数组中,其实数组中存放的只是指针(见图 7-4)。每个指针指向对应字符串中的第一个字符。对比 6.3.2 节定义的二维数组

```
char week[7][11]={"Sunday", "Monday", "Tuesday", "Wednesday",
"Thursday", "Friday", "Saturday"};
```

的存储方式(见图 6-5),可以发现,采用二维数组存放字符串,需要按照数组中最长的字符串来声明数组,这将会造成空间浪费;如果采用指针数组来存储字符串数组,尽管 week 数组是固定长度的,但数组中的指针可以指向任意长度的字符串,而不会造成空间的浪费。这是 C++ 强大的数据结构功能所带来的灵活性。

在程序中对指针数组的访问可以采取与二维数组类似的方式。例如,对于图 7-5 表示的字符指针数组 week,可以执行如下语句。

```
cout << week[2] << endl;                    //输出字符串"Tuesday"
cout << week[2][1] << endl;                 //输出字符'u'
```

所以,效果与访问二维字符数组一致。如何理解这里的 week[2][1]? 应该将其视为表达式 *(*(week+2)+1),即先通过(week+2)得到 week[2]的内存地址,再通过 * 运算得到其中存储的字符串"Tuesday"的起始地址,该地址加 1 计算得字符'u'的偏移量,最后再通过间

接引用运算得到字符'u'。

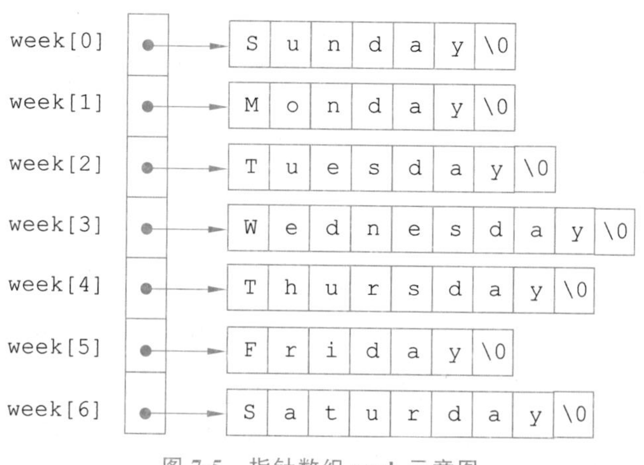

图 7-5 指针数组 week 示意图

7.4 字符指针与字符数组

可以看到，既可以用字符数组来存储字符串，也可以用字符指针来指向字符串，只要在字符指针中存放字符串的首地址就可以了。这是因为字符串是连续存放的，并且以'\0'结尾，确定了字符串的首地址，也就确定了整个字符串。例如：

```
const char * s = "string1";
cout << s << endl;
s = "string2";
cout << s << endl;
```

可以看出，将字符串赋给字符指针是非常直接和方便的。将字符串赋给字符指针时，不是将字符串复制到指针中，而是把字符串的首址赋予指针。在上面的程序中，编译器会为字符串常量"string1"和"string2"分配空间，将其存放到内存中某处。初始化时，首先将字符串"string1"的首地址赋予指针 s，所以第一个输出语句在屏幕上显示 string1，接下来的赋值语句将"string2"的首地址赋予指针 s，第二个输出语句将输出 s 指向的字符串"string2"。

此外，C++ 为字符串的操作提供了丰富的函数，如连接、比较、复制等。下面简单介绍常用的字符串处理函数。

7.4.1 字符串函数

C++ 提供的处理字符串的预定义函数原型在头文件 cstring（C++ 早期版本是 string.h）中声明，要使用这些函数时，必须在程序文件中使用 #include 命令将该头文件包括进来。

C++ 标准库提供的处理字符串的预定义函数有很多，从 C++ 库函数资料中可以得到全部说明。表 7-1 简要地列出了常用的字符串处理函数。需要说明，指针和数组可以互换使用，表中所有字符指针类型的函数形参，可以等价替换成字符数组类型。例如，strlen 函数原型也可表示为

```
size_t strlen(const char s[]);
```

表 7-1　常用的字符串处理函数

函数原型	函数功能
size_t strlen(const char * s)	返回字符串 s 的长度
char * strcpy(char * dest, const char * src)	将字符串 src 复制到 dest
char * strcat(char * dest, const char * src)	将字符串 src 添加到 dest 末尾
char * strchr(const char * s, int c)	检索并返回字符 c 在字符串 s 中第一次出现的位置
int strcmp(const char * s1, const char * s2)	比较字符串 s1 与 s2 的大小,若 s1 串大于 s2 串则返回一个大于 0 的值;若 s1 串等于 s2 串则返回值为 0;若 s1 串小于 s2 串则返回一个小于 0 的值
size_t strcspn(const char * s1, const char * s2)	扫描 s1,返回在 s1 中和 s2 中都出现的字符的个数
char strdup(const char * s)	将字符串 s 复制到最近建立的单元
int stricmp(const char * s1, const char * s2)	按照字母的小写比较字符串 s1 和 s2,若 s1 串大于 s2 串,则返回一个大于 0 的值;若 s1 串等于 s2 串,则返回值为 0;若 s1 串小于 s2 串,则返回一个小于 0 的值
char * strlwr(char * s)	将字符串 s 中的大写字母全部转换成小写字母,并返回转换后的字符串
char * strncat(char * dest, const char * src, size_t n)	将字符串 src 中最多 n 个字符复制到字符串 dest 中
int strncmp(const char * s1, const char * s2,size_t n)	比较字符串 s1 与 s2 中的前 n 个字符
char * strncpy(char * dest, const char * src,size_t n)	复制 src 中的前 n 个字符到 dest 中
int strnicmp(const char * s1,const char * s2,size_t n)	比较字符串 s1 与 s2 中的前 n 个字符
char * strnset(char * s,int ch, size_t n)	将字符串 s 的前 n 个字符置于 ch 中
char * strpbrk(const char * s1, const char * s2)	扫描字符串 s1,并返回在 s1 和 s2 中都出现的字符个数
char * strrchr(const char * s, int c)	扫描最后出现一个给定字符 c 的一个字符串 s
char * strrev(char * s)	将字符串 s 中的字符全部颠倒顺序重新排列,并返回排列后的字符串
char * strset(char * s, int ch)	将一个字符串 s 中的所有字符置于一个给定的字符 ch
size_t strspn(const char * s1, const char * s2)	扫描字符串 s1,并返回在 s1 和 s2 中均有的字符个数
char * strstr(const char * s1, const char * s2)	扫描字符串 s2,并返回第一次出现 s1 的位置
char * strtok(char * s1, const char * s2)	检索字符串 s1,该字符串 s1 由字符串 s2 中定义的定界符所分隔
char * strupr(char * s)	将字符串 s 中的小写字母全部转换成大写字母,并返回转换后的字符串

C++版本兼容性提示:考虑安全性等原因,这里的很多函数在最新版本的 Visual Studio 等开发环境中已经不推荐使用或者不再支持,建议使用类似 strcpy_s 等更安全版本对应的函数,或者添加“_CRT_SECURE_NO_WARNINGS”预处理指令才能使用,在具体使用时可以先查看相关说明文档。

下面简要介绍主要的字符串函数的使用。

1. 求字符串长度

函数原型：

```
size_t strlen(const char * s);
```

该函数只有一个参数，它是一个指向字符的指针，该指针代表了一个字符串，它前面使用const修饰符(见2.3.4节)表示该字符串的内容在函数体中不允许被修改，只能读取。调用该函数时，对应的实参可以为任何形式的字符串。例如，实参可以是一个字符串常量，可以是一个一维字符数组变量，也可以是二维字符数组中只带行下标的单下标变量，当然也可以是一个字符指针。该函数将返回实参字符串的有效长度，size_t是一个与机器无关的无符号整型。

例如，假设有3个字符数组a[10]、b[10]和c[20]，它们的内容分别是""、"b"和"Hello world"，则strlen(a)、strlen(b)和strlen(c)的值分别为0、1和11。直接使用strlen("Hello world")也可得到字符串的长度11。

2. 字符串复制

函数原型：

```
char* strcpy(char* dest, const char* src);
```

该函数有两个参数，都是字符指针。该函数的功能是把第二个参数src所指字符串(包括结束标志'\0')复制到第一个参数dest所指的存储空间中，然后返回dest的值，即一个字符指针，它指向的区域中存放了复制好的字符串。显然，dest对应的实参应该是一个字符数组变量，或者是一个地址，该地址指向的连续空间用来存放复制的字符串。注意，使用该函数时一定要保证dest对应的实参提供的存储空间足够存放被复制的字符串。此外，dest对应的实参不能是字符串常量，尽管字符串常量满足参数类型的要求，但是系统为字符串常量分配的空间是不允许修改的，试图将被复制的字符串往字符串常量的空间中复制时，会导致非法访问的运行时错误。需要特别指出的是，如果src和dest所指的存储空间有重叠，那么该函数的执行结果不确定。

分析下面的程序段。

```
char a[10], b[10]="copy";
strcpy(a, b);
cout << "a=\" " << a <<"\" b=\" " << b <<"\" << endl;
cout << "strlen(a)=" << strlen(a) << " strlen(b)=" << strlen(b) << endl;
```

上述程序段首先声明了两个字符数组a和b，并对b初始化为"copy"；接着调用strcpy函数，把b所指向(即数组b保存)的字符串"copy"复制到a所指向(即数组a占用)的存储空间中，使得数组a保存的字符串同样为"copy"；该程序段中的第三条语句输出a和b所指向的字符串，或者说输出数组a和b中所保存的字符串；第四条语句输出a和b所指向的字符串的长度。该程序段的运行结果如下：

```
a="copy" b="copy"
strlen(a)=4 strlen(b)=4
```

字符串复制还有另外一个类似的函数：

```
char* strncpy(char* dest, const char* src, size_t n);
```


该函数与 strcpy 类似,把第二个参数 src 所指字符串中的前 n 个字符(注意可能不包括结束标志'\0')复制到第一个参数 dest 所指的存储空间中(如果 src 所指字符串的长度小于 n,则复制整个字符串,包括结束标志'\0'),然后返回 dest 的值,其中 size_t 是一个与底层计算机无关的无符号整数类型。

3. 字符串连接

函数原型:

```
char* strcat(char* dest, const char* src);
```

该函数同 strcpy 函数具有完全相同的参数说明和返回值类型。函数功能是把第二个参数 src 所指字符串附加到第一个参数 dest 所指字符串之后,即 src 所指字符串复制到 dest 所指字符串之后的存储空间中。该函数返回 dest 的值。需要特别指出的是,如果 src 和 dest 所指的存储空间有重叠,那么该函数的执行结果也不确定。

与 strcpy 函数一样,使用 strcat 函数时要确保 dest 所指字符串之后有足够的存储空间用于存储 src 所指的字符串,否则会导致访问越界的错误。

调用此函数之后,第一个实参所指字符串的长度将等于两个实参所指字符串的长度之和。例如:

```
char a[20] = "string";                    //字符串长度为 6
char b[] = "catenation";                  //字符串长度为 10
strcat(a, " ");                           //连接一个空格到 a 串之后
strcat(a, b);                             //把 b 串连接到 a 串之后
cout << a << endl << "strlen(a)=" << strlen(a) << endl;
```

执行该程序段得到的输出结果如下:

```
string catenation
strlen(a)=17
```

字符串连接也有另外一个类似的函数:

```
char* strncat(char* dest, const char* src, size_t n);
```

该函数与 strcat 类似,把第二个参数 src 所指字符串中的前 n 个字符添加到第一个参数 dest 所指字符串的后面(如果 src 所指字符串的长度小于 n,则添加整个字符串),此时会自动添加结束标志'\0',然后返回 dest 的值。

4. 字符串比较

函数原型:

```
int strcmp(const char* s1, const char* s2);
```

该函数带有两个字符指针参数,分别指向进行比较的字符串,函数的返回值为整型。其功能为:比较 s1 所指字符串与 s2 所指字符串的大小,若 s1 串大于 s2 串,则返回一个大于 0 的值;若 s1 串等于 s2 串,则返回值为 0;若 s1 串小于 s2 串,则返回一个小于 0 的值。

比较s1串和s2串的大小是一个循环过程，从两个串的第一个字符起从前往后依次比较它们的ASCII码值，直到遇到被比较的两个字符不同或者到某个字符串到达末尾为止，整个比较过程可用下面的程序段描述出来。

```
for(int i = 0; s1[i] && s2[i]; i++)
    if ( s1[i] > s2[i] )
        return 1;
    else if ( s1[i] < s2[i])
        return -1;
if (s1[i] == '\0' && s2[i] == '\0')
    return 0;
else if ( s1[i] != '\0' )
    return 1;
else
    return -1;
```

在这个程序段中使用s1[i]和s2[i]来表示s1数组和s2数组中下标为i的元素，即s1和s2所指字符串中的第i+1个字符。

例如，下面的关系是成立的。

```
strcmp("1234abc", "1234") > 0
strcmp("1234abc", "1234abd") < 0
strcmp("1234abc", "1230") > 0
strcmp("A", "a") < 0
```

同样，strcmp也有一个类似的函数：

```
char* strncmp (const char* s1, const char* s2, size_t n);
```

该函数与strcmp类似，比较s1所指字符串与s2所指字符串的前n个字符的大小（如果s1或s2所指字符串的长度小于n，则比较到s1和s2任意一个字符串的结尾处结束），返回结果同strcmp。

5. 从字符串中查找字符

函数原型：

```
char* strchr(const char* s, int c);
```

该函数查找某个字符在字符串中第一次出现的位置，即从s所指字符串中的第一个字符起，顺序查找ASCII码值为c的字符的首次出现的位置，若查找成功，则返回该字符的存储地址；否则返回NULL。

当调用该函数时，与形参c对应的实参可以为整数（即查找目标字符对应的ASCII码值），但通常是一个待查找的字符。

例如，函数调用strchr("abcd", 'c')将返回字符串"abcd"的首地址加2的值，而函数调用strchr("abcd", 'e')将返回NULL。

6. 从字符串中逆序查找字符

函数原型：

```
char* strrchr(const char* s, int c);
```

与strchr函数功能类似,函数都是从字符串中查找字符,但该函数是从s所指字符串的最后一个字符起顺序向前查找ASCII码为c值的字符的首次出现的位置,若查找成功,则返回字符的存储地址;否则返回NULL。实际上,该函数查找的是某个字符在字符串中最后一次出现的位置。

例如,函数调用strrchr("abcab", 'a')将返回字符串"abcab"的首地址加3的值。若把函数名改为strchr,则返回结果为"abcab"的首地址值。

7. 从字符串中查找子串

函数原型:

```
char * strstr(const char * s1, const char * s2);
```

该函数从s1所指字符串中第一个字符起,顺序向后查找出与s2所指字符串相同的子串,若查找成功,则返回该子串首次出现的首地址;否则返回NULL。例如:

```
char a[20] = "abcdeabcde";
char b[4] = "bcd";
char c[4] = "dec";
cout << strstr(a, b) << endl;
if (strstr(a, c) == NULL)
    cout << "Not found!" << endl;
```

该程序段首先定义3个字符数组并分别进行初始化,接着输出以strstr(a, b)的返回地址为首地址的字符串"bcdeabcde",执行if语句时,因从a串中查找不到c串,所以判断表达式成立,将向屏幕输出字符串"Not found!"和一个换行符。

8. 字符串分解

函数原型:

```
char *strtok(char *s, char *delim);
```

该函数的功能是将字符串分解为一组标记串。其中,s为要分解的字符串,delim是由作为分隔符的字符组成的串,即以delim中出现的字符为分隔标志,将s分解成若干子串。函数strtok的使用有些特殊,它采取了一种反复调用的方式,每次调用时,strtok在s中查找包含在delim中的字符并用'\0'来替换,返回指向的当前标记,直到找遍整个字符串。当没有标记串时,则返回空字符NULL。首次调用时,第一参数s必须指向要分解的字符串,后续调用时s对应的实参必须为NULL。例如:

```
char s[] = "Hello C++ World";
char *d = " ";
char *p;
p = strtok(s, d);
while(p != NULL)
{
    cout << p << endl;
    p = strtok(NULL, d);
}
```

该程序段将字符串"Hello C++ World"以空白符为分隔符进行分解,并将分解的每个子

串(单词)输出,即

```
Hello
C++
World
```

7.4.2 字符串函数的应用

本节通过具体的例子进一步理解字符串函数的作用,正确掌握它们的使用方法。

【例 7-5】 字符串函数 strcpy 和 strncpy 的使用。

```
//ex7_5.cpp:字符串函数 strcpy 和 strncpy 的使用
#include <iostream>
#include <cstring>

using namespace std;

int main()
{
    char s1[ 20 ] = "Hello C++ World!";
    char s2[ 20 ] = "Hello New World!";
    char s3[ 20 ] = "";

    cout << "s1 = \"" << s1 << "\"" << endl;
    cout << "s2 = \"" << s2 << "\"" << endl;
    cout << "s3 = \"" << s3 << "\"" << endl;

    cout << "strcpy( s3, s1 ) = \"" << strcpy( s3, s1 ) << "\"" << endl;
    cout << "strncpy( s3, s2, 9 ) = \"" << strncpy( s3, s2, 9 ) << "\"" << endl;

    return 0;
}
```

程序运行结果:

```
s1 = "Hello C++ World!"
s2 = "Hello New World!"
s3 = ""
strcpy( s3, s1 ) = "Hello C++ World!"
strncpy( s3, s2, 9 ) = "Hello New World!"
```

程序执行完 strcpy(s3, s1)后,s3 的内容为"Hello C++ World!",而后执行 strncpy(s3, s2, 9),将 s2 的前 9 个字符"Hello New"复制到 s3 中,因而覆盖了 s3 的前 9 个字符。注意,这次操作并未在复制完 s2 的前 9 个字符后,在 s3 中紧接着添加'\0',通过字符指针 s3 来访问其所指的字符串时,字符串的结束标志还是原来在"World!"之后的'\0'。因此,输出结果为"Hello New World!"。

【例 7-6】 字符串函数 strcat 和 strncat 的使用。

```
//ex7_6.cpp:字符串函数 strcat 和 strncat 的使用
#include <iostream>
#include <cstring>
```

```
using namespace std;

int main()
{
    char s1[ 20 ] = "Hello";
    char s2[ 10 ] = "C++ World";
    char s3[] = "World!";

    cout << "s1 = \"" << s1 << "\"" << endl;
    cout << "s2 = \"" << s2 << "\"" << endl;
    cout << "s3 = \"" << s3 << "\"" << endl;

    cout << "strncat( s1, s2, 4 ) = \"" << strncat( s1, s2, 4 ) << "\"" << endl;
    cout << "strcat( s1, s3 ) = \"" << strcat( s1, s3 ) << "\"" << endl;

    return 0;
}
```

程序运行结果:

```
s1 = "Hello"
s2 = "C++ World"
s3 = "World!"
strncat( s1, s2, 4 ) = "Hello C++"
strcat( s1, s3 ) = "Hello C++ World!"
```

运行结果说明,与函数 strncpy 不同,函数 strncat 在连接指定数量的字符之后,会自动在目标字符串的最后一个字符后面加上结束标志'\0'。

【例 7-7】 字符串函数 strcmp 和 strncmp 的使用。

```
//ex7_7.cpp:字符串函数 strcmp 和 strncmp 的使用
#include <iostream>
#include <cstring>

using namespace std;

int main()
{
    const char * s1 = "Hello C++ World!";
    const char * s2 = "Hello C++ World!";
    const char * s3 = "Hello World!";

    cout << "s1 = \"" << s1 << "\"" << endl;
    cout << "s2 = \"" << s2 << "\"" << endl;
    cout << "s3 = \"" << s3 << "\"" << endl;

    cout << "strcmp( s1, s2 ) = " << strcmp( s1, s2 ) << endl;
    cout << "strcmp( s1, s3 ) = " << strcmp( s1, s3 ) << endl;

    cout << "strncmp( s1, s2, 6 ) = " << strncmp( s1, s2, 6 ) << endl;
    cout << "strncmp( s1, s2, 7 ) = " << strncmp( s1, s2, 7 ) << endl;
    cout << "strncmp( s1, s3, 7 ) = " << strncmp( s1, s3, 7 ) << endl;
```

```
    cout << "strncmp( s3, s2, 7 ) = " << strncmp( s3, s2, 7 ) << endl;

    return 0;
}
```

程序运行结果：

```
s1 = "Hello C++ World!"
s2 = "Hello C++ World!"
s3 = "Hello World!"
strcmp( s1, s2 ) = 0
strcmp( s1, s3 ) = -1
strncmp( s1, s2, 6 ) = 0
strncmp( s1, s2, 7 ) = 0
strncmp( s1, s3, 7 ) = -1
strncmp( s3, s2, 7 ) = 1
```

注意，程序中的字符指针 s1、s2 和 s3 都指向字符串常量，所以在声明这 3 个指针时，需要在最前面加上 const 修饰符。关于 const 修饰符的详细说明见 7.5 节。

【例 7-8】 字符串函数 strchr、strstr 和 strtok 的使用。

```
//ex7_8.cpp:字符串函数 strchr、strstr 和 strtok 的使用
#include <iostream>
#include <cstring>

using namespace std;

int main()
{
    char sent[] = "Hello C++ World! I am coming!";
    const char * delim = " !";                        //空格和!是分隔符
    char * token;

    cout << "sent = \"" << sent << "\"" << endl;

    //使用 strchr 和 strstr 进行查找
    cout << "\nThe string in sent following first \'o\' is:";
    cout << strchr(sent, 'o') << endl;
    cout << "The string in sent following \"C++\" is:";
    cout << strstr(sent, "C++") << endl;

    //使用 strtok 将 sent 分解成一个个标记(即单词)
    cout << "\nThe sentence is splited to:" << endl;
    token = strtok(sent, delim);
    while(token)
    {
        cout << token << endl;
        token = strtok(NULL, delim);
    }

    return 0;
}
```

程序运行结果：

```
sent = "Hello C++ World! I am coming!"

The string in sent following first 'o' is:o C++ World! I am coming!
The string in sent following "C++" is:C++ World! I am coming!

The sentence is splited to:
Hello
C++
World
I
am
coming
```

从上面的程序可以看出,每次调用 strtok,都会导致被分解的字符串中当前标记后面的那个分隔符被替换成'\0',所以 strtok 会破坏被分解的字符串,如果还需要使用该字符串,则在调用该函数之前要先复制字符串作为备份。

7.5 指针与 const 限定符

7.5.1 基本概念

在 7.4.2 节和 2.3.4 节中,已经看到了通过使用 const 限定符可以明确地说明哪些数据是不会改变的。const 限定符通常在声明变量时使用。例如:

```
const int studNum = 100;
```

说明 studNum 是一个整型常变量,初始值为 100,而且 studNum 是不可再修改的。使用 const 限定符后,程序中任何试图修改 studNum 的代码都会被编译器诊断出来。声明常变量时都要给出初始值。

在 C++ 中,const 限定符告诉编译器其限定的数据对象是不能修改的,编译器一旦发现有程序代码试图修改这些数据,就会报告错误,提示程序员。通过这一手段,可以使程序员避免因为无意识地修改某些数据而带来错误。指针为 C++ 提供了非常自由的处理数据的手段,这种方便的措施有时也会带来负面影响。例如,在编写大规模的软件时,很难控制指针的安全使用,易造成指针的访问错误。如果结合 const 限定符则可以在一定程度上避免这类错误。

软件工程提示:软件工程中有一个最低权限原则,即将对数据的访问权限和范围限制在尽可能小的程度内,这样可以尽量利用编译器来发现程序中潜在的错误。尽可能少用全局变量,多使用 const 限定符都是这一原则的体现。

*7.5.2 用 const 限定指针

指针作为一种变量,它也可以和 const 限定符结合起来,限制对指针变量和指针所指对象的修改。const 限定符在指针中的使用是非常灵活的。

1. 指向非常量的非常量指针

如果声明指针时不使用 const,就可以定义指向非常量的非常量指针。

```
int val1, val2;
int * p;
```

上述代码声明了两个整型变量 val1 和 val2，以及一个指向整数的指针 p。由于都未使用 const 进行限制，所以直接对它们的修改均是合法的。例如：

```
val1 = 10;
val2 = 20;
p = &val1;
*P += 10;
p = &val2;
*p += 10;
```

没有使用 const 确实给了程序操作数据的最大权限，可以任意修改变量，这样做固然为编程带来了方便，但更有可能带来程序安全性隐患，需要将程序操作数据的权限限定在最恰当的范围内。const 可以支持这种限定。

2. 指向常量数据的非常量指针（常量指针）

可以使用 const 来限定指针指向的数据，这种情况下不能通过指针修改所指向数据，这种指针习惯称为常量指针（也称常指针）。考虑下面的声明：

```
const int * p ;
```

说明 p 是一个指向常整数的指针，即 p 指向的整数是不能通过 p 来修改的，即不能通过 *p 来修改该整数，但这并不意味着该整数是不可修改的，实际上可以通过其他途径来修改。考虑下面的程序段：

```
int i, j;
const int * p;
p = &j;                                    //允许
p = &i;                                    //允许
i = 10;                                    //允许
*p = 5;                                    //不允许
```

其中，p 是一个指向常整数的指针，所以修改 p 本身是允许的，但 *p=5 是错误的，而直接对 i 赋值 i=10 却又是允许的。当然，也可以将一个使用 const 修饰的 int 类型的变量的地址赋给 p。例如：

```
const int val=10;
p = &val;
```

这时，不论通过 p 还是直接访问 val 都不能修改 val 的值。

3. 指向非常量数据的常量指针（指针常量）

指向非常量数据的常量指针指的是声明了一个不可修改的指针变量，保证该指针总是指向固定的内存地址，此时称之为指针常量。例如：

```
int var ;
int * const p = &var ;
```

这里 p 是一个常变量，必须在声明 p 的同时对 p 进行初始化。通过这个声明，p 被定义为一个指向整数的指针常量。这意味着 p 指向的整数通过 p 是可修改的，但是 p 本身的值在初始化后就不能再修改，也就是说 p 只能永远指向变量 var。另外，由于声明了 p 是指向整型变

量的,也不能将 const 修饰的整型常变量的地址赋给 p。例如:

```
const int var;
int * const p = &var;                          //错误!
```

因为一旦这样做了,通过指针就可以修改变量 var,这与在对变量 var 进行声明时使用了 const 修饰符是矛盾的。

指针常量总是指向固定的内存地址,该地址中的数据可以通过指针修改。数组名就是典型的指针常量,其固定指向数组的第一个元素(下标为 0)。在函数传递参数时,如果形参是指针常量,对应的实参可以是数组,函数内可以通过形参用数组下标方式访问并修改数组元素。

4. 指向常量数据的常量指针

可以使用 const 同时限定指针和指针指向的数据。考虑下面的语句:

```
const int val = 10;
const int * const p = &val;
```

这两个语句进行了如下声明:val 是一个整型常变量,初始化后不可再修改;p 是一个指向常整数的常量指针,p 本身在初始化指向 val 后也不能被修改,同时也不能通过 p 修改它所指向的变量。

在函数传递参数时,如果形参是指向常量数据的常量指针,那么对应的实参可以是数组,函数内可以通过形参用数组下标方式访问数组元素,但不能修改。

5. const 用于函数参数

C++ 传递函数参数时,指针类型的形参可以提高时间和空间上的效率,但被调用函数可以通过指针参数间接操作实参,可能带来安全性隐患。可以通过合理使用 const 限定符,既保证实参的安全,又避免因复制大量的数据而带来的时空开销。例如:

```
void output(const double * pd)
{
    cout << * pd;                              //允许
    * pd = 15.5;                               //不允许
}
```

在这种情况下,如果对应实参是一个数组,此时函数内可以通过形参用数组下标方式访问数组元素,但不能修改数组中的各个元素。

当然,也可以用 const 关键字来修饰引用参数。例如:

```
void output(const double &d)
{
    cout << d;                                 //允许
    d = 15.5;                                  //不允许
}
```

上面两段程序通过对指针和引用参数使用 const 限定符,一方面,提高了参数的传递效率,如双精度类型的变量占用 8 字节,如果采用传值方式,需要的时空开销较大,而采用传递指针或传引用方式,则只需传递一个地址,一般来说是 4 字节;另一方面,const 限定符保证了函数内不能对实参进行修改。

【例 7-9】 const 限定符的使用。

```
//ex7_9.cpp:const 限定符的使用
#include <iostream>
using namespace std;

void printString( const char * );
void toUpper( char * );

int main()
{
    char string[] = "this is a demo string.";

    cout << "The string before conversion is:\n";
    printString( string );
    cout << endl;

    toUpper( string );
    cout << "\nThe string after conversion is:\n";
    printString( string );
    cout << endl;

    return 0;
}

//sPtr 指向常量字符的非常量指针,sPtr 本身可修改,
//但只能访问所指的字符,而不能通过 sPtr 修改它指向的字符
void printString( const char * sPtr )
{
    while ( * sPtr != '\0' )
    {
        cout << * sPtr;
        sPtr ++;                                    //修改 sPtr,指向下一个字符
    }
}

//sPtr 指向非常量字符的非常量指针,不但 sPtr 本身可修改,
//也可以通过 sPtr 访问并修改它所指的字符
void toUpper( char * sPtr )
{
    while ( * sPtr != '\0' )
    {
        if ( * sPtr >= 'a' && * sPtr <= 'z' )
            * sPtr = * sPtr + 'A' - 'a';            //转换成大写字符

        sPtr ++ ;                                   //修改 sPtr,指向下一个字符
    }
}
```

程序运行结果：

```
The string before conversion is:
this is a demo string.

The string after conversion is:
THIS IS A DEMO STRING.
```

在实际程序中,如何确定这些符号的真实含义,最好的办法从右向左阅读。例如:

```
int errNum = 0
int * const curErr = &errNumber
```


对于 curErr 来说,离最近的是 const,所以 curErr 是一个指针常量。

*7.6 指针和引用

在函数参数传递部分,已经提到了引用(reference)的概念:以引用方式传递函数参数时,形参和实参可以认为是同一个变量,即形参可以认为是实参的别名。实际上,在 C++ 面向对象编程过程中广泛使用了引用机制,这里结合指针进一步介绍引用的概念。

对于一个变量建立其“引用”,作用就是给该变量起一个别名。声明引用的形式如下:

```
<数据类型> &<引用变量名> = <被引用变量>;
```

声明引用与声明指针的区别在于把 * 换成了 &,并且引用型变量在声明的同时必须被初始化。例如:

```
int a;
int &b = a;                                    //声明 b 是 a 的引用
```

这里 b 是引用变量,b 引用了 a,可以说 b 是 a 的别名,访问 b 实际上就是访问 a 的存储单元,a 和 b 是同一个变量两个不同名字,二者的使用方式和效果完全一致。注意,& 在这里是引用声明符,不是取地址运算。

引用与指针的最大区别在于,声明引用必须同步初始化,而且这之后就无法让其绑定其他变量。所以,引用本质上就是一种特殊的指针常量。C++ 是为了方便程序员,增加了引用这种语言机制,从而不需要去处理存储地址等底层细节。此外,与指针相比较,引用不能为空值,指针却可以取空值(即 nullptr)。

此外,C++ 还规定,不能建立引用的引用,不能建立针对数组的引用。

【例 7-10】 在例 4-4 的基础上,再次完善求解一元二次方程的程序,要求用一个函数完整实现求根过程,因为结果存在多种情况,设计该函数返回值为整型,取 1、0 和 −1 分别表示方程有 2 个实根、1 个实根和无实根,对于求解得到的实根,考虑通过传引用参数的方式实现间接返回。

```
//ex7_10.cpp:用一个函数实现求一元二次方程实根
#include <iostream>
using namespace std;

//求一元二次方程根的函数原型
int solve(double, double, double, double &, double &);

int main()
{
    double a, b, c;                            //存放 3 个系数
    double root1, root2;                       //存放 2 个实根
```

```
    cout << "Please input three coefficients in order:";
    cin >> a >> b >> c;

    int flag = root(a, b, c, root1, root2);
    if (flag > 0)
        cout << "Two real roots:" << root1 << "," << root2 << endl;
    else if (flag == 0)
        cout << "One real root:" << root1 << endl;
    else
        cout << "No real roots" << endl;
    return 0;
}

/*****************************************************************
功能：求一元二次方程的实根
参数：
 a      二次项系数
 b      一次项系数
 c      常数项
 r1     实根一
 r2     实根二
返回值：1、0 和-1 分别表示方程有 2 个实根、1 个实根和无实根
*****************************************************************/
int solve(double a, double b, double c, double &r1, double &r2)
{
    int result = -1;
    if (a != 0)
    {
        double delta = b * b - 4 * a * c;
        if (delta > 0)
        {
            r1 = (-b + sqrt(delta)) / (2 * a);
            r2 = (-b - sqrt(delta)) / (2 * a);
            result = 1;
        }
        else
        {
            if (delta == 0)
            {
                r1 = r2 = -b / (2 * a);
                result = 0;
            }
        }
    }
    return result;
}
```

程序运行结果：

```
Please input three coefficients in order:1 3 2
Two real roots:-1, -2
```

在这个程序中，solve 函数的形参 a、b 和 c 是传值方式，r1 和 r2 是传引用方式。所以，

solve函数中的r1与main函数中的root1表示同一变量，solve函数中的r2和main函数中的root2其实是同一变量。

总结指针和引用不同之处：指针表示的是数据对象地址，而引用表示的是数据对象的别名。指针虽然灵活，但太自由了，它可以指向内存区域的任何位置，很容易造成指针指向系统的保护区域，或对空指针进行间接访问，给程序带来严重后果。因此，指针虽然灵活，却很危险。引用依附于特定对象，地址的概念对于程序员是透明的，减少了出错的机会，相比指针更加安全。此外，在操纵引用时，语法形式简单，程序也变得易读。

需要指出的是，指针变量本身也可以以传引用的方式进行参数传递，这样在被调用函数中就可以访问并修改调用函数中作为实际参数的指针的值。

函数参数传递方式的一般性选择：数据量很小时（如内置数据类型）一般用传值调用；参数是数组，则用指针参数；参数是较大的结构，可以使用指针参数或引用型参数；参数是类对象，通常使用传引用，这是传递类对象参数的标准方式。

7.7 动态内存分配

7.7.1 基本概念

C++有两种分配内存的方式：静态分配和动态分配。静态分配是通过变量声明实现的，每声明一个变量，就为这个变量分配了空间。例如，下面的声明：

```
int i, j, k;
double scores[100];
```

都导致了静态内存分配。在程序运行过程中也可以分配内存空间，这种分配方式称为动态内存分配。动态内存分配由程序根据需要在堆区（自由存储区）为数据分配内存空间。如果程序使用的数据量很大且可变时，利用动态内存分配可以有效地利用内存空间。例如，上面定义的scores数组，通过声明数组变量分配了100个double，则程序能够在该数组中存放最多100个double类型的浮点数；如果实际上只有10个浮点数需要存放，那么就浪费了90个浮点单元；如果实际上有101个需要处理，该数组又不够用了。所以，如果采用静态分配，在声明数组时，必须将数组的大小设定成实际处理时可能需要的最大的数目，这就有可能造成内存空间的浪费。更特殊情况下，如果不能确定数组的规模，又如何声明数组呢？这时，采取动态分配是合适的选择：在运行时，根据实际需要动态分配内存空间。

使用动态内存必须遵循以下4个步骤。

（1）确定需要多少内存。

（2）分配所需的内存。

（3）使用指针指向并操作获得的内存空间。

（4）使用完后，通过指针及时释放这部分内存。

动态分配的内存在使用完后要及时释放，否则会使得系统可分配和利用的内存空间不断减少直至枯竭，导致系统无法正常工作。这种情况称为内存泄漏（memory leak），实际程序中容易因为内存使用不当等原因导致内存泄漏的发生，需要注意加以避免。

动态内存分配和释放有两种方法：一种是用new和delete运算符，这是C++的方法；另一种是利用从C语言保留下来的malloc和free函数，它们的原型在cstdlib库中。相比较而言，第一种方法比第二种方法功能强，使用更方便。下面分别介绍这两种方法。

1. 通过 new 和 delete 动态分配和释放内存

C++ 语言提供了两个运算符 new 和 delete 进行动态分配和释放内存。它们都是一元运算符，优先级参见附录 A。

使用 new 运算符则很简单。

```
TypeName * p = new TypeName;
```

new 运算符自动根据要分配的数据类型 TypeName 的字节数分配好空间，并返回正确类型的指针。例如：

```
int * pn = new int;
```

按照 int 类型数据存储空间的大小在堆中分配对应的内存空间，并由整型指针 pn 指向该区域，后续可以通过 pn 访问该区域。下面的语句使用了新分配的空间。

```
* pn = 0;
* pn ++;
```

此外，new 还可以根据某些变量的值动态分配内存，实现动态数组。例如，如果已知整型变量 studNum 中保存了全班学生的人数，现在要为全班的某次考试成绩分配一个数组，则可以用下面的代码来实现。

```
int *  scores = new int[studNum];
```

然后，根据数组和指针的关系，可以如下输入每个学生的成绩，并保存到新分配的 studNum 个整数的空间中。

```
for (int i = 0; i < studNum; i ++)
    cin >> scores [i];
```

与前面定义的数组 scores 相比，动态分配可以根据运行时的实际需要分配空间，没有空间的浪费，而使用起来又和数组一样方便。

由 new 动态分配的内存应该通过 delete 运算符释放。用 delete 释放指针 p 所指的内存的形式如下：

```
delete p;
```

如果 p 是指向通过 new 动态分配的数组，则采取如下形式：

```
delete [] p;
```

程序设计技巧提示：一个指针指向的空间已经通过 delete 释放后，指针本身的值并未改变，但如果试图再次为该指针调用 delete 则会引发错误。所以，将一个指针指向的空间释放后，要主动将该指针置为 nullptr 或 NULL，以表示该指针未指向任何空间。

2. 通过 malloc 和 free 动态分配和释放内存

C++ 保留了 C 语言的动态内存管理函数 malloc 和 free。

函数 malloc 的原型：

```
void *malloc(unsigned size);
```


该函数分配 size 字节的内存空间，并返回指向所分配内存的 void * 类型的指针。void * 指针具有很好的通用性，可以通过强制类型转换赋值给任何类型的指针变量。如果没有足够可供分配的内存空间，函数返回 NULL。例如，对上面分配一个整数如下：

```
int *pn = (int *)malloc(sizeof(int));
```

该语句按照 int 类型存储空间的大小(如果 int 占 4 字节，sizeof(int)的值为 4)在堆分配了 4 字节的空间，并由整型指针 pn 指向该区域。

所以，malloc 分配空间的常见模式如下：

```
TypeName * p = (TypeName *) malloc(sizeof(TypeName));
```

TypeName 是任何类型名。malloc 可以显式地使用 sizeof 计算类型占据的字节数，而且返回结果要显式地转换成 TypeName * 的形式。

通过 malloc 也可以实现动态数组。例如，对于上面全班学生考试成绩的问题，则可以用下面的代码实现。

```
int * scores = (int *)malloc(sizeof(int) * studNum);
```

如下分配的内存使用起来和 new 分配的一样。

```
for (int i = 0; i < studNum; i ++)
    cin >> scores [i];
```

程序设计技巧提示：*调用 malloc 分配内存之后，需要判断函数返回结果是否为 NULL(即没有成功分配内存)，如果为 NULL，则应当进行特殊处理，不能按照原来的程序逻辑继续执行，否则会导致访问内存单元错误。*

函数 free 的原型：

```
void free(void *ptr);
```

该函数释放先前 malloc 所分配的内存，所要释放的内存由指针 ptr 指向。被释放的内存交还给系统，以便以后重新分配。例如，对于上述已经指向动态分配内存的 score 指针，使用完之后则可以用下面的语句释放。

```
free(score);
score = NULL;                              //重新把 score 置为 NULL
```

与 delete 类似，在用 free 释放一个指针后，应主动将该指针置为 NULL，表示该指针未指向任何空间，以避免不小心再次对该指针使用 free 运算而引发错误。

7.7.2 动态分配内存的应用

第 6 章利用函数对固定元素数目的数组进行了排序，下面分别用 new 和 delete、malloc 和

free 提供的动态内存分配功能,实现对任意数目的整数进行排序。

【例 7-11】 用 new 和 delete 动态内存分配方法,实现对任意数目输入整数的排序。

```
//ex7_11.cpp:用 new 和 delete 的动态内存分配方法,实现对任意数目的整数的排序
#include <iostream>
using namespace std;

void sortArray( int [], int);

int main()
{
    int * a;
    int i, num;

    //输入要排序的整数的数目
    cout << "Please enter the number of integers: ";
    cin >> num;

    //动态分配数组,以保存输入的整数
    a = new int[num];
    if (a == NULL)
    {
        cout << "Memory allocating error! Exit." << endl;
        return 0;
    }

    //输入拟排序的整数
    for (i = 0; i < num; i ++ )
        cin >> a[i];

    //调用函数 sortArray 对 a 进行排序
    sortArray(a, num);

    //输出 a 排序后的结果
    cout << "After sorting:" << endl;
    for (i = 0; i < num; i ++ )
        cout << a[i] << " ";
    cout << endl;

    //释放动态分配的空间
    delete [] a;

    return 0;
}

void sortArray( int b[], int len)
{
    for (int pass = 0; pass < len - 1; pass ++ )          //扫描一遍
        for ( int i = pass + 1; i < len; i ++ )
            if ( b[ pass ] > b[ i ] )
            {
                int hold;
                //交换
                hold = b[ pass ];
```

```
            b[ pass ] = b[ i ];
            b[ i ] = hold;
        }
}
```

程序运行结果:

```
Please enter the number of integers: 8
76 45 37 81 10 0 92 128
After sorting:
0 10 37 45 76 81 92 128
```

【例 7-12】 用 malloc 和 free 动态内存分配方法,实现对任意数目的输入整数排序。

```
//ex7_12.cpp:用 malloc 和 free 的动态内存分配方法,实现对任意数目的输入整数排序
#include <iostream>
#include <cstdlib>

using namespace std;

void sortArray( int [], int);

int main()
{
    int * a;
    int i, num;

    //输入要排序的整数的数目
    cout << "Please enter the number of integers: ";
    cin >> num;

    //动态分配数组,以保存输入的整数
    a = (int *) malloc( sizeof(int) * num );
    if (a == NULL)
    {
        cout << "Memory allocating error! Exit." << endl;
        return 0;
    }

    //输入拟排序的整数
    for (i = 0; i < num; i ++ )
        cin >> a[i];

    //调用函数 sortArray 对 a 进行排序
    sortArray(a, num);

    //输出 a 排序后的结果
    cout << "After sorting:" << endl;
    for (i = 0; i < num; i ++ )
        cout << a[i] << " ";
    cout << endl;

    //释放动态分配的空间
    free(a);
```

```
    return 0;
}

void sortArray(int b[], int len)
{
    for (int pass = 0; pass < len - 1; pass ++ )        //扫描一遍
        for (int i = pass + 1; i < len; i ++ )
            if ( b[ pass ] > b[ i ] )
            {
                int hold;
                //交换
                hold = b[ pass ];
                b[ pass ] = b[ i ];
                b[ i ] = hold;
            }
}
```

程序运行结果：

```
Please enter the number of integers: 8
76 45 37 81 10 0 92 128
After sorting:
0 10 37 45 76 81 92 128
```

从上面的程序可以看出，动态分配的数组在使用方式上与静态数组没有差别，这为程序设计带来了很大的灵活性。动态内存分配是一种非常重要的程序设计技术，在后面的章节中还将看到更多的应用。

程序设计技巧提示：在 C++ 程序中，用 new 和 delete、malloc 和 free 都能实现动态内存分配和释放，但 new 和 delete 会更加方便。在后面的章节还可看到，如果用 new 分配的目标是一个类名，会自动调用该类的构造函数，动态建立一个对象。当 delete 一个动态建立的对象，则会自动调用其析构函数。相比较而言，new 和 delete 具有更强的功能，建议动态内存分配和释放最好使用 new 和 delete 实现。

*7.8 函数指针

7.8.1 函数指针的定义

虽然函数不是变量，但其代码仍占有存储空间，该存储空间的首地址可以赋给某一指针，这种指针就叫函数指针，它的声明形式如下：

```
<返回值数据类型> (* <函数指针名>)(<参数表>)
```

例如：

```
int (* fp)(char);
```

声明 fp 是一个函数指针，它指向的函数返回值为 int 类型，带一个 char 类型的参数。由于函数调用符“()”的优先级比指针运算符“*”高，因此 *fp 要用括号括起；否则，此声明会变为对

指针函数的声明。例如:

```
int * fp(char);
```

声明的是一个函数 fp,该函数返回指向整型数据的指针。

要将函数指针指向某一函数,可以通过赋值语句来实现,假如已定义了函数:

```
int f(char);
```

那么语句

```
fp = f;
```

将使 fp 指向 f,即 fp 中保存了函数 f 的入口地址。如果要将函数指针指向某一函数,应保证函数指针的参数和返回值与要指向的函数相匹配,否则会出错。函数指针与普通变量指针有点不同,前者指向的是程序代码区,后者指向的是数据存储区。赋值后,可以用对 fp 的调用来代替对函数 f 的调用。例如:

```
int i = (* fp)('J');                //与语句 int i = f('J');等价
```

通过函数指针,可以设计出更加灵活的程序。

7.8.2 函数指针的使用

下面的例子演示了函数指针的使用方法。

【例 7-13】 使用函数指针改进例 7-11,实现按照升序和降序排序。

```
//ex7_13.cpp:使用函数指针实现按照升序和降序排序
#include <iostream>
using namespace std;

bool ascending(int, int);
bool descending(int, int);
void sortArray(int [], int, bool (*)(int, int));

int main()
{
    int * a;
    int i, num;

    //输入要排序的整数的数目
    cout << "Please enter the number of integers: ";
    cin >> num;

    //动态分配数组,以保存输入的整数
    a = new int[num];
    if (a == NULL)
    {
        cout << "Memory allocating error! Exit." << endl;
        return 0;
    }

    //输入拟排序的整数
```

```
    for (i = 0; i < num; i ++ )
        cin >> a[i];

    //使用 ascending 调用函数 sortArray 对 a 进行排序
    sortArray(a, num, ascending);

    //输出 a 排序后的结果
    cout << "After ascending sorting:" << endl;
    for (i = 0; i < num; i ++ )
        cout << a[i] << " ";
    cout << endl;

    //使用 descending 调用函数 sortArray 对 a 进行排序
    sortArray(a, num, descending);

    //输出 a 排序后的结果
    cout << "After descending sorting:" << endl;
    for (i = 0; i < num; i ++ )
        cout << a[i] << " ";
    cout << endl;

    //释放动态分配的空间
    delete [] a;

    return 0;
}

bool ascending(int a, int b)
{
    return (a < b);
}

bool descending(int a, int b)
{
    return (a > b);
}

void sortArray(int b[], int len, bool ( * compare) (int, int))
{
    for (int pass = 0; pass < len - 1; pass ++ )      //扫描一遍
        for (int i = pass + 1; i < len; i ++ )
            if ( ! (* compare) (b[ pass ] , b[ i ] ) )
            {
                int hold;
                //交换
                hold = b[ pass ];
                b[ pass ] = b[ i ];
                b[ i ] = hold;
            }
}
```

程序运行结果：

```
Please enter the number of integers: 8
```

```
76 45 37 81 10 0 92 128
After ascending sorting:
0 10 37 45 76 81 92 128
After descending sorting:
128 92 81 76 45 37 10 0
```

本例中,将比较大小的功能分别实现成两个函数:ascending 和 descending,这两个函数的参数和返回值类型完全一致。排序函数 sortArray 接受一个函数指针的参数,主程序可以根据排序的需要,选择 ascending 和 descending 之一来调用 sortArray,以实现不同的排序。

习　题

7.1　回答下列问题。

(1) 什么是指针? 指针的值和类型与一般变量有何不同?

(2) 指针具有哪些运算?

(3) 给指针赋值时应注意什么? 使用没有赋过值的指针有什么危险?

(4) 指针作为函数的参数有什么特点?

(5) 一维数组和二维数组的元素如何用指针表示?

(6) 引用与指针有何异同?

(7) 设有声明:

```
int i = 50, * ip = &i;
```

并设变量 i 存放在起始地址为 2500 的存储单元中,则 ip 和 * ip 的值各是多少?

7.2　编写一个程序,按照下列各题的要求,编写一个语句序列,观察程序运行的结果。假设已声明长整型变量 value1 和 value2,value1 初始化为 200000。

(1) 声明变量 lPtr 为 long 类型对象的指针。

(2) 将变量 value1 的地址赋给指针变量 lPtr。

(3) 打印 lPtr 所指的对象值。

(4) 打印 value1 的值。

(5) 指定 lPtr 指向变量 value2。

(6) 打印 lPtr 所指的对象值。

(7) 打印 value2 的值。

(8) 打印 value2 的地址。

(9) 打印 lPtr 中存放的地址,打印的值是否与 value2 的地址相同?

7.3　定义一个整型指针变量 pi,用什么方法,才能使 pi 指向整型变量 i,指向整型一维数组 a 的首地址,指向整型二维数组 b 的首地址?

7.4　设 p 是一个 int 类型指针,下面两段代码的含义分别是什么?

```
(1) if (p) …
(2) if ( * p) …
```

7.5　下面有两段代码：

```
(1) int i;
    int * p;
    i = 56;
    p =&i;
(2) int i;
    int * p;
    p = &i;
    i = 56;
```

问执行到每一段的第 4 行以后，* p 的值是否相同？

7.6　下面有一段代码：

```
float pay;
float * ptr;
pay = 2313.34;
ptr = &pay;
```

问以下各表达式的值是什么？

```
(1) pay
(2) * ptr
(3) &pay
```

7.7　下列程序有什么作用？

```
#include <iostream>
using namespace std;

int mystery(const char *) ;

int main()
{
    char string [80] ;
    cout << "Enter a strings : " ;
    cin >> string ;
    cout << mystery(string) << endl ;
    return 0 ;
}

int mystery(const char * s)
{
    for (int x=0 ; * s != '\0' ; s++)
        ++x ;
    return x ;
}
```

7.8　说明一个可存放 10 个字符串的字符串数组，各字符串由用户输入(假设用户输入的字符串长度上限为 32)，数组中每个元素的大小根据用户输入串的实际长度动态地确定。编写一个函数对该数组进行排序。

提示：排序时无需交换两个串，只需交换指向它们的指针即可。

7.9　编写 4 个带有两个整型参数并返回整型值的函数，分别输出其两个参数的和、差、

积、商。说明一个含有4个元素的函数指针数组，各元素分别指向上述4个函数。编写程序，根据用户输入的形如

```
12+34
```

的二元表达式，输出表达式的运算结果。

7.10 利用动态内存分配重新编写习题6.5所要求的程序。要求能处理任意人数的学生成绩，人数由用户输入。

7.11 利用动态内存分配重新编写习题6.10所要求的程序。要求能处理任意人数、任意门课程的成绩，人数与课程数由用户输入。(提示：利用指向指针的指针)

7.12 编写一个定制的字符串连接函数mystrcat：

```
char * mystrcat(char * s1, char * s2);
```

要求mystrcat函数返回连接s1和s2后的字符串，并且在s1和s2之间加上一个字符“-”。例如，s1和s2分别是"Com"和"puter"，函数返回"Com-puter"。

7.13 编写一个函数：

```
char * ReplaceString(char * str , char * s1, char * s2);
```

该函数使用s2替换str中的s1，函数返回替换后串的指针，如果str中没有串s1，则函数返回0。

7.14 编写一个函数：

```
void sortLine(char * line[], int n) ;
```

参数line是一个指向串的指针数组，它指向n个串，这个函数对这些串进行排序。

注意：在比较了两个串的大小之后需要交换两个串时，只需交换line中保存的指向这两个串的指针，而不必交换串本身。

试编写一个程序，从键盘上输入一些单词，使用sortLine对这些单词进行排序。

7.15 编写一个程序，请求用户输入10首歌名，歌名存入一个字符指针数组，然后分别按原序、字母序和字母逆序(从Z～A)显示这些歌名。

7.16 设计程序，编写加法函数add()与减法函数sub()。在主函数中定义函数指针变量，用函数指针变量完成两个操作数的加、减运算。

7.17 对于20位以上的超长整数无法用int、long等基本类型表示，但可以考虑用字符串实现。基于字符串，设计程序实现对超长整数的加法运算和减法运算，输入两个超长整数和运算符(＋或－)，输出运算结果。例如，输入12345678901234567890l＋123，将输出12345678901234567902４。

编写一个程序，要求：输入的两个超长整数都是非负整数，并且长度都小于100位。对于减法运算，如果运算结果为负数要在前面加上负号，并且运算结果要去掉前导0。例如，运算结果如果是000123，则要变成123输出。

第 8 章 自定义数据结构

【学习内容】

本章介绍 C++ 的结构、枚举和链表等允许用户自定义的数据结构。主要内容包括：

◆ 结构的定义与使用。

◆ 联合的定义与使用。

◆ 枚举的定义与使用。

◆ 自引用结构、链表的概念。

◆ 单向链表的定义与操作。

◆ 双向链表的定义与操作。

【学习目标】

◆ 能够建立和使用结构、联合、枚举。

◆ 掌握通过传值、传引用、传指针等方式为函数传递结构参数的方法。

◆ 理解自引用结构和链表的含义。

◆ 掌握通过动态分配和释放内存来建立和维护链表。

高级语言的一个重要特点是允许用户定义自己的数据类型。也就是说，用户可以在高级语言提供的现有类型的基础上，根据实际需要构造出新的数据类型。用户自定义的数据类型与预定义的数据类型在使用上是一样的，也可以成为构造新的数据类型的基础。自定义数据类型的构造反映了对问题的逐级抽象。C++ 提供了构造用户自定义类型的机制：结构、联合、枚举、类型定义 typedef 和类。结构、联合和枚举来自于 C 语言。但是，C++ 对这 3 个语言机制进行了扩充，使其支持面向对象的编程，并在灵活性上有了很大提高。本章介绍这 3 种机制。

此外，在学习了指针、结构等数据类型之后，可以利用这些基本的数据类型设计出非常灵活的数据结构。数据结构是由简单类型的数据构造复合类型数据的方法和表示。数据结构是程序设计的重要方法，在计算机科学中有专门的课程和教材进行介绍。本章仅介绍一种最基本数据结构——链表，帮助读者理解链表的定义和实现方法，为进一步学习其他数据结构打下一个基础。

8.1 结构的基本概念

现实世界中的一个实体往往有不同方面的特征或属性。例如，一个人有姓名、年龄、身份证号等，一本书有标题、出版社、价格等。考虑下面的实际问题，一个学生具有学号、姓名、出生日期、性别、考试成绩等数据，这些数据可以用不同数据类型的数据来表示。例如，学号可以用整型、姓名可以用字符数组、性别可以用字符、考试成绩可以用浮点数来分别描述,出生日期由年、月、日这3个整数构成,但是因为类型不同,所以这些数据不能存放在一个数组中以体现它们在逻辑上的相关性。C++为此提供了结构(有的书称为结构体)这一机制,专门用于描述类型不同但逻辑意义相关的数据构成的聚集。所以,结构和数组类似,都是由一组元素构成的聚合数据类型。但是,结构允许这些元素具有不同的数据类型。结构是由用户定义的数据类型,它的成员既可以是C++的基本数据类型,如整型、浮点型、字符型和布尔型等;也可以是复杂的数据类型,如数组、指针及其他结构等。

C++中的结构与后面要介绍的类非常相似。C++中的结构类型可以像类一样处理,这样就可利用C++访问说明符public、private和protected对结构成员进行更复杂的访问控制。这也正是C++中结构的独特之处。

8.1.1 结构的定义

在C++中定义结构的一般形式如下:

```
struct <结构名>      { <成员列表> };
```

struct是关键字,表示结构定义;<结构名>给出了结构的标识;<成员列表>由若干成员的声明组成,每个成员都是该结构的一个组成部分,成员也称为字段或域。对每个成员也必须给出类型说明。结构名和成员名都是合法的标识符。例如:

```
struct student
{
    int num;
    char name[20];
    char sex;
    float score;
};
```

在这个结构定义中,结构名为student,该结构由4个成员组成:一个int类型成员num,一个字符数组类型成员name,一个char类型成员sex和一个float类型成员score。注意,标志结构定义结束的花括号后的分号不可少。

上述结构的定义,并未在内存中分配任何空间,而是定义了一个新的数据类型。结构定义之后,即可利用结构名来声明结构类型变量,凡声明为结构student类型的变量都由上述4个成员组成。声明结构类型的变量和声明基本类型的变量的语法一样。例如:

```
student stud1, stud2;
```

需要注意,定义结构类型的变量时才导致内存的分配。结构类型变量是结构的实例,为其分配空间实际上是为该变量的每个成员分配空间。上面的声明定义了两个student类型的变量stud1和stud2,这两个变量都有自己的4个成员。

从这个例子可以看出,结构是一种复杂的数据类型,是由数目固定、类型可能不同的若干成员构成的集合。

在student结构定义中,所有成员都是基本数据类型或数组类型。成员其实也可以是另一个结构类型(但不能是该结构类型自身,即结构的成员不能为该结构自身的实例),这样就构成了嵌套结构，如图8-1所示。

num	name	sex	birthday			score
			year	month	day	

图8-1 嵌套结构

按照图8-1可以如下定义结构。

```
struct date
{
    int year;
    int month;
    int day;
};
struct
{
    int num;
    char name[20];
    char sex;
    date birthday;
    float score;
} stud3, stud4;
```

这里首先定义一个结构类型date，由year(年)、month(月)和day(日)3个成员组成。接下来又定义了一个结构(注意这个结构没有名字，称为匿名结构)，该结构中有一个date结构类型的成员birthday。这段代码在定义这个结构的同时，还声明了两个该结构类型的变量stud3和stud4。这样，变量stud3和stud4各有5个成员，其中成员birthday又是结构类型date的实例，它又包含3个成员。

结构的成员名可以与程序中其他变量同名，因为C++将它们处理成不同的作用域。

在代码结构上，结构定义通常与函数定义并列，即不会在函数内部定义一个结构类型。因为结构作为一种用户自定义的数据类型，一般会被多个函数共用。更加普遍的情况是，结构类型的定义通常放在头文件中。

在声明结构变量时可以同时对变量进行初始化，如同对数组变量进行初始化一样，可以在变量名后用等号连接一个用花括号括起来的初始值列表，初始值列表按照结构成员声明的顺序给出了各成员的初始值，各初始值之间用逗号分隔。例如，下面是声明一个student结构类型的变量并进行初始化。

```
student stud5={ 102, "Li Xiaoming", 'M', 92 };
```

这样声明了一个student结构类型的变量stud5，它的成员num被初始化成102，字符数组name的内容被初始化成"Li Xiaoming"，字符成员sex被初始化成'M'，score的值被初始化成92。如果初始值的数目少于成员数目，剩余成员被自动初始化成0(如果成员是指针，则被初始化成nullptr或NULL)。

需要说明的是，在C++语言的新标准中，结构成员还允许在定义时预先设置好初始化值。例如：

```
struct student_init
```

```
{
    int num = 20210001;
    char name[20] = "";
    char sex = 'M';
    float score = 0;
};
```

然后,基于此结构类型声明的变量的各个成员都具有相应的初始值。例如,现在每个 student_init 结构类型的变量的 num 成员的初始值默认为 20210001。

需要指出,在 C 语言中,定义一个结构和声明一个结构变量时都必须使用 struct 关键字。例如,声明 student 结构类型的变量 stud1 和 stud2,必须用语句

```
struct student stud1, stud2;
```

而在 C++ 中则不用这么麻烦。在 C++ 程序中,只要在定义结构时使用 struct 关键字,在其他地方,如声明结构变量时只需使用结构名就可以了。如上面例子中成员 birthday 的声明时,就只使用了结构名 date。但 C++ 编译器仍然能够接受 C 的语法,所以过去的 C 代码可不必修改,这给程序员带来了很大的方便。

8.1.2 结构变量成员的引用

在程序中使用结构变量时,可以把它作为一个整体来使用,如允许具有相同类型的结构变量相互赋值,以上面定义的 stud1 和 stud2 为例,可以通过赋值语句

```
stud1 = stud2;
```

实现将 stud2 的值赋给 stud1,实际是将 stud2 的各成员的值赋给 stud1 的对应成员。这种结构变量之间整体赋值的情况也称为克隆(clone),即赋值后两个结构变量的各成员的值完全一致。

更多情况下,需要访问结构变量的各个成员。在 C++ 中,大多数对结构变量的使用,包括输入、输出等都是通过结构变量的成员来实现的,赋值既可以通过上面介绍的相同类型的结构变量相互赋值实现,也可以直接通过对各成员的赋值来实现。访问结构变量的成员时,需要使用成员访问运算符:圆点运算符“.”和箭头运算符“->”。

1. 圆点运算符

圆点运算符“.”用于通过结构变量名访问结构成员。结构变量成员的一般表示形式如下:

```
<结构变量名>.<成员名>
```

例如:

```
stud1.num                                    //第一个学生的学号
stud2.sex                                    //第二个学生的性别
```

如果成员本身又是一个结构,则可以通过逐级使用圆点运算符找到各级的成员。例如,stud3.birthday.month 表示访问前面定义的学生 stud3 的生日的月份成员。结构成员在程序中的使用方式,与普通变量相同。

2. 箭头运算符

箭头运算符由负号“－”和大于号“＞”组成，中间不能有空格。箭头运算符用于通过指针访问指针所指的结构的成员。假设指针 pStud 是一个结构 student 类型的指针，若将结构变量 stud3 的地址赋给 pStud，要打印输出 pStud 指向的结构变量的 num 成员，则可以用下列语句实现。

```
student * pStud;
pStud = &stud3;
cout  << pStud->num;
```

表达式 pStud－＞num 等价于(* pStud).num，后者先通过间接引用运算获得指针所指向结构的存储地址，再用圆点运算符访问 num 成员。注意，这里必须有括号，因为圆点运算符的优先级高于指针的间接引用运算符“ * ”。

8.2 结构的使用

8.2.1 结构与函数

结构类型数据(包括结构变量和结构数组中的元素)的成员在使用方式上与同类型的一般变量一样，也可以作为函数的参数和返回值。而结构型数据本身也可以作为函数的参数和返回值来使用。

1. 结构型数据的成员作函数的参数

如果函数的形参是基本数据类型、指针类型或数组类型，结构型数据中相应类型的成员可作为对应的实参。参数传递的方式与一般变量相同。例如，考虑前面定义的结构 student 及其变量 stud：

```
struct student
{
    int num;
    char name[20];
    char sex;
    float score;
} stud;
```

假设有若干函数，其原型如下：

```
void f1(int);
void f2(float);
void f3(char *);
void f4(int *);
void f5(float *);
```

那么下面的函数调用是合法的。

```
f1(stud.num);                        //传递 stud.num 的值
f2(stud.score);                      //传递 stud.score 的值，即赋值调用
f3(stud.name);                       //传递数组 stud.name 的值，即第一个元素的地址
f1(stud.name[2]);                    //传递数组元素 stud.name[2]的 ASCII 码值
```

```
f3(&stud.name[2]);                    //传递数组元素 stud.name[2]的地址
f4(&stud.num);                        //传递成员 stud.num 的地址
f5(&stud.score);                      //传递成员 stud.score 的地址
```


如果要将结构型数据的成员的地址传送给函数,就必须在表示结构成员的表达式前使用取地址运算符“&”,同时,函数的形参也应该是指针或数组类型。注意,运算符 & 放在结构型数据名前,而不是放在成员名之前。数组名 name 本身就是数组的首地址,相应的结构名前不需要用 &,但取数组元素 name[2]的地址时,结构名前要使用 &。

2. 结构型数据作函数的参数或返回值

如果把结构变量整体作为实参传给函数,将按照传值的方式将整个结构型数据复制给相应的形参,传送给被调用的函数。采取这种传值方式,被调用函数不能直接通过形参访问实参的结构变量。一般情况下,由于结构变量的成员较多,占用内存也较多,时间和空间的效率都高,所以不提倡这种方法。例如,假设有函数 f6,其原型如下:

```
void f6(student s);
```

具体调用形式是:

```
f6(stud);
```

传递参数时,是将实参的整个结构变量赋值给形参(即把 stud 每个成员的数据复制给形参 s 相应的成员),因此要消耗一定的时间和空间。在函数调用时,如果要传递结构类型的参数,常用的方法是采取传引用的方式或者传递指针参数。采取这两种方式,不需要对实参的成员进行复制,仅传递结构的地址,占用内存少,调用速度快。例如,下面的函数调用具有较高的效率。

函数原型如下:

```
void f7(student &s);                  //传引用调用
void f8(student * s);                 //传指针调用
```

相应的调用形式是:

```
f7(stud);
f8(&stud);
```

结构整体也可作为函数的返回值。下面的函数原型声明的函数具有不同的返回类型。

```
student * func1(void);                //返回结构指针
student func2(void);                  //返回结构类型变量
```

【例 8-1】 结构作为函数的参数。

```
//ex8_1.cpp:结构作为函数的参数
#include <iostream>
using namespace std;

struct student
{
    int num;
    char name[20];
```

```
    char sex;
    float score;
};

void funcCallByValue(student);
void funcCallByReference(student &);
void funcCallByPointer(student *);
void displayStudentInfo(const student& stud);

int main()
{
    student theStud = { 102, "Li Xiaoming", 'M', 92 };

    cout << "Initial information:";
    displayStudentInfo(theStud);

    funcCallByValue(theStud);
    cout << "\nAfter call by value:";
    displayStudentInfo(theStud);

    funcCallByReference(theStud);
    cout << "\nAfter call by reference:";
    displayStudentInfo(theStud);

    funcCallByPointer(& theStud);
    cout << "\nAfter call by pointer:";
    displayStudentInfo(theStud);

    return 0;
}

void displayStudentInfo(const student & stud)
{
    cout << endl;
    cout << "num = " << stud.num << "\t";
    cout << "name = " << stud.name << "\t";
    cout << "sex = " << stud.sex << "\t";
    cout << "score = " << stud.score << endl;
}

void funcCallByValue (student stud)
{
    stud.score ++;
}

void funcCallByReference (student &stud)
{
    stud.score ++;
}

void funcCallByPointer (student * stud)
{
    stud->score ++;
}
```

程序运行结果：

```
Initial information:
num = 102       name = Li Xiaoming       sex = M score = 92

After call by value:
num = 102       name = Li Xiaoming       sex = M score = 92

After call by reference:
num = 102       name = Li Xiaoming       sex = M score = 93

After call by pointer:
num = 102       name = Li Xiaoming       sex = M score = 94
```

从上面的程序运行结果可以看出，采取传值方式时，对形参的成员的访问不会影响实参的结构变量；而采取传引用和传指针的方式时，被调用函数都可以访问并修改实参结构的成员。当结构包含大量的数据时，传值方式将影响程序的运行效率，这时应该采用传引用或传指针参数的方式。如程序中 displayStudentInfo 函数就是采取传引用的方式传递结构。同时为防止传引用时修改实参的值，该函数的形参使用了 const 关键字进行修饰，以确保函数内部除访问实参结构的成员外，不会修改它们的值。另外，函数 funcCallByReference 也采取传引用的方式，而函数 funcCallByPointer 则采取指针参数。注意这两个函数的区别：采取传引用方式，实参是结构变量本身，被调用函数内部访问引用变量所引用的实参的数据成员时，使用成员运算符“.”；而使用指针参数时，实参是结构变量的地址，被调用函数内部访问实参结构的成员时，使用了箭头运算符“->”。相对于传值方式来说，传引用方式或传指针参数，速度更快，程序效率更高。

【例 8-2】 函数返回结构的使用。编写一个函数，从键盘接收用户输入的学生的学号、姓名、性别和成绩等信息，将这些信息保存在结构中并返回给主程序。要求主程序完成结构的初始化，接收函数返回的结构并输出新输入的学生的信息。

```
//ex8_2.cpp:函数返回结构的使用
#include <iostream>
using namespace std;

struct student
{
    int num;
    char name[20];
    char sex;
    float score;
};

student getStudent();
void displayStudentInfo(const student & stud);

int main()
{
    student theStud = { 102, "Li Xiaoming", 'M', 92 };

    cout << "Initial student information:";
    displayStudentInfo(theStud);
```

```
    theStud = getStudent();
    cout << "\nAfter call getStudent:";
    displayStudentInfo(theStud);

    return 0;
}

student getStudent()
{
    student stud;

    cout << "Please enter the number: ";
    cin >> stud.num;
    cout << "Please enter the name: ";
    cin >> stud.name;
    cout << "Please enter the sex: ";
    cin >> stud.sex;
    cout << "Please enter the score: ";
    cin >> stud.score;
    return stud;
}

void displayStudentInfo(const student & stud)
{
    cout << endl;
    cout << "num = " << stud.num << "\t";
    cout << "name = " << stud.name << "\t";
    cout << "sex = " << stud.sex << "\t";
    cout << "score = " << stud.score << endl;
}
```

程序运行结果：

```
Initial student information:
num = 102        name = Li Xiaoming        sex = M score = 92
Please enter the number: 105
Please enter the name: John
Please enter the sex: M
Please enter the score: 95

After call getStudent:
num = 105        name = John        sex = M score = 95
```

函数 getStudent 将一个结构返回给主函数 main，函数 main 接收到该结构后，通过结构的赋值运算，将返回的结构的各个成员值赋给结构 theStud 的对应成员。因此，从最后输出的结果可以看到，结构 theStud 的成员的值发生了变化。

8.2.2 结构与数组

结构的成员可以是数组类型，数组的元素也可以是结构类型，即可以设计结构数组。结构数组的每一个元素都是相同类型的结构变量，即每个下标变量都代表一个结构变量。在实际应用中，经常用结构数组来表示具有相同数据结构的一个群体，例如，班级的学生档案、公司的

职工工资表、银行的客户信息等。结构数组的处理方法与一般数组类似,结构数组的元素的处理也与一般的结构变量相似。例如:

```
struct student
{
    int num;
    char name[20];
    char sex;
    float score;
} studs[5];
```

定义了一个结构数组 studs,共有 5 个元素,studs[0]~studs[4],每个数组元素都是 student 类型的结构变量。结构数组在声明时可以进行初始化。例如:

```
struct student
{
    int num;
    char name[20];
    char sex;
    float score;
} studs[5] = {
        {110, "Zhang Ping", 'M', 45},
        {102, "Li Xiaoming", 'M', 92},
        {153, "Wang Ming", 'M', 52.5},
        {134, "Cheng Ling", 'F', 87},
        {105, "Wang Xiaofang", 'F', 95},
};
```

上面的声明将 studs 数组的 5 个元素初始化。如果不给出数组长度,那么初始化值的数目决定了数组元素的数目。

【例 8-3】 编写一个程序,将学生的档案记录按照学号从小到大进行排序。

设计思想:本例用结构数组来保存学生的档案信息,然后用函数 displayStudentsInfo 来显示学生的信息,用函数 sortArray 实现档案记录按照学号从小到大排序,排序使用的是直接交换排序方法。

```
//ex8_3.cpp:将学生的档案记录按照学号从小到大进行排序
#include <iostream>
#define STUDENT_NUM    5
using namespace std;

struct student
{
    int num;
    char name[20];
    char sex;
    float score;
};

void displayStudentsInfo(const student [], int );
void sortArray( student [], int );

int main()
```

```
{
    //初始化
    student theClass[STUDENT_NUM] = {
                {110, "Zhang Ping", 'M', 45},
                {102, "Li Xiaoming", 'M', 92},
                {153, "Wang Gang", 'M', 52.5},
                {134, "Cheng Ling", 'F', 87},
                {105, "Liu Xiaofang", 'F', 95},
            };
    cout << "Initial student information:\n";
    displayStudentsInfo(theClass, STUDENT_NUM);

    sortArray(theClass, STUDENT_NUM);

    cout << "\nAfter sorting:\n";
    displayStudentsInfo(theClass, STUDENT_NUM);

    return 0;
}

void displayStudentsInfo(const student studs[], int len)
{
    for (int i = 0; i < len ; i ++ )                        //扫描一遍
    {
        cout << "num = " << studs[ i ].num << "\t";
        cout << "name = " << studs[ i ].name << "\t";
        cout << "sex = " << studs[ i ].sex << "\t";
        cout << "score = " << studs[ i ].score << endl;
    }
}

void sortArray( student studs[], int len)
{
    for (int pass = 0; pass < len - 1; pass ++ )     //扫描一遍
        for ( int i = pass + 1; i < len; i ++ )
            if ( studs[ pass ].num > studs[ i ].num )
            {
                student hold;
                //交换
                hold = studs[ pass ];
                studs[ pass ] = studs[ i ];
                studs[ i ] = hold;
            }
}
```

程序运行结果：

```
Initial student information:
num = 110       name = Zhang Ping        sex = M score = 45
num = 102       name = Li Xiaoming       sex = M score = 92
num = 153       name = Wang Gang         sex = M score = 52.5
num = 134       name = Cheng Ling        sex = F score = 87
num = 105       name = Liu Xiaofang      sex = F score = 95
```

```
After sorting:
num = 102        name = Li Xiaoming       sex = M score = 92
num = 105        name = Liu Xiaofang      sex = F score = 95
num = 110        name = Zhang Ping        sex = M score = 45
num = 134        name = Cheng Ling        sex = F score = 87
num = 153        name = Wang Gang         sex = M score = 52.5
```

函数 displayStudentsInfo 和 sortArray 都接收结构数组,其中前者只是访问而不修改实参结构数组,而后者修改实参。这两个函数内部在使用结构数组及其元素、访问结构的成员等方面,并没有特殊的地方。

8.2.3 结构与指针

1. 结构指针变量

当一个指针变量指向一个结构时,称之为结构指针变量,或结构指针。结构指针变量的值是它所指向的结构的首地址。通过结构指针即可访问它所指向的结构及其成员,这与数组指针的情况是类似的。结构指针变量声明的一般形式如下:

```
<结构名> * <结构指针变量名>;
```

<结构名>为指针指向的结构的名字。例如:

```
student *pStud, stud;
pStud = & stud;
```

声明了一个结构变量 stud 和一个结构指针 pStud,该指针指向结构变量 stud。

与前面介绍的各种指针变量相同,结构指针变量也必须初始化后才能使用。可以把结构变量的首地址赋予该指针变量,注意不是把结构名赋予该指针变量。因为结构名和结构变量是两个不同的概念,结构名只表示一个数据类型,编译系统并不对它分配内存空间,只有当某变量被声明为这种类型的结构时,才对该变量分配存储空间。

有了结构指针变量,就可以通过指针方便地访问它所指向的结构变量的各个成员。访问形式如下:

```
<结构指针变量>-><成员名>
```

或

```
(*<结构指针变量>).<成员名>
```

例如:

```
pStud->num
```

或

```
(*pStud).num
```

应该注意(*pStud)两侧的括号不可少,因为圆点运算符“.”的优先级高于“*”。如果去掉括号写作 *pstu.num,则相当于 *(pstu.num),那么意义完全不同。

【例 8-4】 结构指针变量的声明和使用。

```
//ex8_4.cpp:结构指针变量的声明和使用
#include <iostream>
using namespace std;

struct student
{
    int num;
    char name[20];
    char sex;
    float score;
};

int main()
{
    //初始化
    student stud = {102, "Li Xiaoming", 'M', 92};
    student * pStud = & stud;

    //通过结构变量访问结构的成员
    cout << "Access structure through structure variable:\n";
    cout << "num = " << stud.num << "\t";
    cout << "name = " << stud.name << "\t";
    cout << "sex = " << stud.sex << "\t";
    cout << "score = " << stud.score << endl;

    //通过指针访问结构,使用箭头运算符访问结构的成员
    cout << "Access structure through pointer and ( -> ):\n";
    cout << "num = " << pStud->num << "\t";
    cout << "name = " << pStud->name << "\t";
    cout << "sex = " << pStud->sex << "\t";
    cout << "score = " << pStud->score << endl;

    //通过指针访问结构,使用圆点运算符访问结构的成员
    cout << "Access structure through pointer and ( . ):\n";
    cout << "num = " << ( * pStud) .num << "\t";
    cout << "name = " << ( * pStud) .name << "\t";
    cout << "sex = " << ( * pStud) .sex << "\t";
    cout << "score = " << ( * pStud) .score << endl;

    return 0;
}
```

程序运行结果：

```
Access structure through structure variable:
num = 102        name = Li Xiaoming        sex = M score = 92
Access structure through pointer and ( -> ):
num = 102        name = Li Xiaoming        sex = M score = 92
Access structure through pointer and ( . ):
num = 102        name = Li Xiaoming        sex = M score = 92
```

本例中,程序定义了一个结构 student,并声明了 student 结构类型的变量 stud 和指向 student 结构的指针 pStud,pStud 指向 stud。程序中使用 3 种形式输出 stud 的各个成员的

值。从运行结果可以看出,访问结构成员的方式有如下3种。

```
<结构变量>.<成员名>
<结构指针变量>-><成员名>
(*<结构指针变量>).<成员名>
```

3种方式是完全等效的。显然,对于结构指针变量来说,直接使用"->"进行访问更加简洁。

2. 结构数组与指向结构的指针

在第7章中看到,C++中指针和数组的联系非常紧密,有时二者可以互换使用。结构数组与指向结构的指针也是如此。结构类型的指针可以指向一个结构数组,这时结构指针的值是整个结构数组的首地址。结构类型的指针也可指向结构数组中任意一个元素,这时结构指针变量的值是该结构数组元素的首地址。假设ps为指向某个结构数组的指针变量,则ps也指向该结构数组的0号元素,ps+1指向1号元素,ps+i则指向i号元素。这与普通数组的情况一致。下面的例子说明了结构数组与指向结构的指针在使用上的灵活性。

【例8-5】 通过指针变量访问并输出结构数组的各元素。

```
//ex8_5.cpp:通过指针变量访问并输出结构数组的各元素
#include <iostream>
#define STUDENT_NUM    5
using namespace std;

struct student
{
    int num;
    char name[20];
    char sex;
    float score;
};

void displayStudentInfo( const student * const );

int main()
{
    student theClass[STUDENT_NUM] = {
                    {110, "Zhang Ping", 'M', 45},
                    {102, "Li Xiaoming", 'M', 92},
                    {153, "Wang Gang", 'M', 52.5},
                    {134, "Cheng Ling", 'F', 87},
                    {105, "Liu Xiaofang", 'F', 95},
                };
    student * pStud = theClass;

    for ( int i = 0; i < STUDENT_Num; i ++ )
        displayStudentInfo(pStud ++ );

    return 0;
}

void displayStudentInfo( const student * const stud )
{
```

```
        cout << "num = " << stud->num << "\t";
        cout << "name = " << stud->name << "\t";
        cout << "sex = " << stud->sex << "\t";
        cout << "score = " << stud->score << endl;
    }
```

程序运行结果：

```
num = 110        name = Zhang Ping        sex = M score = 45
num = 102        name = Li Xiaoming       sex = M score = 92
num = 153        name = Wang Gang         sex = M score = 52.5
num = 134        name = Cheng Ling        sex = F score = 87
num = 105        name = Liu Xiaofang      sex = F score = 95
```

程序声明了 student 结构类型的数组 theClass，并进行了初始化。在 main 函数内声明 pStud 为指向 student 结构的指针，其值被初始化成数组 theClass 的首地址。在 for 循环语句中，通过 pStud 自增运算，使得 pStud 指向 theClass[i]，然后调用函数 displayStudentInfo 输出 theClass 数组中各元素的成员值。

需要注意，一个结构指针虽然可以用来访问结构变量或结构数组元素的成员，但是不能试图让它指向结构成员，不允许取结构成员的地址来赋予它。

下面的赋值是错误的。

```
pStud = &theClass[1].sex;
```

正确的赋值是：

```
pStud = theClass;                    //赋予数组首地址
```

或

```
pStud = &theClass[0];                //赋予 0 号元素首地址
```

*8.2.4 位段

C++ 是一种便于操作机器的语言，它不仅可以按字节访问基本类型对象，还可以通过位运算处理字节中的每一个二进制位。在结构(以及后面介绍的联合)中，C++ 允许对构成结构(或联合)的成员指定其存储所使用的二进制位数，把这种指定了存储位数的成员称为位段(bit field)。利用位段能够根据成员的实际取值范围使用最少的二进制位数来存储数据，从而更好地利用内存。含位段的结构定义的一般形式如下：

```
struct <结构名>{
    <类型名> <位段名>: <位段的二进制位数>;
    <类型名> <位段名>: <位段的二进制位数>;
    …
    <类型名> <位段名>: <位段的二进制位数>;
};
```

位段的类型仅限于各种整型和后面介绍的枚举类型，长度为 1 的位段必须说明为 unsigned，因为位不能只带符号(某些编译器可能仅允许无符号位段)。位段的二进制位数是一个常量表达式,必须大于或等于0。通常位数为0的字段都是无名字段,表示结构的下一个字段从新的存储单元的起始位置开始。例如:


```
struct student
{
    int num : 12;
    unsigned : 0;
    unsigned score : 7;
};
```

宽度为0的无名字段使得其前面的num字段剩下的存储位被跳过,score字段从下一个新的存储单元的起始位置开始存储。

位段的机器相关性提示:位段的处理与机器有关,有的机器允许位段跨越字的边界,有的却不允许,使用时要查看具体机器的说明资料。

【例8-6】 用位段存放学生的信息。

```
//ex8_6.cpp:用位段存放学生的信息
#include <iostream>
#define STUDENT_NUM     5
using namespace std;

struct student
{
    unsigned short num : 8;
    unsigned short sex : 1;
    unsigned short score : 7;
};

void displayStudentInfo( const student * const );

int main()
{
    student theClass[STUDENT_NUM] = {
                                {110, 1, 45},
                                {102, 1, 92},
                                {153, 1, 53},
                                {134, 0, 87},
                                {105, 0, 95},
                            };
    student * pStud = theClass;

    cout << "sizeof(student) = " << sizeof(student) << endl;
    for ( int i = 0; i < STUDENT_Num; i ++ )
        displayStudentInfo(pStud ++ );

    return 0;
}

void displayStudentInfo( const student * const stud )
{
```

```
    cout << "num = " << stud->num << "\t";
    cout << "sex = " << stud->sex << "\t";
    cout << "score = " << stud->score << endl;
}
```

程序运行结果：

```
sizeof(student) = 2
num = 110        sex = 1 score = 45
num = 102        sex = 1 score = 92
num = 153        sex = 1 score = 53
num = 134        sex = 0 score = 87
num = 105        sex = 0 score = 95
```

程序中 student 结构有 3 个 unsigned short 字段：num、sex 和 score，根据这些数据的取值范围，将它们的宽度分别设定为 8、1 和 7。从程序运行效果看，位段在使用上与一般字段是同样方便的。但是，程序运行结果也显示出，student 仅占用了 2 字节，可见位段更能有效地利用存储空间。

位段在某些方面是有限制的，例如不能使用位段的地址。此外，位段是按从左到右还是从右到左分配依赖于具体的机器。

也可以将一般的结构成员与位段成员混用。例如：

```
struct employee
{
    float pay;
    unsigned short lay_off : 1;             //雇员状态
    unsigned short hourly : 1;              //雇员是否有薪金
    unsigned short deductions : 3;          //扣除的薪金数
};
```

上述结构用一个 float 型保存了应付的薪金，而用一个 unsigned short 型中的 5 个二进制位保存了后 3 个信息：雇员状态、雇员是否有薪金和扣除的薪金数。与一般结构相比，位段节省了存储空间。

*8.3 联　合

联合是 C 语言特有的一种类型，C++ 保留了这一机制。联合与结构有许多相似之处：都是用户自定义的类型，都由多个成员组成，成员的类型可以不同。但是，联合与结构的意义和作用是不同的：结构是若干逻辑上相关的成员的聚集，每个成员都有自己的存储空间；联合不是各成员的聚集，联合中的各成员共享存储空间。利用联合，可以将程序当中使用范围不同的变量放在一个联合中，让它们共享存储单元，提高内存的利用效率。一个联合当中常有多个成员，这些成员的类型不一定相同。

8.3.1 联合和联合变量定义

1. 联合类型的定义

在 C++ 程序中，不同类型的数据可以共享内存，这可以通过构造联合类型来实现。联合

的定义与结构相似,其不同之处仅在于使用内存的方式。联合的一般定义形式如下:

```
union <联合名>  { <成员列表> };
```

union 是关键字,表示联合定义。与结构类似,<联合名>给出了联合的标识,<成员列表>由若干成员的声明组成,每个成员都是该联合的组成部分,也称为字段或域。对每个成员也必须进行类型说明,其形式如下:

```
<类型说明符> <成员名>;
```

联合名和成员名由标识符充当。例如:

```
union number {
    int i ;
    char ch ;
    float f;
};
```

定义了联合 number,联合中的成员 i、ch 和 f 共享内存单元。假定 i 占 4 字节,ch 占 1 字节,f 占 4 字节,那么 3 个成员共享内存的方式如图 8-2 所示。

i、ch和f

字节 0	字节 1	字节 2	字节 3

图 8-2　联合的成员共享内存示意图

2. 联合变量定义

与结构一样,联合的声明仅定义了一个数据类型,并未分配空间。只有声明联合的变量时才导致内存的分配。联合变量的定义和结构一样,既可以先定义联合类型,然后用该类型名声明变量,也可以联合与变量同时说明。例如:

```
number num ;
```

与

```
union number {
    int i ;
    char ch ;
    float f;
} num;
```

都是允许的。

在定义联合变量时,编译器总是根据联合中占用内存单元最多的那个成员的要求来分配内存。例如,num 按 int 和 float 的大小分配空间,即分配 4 字节。

联合声明时只能用与第一个成员类型相同的值进行初始化。例如:

```
number num = { 100 };
```

而声明

```
number num = { 100.5 };
```

是错误的。

访问联合中的元素时，也要使用“.”或“－＞”运算符，其用法与结构类似。例如：

```
num.i = 100;
```

访问联合 num 中的成员 i，并在该联合的存储单元中存入整数 100 的二进制表示。

8.3.2 联合的使用

联合与结构相比，最大不同在于它的所有成员在空间上相互覆盖。因此，可以这样理解，在特定时刻，联合只有一个特定的成员被保存，而不能保存其他成员的信息。联合常用在多种类型的对象不需要同时保存和访问的情况下。例如，编译程序中符号表的数据类型可能是 int 型、float 型或字符型，但是对于一个符号来说，只能是其中的一种，因此可用联合来存放它们。

```
struct symbol{
    char * name ;
    int type ;
    union {
        int i ;                                     //处理整数
        char ch ;                                   //处理字符数
        float f;                                    //处理浮点数
    } value ;
}
```

联合 value 将整数、字符数据和浮点数都放在同一内存区域存储，节省了存储空间。从上面的声明也可以看出联合可以嵌入结构中，即结构的成员类型可以是联合。

与无名结构类似，联合也可以没有名字，这种联合称为无名联合。例如，上面所定义的联合。无名联合只能在定义处说明对象。

【例 8-7】 联合类型的定义和使用。

```
//ex8_7.cpp:联合类型的定义和使用
#include <iostream>
#include <iomanip>
using namespace std;

struct symbol {
    char name[20];
    int type;                                       //整数表示的类型信息
    union {
        int i;                                      //处理整数
        char ch;                                    //处理字符数
        float f;                                    //处理浮点数
    } value;
};

int main()
{
    symbol sym = { "number", 101,  { 122 } };

    cout << "The symbol " << sym.name << " is:" << endl;
    cout << "type = " << sym.type << endl;

    cout << "value in hex is: " << hex << sym.value.i << "\t"
```

```
        << "size of sym.value is: " << sizeof(sym.value) << endl;

    cout << "value.i = " << dec << sym.value.i  << endl;
    cout << "value.ch = \'" << sym.value.ch << "\'" << endl;
    cout << "value.f = " << sym.value.f << endl;

    return 0;
}
```

程序运行结果:

```
The symbol number is:
type = 101
value in hex is: 7a      size of sym.value is: 4
value.i = 122
value.ch = 'z'
value.f = 1.709584e-043
```

可以看出,结构 sym 的 value 成员占用 4 字节,value 成员首先被初始化成整数 122,通过 value.i 访问该存储空间得到整数 122,通过 value.ch 访问该存储空间得到字符'z',而通过 value.f 访问该存储空间得到浮点数 1.709584e—043。注意,整数 122、字符'z'和浮点数 1.709584e—043 的二进制表示都是相同的。

在这段程序中,还使用了控制输出格式的流操纵算子。例如,hex 表示以十六进制格式输出一个整数,dec 表示以十进制格式输出一个整数。使用流操纵算子必须包含库 iomanip。关于流操纵算子的详细情况参见第 9 章。

8.4 枚 举

到目前为止,对于离散的、非数值数据的描述还没有找到令人满意的方法。例如,如果实际问题要表示处理如星期、月份之类的数据时,可以在程序中用 0、1、2、3、4、5、6 分别表示星期日、星期一、星期二、星期三、星期四、星期五、星期六,也可以用 1、2、3、4、5、6、7、8、9、10、11、12 表示一月、二月、三月、四月、五月、六月、七月、八月、九月、十月、十一月、十二月。也就是说,可以利用整型数据来描述这类离散的、非数值数据。那么,既可以用 0、1、2、3、4、5、6 分别表示星期日、星期一、星期二、星期三、星期四、星期五、星期六,也可以用 10、11、12、13、14、15、16 来表示,因此表示法不是唯一的;在这种表示法下,整型的其他值(如—1、—3 等)又具有什么意义呢? 另外用整数来表示星期、月份之类,为理解程序带来困难,这些代表非数值数据的整数与其他整数在程序中让人难以区分。还有,整数有自己的运算,如加、减、乘、除等,用整数代表非数值数据,如何理解这些运算呢?

用整数来描述非数值数据,其实是在实际数据和整型数据之间建立了映射,而这种映射降低了程序的可读性。同时,也无法确保整数的表示、语义、取值范围、运算以及其他特性可以简单地搬过来。这种办法的局限性是显而易见的。

为了克服上述弊端,C++ 语言允许程序员定义新的数据类型,在程序中可以用易于理解的自然语言(如英语)词汇来表示非数值数据。例如,星期一用 Monday 表示,一月用 January 表示。注意,这里出现的英文字母并不是字符串,也不是某一数据对象的名字,仅仅表示用户自定义的非数值数据。这种可将其非数值数据一一列出的数据类型,称为枚举类型。

8.4.1 枚举和枚举型变量的定义

1. 枚举类型的定义

枚举的定义是由 enum 关键字和一个以逗号为分隔符、用花括号括起来的标识符表构成。其声明的一般形式如下:

```
enum <枚举名> { <标识符 1>, <标识符 2>, …<标识符 n> };
```

花括号中是标识符列表,分别表示一个对应的整数值。所以,枚举其实是一个用标识符表示的整型常数集合,这些常数是该类型变量可取的合法值,这些标识符称为枚举常量。例如:

```
enum weekday { Sun, Mon, Tue, Wed, Thu, Fri, Sat };
```

定义了枚举类型 weekday,Sun、Mon、Tue、Wed、Thu、Fri 和 Sat 都表示整型常数。在默认情况下,整型常数从 0 开始,因此 Sun=0、Mon=1、Tue=2、Wed=3、Thu=4、Fri=5 和 Sat=6。也可以根据需要改变枚举常量对应整型常数。例如:

```
enum weekday { Sun=1, Mon, Tue, Wed, Thu, Fri, Sat };
```

因为第一个枚举常量被定义为 1,所以后续的常量的值依次递增 1,分别是 2、3、4、5、6、7。实际上,C++ 允许明确定义每个枚举常量对应的整数值,甚至不同的枚举常量可以取相同的值。又如:

```
enum weekday { Sun=1, Mon, Tue=5, Wed, Thu, Fri=10, Sat };
```

在语法上也是允许的。

此外,需要说明的是,枚举元素的名字并没有特定含义。例如,不要因为 Sun 就自动认为其代表"星期天",它只是一个符号,具体代表什么含义,完全取决于程序中如何处理它。

枚举可以用来定义各种离散的、非数值型的数据。下面是一些枚举定义的例子。

```
enum months {January, February, March, April, May, June, July, August,
September, October, November, December};
enum season {Spring, Summer, Autumn, Winter};
enum colour {red, yellow, blue, white, black};
enum number {one, two, three, four, five, six, seven, eight, nine, ten);
enum sex {male, female};
enum operator {plus, minus, multiply, divide};
```

2. 枚举型变量的定义

有了枚举类型后,就可以定义它的变量。例如,可以使用上面定义的枚举类型 weekday 声明变量 day。

```
weekday day ;
```

day 只能在 weekday 的枚举常量范围内取值。如果超出该范围,则会导致编译错误。

8.4.2 枚举类型变量的赋值和使用

枚举类型定义的枚举常量本质上是一个整数值,可以作为整数使用。例如,程序段:

```
enum weekday { Sun, Mon, Tue, Wed, Thu, Fri, Sat };
weekday a, b, c;
a = Sun;
b = Mon;
c = Tue;
cout << a << ", " << b << ", " << c ;
```

的输出结果是:

```
0, 1, 2
```

但是,不能直接把枚举常量对应的整数值赋给枚举类型变量。例如:

```
a = Sun;
b = Mon;
```

是正确的。而

```
a = 0;
b = 1;
```

是错误的。如果一定要把整数值赋予枚举变量,则必须用强制类型转换。例如:

```
a = (weekday)2;
```

其意义是将对应的值为 2 的枚举常量赋予枚举变量 a,相当于

```
a = Tue;
```

说明:枚举常量不是字符常量也不是字符串常量,使用时不要加单引号或双引号。

甚至枚举名也不是必须的,没有名字的枚举类型称为匿名枚举。匿名枚举常用来表示一组常量。例如:

```
enum { MALE, FEMALE };
```

定义了一组整常量,它与下面的定义是等价的。

```
const int MALE = 0;
const int FEMALE = 1;
```

实践证明,合理地使用枚举类型将会大大地改善程序的可读性。

8.5 链表的基本概念

如果需要保存多个同一类型的结构的信息,可以采取结构数组的方式进行管理。但是,与其他静态分配的数据一样,在声明结构数组时,必须将数组的元素数目设定成实际处理时可能

需要的最大的数目，这就有可能造成内存空间的浪费。为此，希望能够对于结构也采取动态分配策略，提高内存空间的利用效率。

本章后续部分将综合利用前面学习的动态内存分配、结构和指针，建立一种非常有用的、长度可动态变化的数据结构——链表。链表是通过指针连接在一起的一组数据项（称为"结点"）。链表的每个结点都是一个同类型的结构，其中有的成员用于存储结点的信息（称为数据域），即用户实际需要的数据；有的成员是指向同类型结构的指针变量（称为指针域），即指向了链表中的其他结点。只有一个指针域的链表称为单向链表，有两个指针域的链表称为双向链表。

与结构数组相比较，用链表来组织结构数据有许多优点。在数据元素的数目不可预知时，使用链表是合适的。链表是动态的，所以可在需要的时候增加和减小其长度。而数组是在编译时分配内存的，数组的大小是不可改变的；用数组的方法必须占用一块连续的内存区域。而使用动态分配时，每个结点对应的存储空间之间可以是不连续的（结点内是连续的）。此外，由于结点之间的联系是通过指针实现的，所以对于结点的增加和删除也比使用数组更加方便。

对于链表，主要关心以下操作：链表结构的建立、链表内容的遍历、在链表中插入一个结点、在链表中查找目标结点、在链表中删除结点、读取/修改链表结点的值、链表结构的清空等。

8.6 单向链表

8.6.1 单向链表的定义

在单向链表中，结点结构中只有一个指针域，用于存放下一个结点的首地址。这样，在第一个结点的指针域内存入第二个结点的首地址，在第二个结点的指针域内又存放第三个结点的首地址，如此串连下去直到最后一个结点。最后一个结点因无后续结点连接，其指针域可置为 nullptr 或 NULL。

下面是一个单向链表的结点的类型的声明。

```
struct node
{
    int data;
    node * next;
};
```

结构的成员不能为本结构自身的实例。但结构可以包含一个指向本结构的指针成员，如结构 node 中的 next 成员可以指向下一个 node 结构，这种指针称为后继指针。包含指向本结构类型的指针的结构称为自引用结构。链表的结点大都是自引用结构类型。

单向链表通常有一个指针作为链表头（也称为链首指针），该指针指向了链表的第一个结点。后续的结点是通过前驱结点中的指针域访问的。通常，单向链表的最后一个结点（称为链尾）中的指针域被设置为 nullptr 或 NULL。图 8-3 给出了一个由 node 构成的单向链表。

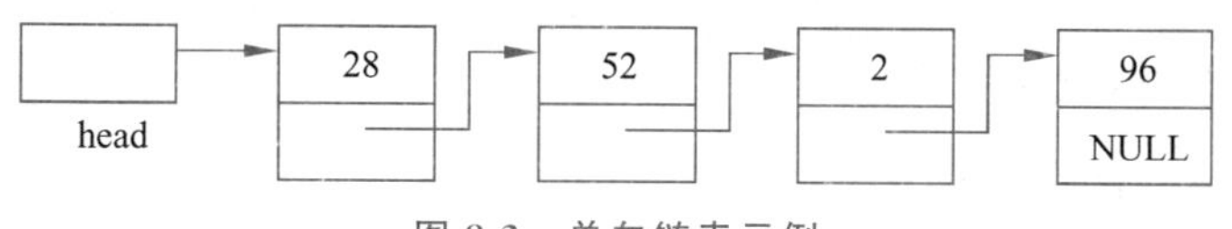

图 8-3 单向链表示例

在图 8-3 中,head 是链首指针变量,存放有第一个结点的首地址,其声明如下:

```
node * head;
```

链表中的每个结点都是 node 结构类型的,包括两个成员:一个成员存放实际的数据,这里是一个整数;另一个成员为指针,存放下一结点的首地址。单向链表也可以头尾相连接从而构成单向循环链表,即链尾阶段的指针域指向链表的第一个结点。

实际上,链表中的结点可以根据需要保存各种类型的数据。下面给出了一个存放学生信息的链表结点的声明。

```
struct student
{
    int num;
    char name[20];
    char sex;
    float score;
    student * next;
};
```

前 4 个成员项组成了数据域,最后一个成员 next 构成指针域,它是一个指向 student 类型结构的指针变量。

8.6.2 单向链表的操作

对单向链表的基本操作主要有建立链表、遍历链表以及在链表中插入或删除结点等。本节为简化讨论而又不失一般性,以前面定义的 node 结构作为构成链表的结点。

1. 建立单向链表

建立单向链表的工作是把多个结点连接在一起。首先声明一个链首指针变量 head,使它指向链表的第一个结点;然后通过使用动态分配内存的方法建立每个结点,并将这些结点依次连入链表的尾端,使得每个结点中的后继指针指向其下一个结点,末尾结点中的后继指针置为空指针。

【例 8-8】 编写一个建立链表的程序,要求依次读入 n 个整数(n 由用户输入),每读入一个整数,就存入新生成的结点,并将该结点增加到链表的末尾。

```
//ex8_8.cpp:建立链表
#include <iostream>
using namespace std;

struct node
{
    int data;
    node * next;
};

node * createList(int n);
node * createListInvert(int n);

int main()
{
    int n;
    node * listHead = NULL;
```

```
    cout << "Please enter the number of nodes: ";
    cin >> n;

    if (n > 0)
        listHead = createList(n);

    return 0;
}

node * createList(int n)
{
    node   * temp = NULL, * tail = NULL, * head = NULL;
    int num;

    for ( int i = 0; i < n; i ++)
    {
        cin >> num;                              //每次读入一个整数
        temp = new node;                         //为新结点动态分配内存
        if (temp == NULL)                        //内存分配不成功
        {
            cout << "Not memory available!";
            return head;
        }
        else
        {
            temp->data = num;                    //存到新生成结点的数据域
            temp->next = NULL;
            if (head == NULL)                    //head 为 NULL,表示这是第一个结点
            {
                head = temp;
                tail = temp;
            }
            else                                 //否则表示是后续其他结点
            {
                tail->next = temp;
                tail = temp;
            }
        }
    }

    return head;
}
```

本例中 createList 函数实现了如何建立 n 个结点的链表。在这个过程中,头指针 head 始终指向链表的第一个结点,temp 指向新建的结点,tail 指向链表的最后一个结点。建立第一个结点时,让 head 和 tail 指向它。对于后续新建结点,语句

```
tail->next = temp;
```

是把新建结点连接在 tail 所指结点(原链表末尾结点)的后面,而语句

```
tail = temp;
```

让 tail 指向新的链表末尾结点。图 8-4 给出了 createList 在输入 4 个整数时(依次分别是 1、2、3、4)建立链表的过程。

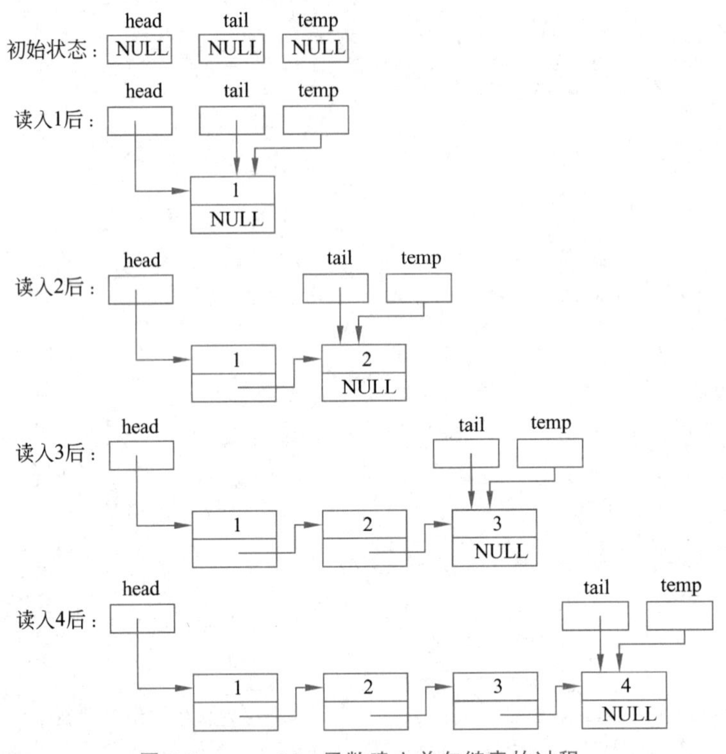

图 8-4 createList 函数建立单向链表的过程

可以看出,在链表建立的过程中,先读入的数据更靠近链表的表头,后读入的数据更靠近链表的表尾。有时也可能需要按照与输入相反的顺序建立链表,即先读入的数据更靠近链表的末尾,后读入的数据更靠近链表的表头。为了实现这一功能,设计了下面的另一个函数 createListInvert。

```
node * createListInvert(int n)
{
    node  * temp = NULL, * head = NULL;
    int num;

    for ( int i = 0; i < n; i ++)
    {
        cin >> num;                          //每次读入一个整数
        temp = new node;                     //为新结点动态分配内存
        if (temp == NULL)                    //内存分配不成功
        {
            cout << "Not memory available!";
            return head;
        }
        else
        {
            temp->data = num;                //存到新生成结点的数据域
            temp->next = NULL;
            if (head == NULL)                //head 为 NULL,表示这是第一个结点
            {
```

```
                head = temp;
            }
            else                                    //否则表示是后续其他结点
            {
                temp->next = head;
                head = temp;
            }
        }
    }

    return head;
}
```

createListInvert 函数按照与输入相反的顺序建立 n 个结点的链表。与 createList 函数一样，temp 指向新建的结点，当建立第一个结点时，头指针 head 指向它。对于后续新建结点，语句

```
temp->next = head;
```

把 head 所指的当前的链首结点连接到新建结点的后面，而语句

```
head = temp;
```

将 head 更新为指向新建的结点，即新的链首。与 createList 函数比较，createListInvert 函数少用了一个指针 tail。图 8-5 给出了 createListInvert 在输入 4 个整数时(依次分别是 1、2、3、4)建立链表的过程。

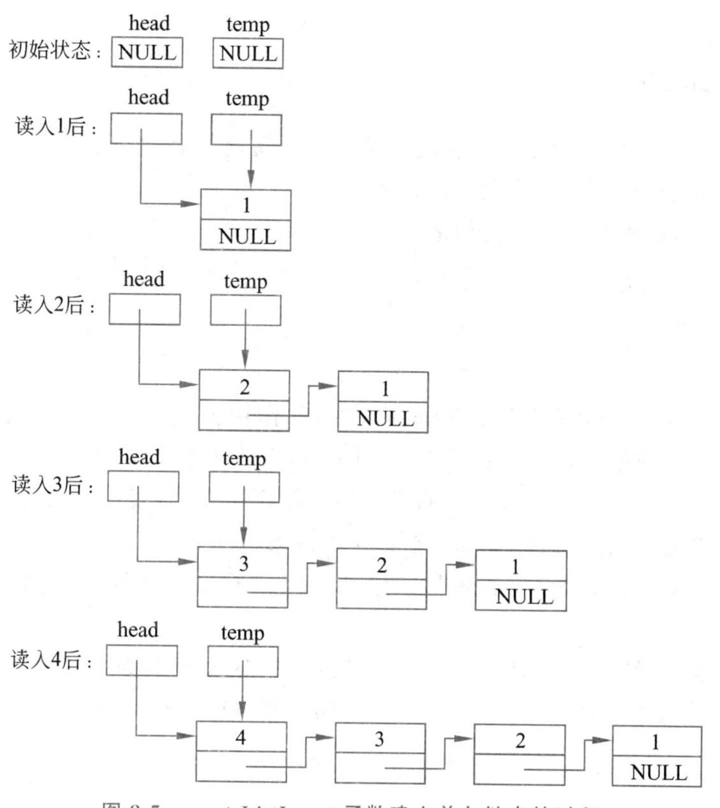

图 8-5 createListInvert 函数建立单向链表的过程

2. 遍历链表

例 8-8 建立了链表,但并没有看到建立的链表的内容,这需要通过遍历链表这一操作来实现。遍历链表是从链首开始,依次访问(包括输出、修改)链表中的每个结点的信息。链首指针 head 指向第一个结点,存取它的成员很容易。例如,通过

```
head->data = 15;
```

就可以给第一个结点的 data 成员赋值。

利用第一个结点的后继指针 next 可以访问到第二个结点,进而可以访问该结点的成员。例如:

```
head->next->data
```

和

```
head->next->next
```

表示第二个结点中相应的成员。

如果链表中有多个结点,模仿上面的方法访问链表的后继结点显然不太方便。为此,可以声明一个 node * 类型的临时指针变量 curNode 用于指向当前结点,首先让 curNode 指向第一个结点,即

```
curNode = head;
```

通过

```
curNode = curNode->next;
```

使得指针 curNode 指向当前结点的后继结点,如果反复执行这一赋值直到 curNode 变成 NULL 时,就可以完成遍历链表中的所有结点。

因此,遍历一个链表的基本过程如下:

```
node * curNode = head;
while (curNode)
    curNode = curNode->next;
```

这个 while 循环的条件是直接判断 curNode,其作用是判断其是否等于 NULL,即表示 curNode 所指向的当前结点是否存在。而 NULL 在 C++ 中被定义为常量 0,等价于布尔类型的 false,其他情况下 curNode 都有一个明确的地址取值,可视为布尔类型的 true。

请思考:这里为什么不直接用 head 指针实现链表的遍历?

【例 8-9】 编写一个函数,以链表形式输出例 8-8 所建立的链表中各结点的 data 成员的值。

设计思想:设计函数 outputList 实现该功能,该函数有一个类型为 node * 的参数 head,指向被遍历输出的链表的链首。输出时,用—>模拟链表的链接关系。

```
void outputList(node * head)
{
```

```
    cout << "List: ";
    node * curNode = head;
    while ( curNode )
    {
        cout << curNode->data;
        if (curNode ->next)
            cout << " -> ";
        curNode = curNode ->next;
    }

    cout << endl;
    return;
}
```

以遍历链表的功能为基础,可以进一步实现在链表中查找特定结点的功能。

【例 8-10】 编写一个函数,能够在例 8-8 所建立的链表中查找包含指定的整数的结点。如果找到,则返回指向该结点的指针;否则,返回空指针 NULL。

设计思想:用函数 findData 实现该功能,该函数有两个参数:整型参数 n,表示被查找的整数;类型为 node * 的参数 head,指向被遍历搜索链表的链首。该函数在遍历结点的过程检查访问的结点是否包含了被查找的整数。

```
node * findData(int n, node * head)
{
    node * curNode = head;
    while ( curNode )
    {
        if ( curNode->data == n)
        {
            //找到 n
            cout << "Find " << n << " in the list." << endl;
            return curNode;
        }
        curNode = curNode->next;
    }

    //未找到 n
    cout << "Can't find " << n << " in the list." << endl;
    return NULL;
}
```

3. 在链表中插入和删除一个结点

链表的优点之一就是灵活性好,适合数据的动态变化。实际上,在链表中插入或删除一个结点也比在结构数组中增加或减少一个元素要容易得多,因为后者需要通过大量的结构赋值来移动元素以增加或消除元素的空位。

在链表中增加和删除一个结点时,都要保持链表的连续性。增加一个结点时,插入的结点要与其前后的结点通过后继指针建立链接;删除一个结点时,被删除结点的前驱结点和后继结点要重新建立链接。总之,都需要找到插入或删除点的前驱结点和后继结点。但是,对于单向链表来说,由于每个结点仅有一个后继指针,指向后继结点,没有直接指向前驱结点的指针,因而不能直接引用前驱结点。所以,需要在遍历链表定位插入点或删除点的同时,注意重点是记录前驱结点的位置,并维护好跟后继结点的关系。

在链表中结点 a 之后插入结点 c 的过程:

(1) 指针 cptr 指向结点 c,aptr 指向结点 a。

(2) 把 a 的后继结点的地址赋给结点 c 的后继指针。

```
cptr->next = aptr->next;
```

(3) 把 c 的地址赋给结点 a 的后继指针。

```
aptr->next = cptr;
```

注意,第(2)步和第(3)步的顺序不能颠倒。此外,如果需要在链首结点之前插入新的结点,把新的结点的后继指针指向原来的链首结点,并且把新插入的结点记为新的链首结点。

从链表中删除一个结点 c 的过程:

(1) 在链表中查找要删除的结点 c,用指针 cptr 指向结点 c。

(2) 如果 c 有前驱结点(设为 d,用指针 dptr 指向 d),则将 d 的后继指针指向 c 的后继结点。

```
dptr->next = cptr->next;
```

(3) 释放 c 占用的内存空间。

【例 8-11】 编写一个链表的插入函数,将输入的整数按照从小到大的顺序插入链表中合适位置(假设链表中的数据已经按照从小到大的顺序排列好)。

设计思想:设计函数 insertData 来实现该功能。该函数有两个参数:一个是整型参数 n,表示被插入的整数;另一个是类型为 node * 的参数 head,指向被遍历搜索的链表的链首。该函数首先遍历链表,找到插入的位置,然后将新建的结点插入链表中,并返回更新后的链表的链首指针。

```
node * insertData(int n, node * head)
{
    node * curNode = head;              //指向当前结点
    node * preNode = NULL;              //指向当前结点的前驱结点
    node * newNode = NULL;              //指向新建结点

    //寻找插入位置
    while ((curNode != NULL) && (curNode->data < n))
    {
        preNode = curNode;              //当前结点变为前驱结点
        curNode = curNode->next;        //当前结点的后继结点变为当前结点
    }

    newNode = new node ;                //为新结点动态分配内存
    if (newNode == NULL)
    {   //内存分配不成功
        cout << "No memory available!";
        return head;                    //返回原来的链表头指针,原来的链表未发生改变
    }
    //内存分配成功
```

```
    newNode->data = n;
    if (preNode == NULL)
    {
        //插入位置是链表头,新建结点插入链首结点之前
        newNode->next = curNode;        //将新结点的后继指针指向链表原来的第一个结点
        head = newNode;                 //指向新结点的指针作为新链表的链首指针
    }
    else
    {
        //插入位置是链表中部,新建结点插入前驱结点之后、当前结点之前
        //或者插入位置是链表尾,这时当前结点 curNode 为 NULL
        //将前驱结点的后继指针指向新建结点
        preNode->next = newNode;
        //将新建结点的后继指针指向当前结点 curNode
        newNode->next = curNode;
    }
    return head;                        //返回链首指针
}
```

类似地,可以实现在链表中删除一个结点的功能。

【例 8-12】 编写一个函数,能够根据指定的整数,在前面程序所建立的链表中找到包含该整数的结点并删除之。

设计思想:设计函数 deleteData 来实现该功能,该函数与 insertData 函数类似,也有两个参数:一个是整型参数 n,表示被删除的整数;另一个是类型为 node * 的参数 head,指向被遍历搜索的链表的链首。该函数同样先遍历链表,找到拟删除的结点,然后将该结点从链表中移出并释放,返回更新后的链表的链首指针。

```
node * deleteData(int n, node * head)
{
    node * curNode = head;                      //指向当前结点
    node * preNode = NULL;                      //指向当前结点的前驱结点

    if (head == NULL)                           //如果链表为空,则直接返回
        return NULL;

    while ((curNode != NULL) && (curNode->data != n))
    {
        preNode = curNode;                      //当前结点变为前驱结点
        curNode = curNode->next;                //当前结点的后继结点变为当前结点
    }

    //未找到 n
    if (curNode == NULL)
    {
        cout<<"Can't find "<<n<<" in the list."<<endl;
        return head;
    }

    if (preNode == NULL)
        //被删除的结点是链首结点
        //head 指向链首结点的后继结点,将链首结点从链表中移出
        head = head->next;
```

```
    else
        //被删除的结点在链表中部(包括链表尾)
        //将当前结点的前驱结点的后继指针指向当前结点的后继结点
        //将当前结点从链表中移出
        preNode->next = curNode->next;

    delete curNode;

    return head;                                  //返回链首指针
}
```

在往链表插入结点或删除结点的过程中,尤其需要考虑一些异常情况的处理。例如,要在链表头部插入结点,要删除的结点不存在,等等。

下面编写一个主程序使用上面的各个函数来展示单向链表的综合操作。

【例 8-13】 单向链表的综合操作。

```
int main()
{
    int n;
    int num;
    node * listHead = NULL;

    cout << "Please enter the number of nodes: ";
    cin >> n;

    cout << "Please enter " << n << " integers: ";
    for ( int i = 0; i < n; i ++)
    {
        cin >> num;
        //将 num 按照从小到大的顺序插入链表中
        listHead = insertData(num, listHead);
    }

    //输出建立的链表
    outputList(listHead);

    //查找结点
    cout << "\nPlease enter the number to be searched: ";
    cin >> num;
    findData(num, listHead);

    //删除结点
    cout << "\nPlease enter the number to be deleted: ";
    cin >> num;
    listHead = deleteData(num, listHead);

    //输出删除结点后的链表
    outputList(listHead);

    return 0;
}
```

该主程序的运行结果：

```
Please enter the number of nodes: 5
Please enter 5 integers: 5 3 1 2 4
List: 1 -> 2 -> 3 -> 4 -> 5

Please enter the number to be searched: 4
Find 4 in the list.

Please enter the number to be deleted: 3
List: 1 -> 2 -> 4 -> 5
```

最后需要说明的是，在以上链表的示例程序中，所有结点都是通过动态内存分配构造的，但只有在删除结点示例中主动释放了内存，因此以上示例序存在内存泄漏的问题。但是，一方面这些程序规模都很小；另一方面操作系统在程序退出时都会全部释放程序使用的资源（包括内存资源），所以示例程序的这个缺陷影响不大。但是，在设计大规模程序时，如果使用了链表这种结构，需要注意主动释放动态分配的各个结点。

*8.7 双向链表

8.7.1 双向链表的定义

前面讨论的是单向链表，每个结点都只有一个指针指向其后继结点。显然，单向链表有利于从链首向链尾遍历，对于每个结点来说，能够很方便地访问其后继结点。但是，这种链表的局限性也是明显的，对于每个结点，访问其前驱结点是困难的，必须借助一个指针专门指向当前结点的前驱结点，而且对于单向链表，要实现从链尾向链首扫描也不方便。

有时为了提高数据处理的灵活性，需要支持双向访问结点，即从当前结点要能直接访问其前驱结点和后继结点，既要支持从链首向链尾遍历，也要支持从链尾向链首扫描。此时，双向链表就很有用了。双向链表中的结点除了含有数据域外，还包括两个指针域，其中一个指向其前驱结点，另一个指向其后继结点。下面是一个双向链表的结点的类型的声明。

```
struct node
{
    int data;
    node * next;
    node * pre;
};
```

图 8-6 说明了一个由 node 构成的双向链表。

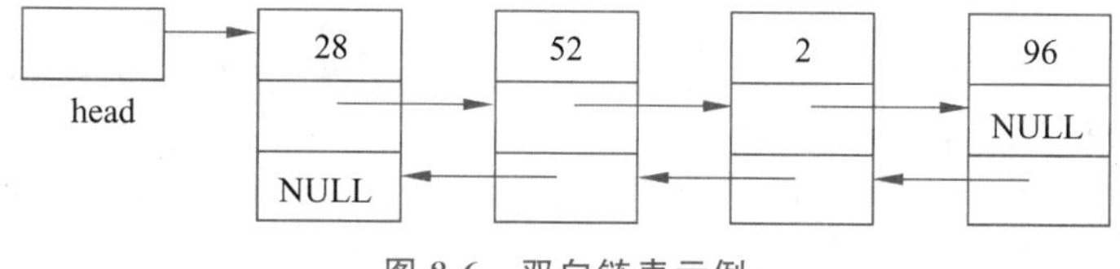

图 8-6　双向链表示例

双向链表一般也由头指针 head 唯一确定。双向链表也可以头尾相链接构成双（向）循环链表。双向链表的最大优点就是在搜索链表的数据时,不但可以往前寻找,而且可以向后寻找。同时在进行结点的插入和删除时也相对直接一些。

8.7.2 双向链表的操作

双向链表和单向链表一样,其基本操作有建立链表、遍历链表以及在链表中插入或删除结点等。出于同样的考虑,本节是以 8.7.1 节定义的 node 结构作为构成链表的结点。总之,在双向链表中,有些操作仅需涉及一个方向的指针,那么它们的算法和单向链表的操作类似;有些操作,如插入、删除结点时有较大的不同,虽然双向指针为访问前驱和后继结点提供了方便,但在维护链表指针上又略显复杂。

1. 建立双向链表

建立双向链表比建立单向链表稍微复杂。如果是将新建的结点连入链尾,需要将原来的链尾结点的后继指针指向新的结点,而新的结点的前驱指针指向原来的链尾结点,新的链尾结点的后继指针置为空指针;如果是将新建的结点连入链首,需要将原来的链首结点的前驱指针指向新的结点,而新的结点的后继指针指向原来的链首结点,新的链首结点的前驱指针置为空指针。

【例 8-14】 编写两个函数,分别按照输入的顺序及其逆序建立双向链表。

设计思想:用 createBidirList 函数实现按照输入的顺序建立 n 个结点的双向链表,用 createBidirListInvert 函数按照与输入相反的顺序建立 n 个结点的双向链表。这两个函数具有相同的参数和返回值类型:整型参数 n 表示拟输入的整数的数目,返回一个 node * 类型的指针,指向构造好的双向链表的链首。

```
node * createBidirList (int n)
{
    node   * temp = NULL, * tail = NULL, * head = NULL;
    int num;

    if ( n<= 0 )
        return NULL;

    for ( int i = 0; i < n; i ++ )
    {
        cin >> num;                              //每次读入一个整数
        temp = new node ;                        //为新结点动态分配内存
        if (temp == NULL)                        //如果内存分配不成功
        {
            cout << "No memory available!";
            return head;
        }
        else
        {
            temp->data = num;                    //存到新生成结点的数据域
            temp->next = NULL;
            if (head == NULL)                    //head 为 NULL,表示这是第一个结点
            {
                temp->pre = NULL;
                head = temp;
                tail = temp;
```

```
            }
            else                                        //否则表示是后续其他结点
            {
                temp->pre = tail;
                tail->next = temp;
                tail = temp;
            }
        }
    }

    return head ;
}

node * createBidirListInvert(int n)
{
    node  * temp = NULL, * head = NULL;
    int num;

    if ( n<= 0 )
        return NULL;

    for ( int i = 0; i < n; i ++)
    {
        cin >> num;                                     //每次读入一个整数
        temp = new node ;                               //为新结点动态分配内存
        if (temp == NULL)                               //如果内存分配不成功
        {
            cout << "No memory available!";
            return head;
        }
        else
        {
            temp->data = num;                           //存到新生成结点的数据域
            if (head == NULL)                           //head 为 NULL,表示这是第一个结点
            {
                temp->next = NULL;
                temp->pre = NULL;
                head = temp;
            }
            else                                        //否则表示是后续其他结点
            {
                temp->next = head;
                temp->pre = NULL;
                head->pre = temp;
                head = temp;
            }
        }
    }

    return head;
}
```

2. 双向链表的遍历

对双向链表进行遍历与对单向链表的遍历没有差别,如果提供了链首结点,则可以沿着结

点后继指针从头至尾进行遍历;如果提供了链尾结点,也可以沿着结点的前驱指针从尾向头进行遍历。

例8-15是在构造好的双向链表的基础上,根据输入参数提供的双向链表的链首指针进行遍历,对链表中的数据进行输出,与单向链表的操作基本一样。例8-16则是根据输入参数提供的双向链表的链尾指针进行遍历,对链表中的数据进行查询,与单向链表的相应操作也基本类似。

【例8-15】 编写一个函数,以链表形式输出双向链表中各结点的data成员的值。

设计思想:函数outputBidirList实现该功能,该函数有一个类型为node * 的参数head,指向被遍历输出的链表的链首。该函数从链首出发,沿着指向后继结点的指针遍历双向链表。输出时,用－＞来模拟链表的后继指针,用＜－来模拟链表的前驱指针。

```
void outputBidirList(node * head)
{
    cout << "List: ";
    node * curNode = head;

    while ( curNode )
    {
        if (curNode->pre)
            cout << " <- ";

        cout << curNode->data;

        if (curNode->next)
            cout << " -> ";

        curNode = curNode->next;
    }

    cout << endl;
    return;
}
```

【例8-16】 编写一个函数,能够在双向链表中从链尾出发查找包含指定的整数的结点。如果找到,则返回指向该结点的指针;否则,返回空指针NULL。

设计思想:函数findData实现该功能,该函数有两个参数:整型参数n,表示被查找的整数;类型为node * 的参数tail,指向被遍历搜索的双向链表的链尾。该函数从链尾出发,沿着指向前驱结点的指针遍历双向链表。

```
node * findData(int n, node * tail)
{
    node * curNode = tail;
    while ( curNode )
    {
        if ( curNode->data == n)
        {
            //找到n
            cout << "Find " << n << " in the list." << endl;
            return curNode;
        }
```

```
        curNode = curNode->pre;
    }

    //未找到 n
    cout << "Can't find " << n << " in the list." << endl;
    return NULL;
}
```

需要再次说明，与单向链表一样，双向链表进行遍历和查询过程一般通过一个临时指针(如上例的 curNode)，而不会直接使用 head 和 tail 指针。例 8-15 和例 8-16 在循环和选择语句条件中，直接判断指针的作用都是判断该指针是否取值为 NULL。

3. 在双向链表中插入和删除一个结点

与单向链表相比较，在双向链表中插入和删除一个结点，方便之处在于访问插入结点或被删除结点的前驱和后继结点比较方便，无须借助额外的指针变量。但是，为了保持双向链表的性质，需要维护的指针比单向链表要多。注意，双向链表的链首结点和链尾结点的特殊性：链首结点的前驱指针和链尾结点的后继指针是空的。下面，仍然以按照从小到大的顺序保存整数的双向链表为例，设计在双向链表中的插入函数。

【例 8-17】 编写一个双向链表的插入函数，将输入的整数按照从小到大的顺序插入链表中合适位置(假设链表中的数据已经按照从小到大的顺序排列好)。

设计思想：设计一个新的 insertData 函数实现该功能，该函数仍然具有两个参数：一个是整型参数 n，表示被插入的整数；另一个是类型为 node * 的参数 head，指向被遍历搜索的双向链表的链首。该函数遍历链表，找到插入的位置，然后将新建的结点插入链表中，并返回更新后的链表的链首指针。

```
node * insertData(int n, node * head) {
    node * curNode = head;                  //指向当前结点
    node * preNode = NULL;                  //指向当前结点的前驱结点
    node * newNode = NULL;                  //指向新建结点

    //寻找插入位置
    while((curNode != NULL) && (curNode->data < n))
    {
        preNode = curNode;                  //当前结点变为前驱结点
        curNode = curNode->next;            //当前结点的后继结点变为当前结点
    }

    newNode = new node ;                    //为新结点动态分配内存
    if (newNode == NULL)                    //如果内存分配不成功
    {
        cout << "Not memory available!";
        return head;                        //返回原来的链表头指针,原来的链表未发生改变
    }
    newNode->data = n;

    if (preNode == NULL)
    {
        //插入位置是链表头,新建结点插入链首结点之前
        newNode->next = curNode;            //将新结点的后继指针指向当前结点(链表原来的
                                            //第一个结点)
```

```
        newNode->pre = NULL;            //新结点的前驱指针置为 NULL
        if (curNode != NULL)            //判断是否为原来链表是否为空链表
            curNode->pre = newNode;     //当前结点(链表原来的第一个结点)的前驱指针指
                                        //向新结点
        return newNode;                 //返回指向新结点的指针作为新链表的链首指针
    }

    if (curNode == NULL)
    {
        //插入位置是链表尾,新建结点插入 preNode 指向的结点之后
        newNode->pre = preNode;         //新结点的前驱指针指向 preNode
        preNode->next = newNode;        //preNode 的后继指针指向新结点
        newNode->next = NULL;           //新结点的后继指针置为 NULL
    }
    else
    {
        //插入位置是链表中,新建结点插入前驱结点之后、当前结点之前
        preNode->next = newNode;        //前驱结点的后继指针指向新结点
        newNode->next = curNode;        //新结点的后继指针指向当前结点
        newNode->pre = preNode;         //新结点的前驱指针指向前驱结点
        curNode->pre = newNode;         //当前结点的前驱指针指向新结点
    }
    return head;                        //返回原来的链首指针作为新链表的链首指针
}
```

【例 8-18】 编写一个函数,能够根据指定的整数,在前面程序所建立的双向链表中找到包含该整数的结点并删除之。

设计思想:设计函数 deleteData 实现该功能,该函数有两个参数:一个是整型参数 n,表示被删除的整数;另一个是类型为 node * 的参数 head,指向被遍历搜索的链表的链首。该函数遍历链表,找到拟删除的结点,并将该结点从链表中移出并释放,返回更新后的链表的链首指针。

```
node * deleteData(int n, node * head)
{
    node * curNode = head;                  //指向当前结点

    while ( curNode )
    {
        if ( curNode->data == n)
        {
            //找到 n,删除当前结点
            if (curNode->pre == NULL)       //表示被删除的结点是链首结点
            {
                //head 指向链首结点的后继结点,将链首结点从链表中移出
                head = head->next;
                head->pre = NULL;           //新的链首结点的前驱指针置为 NULL
            }
            else                            //表示被删除的结点在链表中部(包括链表尾)
            {
                //将当前结点从链表中移出
                //将当前结点的前驱结点的后继指针指向当前结点的后继结点
                curNode->pre->next = curNode->next;
```

```
            if (curNode->next != NULL) //当前结点不是链尾结点
                //将当前结点的后继结点的前驱指针指向当前结点的前驱结点
                curNode->next->pre = curNode->pre;

        }

        delete curNode;
        cout << "Delete " << n << " from the list." << endl;

        return head;                     //返回链首指针
    }
    curNode = curNode->next;             //当前结点的后继结点变为当前结点
  }

  //未找到 n
  cout << "Can't find " << n << " in the list." << endl;
  return head;

}
```

下面给出一个综合操作双向链表的主程序，以调用上述操作函数。

【例 8-19】 双向链表的综合操作。

```
int main()
{
    int n;
    int num;
    node * listHead = NULL;
    node * listTail = NULL;

    cout << "Please enter the number of nodes: ";
    cin >> n;

    cout << "Please enter " << n << " integers: ";
    for ( int i = 0; i < n; i ++)
    {
        cin >> num;
        //将 num 按照从小到大的顺序插入链表中
        listHead = insertData(num, listHead);
    }

    //输出建立的链表
    outputBidirList(listHead);

    //查找结点
    cout << "\nPlease enter the number to be searched: ";
    cin >> num;
    //找到链表尾
    listTail = listHead;
    if ( listTail )
        while (listTail->next != NULL)
            listTail = listTail->next;
    findData(num, listTail);
```

```
    //删除结点
    cout << "\nPlease enter the number to be deleted: ";
    cin >> num;
    listHead = deleteData(num, listHead);
    //输出删除结点后的链表
    outputBidirList(listHead);

    return 0;
}
```

程序运行结果：

```
Please enter the number of nodes: 5
Please enter 5 integers: 5 3 1 2 4
List: 1 ->  <- 2 ->  <- 3 ->  <- 4 ->  <- 5

Please enter the number to be searched: 4
Find 4 in the list.

Please enter the number to be deleted: 3
Delete 3 from the list.
List: 1 ->  <- 2 ->  <- 4 ->  <- 5
```

习　题

8.1　回答下列问题。

(1) 什么是结构？它和数组有何区别？

(2) 如何对结构变量进行初始化？如何给结构变量赋值？

(3) 什么是联合？联合和结构有什么区别？

(4) 枚举类型如何定义？使用时要注意些什么？

8.2　给出下列结构和联合的定义。

(1) 结构 inventory，包含字符数组 partName[10]、整数变量 parrtNumber、浮点数变量 price、整数变量 stock 和整数变量 recorder。

(2) 联合 data，包含 char c、short s、long l 和 double d。

(3) 结构 address，包含字符数组 streetAddress[32]、city[24]、province[8]和 zipCode[7]。

(4) 结构 student，包含字符数组 firstName[15]、lastName[15]以及类型(3)中的 struct address 的变量 homeAddress。

(5) 结构 test，包含 16 个宽度为 1 位的位段，位段名从 a 到 p。

8.3　说明一个表示日期的结构 date，其成员包括年、月、日。考虑应为该结构定义哪些操作函数。

8.4　编写一个函数 day，该函数使用题 8.3 中的 date 结构作为参数，函数返回某日是这年的第几天。注意闰年问题。

8.5　建立一个联合 union integer，其成员包括 char c、short s、int i 和 long l。编写一个程序，读取 char、short、int 和 long l 类型的值，把它们存入类型为 union integer 的变量中。用对应的类型(char、short、int 和 long 类型)分别打印出联合体的每一个变量。打印出的值都正确吗？

8.6　使用结构变量来表示每个学生的数据：姓名、学号和3门课程的成绩。从键盘上输入10个学生的数据，要求打印出每个学生的姓名和3门课程的平均成绩。

8.7　说明一个包含有30个元素的address_book型结构数组，考虑应为该数组提供哪些操作函数。试画出一个通讯录结构address_book型变量在内存中的存储形式。

8.8　用结构类型完成习题6.20，即设计一个记录学生学号、姓名和成绩的结构，并通过结构数组将全组10名学生的信息输入，将其中成绩不及格的学生的姓名和学号输出。

8.9　设计一个记录学生学号、姓名和成绩的结构，并通过结构数组将全组10名学生的信息输入，完成根据学生姓名查询的程序。

8.10　定义一个表示日期的结构，使用该结构声明包含5个数组元素的结构数组，依次输入5个日期的值，按日期先后对数组进行排序，输出排序的结果。

8.11　定义一个表示线段（两个端点的横纵坐标都是整数）的结构，然后由用户输入两个端点的坐标，程序计算该线段的斜率并输出。（提示：可以先定义一个表示平面上点的结构，再基于定义表示线段的结构）

8.12　定义描述复数类型的结构体变量，编写减法函数sub()与乘法函数mul()分别完成复数的减法与乘法运算。在主函数中定义4个复数类型变量c1、c2、c3、c4，输入c1、c2的复数值，调用sub()完成c3=c1-c2操作，调用mul()完成c4 = c1 * c2操作。最后输出c3、c4复数值。

8.13　定义两个操作结构worker的函数input和display。结构worker用于表示职工的信息，如姓名、工龄、工资等；函数input输入一个职工的有关数据，函数display显示这些信息。并设计一个使用这两个函数的程序，该程序可以处理10个职工的数据。

8.14　某商店的各种商品有下列信息：商品名称，商品价格，商品质量级别等级，商品属哪个货柜管理，商品的库存量。对商品的操作有：商品进库，商品出库，商品调价，增加和删除商品目录。要求用结构编写一个程序，完成要求的操作。

8.15　使用枚举类型定义月份，并编写一个程序，根据用户输入的年份，输出该年各月的天数。

8.16　定义一个描述学生成绩等级的枚举类型{A,B,C,D,E}，成绩等级与分数段的对应关系为A：90～100,B：80～89,C：70～79,D：60～69,E：0～59。在主函数中定义全班学生成绩枚举类型数组，输入全班学生的分数，并转换成等级赋给枚举数组元素。最后输出全班学生的成绩等级。

8.17　什么是链表？链表的基本操作有哪些？在链表的建立、插入、删除、输出函数中的关键是什么？

8.18　编写一个程序，建立一条单向链表，每个结点包含姓名、学号、英语成绩、数学成绩和C++成绩，并通过链表操作，求出平均分最高和最低的学生并且输出。

8.19　编写一个程序，把两个字符单向链表连接起来。程序包含函数concatenate，函数以对两个链表的引用作为参数，把第二个链表连接到第一个链表后面。

8.20　一般来说，对于单向链表，要实现从链尾向链首扫描并不容易。能否借助递归方法，实现单向链表的从链尾向链首扫描？请编写程序实现这一功能。

8.21　编写一个程序，建立一个单向链表，用一个函数实现将这条链表逆转过来，即将原来的表头变成表尾，原来的表尾变成表头。

8.22 编写一个程序,把两个有序排列的单向整数链表合并成一个有序排列的整数链表。函数 merge 以两个指针作为参数,这两个指针分别指向两个待合并链表的头结点,函数返回一个指针,它指向合并后的链表的头结点。

8.23 设计一个记录书籍的结构,其成员包括书号、书名、作者、出版社和出版日期。设一批图书的记录存放在一个单向链表中,编写函数输出与给定关键字相匹配的所有图书的记录。例如,设某给定关键字为一个作者的姓名,则将该作者的所有著作都显示出来。

8.24 已知由单向链表中含有 3 类字符的数据元素(如字母字符、数字字符和其他字符),试编写程序构造 3 个以循环链表表示的线性表,使每个表中只含同一类的字符,并且利用原表中的结点空间作为这 3 个表的结点空间,头结点可另辟空间。

8.25 已知单向链表中的元素以值递增有序排列,试编写一个程序,删除链表中所有值相同的多余元素(使得运算后的链表中所有元素的值均不相同)。

8.26 有两个双向链表 a 和 b,设结点中包含学号、姓名。从 a 链表删除与 b 链表中有相同学号的结点。

8.27 13 个人围成一圈,从第一个人开始顺序报号 1、2、3。凡是报号到 3 的人退出圈子,找出最后留在圈子中的人原来的序号。请用双向链表来实现这个游戏,输出每次退出者的顺序号。

8.28 设有一个双向链表,每个结点中除有 pre、data 和 next 这 3 个域外,还有一个访问频度域 freq,在链表使用之前,其每个结点的 freq 值均初始化为 0。请编写一个在该双向链表中查找包含指定的整数的结点的函数,该函数有两个参数:整型参数,表示被查找的整数;链表的表头指针,指向被访问的双向链表的链首。如果找到,则返回指向该结点的指针,并将该结点的域 freq 加 1;否则,返回空指针 NULL。要求,依次查找后,此链表中结点保持按访问频度递减的顺序排列,以便使频繁访问的结点总是靠近表头。

8.29 奥运会上有一些综合项目有多个子项目,如铁人三项、现代五项、十项全能等。假设这些综合项目的成绩是按照各子项目的积分之和计算的(总积分越高,则成绩越好)。设每个子项目的积分规则为:第 1 名积 10 分,第 2 名积 7 分,第 3、4、5、6、7 名分别积 5、4、3、2、1 分,其他名次没有积分。

编写一个综合项目计分程序,先由用户输入综合项目的子项目个数,以及参赛运动员数目,然后依次输入每个运动员的姓名和各个子项目的成绩,再计算各个运动员的积分和排名,最后按照排名高低输出参赛运动员的信息,包括排名、姓名、总积分。

提示:简化起见,子项目排名没有并列名次情况,最终排名也没有并列名次情况。

第 9 章 输入和输出

【学习内容】

本章将介绍 C++ 的输入输出机制，包括文件和流。主要内容包括：

◆ 标准输入输出函数。

◆ 格式化输入输出函数。

◆ 通过流进行输入输出。

◆ 文件和流的概念。

◆ 使用 FILE 结构打开、建立、读和写文件。

◆ 使用文件流打开、建立、读和写文件。

【学习目标】

◆ 掌握各种输入输出函数。

◆ 掌握通过流进行输入输出的方法。

◆ 掌握文件和流的基本概念。

◆ 掌握使用 FILE 结构和 fopen 函数建立和打开文件。

◆ 掌握使用 FILE 结构读写文本文件。

◆ 掌握使用 FILE 结构读写二进制文件。

◆ 了解文件流类的继承关系。

◆ 掌握使用 ofstream 类建立文件、打开文件和读文件。

◆ 掌握使用 ifstream 类打开文件和写文件。

◆ 掌握使用文件流读写文本文件。

◆ 掌握使用文件流读写二进制文件。

程序的输入输出(input/output，I/O)为用户提供与计算机进行交互的功能。用户可以通过程序的输入功能将执行意图和需要处理的数据传递给计算机，而计算机又通过程序的输出功能将对数据的处理结果告知用户。I/O 是程序的基本组成部分，具有重要的意义。本章针对 C++ 程序的输入输出功能做进一步的深入介绍。

更重要的是，程序运行时存储在变量、数组和对象等数据结构中的数据都是临时的，只存在于程序运行过程中，程序运行结束后这些数据都会随着程序被撤销而消失。如果想要把程序运行期间的数据保存下来，留待下次运行时使用，可以使用文件技术。本章将介绍文件和流的基本概念，并讨论如何通过 FILE 结构以及文件流的方式进行文件操作。

9.1 C++的输入和输出

C++保留了C的I/O功能,允许通过标准的I/O函数完成相应的操作;在此基础上,还增加了一些扩展的I/O功能,这些扩展功能都是面向对象的,可以通过I/O流对象来实现相应的功能。本章介绍两种I/O方式:一种是面向对象的I/O方式;另一种是保留自C的I/O方式。

面向对象编程:C++是支持面向对象编程的高级语言。本章提到的对象、类、成员函数、继承等都是面向对象编程的基本概念,第10章将详细介绍。

相对于C的I/O而言,C++的I/O是类型安全(type safe)的。各种I/O操作都是与类型相关的。也就是说,可以规定某I/O操作处理的数据的类型,当需要对数据进行该操作时,编译程序会检查数据的类型是否是规定的数据类型,从而保证了处理的数据类型与操作匹配。C在这一点上存在着缺陷,可能会导致一些运行时的错误,例如不小心把浮点数当作整数输入会得到错误结果。此外,C++在I/O上提供了很好的可扩展性,程序员可以设计自定义的I/O操作,而这些自定义的I/O与C++自身的预定义的I/O在使用时可以采取相同的方式,为软件设计提供了非常好的可扩展性,有利于提高软件的重用性。

C++的I/O是以字节流的形式实现的,所谓"流"实际上就是一个字节序列。在输入操作中,字节从输入设备流向内存;在输出操作中,字节从内存流向输出设备。程序默认有3种预定义的标准流(又称标准I/O):标准输入流,一般代表键盘,用于向程序输入数据;标准输出流,一般代表显示器,用于显示程序的执行结果;标准错误流,一般是显示器,用于系统报告错误信息。

对文件的访问操作与I/O功能非常类似,有许多共通之处。本章将介绍文件和流的基本概念,并讨论如何通过文件流以及C语言的FILE结构方式进行文件操作。

有关I/O操作并没有在C++语言中定义,但它包含在C++的实现库中,并作为C++的一个标准类库提供。保留的C语言方式I/O功能则是以函数库的方式提供。

I/O方式选择提示: 尽管C++兼容了C的I/O,程序设计时还是应当尽可能采用C++的I/O方式,该方式功能更强,使用更方便,软件可扩展性和可重用性更高。

9.2 用流进行输入输出

2.4.2节已经初步介绍了用cin和cout进行流输入输出的用法。流输入输出是C++在C的I/O功能的基础上扩展的I/O功能,这些扩展功能都是面向对象的,即可以通过I/O流对象来实现相应的功能。C++把进行数据传送操作的设备也抽象成对象,将"流"作为具有输入输出功能的外设(如键盘、显示器等)和程序之间通信的通道。当进行输入操作时,数据从键盘流向程序;当进行输出操作时,数据则从程序流向显示器。

在iostream文件中,C++预定义了4个与输入输出相关的对象cout、cin、cerr和clog。与这些对象相关联的流为程序提供了与特定的输入输出设备进行通信的通道:cout代表标准输出流,对应标准输出设备,即显示器;cin代表标准输入流,对应标准输入设备,即键盘;cerr和clog代表标准错误流对象,也对应为显示器。这些对象与重载运算符<<和>>相结合,可以完成输入输出功能。

下面C++的I/O库指的是iostream类库。iostream类库提供了数百种I/O功能，iostream类库的接口部分包含在几个头文件中。头文件iostream包含了操作所有输入输出流所需要的基本信息，因此大多数C++程序都应该包含这个头文件。在iostream类库中，ostream和istream是两个非常重要的类，iostream中定义的cin、cout、cerr、clog这4个对象，分别对应于标准输入流、标准输出流、非缓冲和经缓冲的标准错误流，除了cin是istream类的对象外，其他3个都是ostream类的对象。该头文件提供了无格式I/O功能和格式化I/O功能。

9.2.1 流操纵算子

为了提高程序的用户友好性，使输出结果更加有序、美观，C++针对流提供了丰富的流操纵算子。通过这些流操纵算子，可以实现许多格式控制功能，如设置域宽、设置精度、设置和清除格式化标志、设置域填充字符、在输出流中插入空字符、跳过输入流中的空白字符等。流操纵算子的使用非常方便，直接用于流插入运算符之后即可发生作用，直到遇到新的流操纵算子为止。

表9-1列出了常用的流操纵算子。可以发现，部分流操纵算子有对应的成员函数，即两者都能实现这一功能。用户可以根据自己的习惯选择具体的实现方式。需要注意，程序使用这些流操纵算子需要包含头文件iomanip。

表9-1　常用的流操纵算子

流操纵算子	对应的成员函数	功能描述
dec		以十进制基数输出整数值
oct		以八进制基数输出整数值
hex		以十六进制基数输出整数值
setbase(b)		以进制基数b输出整数值
setprecision(n)	precision(n)	将浮点数精度设置为n
fixed		将浮点数按定点格式输出
setw(n)	width(n)	按照n个字符来读或者写
setfill(ch)	fill(ch)	用ch填充空白字符
flush	flush()	刷新ostream缓冲区
ends		插入字符串结束符，并刷新ostream缓冲区
endl		插入换行符，并刷新ostream缓冲区
ws		跳过空白字符
setiosflags(flags)	setf(flags)	设置输出格式的状态，由参数flags指定
resetiosflags()	unsetf()	清除已设置的输出格式的状态
boolalpha		把true和false输出为字符串

1. 设置整数基数的流操纵算子

默认情况下，cout输出整数采用十进制形式，可以通过流操纵算子将整数按照八进制、十六进制输出。流操纵算子 oct 可将整数输出形式设置为八进制、流操纵算子 hex 可将整数输出形式设置为十六进制、流操纵算子 dec 可恢复成十进制基数。

此外，也可以用流操纵算子 setbase 来灵活地改变基数。该算子可带有一个整数参数 10、8 或 16，分别等价于 dec、oct 和 hex。一旦设置流输出整数的基数，流的基数就保持不变，直到遇到新的设置整数基数的算子。

【例 9-1】 设置整数基数的流操纵算子的使用。

```
//ex9_1.cpp:设置整数基数的流操纵算子的使用
#include <iostream>
#include <iomanip>
using namespace std;

int main()
{
   int n;

   cout << "Enter a decimal number: ";
   cin >> n;
   cout << n << " in hexadecimal is: "
        << hex << n << endl
        << dec << n << " in octal is: "
        << oct << n << endl;

   cout << "Enter a decimal number: ";
   cin >> n;
   cout << setbase(10) << n << " in hexadecimal is: "
        << setbase(16) << n << endl
        << setbase(10) << n << " in octal is: "
        << setbase(8)<< n << endl;

   return 0;
}
```

程序运行结果：

```
Enter a decimal number: 48
48 in hexadecimal is: 30
48 in octal is: 60
Enter a decimal number: 100
100 in hexadecimal is: 64
100 in octal is: 144
```

2. 设置浮点数精度的流操纵算子

在 C++ 程序中，流操纵算子 setprecision 可控制浮点数小数的有效数字位数。一旦设置了精度，该精度对 cout 中其后的所有的输出操作都有效，直到遇到下一个流操纵算子重新设置精度为止。该算子还经常与流操纵算子 fixed 组合使用。

另外，cout 的成员函数 precision 也可以设置浮点数的输出精度。成员函数其实是面向对象编程的概念，第 10 章将会介绍，目前可以暂时理解成是在结构中定义的函数，所以调用该函数需要在函数名之前加上“cout.”。以无参数的方式调用函数 precision，可以返回当前设置的精度。

【例 9-2】 设置浮点数精度的流操纵算子的使用。

```
//ex9_2.cpp:设置浮点数精度的流操纵算子的使用
#include <iostream>
#include <iomanip>
#include <cmath>
using namespace std;

int main()
{
   double log2 = log( 2.0 );                       //在头文件 cmath 中定义
   int places;

   cout << "log(2) with precisions 0-9.\n"

   cout << "Precision set by the setprecision manipulator:\n";
   //使用 setprecision 算子
   for ( places = 0; places <= 9; places++ )
      cout << fixed << setprecision( places ) << log2 << '\n';

      cout << "Precision set by the precision member function:\n";
   //使用 precision 函数
   for ( places = 0; places <= 9; places++ ) {
      cout.precision( places );
      cout << log2 << '\n';
   }

   return 0;
}
```

程序运行结果：

```
log(2) with precisions 0-9.
Precision set by the setprecision manipulator:
0.7
0.7
0.69
0.693
0.6931
0.69315
0.693147
0.6931472
0.69314718
0.693147181

Precision set by the precision member function:
0.7
0.7
0.69
0.693
0.6931
0.69315
0.693147
0.6931472
```

```
0.69314718
0.693147181
```


3. 设置域宽的流操纵算子

流操纵算子 setw 可以用来设置域宽,即输入输出的字符数。如果输出的数据所需的宽度比设置的域宽小,那么空位用填充字符(默认为空格)填充。如果被显示的数据所需的宽度比设置的域宽大,那么系统会自动突破宽度限制,输出所有位。成员函数 width 也可以实现对当前域宽的设置,该函数同时返回原来(上一次)设置的域宽。

【例 9-3】 设置域宽的流操纵算子的使用。

```
//ex9_3.cpp:设置域宽的流操纵算子的使用
#include <iostream>
#include <iomanip>
#define WIDTH 5
using namespace std;

int main()
{
   int w = 4;
   char string[ WIDTH + 1 ];

   cout << "Enter a sentence:\n";
   cin.width( WIDTH );

   while ( cin >> string ) {
      cout << setw(w++) << string << endl;
      cin.width( WIDTH );
   }

   return 0;
}
```

程序运行结果:

```
Enter a sentence:
This is a demo sentence.
This
   is
     a
   demo
    sent
     ence
```

4. 设置输出格式的流操纵算子

流操纵算子 setiosflags(flags)和成员函数 setf(flags)都可以对输出格式做进一步的细化控制。其中,参数 flags 是 ios 类中预定义的一些枚举常量(见表 9-2),这些枚举常量可以通过位或运算组合使用。例如,希望将浮点数按定点格式向右对齐输出,并且要求输出数值的正负号,则参数取值为"ios::fixed | ios::right | ios::showpos"。使用这些枚举量需要注意在之前加上"ios::"。

表 9-2 常用设置格式状态的格式名称

格式名称	功能描述
ios::left	输出数据在域宽范围内向左对齐
ios::right	输出数据在域宽范围内向右对齐
ios::internal	数值的符号位在域宽范围内左对齐,数值右对齐,中间由填充字符填充
ios::showbase	输出整数的基数(八进制以 0 开头,十六进制以 0x 开头)
ios::showpoint	输出浮点数的小数点和尾数
ios::uppercase	在以科学记数法格式和十六进制输出数值时,所有字母以大写字母表示
ios::showpos	对于正数,在前面显示正号"+"
ios::scientific	浮点数以科学记数法格式输出
ios::fixed	浮点数以定点格式(小数格式)输出
ios::boolalpha	把布尔类型的 true 和 false 输出为字符串
ios::unitbuf	输出之后自动刷新所有的流

【例 9-4】 设置输出格式的流操纵算子的使用。

```
//ex9_4.cpp:设置输出格式的流操纵算子的使用
#include <iostream>
#include <iomanip>
#include <cmath>
using namespace std;

int main()
{
    double pi = atan(1) * 4;                    //计算生成一个高精度的圆周率值
    cout << pi << endl;

    cout.width(12);                             //设置输出域宽
    cout << setiosflags(ios::fixed | ios::right | ios::showpos) << pi << endl;
                                      //将浮点数按定点格式向右对齐输出,并输出数值的正负号
    cout.unsetf(ios::fixed | ios::showpos);  //清除设置的输出格式

    cout.setf(ios::scientific);                 //将浮点数按科学记数法格式输出
    cout << setprecision(4) << pi << endl;      //小数点后面保留 4 位精度

    cout << true << endl;
    cout << setiosflags(ios::boolalpha) <<  true << endl;
                                                //把布尔类型的 true 输出为字符串

    return 0;
}
```

程序运行结果:

```
3.14159
   +3.141593
```

```
3.1416e+00
1
true
```

9.2.2 其他输入输出成员函数

1. 用成员函数 get 输入一个字符

cin 的成员函数 get 可以输入一个字符，调用方式主要有两种：

```
cin.get();
```

和

```
cin.get(ch);
```

如果输入成功，第一种无参调用方式的函数返回值就是输入的字符；对于第二种带参数的调用，输入的字符会保存在实参变量 ch 中。

2. 用成员函数 getline 输入一行字符

getline 函数的功能是从输入流中读取一行字符，这一行字符中可以包含空格符、制表符。基本调用方式如下：

```
cin.getline(字符数组/字符指针,最大读入字符个数 n,[终止标志字符]);
```

函数的作用是从输入流中持续读取 n−1 个字符，遇到终止标志字符则提前结束，结果存入字符数组或字符指针指向的内存中，并且在最后一个字符后自动补上'\0'。注意，终止标志字符是可选的，没有提供则默认是换行符。

3. 用成员函数 put 输出一个字符

cout 除了基于流插入运算符"<<"实现输出，也可以通过成员函数 put 输出一个字符。其调用形式如下：

```
cout.put(ch);
```

这里的 ch 既可以是字符，也可以是字符对应的 ASCII 码(即可以是一个整型表达式)。

下面通过例子来进一步理解这几个函数的使用。

【例 9-5】 其他输入输出成员函数的应用。

```
//ex9_5.cpp:其他输入输出成员函数的应用
# include <iostream>
using namespace std;

int main()
{
    char a='a', b, str[20];

    cout.put(a);
    cout.put('b');
    cout.put('\"');
    cout.put(0101);
```

```
    cout.put('\n');

    b = cin.get();
    cout.put(b);
    cout << endl;

    cin.getline(str, 20);
    cout << str << endl;

    return 0;
}
```

该程序运行时，用户从键盘输入一行字符“Welcome to C++ !”，程序的输出结果：

```
ab"A
W
elcome to C++!
```

注意，程序中的0101是字母A的ASCII代码的八进制表示；'\"'代表双引号符；'\n'代表换行符，系统输出该符号时将下一个输出符号的位置调整到下一行的开始。

在用户输入“Welcome to C++ !”之后，程序通过cin.get读入字符'W'，存到字符变量b，然后通过getline函数读入剩下的字符串“elcome to C++ !”，存储到字符数组str中。

C++的流输入输出库还提供了许多其他丰富的输入输出功能，读者可以参看相关的文献资料，并在实际应用中不断地学习和实践。

*9.3 C语言的输入与输出函数

C++保留了C语言的输入输出函数库，即通过一组函数实现程序的输入和输出功能。除了具备简单功能的标准输入输出函数，还有功能强大的格式化输入输出函数。格式化输入输出是指为了提高程序的用户友好性，需要将数据按照一定格式输入，程序的执行结果也需要按照一定的格式组织输出，以获得有序、美观的效果。其中，printf函数按照指定的格式向屏幕输出数据，scanf函数按照一定的格式从键盘输入数据。这些函数的原型都在cstdio文件(C语言版本对应的头文件是stdio.h)中，使用之前需要先通过include指令引入。

9.3.1 标准输入与输出函数

下面先介绍最简单的标准输入输出函数：getchar和putchar函数，它们用来输入和输出一个字符，功能分别与cin.get和cout.put函数一致。

1. 字符输入函数getchar

getchar函数的原型如下：

```
int getchar(void);
```

getchar函数没有参数，它从标准输入设备(一般是键盘)读入一个字符，读入的字符以整数形式返回，而且将该字符回显在显示器屏幕上。所以，其功能与cin.get函数基本一致。

2. 字符输出函数putchar

putchar函数的原型如下：

```
int putchar(int c);
```


putchar 函数向标准输出设备(一般是显示器屏幕)输出一个字符,它的参数 c 是要输出的字符变量或常量。这个函数执行成功时,返回要输出的字符变量 c;否则,返回 EOF 符号常量。所以,其功能与 cout.put 函数基本一致。

9.3.2 格式化输入函数 scanf

1. 格式化输入函数的原型

scanf 是常用的格式化输入函数,可以按照一定的格式从键盘输入数据,其主要功能如下:

- 输入各种类型的数据,并存入相应的参数中。
- 读取输入流中的指定的字符。
- 跳过输入流中的指定的字符。

scanf 的使用格式如下:

```
scanf (<格式控制串> , <参数列表>) ;
```

<格式控制串>一般是一个字符串常量,也可以是字符串指针,描述了输入数据应该遵循的格式。格式控制串可以包含 3 种类型的字符:格式指示符、分隔字符(空格符、制表符和回车符)和普通字符。

<参数列表>是存放输入数据地址的列表,输入数据的个数是可变的,参数之间用逗号“,”分隔。实际上输入参数列表是一个地址列表,可以是普通变量的内存地址,也可以是字符数组名或指针变量等。

格式指示符的数量、顺序与输入参数对应。scanf 函数执行时,根据格式控制串中的格式指示符,读取或跳过输入流中的数据,按照格式指示符描述的类型信息,将输入数据转换成相应的类型并存入对应的输入参数。

注意:scanf 函数有返回值,如果输入成功,该函数返回转换成功的参数的数目;否则,返回文件结束标志符 EOF 表示错误。

例如,对于函数

```
scanf("%d %f %d",&num1, &num2, &num3);
```

其中,num1 和 num3 为整型变量,num2 为浮点类型的变量,%d 和%f 均为格式指示符,分别表示读取的数据为整型和浮点型。如果输入为

```
12 34.5 678
```

则该函数执行的效果是:系统读取整数 12 并赋值给 num1,读取浮点数 34.5 并赋值给 num2,读取整数 678 并赋值给 num3。

2. scanf 函数的格式指示符

对于 scanf 函数,格式控制串中的分隔字符作为相邻输入数据的默认分隔符,其他普通字符在输入有效数据时,必须原样一起输入。格式控制串中格式指示符的一般形式如下:

```
% * <宽度> <转换说明符>
```

各部分说明如下。

(1) 格式控制字符标志%：是格式控制字符的标志，它是格式指示符的前导符。

(2) 赋值抑制符 *：是任选项，表示该格式指示符对应的数据读入后，不赋给相应的变量，该变量通过下一个格式指示符输入数据。例如，对于输入函数

```
scanf("%d %*d %d %d", &num1, &num2, &num3);
```

如果 num1、num2 和 num3 均为整型变量，假设输入为

```
12 34 567 89
```

那么，系统将读取 12 并赋值给 num1；读取 34 但舍弃掉(* 阻止将该数据赋值给 num2)；读取 567 并赋值给 num2，读取 89 并赋值给 num3。

(3) 宽度：是任选项，为一整数 n，指明该项输入数据所占列数为 n，即读取输入数据中相应的 n 位。赋值时，按参数所需要的位数赋给相应的变量，如果有多余的部分将被舍弃。例如：

```
scanf("%3c%3c", &ch1, &ch2);
```

如果 ch1 和 ch2 均为字符型变量，格式指示符%3c 指明读取数据的宽度为 3，读取数据的类型为字符型。假设输入为

```
abcdefg
```

则系统将先读取 abc，并将其中的第一个字符 a 存入变量 ch1；然后继续读取 def，并将其中第一个字符 d 存入变量 ch2。

(4) 转换说明符：指明了读取数据的类型信息，%d、%f 和%c 分别表示要读取的数据为整型、浮点型和字符型。表 9-3 给出了 scanf 函数常用的转换说明符及其含义。

表 9-3　scanf 函数常用的转换说明符及其含义

类型字符	含　义
d	十进制整型量
o	八进制整型量
x	十六进制整型量
u	无符号十进制整型
i	整型
f	实型的小数形式
e	实型的指数形式
g	f 和 e 的较短形式
c	字符
s	字符串
l 或 h	放在任何整数转换说明符之前，用于输入 short 或 long 类型数据
l 或 L	放在任何浮点转换说明符之前，用于输入 double 或 long double 类型数据

9.3.3 格式化输出函数 printf

1. 格式化输出函数的原型

printf 是最常用的格式化输出函数,可以按照一定的格式向标准输出设备(如显示器)输出数据,实现下面格式的输出功能。

- 输出数据的右对齐和左对齐。
- 将字符直接插入输出数据中。
- 将整数按照八进制或十六进制形式输出。
- 将浮点数按照指数形式输出。
- 指定浮点值保留的小数位数。
- 浮点值小数点对齐。
- 按指定的域宽和精度输出数据。

与 scanf 类似,printf 的使用格式如下:

```
printf (<格式控制串>,  <参数列表>);
```

<格式控制串>一般是一个字符串常量,也可以是字符串指针,以描述输出数据的格式。格式控制串可包含 3 种类型的字符:格式指示符、转义字符、普通字符(除格式指示符和转义字符外的其他字符)。格式指示符的作用是将参数列表中相应的输出数据转换为指定的格式输出,格式控制字符会被参数列表中相应的输出数据所替换,转义字符按照其含义输出相应的特殊符号,普通字符则原样输出。

<参数列表>是存放输出数据的表达式列表,输出数据的个数可变,参数之间用逗号“,”分隔。格式指示符的数量、顺序与输出参数相对应。printf 函数执行时,根据格式控制串中的格式指示符、转义字符和普通字符等,从左到右依次进行处理,遇到普通字符和转义字符,则原样输出或输出相应的转义符号,遇到格式控制字符,则先计算相应的输出参数表达式,将该参数的计算结果按照格式指示符指定的方式输出。

继续考虑上节的例子,对于下面的程序:

```
scanf("%d %f %d", &num1, &num2, &num3);
printf ("Three number: num1=%d, num2=%f, num3=%d\n sum=%f",num1, num2, num3,
num1+num2+num3);
```

其中,num1 和 num2 为整型变量,num3 为浮点类型的变量,如果输入为

```
12 34.5 678
```

那么 scanf 函数执行完后,num1 的值为 12,num2 的值为 34.5,num3 的值为 678;接着执行 printf 函数,将 3 个变量的最新值进行格式化输出:

```
Three number: num1=12, num2=34.500000, num3=678
sum=724.500000
```

跟 scanf 函数类似,printf 函数的格式控制串中的格式指示符%d 和%f 分别表示参数的值按照整型和浮点型形式输出,其中浮点型数据缺省保留 6 位小数位。

2. printf 函数的格式指示符

对于 printf 函数，不同类型的数据，要使用不同的格式指示符，格式控制串中的格式指示符的一般形式如下：

```
% <标志> <域宽> <.精度> <转换说明符>
```

＜标志＞、＜域宽＞和＜精度＞都是任选项，可以不出现。

各部分说明如下。

(1) 标志：紧跟在%的后边，可以增强格式化输出的能力，程序员可以使用表 9-4 所列的 5 种标志以实现不同的格式控制功能。

表 9-4　printf 函数常用的标志

标志	含　义
-	输出在域宽内左对齐
+	在正数值之前显示一个加号，在负数值之前显示一个减号
空格	在正数值之前显示一个空格
#	与八进制转换说明符 o 一起使用时，在输出值之前加 0；与十六进制转换说明符 x 或 X 一起使用时，在输出值之前加 0x 或 0X
0	用 0 填充域宽

注意：多个标志可以组合使用。

(2) 域宽：为一整型值，指明数据打印的宽度。如果数据实际长度小于域宽，则数据输出默认右对齐，即数据仍然按照域宽规定输出，在数据左边用空格补齐；如果数据实际长度大于域宽，那么系统将自动突破域宽的限制，按照数据的实际长度进行输出。注意，负号要占据一个字符位置。如果没有指明域宽，则系统按照数据的实际长度输出。

(3) 精度：也是一个整型表达式，对于不同类型的数据，精度的含义也不一样。对于整数，精度表示至少要打印的数字个数，如果数据实际长度小于精度，则左边补齐 0，使得数据长度等于精度；如果数据实际长度大于精度，则自动突破精度限制，按照数据的实际长度输出。缺省情况下整数的精度为 1。对于浮点数，如果转换说明符为 e、E 和 f，精度表示小数点后的有效位数，若数据小数部分的实际长度小于精度，则在右边补齐 0，使得小数部分长度等于精度；如果数据小数部分的实际长度大于精度，则按照精度对数据进行舍入输出。如果浮点数的转换说明符为 g 和 G，精度表示打印数据的最大的长度。对于字符串数据，精度表示字符串输出的最大长度，如果输出字符串的实际长度小于精度，则按照字符串的实际长度输出；如果字符串的实际长度大于精度，则按照精度截取输出字符串开头的 n 个字符(假设精度为 n)输出。

(4) 转换说明符：指明输出数据的类型信息，与 scanf 函数一致，常用的转换说明符及其意义见表 9-1。

下面通过几个示例来进一步理解格式化输入输出函数的功能。

9.3.4　格式化输入输出函数应用示例

下面的几个程序显示了各种输入和输出功能的应用，注意程序中的注释，比较程序的输出结果。

【例 9-6】 基本格式化输入和输出的功能。

```
//ex9_6.cpp:基本格式化输入和输出的功能
#include <cstdio>
int main()
{
    int num1;
    float num2;
    char ch1;
    int na, nb, nc, nd, ne, nf, ng;
    double da, db, dc;

    //基本格式化输入和输出
    printf ("-------------Basic input and output:-------------\n");
                                            //输出时无参数,仅输出字符串
    printf("Please input a character, a integer and a float : ");
                                            //提示用户输入数据
    scanf("%c %d %f", &ch1, &num1, &num2 );
                                  //依次读取字符、整数和浮点数分别存入 ch1、num1 和 num2
    printf ("Input data are: ch1=%c, num1=%d, num2=%f\n", ch1, num1, num2);
                                            //输出读取的用户数据

    //转换说明符的使用
    printf ("\n-------------Scanf with conversion specifier:-------------\n");

    //整数
    printf( "Please enter seven integers: " );
    scanf( "%d%i%i%i%o%u%x", &na, &nb, &nc, &nd, &ne, &nf, &ng );
                                            //读取各种形式的整数
    printf( "The input displayed as decimal integers is:\n" );
    printf( "%d %d %d %d %d %d %d\n", na, nb, nc, nd, ne, nf, ng );
                                            //以十进制形式输出读取的用户数据

    //浮点数
    printf( "\nEnter three floating-point numbers: " );
    scanf( "%lf%le%lg", &da, &db, &dc );    //读取各种形式的浮点数
    printf( "Here are the numbers entered in plain floating-point notation:\n" );
    printf( "%f\n%f\n%f\n", da, db, dc );   //输出读取的用户数据

    return 0;
}
```

程序运行结果:

```
-------------Basic input and output:-------------
Please input a character, a integer and a float : A 12 34.5
Input data are: ch1=A, num1=12, num2=34.500000

-------------Scanf with conversion specifier:-------------
Please enter seven integers: -70 -70 070 0x70 70 70 70
The input displayed as decimal integers is:
-70 -70 56 112 56 70 112

Enter three floating-point numbers: 1234.56 1234.56e-04 1234.56e+4
```

```
Here are the numbers entered in plain floating-point notation:
1234.560000
0.123456
12345600.000000
```

【例 9-7】 输入宽度、赋值抑制符 * 的使用。

```
//ex9_7.cpp:输入宽度、赋值抑制符 * 的使用
# include <cstdio>

int main()
{
    int num1;
    float num2;
    int num3;
    char ch1, ch2;

    //输入宽度的使用
    printf ("-------------Scanf with width:-------------\n");
    printf("Please enter a six characters string: "); //提示用户输入数据
    scanf("%3c%3c", &ch1, &ch2);                        //依次读取字符存入 ch1 和 ch2
    printf ("Input data are: ch1=%c, ch2=%c\n", ch1, ch2);   //输出读取的用户数据

    printf( "\nPlease enter a six digits integer: " ); //提示用户输入数据
    scanf( "%2d%d", &num1, &num3 );                 //依次读取两个整数分别存入 num1 和 num3
    printf ("Input data are: num1=%d, num3=%d\n", num1, num3);
                                                    //输出读取的用户数据

    //输入赋值抑制符 * 的使用
    printf ("\n-------------Scanf with suppresses assignment:-------------\n");
    printf("Please input 2 integers, a float and a integer: ");  //提示用户输入数据
    scanf("%d %*d %f %d",&num1, &num2, &num3);
        //依次读取整数存入 num1,跳过第二个整数,读取浮点数存入 num2,读取整数存入 num3
    printf ("Input data are: num1=%d, num2=%f, num3=%d\n", num1, num2, num3);
                                                    //输出读取的用户数据

    return 0;
}
```

程序运行结果：

```
-------------Scanf with width:-------------
Please enter a six characters string: abcdef
Input data are: ch1=a, ch2=d

Please enter a six digits integer: 123456
Input data are: num1=12, num3=3456

-------------Scanf with suppresses assignment:-------------
Please input 2 integers, a float and a integer: 123 45 6.78 90
Input data are: num1=123, num2=6.780000, num3=90
```

【例 9-8】 格式化输出功能。

```
//ex9_8.cpp:格式化输出功能
# include <cstdio>
int main()
{
   int num1;
   double num2;

   //格式化输出
   //转换说明符的使用
   printf ("-------------Print with conversion specifier:-------------\n");
   //整数
   printf( "Print integers:\n");
   printf( "%d\n", 455 );
   printf( "%i\n", 455 );
   printf( "%d\n", +455 );
   printf( "%d\n", -455 );
   printf( "%hd\n", 32000 );
   printf( "%ld\n", 2000000000 );
   printf( "%o\n", 455 );
   printf( "%u\n", 455 );
   printf( "%u\n", -455 );
   printf( "%x\n", 455 );
   printf( "%X\n", 455 );

   //浮点数
   printf( "\nPrint floats:\n");
   printf( "%e\n", 1234567.89 );
   printf( "%e\n", +1234567.89 );
   printf( "%e\n", -1234567.89 );
   printf( "%E\n", 1234567.89 );
   printf( "%f\n", 1234567.89 );
   printf( "%g\n", 1234567.89 );
   printf( "%G\n", 1234567.89 );

   //字符
   printf( "\nPrint character:\n");
   printf( "%c\n", 'A' );

   //宽度
   printf ("\n-------------Print with width: -------------\n");
   printf( "%4d\n", 1 );
   printf( "%4d\n", 12 );
   printf( "%4d\n", 123 );
   printf( "%4d\n", 1234 );
   printf( "%4d\n\n", 12345 );

   printf( "%4d\n", -1 );
   printf( "%4d\n", -12 );
   printf( "%4d\n", -123 );
   printf( "%4d\n", -1234 );
   printf( "%4d\n", -12345 );
```

```
    //精度
    printf ("\n-------------Print with precisions:-------------\n");
    num1 = 873;
    num2 = 123.94536;
    printf( "Using precision for integers\n" );
    printf( "\t%.4d\n\t%.9d\n\n", num1, num1 );
    printf( "Using precision for floating-point numbers\n" );
    printf( "\t%.3f\n\t%.3e\n\t%.3g\n\n", num2, num2, num2);
    printf( "Using precision for strings\n" );
    printf( "\t%.11s\n", "Hello World!" );

    //标志
    printf ("\n-------------Print with flags:-------------\n");
    printf( "%10s%10d%10c%10f\n", "hello", 7, 'a', 1.23 );
    printf( "%-10s%-10d%-10c%-10f\n", "hello", 7, 'a', 1.23 );
    printf( "%d\n%d\n", 786, -786 );
    printf( "%+d\n%+d\n", 786, -786 );
    printf( "% d\n% d\n", 547, -547 );
    printf( "%#o\n", 1427 );
    printf( "%#x\n", 1427 );
    printf( "%#X\n", 1427 );
    printf( "\n%g\n", 1427.0 );
    printf( "%#g\n", 1427.0 );
    printf( "%+09d\n", 452 );
    printf( "%09d\n", 452 );

    return 0;
}
```

程序运行结果：

```
-------------Print with conversion specifier:-------------
Print integers:
455
455
455
-455
32000
2000000000
707
455
4294966841
1c7
1C7

Print floats:
1.234568e+006
1.234568e+006
-1.234568e+006
1.234568E+006
1234567.890000
1.23457e+006
1.23457E+006
```

```
Print character:
A

-------------Print with width:-------------
    1
   12
  123
 1234
12345

    1
  -12
 -123
-1234
-12345

-------------Print with precisions:-------------
Using precision for integers
        0873
        000000873

Using precision for floating-point numbers
        123.945
        1.239e+002
        124

Using precision for strings
        Hello World

-------------Print with flags:-------------
     hello          7          a  1.230000
hello     7          a          1.230000
786
-786
+786
-786
547
-547
02623
0x593
0X593

1427
1427.00
+00000452
000000452
```

9.4 文件的基本概念

文件是根据特定目的而收集在一起的相关数据的集合,通常保存在有持久存储能力的存储设备上,例如硬盘、光盘、磁带等(以下统称存储设备)。C++程序把每个文件都看成一个有序的字节流,每个文件都以文件结束标志(EOF)结束(见图9-1)。如果要操作某个文件,程序必须首先打开该文件。当一个文件被打开后，该文件就和一个流关联起来，这里的流实际上就是一个字节序列，是打开文件后操作系统为该文件建立的一个缓冲区。流是文件(这里的“文件”可以是一般意义上的存储在存储设备上的文件；也可以是具有输入输出功能的外设，如键盘、显示器等)和程序之间通信的通道。

图 9-1 包含 n 字节的文件

在 C++ 中，键盘、显示器和打印机等输入输出设备被视为文件，也可以通过流对这些设备进行操作。当进行标准输入操作时，数据从键盘流向程序，标准输出时数据则从程序流向显示器。所以，这里看到的文件的输入输出与之前介绍的 I/O 内容有许多相似之处。只不过在之前所处理的“文件”是标准的输入输出设备，而本章主要介绍如何处理用户自定义的文件(普通的磁盘文件)。

从普通用户角度来看，文件可分为程序文件和数据文件两大类。而从程序员角度，C++ 将文件分为文本文件和二进制文件。文本文件是可以用任何文字处理程序阅读和编辑的简单 ASCII 文件。二进制文件则是把内存中数据不加转换地存储到磁盘，所以也称为内存数据的映像文件，一般往往是一些看不懂的“乱码”，如图形文件和可执行文件等。C++ 对包含特殊格式的二进制文件的操作方式一般都是按“块”操作，通过对“块”进行不同的解释来获取其中的信息。使用文件流操作二进制文件则一般使用 read 和 write 成员函数，用 FILE 结构操作二进制文件时一般使用 fread 和 fwrite 函数，但这并不意味着不能使用其他文件输入输出函数来操作二进制文件。对文本文件的操作则一般使用的是字符和字符串的输入输出方式，但也可以按“块”操作。C++ 其实并没有对文本文件和二进制文件进行严格的区分。

程序在执行时一般都会自动打开 3 个特殊文件以及与这 3 个文件相关联的流——标准输入流、标准输出流和标准错误流，分别对应于 3 个对象 cout、cin 和 cerr。标准输入流使程序能够读取来自预定义的输入设备(如键盘)的数据，标准输出流可以帮助程序把数据输出到预定义的输出设备(如显示器)上，标准错误流则帮助程序将错误信息输出到预定义的设备上。当 C++ 程序包含了头文件 iostream，就可以使用 3 个对象(cin、cout 和 cerr)来操作标准输入流、标准输出流和标准错误流。除了这些特定功能的预定义对象外，C++ 允许程序员为特定的文件创建输入输出流对象来完成对该文件的各种操作。

C++ 完整保留了 ANSI C 的输入输出功能，其主要是基于 FILE 结构的一组库函数实现。如果程序包含了头文件 cstdio，可以使用 3 个 FILE 结构类型的文件指针 stdin、stdout 和 stderr 分别操作上面 3 个标准流。它们分别和标准输入流、标准输出流和标准错误流相关联。此外，程序也可以定义自己的 FILE 结构类型的指针来操作自定义的文件。

9.5 通过文件流进行文件操作

要在 C++ 中进行文件处理，需要包含头文件 fstream。头文件 fstream 中包含了 3 个文件流类的定义，其中类 ifstream 实现文件的输入，类 ofstream 实现文件的输出，类 fstream 实现文件的输入输出。只需要声明这些类的对象就可以进行文件的各种操作。这 3 个类分别从类 istream、ostream 和 iostream 中继承而来，图 9-2 展示了这些类之间的继承关系。

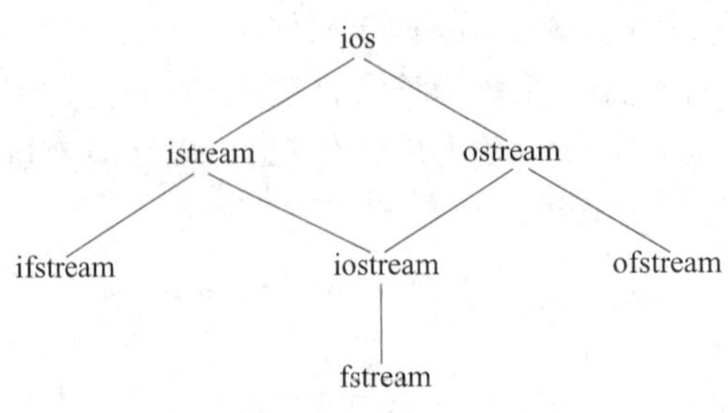

图 9-2 输入输出流的继承关系

继承是面向对象编程的一个概念,基本含义是通过继承关系,继承类就自动拥有被继承类的功能。因此,类 ifstream 的对象可以采用跟 cin 相似的方式读取文件(输入),类 ofstream 的对象可以用 cout 一样的方式写入文件(输出),类 fstream 的对象既可以读取文件,也可以写入文件。

9.5.1 通过文件流打开、建立文件

一个文件必须处于打开的状态才能进行读写操作。C++是通过文件流对象打开和建立文件,并与磁盘文件建立关联。C++程序首先声明一个文件流对象,然后调用其成员函数 open 打开或创建一个文件。open 函数的原型如下:

```
void open (const char* filename, ios_base::openmode mode);
```

其中,第一个参数 filename 是要打开或创建的文件名,第二个参数 mode 则是文件打开的方式。文件名中如果不带路径,则表示是当前目录下,当然也可以说明绝对路径。例如,文件名"c:\\test\\test.txt"(注意表示路径采用斜线的方式)表示在 C 盘的 test 目录下的文件 test.txt。文件打开方式是 ios 类中定义的枚举常量。表 9-5 中列出了所有可能的文件打开方式。

表 9-5 类 fstream 打开文件的方式

打开方式	描　述
ios::in	打开一个供读取的文件
ios::out	打开一个供写入的文件
ios::app	写入的所有数据将被追加到文件的末尾,此方式需要使用 ios::out
ios::ate	写入的数据将被追加到文件的末尾,但也可写到其他地方,此方式不需使用 ios::out
ios::trunc	废弃当前文件内容
ios::nocreate	如果要打开的文件并不存在,那么以此参数调用 open()函数将无法进行
ios::noreplace	如果要打开的文件已存在,试图用 open()函数打开时将返回一个错误
ios::binary	以二进制的形式打开一个文件

跟流格式控制符一样,使用这些枚举常量时,需要在之前加上"ios::"。另外,这些文件打开方式还可以通过位或运算进行组合使用,前提是彼此之间不互相排斥。例如,"ios::out | ios::binary "则表示以二进制形式打开一个供写入的文件。

文件打开方式:以错误的方式打开文件时可能会破坏文件的内容。例如,不希望破坏文

件内容时却使用了“ios::out”打开方式，系统将会在不给出任何提示的情况下废弃文件中的所有内容。

下面通过一个例子演示如何打开一个文件，并写入一些测试数据。

【例 9-9】 编写程序使用文件流新建和打开一个文件，并写入字符串"This is a test file."。

```
//ex9_9.cpp:新建和打开文件
#include <fstream>
#include <iostream>
using namespace std;

int main()
{
    //声明文件流对象
    ofstream outFile;
    //调用成员函数 open 打开文件
    outFile.open("test.txt", ios::out);

    if (!outFile)
    //使用错误流对象输出错误信息
        cerr << "Open file or create file error." << endl;
    else
    {
    //输出数据到与对象 outFile 关联的文件中
        outFile << "This is a test file.";
        //显式关闭文件
        outFile.close();
    }

    return 0;
}
```

程序运行后，在程序运行的当前目录多了一个文件 test.txt。打开该文件，发现其中的数据为"This is a test file."。

例 9-9 中 main 函数的第二条语句：

```
outFile.open("test.txt", ios::out);
```

其中，参数"test.txt"表示当前目录下的文件 test.txt，参数 ios::out 表示以写的方式打开文件，并废弃文件当前内容，如果指定文件不存在，则创建该文件。

此外，也可以在创建流对象同时打开文件。例如：

```
ofstream outFile("test.txt", ios::out);
```

的作用与例 9-9 中第 1、2 条语句等价，即创建了类 ofstream 的一个对象 outFile，并提供了初始化参数"test.txt"和 ios::out。本质是调用其构造函数将对象 outFile 和文件 test.txt 关联起来(以 ios::out 的方式打开该文件)。

类 ofstream 的对象的默认功能就是输出数据到文件，类 ofstream 的对象调用 open 函数时即使不提供第二个参数 ios::out 也表示打开用于输出的文件，所以语句

```
outFile.open("test.txt");
```

也表示打开或创建文件 test.txt 用于输出。而类 fstream 的对象由于既可以输出，也可以输入数据，所有用 fstream 的对象打开文件时不能省略第二个参数。

例 9-9 中的程序在执行打开文件操作后，对文件打开成功与否进行了测试。语句

```
if (!outFile)
    cerr << "Open file or create file error." << endl;
```

用于判断文件打开操作是否成功。此外，也可以调用定义于类 ios 中的成员函数 is_open 来判断是否成功打开文件。如果文件打开不成功，则输出错误信息“Open file or create file error.”。打开文件时，可能的错误包括：

- 以读的方式打开一个不存在的文件。
- 打开一个无权访问的文件，如某些系统文件。
- 以写的方式打开文件时，磁盘空间不够。

如果打开文件成功，则执行语句

```
outFile << "This is a test file.";
```

该语句调用流插入运算符“<<”将字符串"This is a test file."写入文件中。

随后，程序调用成员函数 close 关闭与其相关联的文件 test.txt。该函数会将文件缓冲区中的数据写入磁盘中并切断文件和流之间的关联。如果文件操作完毕后没有使用 close 函数关闭文件，有可能会造成文件数据丢失。一般情况下，程序应该尽早显式地关闭不再使用的文件，这可以减少程序执行时所占用的资源，也会使程序的结构更加清晰。

9.5.2 通过文件流写文件

在例 9-9 中，我们已经发现 C++ 向文件中写入格式化数据和在屏幕上输出数据的方法相同，都可以借助流插入运算符“<<”来完成，不同之处在于，前者关联的是磁盘文件，后者关联的是显示器。例 9-10 基于文件流对象将不同数据类型的数据写入文件中。

【例 9-10】 编写程序使用文件流的方式将整数、浮点数、字符串等类型的数据写入文件中。

```
//文件 ex9_10.cpp:以文件流的方式写文件
#include <fstream>
#include <iostream>
using namespace std;

int main()
{
    //创建文件流对象
    fstream outFile("test.txt", ios::out);

    //判断对象 outFile 打开文件成功与否
    if (!outFile)
    //使用错误流对象输出错误信息
        cerr << "Open file or create file error." << endl;
    else
    {
        //调用流插入运算符函数写文件
```

```
        outFile << 5 << "string" << " " << 1.2;

        //关闭文件
        outFile.close();
    }

    return 0;
}
```

程序运行后，在程序运行的当前目录下有一个文件 test.txt，打开该文件，可以看到文件中的数据为“5string 1.2”。

例 9-10 中的 main 函数在声明 fstream 的对象 outFile 的同时，执行了打开文件 test.txt 的操作。注意，此时不能省略第二个参数。如果打开文件成功，就可以像使用对象 cout 一样来使用对象 outFile，只是 cout 将格式化数据输出到屏幕上，而 outFile 则将格式化数据写入和它相关联的文件 test.txt 中。语句

```
outFile << 5 << "string" << " " << 1.2;
```

先将整数 5(以字符'5'的形式)写入文件，接着写入字符串"string"，为了将字符串"string"与后续写入的浮点数 1.2(将以字符串"1.2"的形式写入)区分开，程序在它们之间写入了一个空格。运行程序后，用文本编辑器打开文件 test. txt，不难发现，其中的数据内容和格式("5string 1.2")与语句

```
cout << 5 << "string" << " " << 1.2;
```

在屏幕上输出的数据和格式完全相同。

9.5.3 通过文件流读文件

C++ 也可以使用类 ifstream(或 fstream)的对象和流析取运算符“>>”从文件中读取数据。例 9-11 中的程序以读的方式打开了例 9-10 中的程序建立的文件 test.txt，并按照正确的格式读出其中的数据。

【例 9-11】 编写程序使用文件流的方式将例 9-10 中程序创建的文件 test.txt 中的所有数据读取出来。

```
//文件 ex9_11.cpp:以文件流的方式读文件
#include <fstream>
#include <iostream>
using namespace std;

#define MAX_STR_LEN 32

int main()
{
    //创建文件流对象
    ifstream inFile("test.txt", ios::in);

    int a;
    char b[MAX_STR_LEN];
```

```
    float c;

    //判断对象 inFile 打开文件成功与否
    if (!inFile)
    //使用错误流对象输出错误信息
        cerr << "File open error." << endl;
    else
    {
        //调用流提取运算符重载函数从文件中读取数据
        inFile >> a >> b >> c;

        //输出读取的数据
        cout << "INTEGER -- " << a << endl;
        cout << "STRING -- " << b << endl;
        cout << "FLOAT -- " << c << endl;

        //关闭文件
        inFile.close();
    }

    return 0;
}
```

程序运行结果:

```
INTEGER -- 5
STRING -- string
FLOAT -- 1.2
```

例 9-11 的 main 函数首先声明了一个类 ifstream 的对象 inFile,然后调用 open 成员函数打开文件 test.txt,建立和该文件之间的关联关系。同样地,也可以在声明类 ifstream 的对象的同时,通过初始化参数打开一个指定的文件,即程序中的第 1、2 条语句替换成下面的语句。

```
ifstream inFile("test.txt", ios::in);
```

由于类 ifstream 的对象的默认操作是打开文件用于输入,因此参数 ios::in 可以省略,语句

```
inFile.open("test.txt");
```

同样能起到打开文件 test.txt 用于输入的作用。如果是用 fstream 类的对象打开文件,则不能省略第二个参数。

如果文件打开成功,则程序按照例 9-10 中程序写入数据的格式将数据逐个读出。语句序列

```
inFile >> a >> b >> c;
cout << "INTEGER -- " << a << endl;
cout << "STRING -- " << b << endl;
cout << "FLOAT -- " << c << endl;
```

从文件中读取一个整数、一个字符串和一个浮点数,并将它们输出到屏幕上。程序在完成对文

件的所有操作后,调用成员函数 close 显式地关闭打开的文件。

9.5.4 通过文件流读写二进制文件

需要说明,上述几个示例程序都是按文本文件方式进行文件操作。C++ 还可以利用定义于类 ostream 中的 write 成员函数和类 istream 中的 read 成员函数以二进制的方式读写数据。

如果要操作二进制文件,在指明文件打开方式的参数时需要使用常量 ios::binary。可以是用位或运算符|连接起来的不冲突的多种打开方式。例如,参数"ios::out | ios::binary"表示打开或创建一个供写入的二进制文件,如果文件存在,则废弃文件当前内容。

例 9-12 中的程序使用文件流,以二进制方式实现对 student 结构变量的保存和恢复。

【例 9-12】 编写程序使用文件流以二进制方式读写文件。

```
//ex9_12.cpp:使用文件流以二进制方式读写文件
#include <fstream>
#include <iostream>
using namespace std;

struct student
{
    int num;
    char name[20];
    char sex;
    float score;
};

void displayStudentInfo(const student& stud);

int main()
{
    //创建一个 student 学生结构变量,并初始化其信息
    student stud = { 102, "Li Xiaoming", 'M', 88 };

    //输出学生信息
    cout << "The student information:" << endl;
    displayStudentInfo(stud);

    //创建文件流对象,同时创建用于保存对象的文件
    ofstream outFile("stud.dat", ios::out | ios::binary);
    if (!outFile)
        cerr << "Open file or create file error." << endl;
    else
    {
        //将结构变量保存到文件中
        outFile.write((char*)&stud, sizeof(student));
        //关闭文件
        outFile.close();
    }

    //修改学生信息
    stud.sex = 'F';
    stud.score = 95;
```

```
    //输出修改后的学生信息
    cout << "The modified student information:" << endl;
    displayStudentInfo(stud);

    //创建文件流对象,再次打开该文件用于读
    ifstream infile("stud.dat", ios::in | ios::binary);
    if (!outFile)
        cerr << "File open error." << endl;
    else
    {
        //从文件中恢复结构变量 stud
        infile.read((char * ) &stud, sizeof(student));
        infile.close();
    }

    //输出重新读取的学生信息
    cout << "After read the student information from file:" << endl;
    displayStudentInfo(stud);

    return 0;
}

void displayStudentInfo(const student& stud)
{
    cout << "num = " << stud.num << "\t";
    cout << "name = " << stud.name << "\t";
    cout << "sex = " << stud.sex << "\t";
    cout << "score = " << stud.score << endl;
}
```

程序运行结果：

```
The student information:
num = 102       name = Li Xiaoming      sex = M score = 88
The modified student information:
num = 102       name = Li Xiaoming      sex = F score = 95
After read the student information from file:
num = 102       name = Li Xiaoming      sex = M score = 88
```

例 9-12 中的 main 函数首先声明一个 student 学生结构变量,初始化其信息,并调用函数 displayStudentInfo 输出该学生的信息。接下来,语句

```
ofstream outFile ("stud.dat", ios::out | ios::binary);
```

声明了文件流类 ofstream 的对象 outFile,并同时打开二进制文件 stud.dat,打开方式为“ios::out | ios::binary”,表示打开或创建一个供写入的二进制文件。之后,程序对打开文件的结果进行测试,如果文件打开成功,则使用语句

```
outFile.write((char * ) &stud, sizeof(student));
```

将结构变量 stud 写入文件,并显式地关闭文件。程序运行后,在当前目录下有一个文件 stud.dat,如果以文本编辑器打开该文件,发现其中可能有一些非文本字符,所有这些数据就是以二

进制方式写入的结构变量。

定义于类 ostream 的 write 成员函数的定义如下：

```
ostream& write(char * pch, int nCount);
```

其中，它带两个参数，要求第一个参数为一个字符指针，指向要写入文件的数据的首地址，第二个参数是一个整数，给出了要写入文件的字节数。程序需要将结构变量 stud 写入文件，所以第一个参数应该是结构变量 stud 的首地址，但需要进行类型的强制转换，第二个参数则是结构变量 stud 所占的空间大小(字节数)。

关闭文件后，程序修改了结构变量 stud 的一些成员属性，并再次调用函数 displayStudentInfo 输出该学生修改之后的信息。

前面的程序将结构变量 stud 保存到文件中，后面的程序则将从文件中恢复结构变量 stud。语句

```
ifstream infile("stud.dat", ios::in | ios::binary);
```

声明了类 ifstream 的对象 infile 并再次以读的方式打开文件 stud.dat，打开文件后，则使用语句

```
outFile.read((char *)&stud, sizeof(student));
```

将保存在文件中的数据读出到结构变量 stud 中。

定义于类 istream 的 read 成员函数的定义如下：

```
istream& read(char * pch, int nCount);
```

其中，它也带两个参数，第一个参数是一个字符指针，指向要存放读入数据的存储单元的首地址，第二个参数是一个整数，给出了要读取的数据的字节数。

程序在将结构变量写入文件和从文件中读出结构变量时都按照“原始数据”(二进制)的格式进行，可以保证数据的正确性。一个 student 结构类型的变量包括一个整型的数据成员 num、一个字符数组 name、一个字符成员 sex 和一个浮点类型成员 score，函数 write 可以一次将一个完整的 student 类型变量写入文件，实际上就是将一个整数、字符数组、字符和浮点数写入文件，不管 student 类型的变量中存储的整数 num 有多大，字符数组分别是什么，它在内存中都只占固定大小(sizeof(student)字节)，函数 write 也按照该对象在内存中“原始数据”的格式(二进制格式)将该固定大小的连续存储字节写入文件中。如果使用流插入运算符<<将一个整数写入文件，则该整数可能会占一个字节(如该数小于 10)或多个字节(该数大于或等于 10)。所以，很多时候我们会发现读写二进制文件要比读写文本文件的数据要方便得多。

9.5.5 通过文件流随机读写文件

上面的例子在操作文件时都是打开一个文件后从头到尾将文件中的数据全部读完。从文件读取数据时，程序怎么知道应该从文件的什么位置读取数据？是否只能按照从头到尾的先后顺序读取文件呢？答案在于文件打开后的文件位置指针。C++ 为文件读写操作维护了一个指向当前操作位置的指针——文件位置指针。进行文件的读写操作时，程序从文件位置指针所指向的位置读取或写入数据。每进行一次文件的读写操作，文件的位置指针会自动根据

读写操作所涉及的字节数进行调整。

如果不能改变文件位置指针的值,文件的读写只能按顺序进行。如果需要从文件中随机读取一些数据该怎么办呢?类 istream 和 ostream 分别提供了重定位文件位置指针的成员函数 seekg 和 seekp。seekg 为读文件操作指定文件位置指针,其函数原型如下:

```
istream & seekg(long, ios::seek_dir);
```

其中,第二个参数表示定位文件位置指针的基准,其值可以为 ios::beg(默认值,表示相对于文件的开始位置定位)、ios::cur(相对于文件位置指针的当前位置定位)和 ios::end(相对于文件尾定位)。第一个参数是一个长整型,表示偏移量(字节数)。

seekp 为写文件操作指定文件位置指针,其函数原型如下:

```
ostream & seekp(long, ios::seek_dir);
```

参数意义与 seekg 函数类似。

例 9-13 中的程序首先把一个含有 5 个元素的结构数组整体写入二进制文件中,然后通过 seekg 函数重定位文件读取位置指针,依次从文件中读取第 1、3、5 个学生的信息,并打印读取的学生的信息。

【例 9-13】 编写程序使用文件流的方式把一个含有 5 个元素的结构数组整体写入二进制文件中,然后从文件中读取第 1、3、5 个元素。

```
//文件 ex9_13.cpp:随机读写文件
#include <fstream>
#include <iostream>
using namespace std;

#define STUDENT_NUM  5

struct student
{
    int num;
    char name[20];
    char sex;
    float score;
};

void displayStudentInfo(const student& stud);

int main()
{
    //创建一个学生结构数组,并初始化其全部数据
    student theClass[STUDENT_NUM] = {
              {110, "Zhang Ping", 'M', 45},
              {102, "Li Xiaoming", 'M', 92},
              {153, "Wang Gang", 'M', 52.5},
              {134, "Cheng Ling", 'F', 87},
              {105, "Liu Xiaofang", 'F', 95},
    };

    //创建文件流对象,同时创建用于保存数据的文件
```

```
    ofstream outFile("studs.dat", ios::out | ios::binary);
    if (!outFile)
        cerr << "Open file or create file error." << endl;
    else
    {
        //将结构数组整体一次性保存到文件中
        outFile.write((char *)theClass, sizeof(student) * STUDENT_NUM);
        //关闭文件
        outFile.close();
    }

    //创建文件流对象,再次打开该文件用于读
    ifstream infile("studs.dat", ios::in | ios::binary);
    if (!outFile)
        cerr << "File open error." << endl;
    else
    {
        student stud;
        //从文件中读取第 1、3、5 个学生的信息
        cout << "Read the 1st, 3rd, and 5th student from file:" << endl;
        for (int  i = 0; i < 5; i += 2)
        {
            //移动文件读取位置指针
            infile.seekg(i * sizeof(student), ios::beg);
            infile.read((char *)&stud, sizeof(student));
            //打印读取的学生信息
            displayStudentInfo(stud);
        }
        //关闭文件
        infile.close();
    }

    return 0;
}

void displayStudentInfo(const student& stud)
{
    cout << "num = " << stud.num << "\t";
    cout << "name = " << stud.name << "\t";
    cout << "sex = " << stud.sex << "\t";
    cout << "score = " << stud.score << endl;
}
```

程序运行结果：

```
Read the 1st, 3rd, and 5th student from file:
num = 110       name = Zhang Ping       sex = M score = 45
num = 153       name = Wang Gang        sex = M score = 52.5
num = 105       name = Liu Xiaofang     sex = F score = 95
```

例 9-13 中的程序首先构造一个包含 5 个元素的学生结构数组，然后以输出方式（写入操作）打开（不存在则新建）二进制文件 studs.dat，通过 write 函数把该数组整体写入文件。接下来再次以输入方式（读取操作）打开二进制文件 studs.dat，打开成功后，在一个 for 循环中，为了读取文件中的第 1、3、5 个学生的信息，语句

```
infile.seekg(i * sizeof(student), ios::beg);
```

将和流对象 infile 相关联的文件的位置指针设置为第 0、2、4 个学生之后，对应 i 的取值分别是 0、2 和 4。

在例 9-13 中，为了程序结构清晰，先用 ofstream 类对象打开文件进行写操作，再用 ifstream 类对象打开文件进行读操作。其实，也可以用 fstream 类对象，用下面的语句

```
fstream file("studs.dat", ios::in | ios::out | ios::binary);
```

打开该二进制文件，file 对象既可以进行写操作，也可以进行读操作。

*9.6　通过 FILE 结构进行文件操作

为了兼容 C 语言，C++ 保留了 ANSI C 通过 FILE 结构进行文件操作的机制。FILE 结构是在头文件 cstdio 中定义的，它包含用来处理文件的信息，例如与操作系统的文件管理相关的文件描述子（file descriptor）等。cstdio 中还提供了许多读写文件数据的函数。操作文件的函数的命名和操作标准输入输出流的函数类似，例如函数 fgetc 和 fputc 与函数 getchar 和 putchar 类似，用于从文件中读出和向文件中写入一个字符；函数 fscanf 和 fprintf 的功能也和 scanf 和 printf 的功能类似，只是前者输入输出的设备不是标准输入输出流，而是特定的文件。本节将讨论如何使用 FILE 结构和相关函数进行文件操作。

9.6.1　通过 FILE 结构建立、打开和关闭文件

C++ 保留了 ANSI C 对文件的处理方式，程序对每一个文件都使用一个单独的 FILE 结构管理，每一个打开的文件都必须有一个单独声明的 FILE 类型的指针用来引用该文件。

函数 fopen 可以用来建立一个新文件或打开一个已存在的文件，其原型如下：

```
FILE * fopen(const char * filename, const char * mode);
```

其中，filename 是拟打开或新建的文件的路径和名字；mode 是一个字符串，说明了文件打开的方式。例如，字符串"r"表示打开一个供读取数据的文件；"w"表示建立或打开一个供写入数据的文件，如果该文件不存在则创建并打开该文件，如果该文件已经存在则该文件内容将被废弃。表 9-6 列出了函数 fopen 打开文件的方式。

表 9-6　函数 fopen 打开文件的方式

打开方式	描　述
r	打开一个供读取数据的文件
w	建立或打开一个供写入数据的文件，如果该文件已经存在，则废弃文件内容
a	建立或打开一个供写入数据的文件，如果文件已经存在，则被写入数据将追加到文件的尾部
r+	打开一个已存在的文件，该文件可以写入和读出数据
w+	建立或打开一个可供读和写的文件，如果文件已存在则废弃文件内容
a+	建立或打开一个可供读和写的文件，如果文件已存在则写入的数据追加到文件的尾部
b	打开一个二进制文件

表9-5中列出的打开方式b只能和其他方式组合使用，例如"wb"表示以二进制方式打开一个供写入数据的文件，"rb"表示以二进制方式打开一个供读取数据的文件。打开方式中包含字符b时表示程序要操作的是二进制文件，二进制文件允许输入输出无格式的二进制数据（内存块中的原始数据）。打开方式中不包含字符b时表示程序要操作的是文本文件，使用文本文件输入输出无格式的二进制数据时可能会出错。

如果文件被正确地打开，那么函数fopen将返回一个指向FILE结构的指针，该指针指向的FILE结构管理了被打开的那个文件。在打开文件时如果发生错误（打开文件失败），那么该函数将返回NULL。

打开的文件在使用完之后，应当被关闭。关闭文件的函数原型如下：

```
int fclose(FILE * stream);
```

该函数的功能是关闭FILE结构的指针stream所对应的被打开的文件，如果成功关闭，fclose返回0值；否则，返回文件结束标志EOF，指示出错。例9-14是一个打开文件的例子。

【例9-14】 编写程序使用fopen函数新建或打开一个文本文件，并写入字符串"This is a test file."。

```
//ex9_14.cpp:新建和打开文件
#include <cstdio>

int main()
{
    FILE * fptr;                                    //定义 FILE 指针

    //打开或创建文件
    if ((fptr = fopen("test.txt", "w")) != NULL)
    {
        //往文件中写入字符串
        fprintf(fptr, "This is a test file.");
        //关闭文件
        fclose(fptr);
    }
    else
        printf("Open file or create file error.\n");

    return 0;

}
```

程序运行后，在程序运行的当前目录多了一个文件test.txt，用文本处理软件打开该文件，发现其中只有一个字符串"This is a test file."。

例9-14中main函数的第一条语句声明了一个指向FILE结构的指针fptr。接下来，语句

```
fptr = fopen("test.txt", "w");
```

调用函数fopen打开一个名为test.txt的文件，如果该文件不存在，则先创建该文件，并将返回值赋值给文件指针fptr。一个文件只有被打开后才和流关联，对文件或流进行读写操作需要通过文件指针进行（这里对文件test.txt的操作都需要通过fptr进行）。函数fopen带两个参

数,其中第一个参数是要打开或创建的文件的路径和文件名。第二个参数是文件打开的方式,参数 w 表示以写方式打开文件,如果该文件不存在,则先创建该文件然后打开它;如果该文件存在,则打开该文件并废弃文件中所有内容。函数 fopen 返回被打开文件的 FILE 结构的首地址(即指向 FILE 结构的指针),或者在文件打开失败时返回空指针 NULL。

程序接下来测试函数 fopen 的返回结果,如果打开文件成功则使用语句

```
fprintf(fptr, "This is a test file.");
```

往文件中写入字符串"This is a test file.";否则,使用 printf 在标准输出设备(显示器)上输出报错信息。函数 fprintf 和 printf 相似,都是输出格式化数据,只是函数 printf 将数据输出到屏幕上,而 fprintf 则输出到某个文件中,因而函数 fprintf 比 printf 要多带一个参数,它的第一个参数是一个文件指针,指明了要写入格式化数据的文件。

文件操作完毕之后程序调用 fclose 函数关闭该文件。

例 9-14 演示的是如何建立、打开和关闭文本文件,9.6.2 节的例 9-15 将演示如何操作一个二进制文件。

9.6.2 通过 FILE 结构写文件

除了打开和关闭文件外,头文件 cstdio 还提供了写文件和读文件的函数。常见的写文件的函数包括 fputc(写入一个字符)、fputs(写入一个字符串)、fprintf(类似于函数 printf,以格式化的方式写入整数、浮点数、字符串等)和 fwrite(以字节的方式写入无格式的数据)等。各函数说明如下。

```
(1) int fputc(int c, FILE * stream);
```

函数有两个参数,分别表示要写入的字符 c 和要写入数据的文件指针 stream,该函数将字符 c 写入文件指针 stream 指向的文件,并将写入的字符作为结果返回,如果写入过程中出现错误,则该函数返回文件结束标志 EOF。

```
(2) int fputs(const char * string, FILE * stream);
```

函数的两个参数分别是要写入的字符串 string 和要写入数据的文件指针 stream,该函数将字符串 string 写入文件指针 stream 指向的文件,如果写入成功,则函数返回非负的整数;否则,返回文件结束标志 EOF。

```
(3) int fprintf(FILE * stream, const char * format [,argument]…);
```

fprintf 函数与 printf 函数相似,只是 fprintf 函数多了一个参数 stream 以表示要写入数据的文件,该函数的功能是将数据按照格式控制串 format 写入文件指针 stream 指向的文件中,如果写入成功,则函数返回写入的字节数;否则,返回一个负数表示错误。

```
(4) size_t fwrite(const void * buffer, size_t size, size_t count, FILE * stream);
```

函数 fwrite 可以把从内存中指定位置开始的指定个数的字节以二进制的方式写入文件。函数 fwrite 有 4 个参数,其中第一个参数 buffer 是一个指针,它指向内存中要写入文件的数据的首地址;第二个参数 size 是要写入文件的数据对象的大小,其类型是 size_t(是 C 标准的类

型,其具体的实现在不同的语言版本中不同,在大多数情况下实现为无符号整型),一般使用运算符 sizeof 计算数据对象所占空间的字节数;第三个参数提供要写入的数据对象的个数;第四个参数是文件指针,它指明要写入数据的文件。函数 fwrite 可以一次将从 buffer 开始的 size * count 字节的数据写入指针 stream 指向的文件中。如果写入成功,则该函数返回写入的数据对象的个数;如果发生了错误,则函数的返回值要小于 count。

例 9-15 将结构类型的数据写入一个二进制文件中。该程序首先以"wb"的方式(因为程序要以二进制的方式将结构类型的数据写入文件)建立或打开一个名为 studs.dat 的文件。如果文件打开成功,则往文件中写入两个 student 结构类型的数据,最后关闭文件。

【例 9-15】 编写程序将 student 结构类型的数据写入文件。

```
//ex9_15.cpp:通过 FILE 结构写二进制文件
#include <cstdio>

struct student                                          //声明结构类型
{
    int num;
    char name[20];
    char sex;
    float score;
};

int main()
{
    //创建并初始化 2 个学生信息
    student stud1 = { 102, "Li Xiaoming", 'M', 88 };
    student stud2 = { 110, "Cheng Ling", 'F', 92 };

    //声明文件指针
    FILE * fptr;

    //打开文件
    if ((fptr = fopen("studs.dat", "wb")) != NULL)
    {
        //以二进制方式写入数据
        fwrite(&stud1, sizeof(student), 1, fptr);
        fwrite(&stud2, sizeof(student), 1, fptr);

        //关闭文件
        fclose(fptr);
    }
    else
        printf("Open file or create file error.\n");

    return 0;
}
```

例 9-15 中的程序在打开文件后写入对象 stud1 和 stud2 时使用的是下面的函数调用语句。

```
fwrite(&stud1, sizeof(student), 1, fptr);
fwrite(&stud1, sizeof(student), 1, fptr);
```

函数 fwrite 的第一个参数是一个指针,指向内存中要写入文件的数据的首地址。这里要写入的是结构变量 stud1 和 stud2,表达式 &stud1 和 &stud2 就是获取变量 stud1 和 stud2 在内存中的首地址。第二个参数是要写入文件的结构变量的大小,使用运算符 sizeof 计算 student 类型的变量所占空间的字节数。函数 fwrite 也可以一次将一个数组中的多个元素写入文件,写入一个数组时,需要给函数 fwrite 的第一个参数提供数组的首地址。第三个参数则提供数组元素的个数。因为在这里程序一次只需写入一个结构变量,相当于写入一个数组元素个数为 1 的数组,所以第三个参数为 1。函数 fwrite 的第四个参数是文件指针,指明要写入数据的文件。

9.6.3 通过 FILE 结构读文件

类似于写文件的函数,头文件 cstdio 也提供了多个从文件中读取数据的函数,包括 fgetc(从文件中读取一个字符)、fgets(读取一个字符串)、fscanf(类似于函数 scanf,以格式化的方式从文件中读取整数、浮点数、字符串等)和 fread(以字节的方式读取数据)等。为了方便文件内容的读取,cstdio 中还提供了在读文件时判断是否到达文件尾的函数 feof。各函数的说明如下。

```
(1) int fgetc(FILE * stream);
```

与 fputc 相反,该函数从文件指针 stream 指向的文件的当前位置读取一个字符,以 int 类型返回,如果出错或已经到达了文件结束的位置,则返回文件结束标志 EOF。

```
(2) char * fgets(char * string, int n, FILE * stream);
```

与 fputs 相反,该函数从文件指针 stream 指向的文件的当前位置开始读取字符串,判断字符串结束位置的条件是:遇到换行符(读入该换行符),或到达文件结束位置,或读取了 n-1 个字符。读取的字符串存入 string 所指的内存单元中,并在所有读取的字符之后添加字符串结束标记'\0'。如果读取成功,则函数返回 string;如果读取出错或读取前已经到达了文件结束的位置,则返回 NULL。

```
(3) int fscanf(FILE * stream, const char * format [,argument]…);
```

与 fprintf 相反,fscanf 函数与 scanf 函数相似,只是 fscanf 函数多了一个参数 stream 以指向要读取数据的文件,该函数的功能是从指定文件中将数据按照格式控制串 format 读出并转换成相应的类型以存入对应的参数中。如果读取成功,则函数返回转换成功的参数的个数;如果读取出错或读取前已经到达了文件结束的位置,则返回文件结束标志 EOF。

```
(4) size_t fread(void * buffer, size_t size, size_t count, FILE * stream);
```

与 fwrite 相反,函数 fread 的作用是从文件的当前位置读取指定字节数的数据放入内存的指定位置,第一个参数 buffer 是一个指针,指向内存中要写入数据的位置;函数 fread 的后 3 个参数与函数 fwrite 的 3 个参数的意义相同,给出了要读取数据对象的字节数、数目及被读取的文件。函数 fread 可以从指定文件的当前位置一次性读取 size * count 字节的数据并存入 buffer 中。如果读取成功,则函数返回成功读取的数据对象的数目;如果发生错误,则函数的返回值小于 count。

```
(5) int feof(FILE * stream);
```

函数 feof 判断 stream 指向的文件是否已经到达了文件的结束位置。如果是到达了文件结束位置,返回非 0 值;否则,返回 0。

例 9-16 将例 9-14 写入文件 test.txt 中的字符串分别按行和按单词读出并输出到屏幕上。

【例 9-16】 编写程序把例 9-14 中程序创建的文件 test.txt 中的数据读取出来。

```
//ex9_16.cpp:打开文件并读取其中的数据
#include <cstdio>

#define MAX_BUF_LEN 80

int main()
{
    FILE * fptr;                                    //定义 FILE 指针
    char buf[MAX_BUF_LEN];

    //打开文件
    if ((fptr = fopen("test.txt", "r")) != NULL)
    {
        //从文件中读取一个字符串
        fgets(buf, MAX_BUF_LEN, fptr);
        printf("Data from File: %s\n", buf);
        //关闭文件
        fclose(fptr);
    }
    else
        printf("Open file or create file error.\n");

    //再次打开文件
    if ((fptr = fopen("test.txt", "r")) != NULL)
    {
        printf("Read words one by one:\n");
        while (!feof(fptr))
        {
            fscanf(fptr, "%s", buf);
            printf("\t%s\n", buf);
        }
        //关闭文件
        fclose(fptr);
    }
    else
        printf("Open file or create file error.\n");

    return 0;
}
```

程序运行结果:

```
Data from File: This is a test file.
Read words one by one:
        This
        is
```

```
        a
        test
        file.
```


例 9-16 中的程序声明文件指针 fptr 后,调用 fopen 函数打开文件 test.txt。文件打开方式为"r",因为打开的文件是文本文件,而且打开文件的目的是为了读取其中的数据。文件 test.txt 由例 9-14 中的程序创建,如果例 9-14 和例 9-16 中的程序不在同一个目录下,则需要将文件 test.txt 复制到例 9-16 中程序所在目录。程序第一次打开文件后,调用 fgets 函数读取文件中的数据。语句

```
fgets(buf, MAX_BUF_LEN, fptr);
```

从文件的当前位置读取 MAX_BUF_LEN-1(等于 79)个字符或者读取数据直到遇到换行符或文件尾,读取的数据放到字符数组 s 中。这里,文件 test.txt 中的所有数据被一次读出。程序在输出读出的数据后关闭文件。

接下来,程序再次调用 fopen 函数打开文件 test.txt,并利用循环逐个读取其中的单词。语句

```
while (!feof(fptr))
```

调用函数 feof 判断进行文件读操作时是否到达文件尾,到达文件尾则跳出循环。语句

```
fscanf(fptr, "%s", buf);
```

从 fptr 指向的文件中读取一个字符串存入 buf,碰到空白符或换行符时结束。文件 test.txt 中各单词以空格符分开,该语句一次读出一个单词。实际执行时,程序在最后一次循环读入并输出"file."后,将回到循环测试条件处,此时执行 feof(fptr)函数调用就发现到达了文件末尾,返回非 0 值,结束整个 while 循环。

例 9-16 中的程序从文本文件中读取数据,而例 9-17 中的程序则重新打开例 9-15 中程序创建并写入数据的二进制文件 studs.dat,并且按照写入数据的格式将文件中的数据读取出来。

【例 9-17】 编写程序将例 9-15 中程序创建的文件 studs.dat 中的数据读取出来。

```
//ex9_17.cpp:通过 FILE 结构读二进制文件
#include <cstdio>
#include <iostream>
using namespace std;

struct student
{
    int num;
    char name[20];
    char sex;
    float score;
};

void displayStudentInfo(const student& stud);

int main()
```

```
{
    //创建 2 个学生变量
    student stud1, stud2;
    //声明文件指针
    FILE* fptr;

    //打开文件
    if ((fptr = fopen("studs.dat", "rb")) != NULL)
    {
        //以二进制方式读出数据
        fread(&stud1, sizeof(student), 1, fptr);
        fread(&stud2, sizeof(student), 1, fptr);

        displayStudentInfo(stud1);
        displayStudentInfo(stud2);

        //关闭文件
        fclose(fptr);
    }
    else
        printf("File open error.\n");

    return 0;
}

void displayStudentInfo(const student& stud)
{
    cout << "num = " << stud.num << "\t";
    cout << "name = " << stud.name << "\t";
    cout << "sex = " << stud.sex << "\t";
    cout << "score = " << stud.score << endl;
}
```

程序运行结果：

```
num = 102       name = Li Xiaoming       sex = M score = 88
num = 110       name = Cheng Ling        sex = F score = 92
```

例 9-17 中的程序为了输出读取出来的信息，程序增加了函数 displayStudentInfo。主程序首先调用 fopen 函数以"rb"方式（文件中包含的是二进制数据，需要以二进制方式打开读取）打开文件 studs.dat，文件 studs.dat 由例 9-15 中的程序创建，如果例 9-15 和例 9-17 中的程序不在同一个目录下，则需要将文件 studs.dat 复制到例 9-17 中程序所在目录。

打开文件成功后，程序调用 fread 函数从文件中读取类 AudioMedia 的两个对象，并分别放入 stud1 和 stud2 中。

```
fread(&stud1, sizeof(student), 1, fptr);
fread(&stud2, sizeof(student), 1, fptr);
```

函数 fread 的第一个参数指向内存中要写入数据的位置，这里需要把数据读入对象 stud1 和 stud2 中，所以第一个参数应该分别是 stud1 和 stud2 的首地址。函数 fread 的后 3 个参数与函数 fwrite 的后面 3 个参数相同，分别给出要写入或读出数据的字节数以及指向被操作文件的指针。在例9-17中,函数fread一次性读出固定大小个字节(student结构类型的一个变量所占的空间大小),这些字节的"原始数据"被放到变量stud1和stud2所在的内存空间,而这些字节也正好是例9-9中用函数fwrite写入的一个结构变量,这种方法可以确保读出的数据和写入时完全一致。

文件操作完毕之后,需要调用fclose函数关闭文件。

9.6.4 通过FILE结构指针随机读写文件

通过FILE结构指针同样可以实现随机读写文件。fseek函数可以解决这个问题,其函数原型如下:

```
int fseek(FILE *, long, int);
```

其中,第一个参数为文件指针,第二个参数是一个长整型,表示从第三个参数所确定的位置开始向前或向后(依赖于第二个参数的正负值)的字节数。第三个参数是定位文件位置指针的基准,其值可以是SEEK_SET、SEEK_CUR和SEEK_END之一,分别表示从文件的起始位置、文件位置指针的当前位置和文件的尾部开始。例9-18中的程序读取文件studs.dat中的数据,但跳过了第一个对象,直接读取第二个对象的内容。

【例9-18】 编写程序将例9-15创建的文件studs.dat中的所有数据读取出来,要求跳过第一个学生信息,直接读取第二个学生信息。

```
//ex9_18.cpp:随机读二进制文件
#include <cstdio>
#include <iostream>
using namespace std;

struct student
{
    int num;
    char name[20];
    char sex;
    float score;
};

void displayStudentInfo(const student& stud);

int main()
{
    student stud;
    //声明文件指针
    FILE* fptr;

    //打开文件
    if ((fptr = fopen("studs.dat", "rb")) != NULL)
    {
        //修改文件位置指针,跳过一个学生信息
        fseek(fptr, sizeof(student), SEEK_SET);
        //读取一个学生信息
        fread(&stud, sizeof(student), 1, fptr);
```

```
        displayStudentInfo(stud);
        //关闭文件
        fclose(fptr);
    }
    else
        printf("File open error.\n");

    return 0;
}

void displayStudentInfo(const student& stud)
{
    cout << "num = " << stud.num << "\t";
    cout << "name = " << stud.name << "\t";
    cout << "sex = " << stud.sex << "\t";
    cout << "score = " << stud.score << endl;
}
```

程序运行结果：

```
num = 110       name = Cheng Ling       sex = F score = 92
```

例 9-18 中的程序在打开文件 studs.dat 成功后，执行语句

```
fseek(fptr, sizeof(student), SEEK_SET);
```

该语句修改文件位置指针的值，使之从文件的开始位置(第三个参数 SEEK_SET)向后跳过一个学生信息(sizeof(student)个字节)，指向存储第二个学生的位置，保证后续语句都能读到正确的值。

习　　题

9.1　在标准输入输出中 cout、cerr、clog、cin 的作用是什么？有何区别？

9.2　哪个 I/O 操作符可在输出浮点数据时减少打印位数？

9.3　在用 I/O 操作符时，必须包括什么头文件？

9.4　如何理解流的概念？流的插入和提取是指什么？与其相一致的对象分别是什么？

9.5　用一条 C++ 语句实现下列要求。

(1) 以左对齐方式输出整数 40000，域宽为 15。

(2) 把一个字符串读入字符型数组变量 state 中。

(3) 打印有符号数 200 和无符号数 200。

(4) 将十进制整数 100 以 0x 开头十六进制格式输出。

(5) 用前导 0 格式打印 1.234，域宽为 9。

9.6　写出下列程序的运行结果。

```
#include <iostream>
using namespace std;
void main(void)
```

```
{   int n=4;
    while (--n)
      cout<<n<<'\t';
    cout<<endl;
}
```

9.7　编写一个程序,测试十进制、八进制、十六进制格式整数值的输入,并分别按照3种不同的基数输出,测试数据为10、010、0x10。

9.8　编写一个程序,分别用不同的域宽打印出整数12345和浮点数1.2345。当域宽小于数值的实际需要的域宽时,会发生什么情况?

9.9　编写一个程序,将100.453627取整到最近似的个位、十分位、百分位、千分位和万分位,打印出结果。

9.10　编写一个程序,利用流操纵算子输出下面数据。

```
12345678901234567890
432*******
*******432
0x11
45456.67
4.5457E+04
```

9.11　设计一个程序,判断从键盘输入的整数的正负性和奇偶性。

9.12　编写一个程序,记录5个班的学生成绩,每个班有10个学生。要求用cin函数输入数据,然后按行列格式打印该表。

9.13　假定你是一大学教师,需要给出10个学生的平均分数。编写一个程序,提示输入10个不同的成绩,然后将平均值显示在屏幕上。

9.14　编写一个测试儿童算术的程序。要求输入两个数,然后算出第一个数加第二个数的和。当该儿童准备好后(在告诉他怎样做以后等着他按Enter键)打印结果,以便核对答案。

9.15　编写一个程序,将华氏温度0～212度转换为浮点型摄氏温度,浮点数精度为3。转换公式是:

$$\text{celslus}=5.0\div 9.0\times(\text{Fahrenheit}-32)$$

输出两个右对齐列,摄氏温度前面加上正负号。

9.16　从键盘输入一个3位数abc,从左到右用a、b、c表示各位的数字,现要求依次输出从右到左的各位数字,即输出另一个3位数cba,例如输入123,则输出321,试设计程序。(算法提示:a=n/100, b=(n-a*100)/10, c=(n-a*100)%10, m=c*100+b*10+a)

9.17　填空:

(1) 文件流类的________成员函数的功能是关闭文件。

(2) 文件流类的________成员函数的功能是打开一个文件。

(3) 类istream和类ostream中的成员函数________和________的功能是重定位文件位置指针。

(4) 头文件<iostream>中声明的标准流对象包括________、________、________和________。

(5) 使用FILE结构操作文件时,一般使用函数________和________读写二进制数据。

9.18　编写程序建立文件mytest.txt,然后从键盘读取字符写入该文件,直到读入文件结束标志。

9.19　假设有一个文件 one.dat 已经存在，编写程序创建文件 two.txt，并将文件 one.dat 中的内容复制到文件 two.txt 中。

9.20　一个食品店包含一系列的商品，如表 9-7 所示。

表 9-7　商品信息表

序　号	名　称	数　量	价　格
1	瓜子	20	2.50
2	蛋糕	8	6.00
3	饼干	15	4.50
4	牛奶	30	1.80

为了方便查询商店现有商品的数量和价格，编写一个程序将所有商品及相关信息保存到文件 sell.dat 中，并实现如下功能。

(1) 销售一些商品后修改文件中相应商品的数量。

(2) 采购新商品后保存新商品的信息到文件中。

(3) 进货后修改文件中相应商品的数量。

(4) 查询商店所有商品的信息。

第10章 面向对象程序设计基本概念

【学习内容】

本章介绍面向对象程序设计的基本概念。主要内容包括：

- ◆ 面向对象程序设计方法的产生和发展。
- ◆ 面向对象程序设计语言。
- ◆ 面向对象程序设计的特点。
- ◆ 类和对象的基本概念。
- ◆ 消息。

【学习目标】

- ◆ 了解面向对象程序设计方法相对于结构化程序设计方法的优点。
- ◆ 了解面向对象程序设计语言的特点。
- ◆ 掌握类、对象和消息在面向对象程序设计中的作用。
- ◆ 了解面向对象程序的结构。

结构化程序设计方法将要处理的问题抽象成数据的计算过程，计算过程可以用一组具有顺序、选择和循环关系的语句来表示，将其中功能相对独立或者需要在多个地方多次执行的语句块抽取出来形成函数。结构化程序设计的难点在于如何将问题抽象成数据的计算过程，特别是当数据很多、结构很复杂，计算过程也很复杂的时候。与结构化程序设计方法几乎同时出现的面向对象程序设计(Object Oriented Programming，OOP)方法则采用了另外的思路，即直接映射问题空间的实体以及通过实体协作解决问题的方法。

本章首先介绍面向对象程序设计方法的起源及发展历程，然后讨论在面向对象程序设计中需要采用什么策略来设计自己的系统，具体内容包括类、对象的概念、消息、面向对象程序的结构和面向对象程序设计的特点等。

10.1 面向对象语言和面向对象方法

程序设计语言的发展经历了机器语言、汇编语言和高级语言等阶段，总的趋势是描述手段越来越高级，越来越接近自然语言或数学语言，越来越贴近客观世界本身。C++ 是在 C 语言的基础上发展而来的，同时支持结构化和面向对象两种程序设计方法。前面的章节详细介绍了 C++ 对结构化程序设计方法的支持，从本章开始，将系统阐述使用 C++ 进行面向对象程序设计的方法。

面向对象程序设计方法起源于20世纪60年代末的Simula67语言。Simula67可以说是面向对象语言的鼻祖，它将结构化程序设计语言Algol60中块结构的概念向前推进了一大步，提出了对象的概念。对象代表待处理问题中的实体，在处理问题的过程中，一个对象可以采用某种方法与其他对象通信。从概念上讲，对象是包含数据和处理这些数据的操作的程序单元。Simula67语言中也包含了类和继承的概念，类用来描述特性相同或相近的一组对象的结构和行为，继承则可以将多个类组织成层次结构，进而实现对数据和操作的共享。

20世纪70年代末至80年代初，Alan Kay、Dan Ingalls、Ted Kaehler和Adele Goldberg等共同开发了面向对象语言Smalltalk。Smalltalk是第二个面向对象的程序设计语言和第一个真正的集成开发环境(IDE)。Smalltalk并入了Simula67语言的许多面向对象的特征，包括类和继承等，其信息的隐藏也更加严格。作为一种集成开发环境，Smalltalk附带有一个庞大的、标准的类库，极大地提高了使用Smalltalk编写程序的效率。Smalltalk还是第一个支持MVC(Model-View-Controller)设计模式的应用开发环境，该模式在今天依然被广泛使用。Smalltalk作为一种成功的面向对象语言，对后来的很多程序设计语言的产生起到了重要的推动作用，如C++、Java、CLOS(面向对象的Lisp)、面向对象的PASCAL和面向对象的BASIC等。

在Smalltalk之后，面向对象方法开始被人们注目，特别是C++的推出，使面向对象语言在工业界广为人知。之后，面向对象语言被分为两大阵营：一个是以Smalltalk、Eiffel、Java等为代表的纯粹的面向对象语言；另一个则是以C++和CLOS为代表的混合型面向对象语言。前者更强调软件开发的探索性和系统的原型化开发；后者则是对现有程序设计语言的扩充，强调运行时的时间效率，并且已经被工业界广泛接受。

在计算机科学的发展过程中，程序设计语言的发展总是推动了程序设计方法的进步，甚至带来了软件开发方法的革命。以PASCAL和C为代表的结构化程序设计语言使得结构化方法不断发展，形成了系统的、支持软件开发整个过程的结构化分析、设计和程序设计方法。结构化方法引入了工程和结构化思想，结束了以前软件开发的混乱状态，使大型软件的开发技术和过程都得到了极大的改善。但是，随着用户功能需求的增多，软件变得越来越庞大、复杂，程序的维护、修改成为整个软件开发过程中非常繁杂的工作，传统的结构化程序设计方法受到了严峻的考验。在这个过程中，面向对象方法则越来越显示其优势，并逐渐成为主流。

面向对象方法直接将问题的求解映射到对问题的认识上，提供了一种有目的地将系统分解为模块的策略，并将软件设计决策与客观世界的认识相匹配。面向对象程序设计允许将问题分解为一系列的实体(对象)，每个实体包含一些数据和操作这些数据的一些方法(在C++中就是函数)，系统的某个功能则可以由一系列实体的一系列操作来协同完成。这种完成功能的模式和现实世界的问题的解决方式非常相似，例如考试功能可以由教师和学生对象一起来协同完成：首先教师出卷，将试卷发布给学生，然后学生答卷并将答卷结果返回给教师，最后教师阅卷并发布成绩，每个对象都维护着一些数据并能完成一些操作，对象之间通过数据的传递和功能调用来协同(这和函数调用是不是很像?)。当程序越来越大时，使用结构化程序设计方法进行程序设计会使工作变得拙劣而混乱，而一个支持面向对象程序设计概念的程序设计语言则可以让问题变得简单和自然。

在一个面向对象的系统中，对象是程序运行时的基本实体。对象可以用来表示一个人、一个企业、一张桌子或者其他任何需要被程序处理的东西；也可以用来表示用户定义的数据，如一个向量、一个复数、一个数组等。在面向对象程序设计中，问题的分析一般以对象及对象间的自然联系为依据。当一个程序运行时，对象之间通过互发消息来相互作用。例如，图书馆管理系统的程序中可能包含了读者对象、图书管理员对象、书架对象和书对象。其中,书架对象管理所有书对象;读者对象则包含自身的一些信息,如身份信息、借书还书情况等。借书功能就可以由这些对象协作来完成,而不是一些全局数据和函数。首先,读者对象向图书管理员对象提交借书申请,图书管理员对象接到申请后,先询问该读者对象是否有借书资格,然后询问书架对象是否有要借的书,如果都有则完成借书过程,让读者对象和书架对象记录借书结果(书架对象的书少了一本,而读者对象多了一条借书记录)。相比于结构化程序设计,这段描述很显然更接近实际解决问题的过程,只是现实中的书架可能没法帮你找书,需要人工帮忙。上文中的"申请"和"询问"等也称为消息,都需要对应对象的响应,这些响应实际上就是对象利用自己的数据通过成员函数为外界提供的服务。在面向对象方法中,每个对象都包含了一定的数据及操作这些数据为外界服务的代码(成员函数),消息是对象之间相互作用的途径,即使不了解彼此的数据和代码的细节,对象之间依然可以通过发送消息和响应消息来相互沟通(在C++中处理为成员函数的调用,给某个对象发消息就是调用该对象的成员函数)。即当某个对象需要与其他对象通信时,只需了解其他对象能够接收消息的类型以及响应消息后返回的数据(成员函数的函数原型会给出这些信息),而不必关心其他对象处理消息的具体细节。

面向对象方法同样包含了一系列支持整个软件开发过程的方法,如面向对象需求分析方法、面向对象软件设计方法和面向对象程序设计方法等。面向对象程序设计方法克服了结构化程序设计方法中的许多缺点。例如,在结构化程序设计方法中,全局数据被系统所有函数共享,这导致程序员很难控制对数据的访问,数据有可能会被不相关的函数意外修改。而在面向对象程序设计中,数据被看作程序开发中的基本元素,不允许它们在系统中自由流动,它将数据和对这些数据的操作紧密联结在一起(封装在一起构成对象),并保护数据不会被不相关的代码意外修改。

面向对象程序设计方法具有以下一些特性。

(1) 面向对象程序中的对象直接映射问题空间的实体。

(2) 程序设计的重点在于数据而不是函数,函数的设计是为数据服务的。

(3) 从不同方面描述同一实体的数据被封装在一个对象中,程序被划分为对象。

(4) 函数作为对某个对象数据的操作,被封装在对象中与数据紧密结合。

(5) 数据被隐藏起来,不能为外部程序直接访问。

(6) 对象之间通过相互发送和响应消息来协同完成程序的功能。

(7) 新的数据和函数可以在需要时方便地添加进来。

(8) 在程序设计过程中遵循自底向上(bottom-up)的设计方法。

10.2 类、对象和消息

类、对象和消息是面向对象程序设计的基本要素。类是一类对象的抽象描述,对象是类的实例(也称变量),对象之间通过消息进行协同合作。进行面向对象程序设计的主要任务是:首先对实际问题加以分析,分辨并抽取出问题中的类和对象,然后设计相应的类,并根据这些类创建对象,通过这些对象之间的协同工作(发送和响应消息),共同完成程序运行的任务。

10.2.1 类和对象

怎样理解类和对象,它们之间又是什么关系呢?

人们所处的世界是由一个个对象组成的，每个学生、每个班级、每个学校、每个国家、每棵树、每本书、每部汽车都是一个个具体的对象。这些对象都具有一定的属性和行为。例如，学生张三的姓名是“张三”，身高185cm；李四的姓名是“李四”，身高160cm；张三的思维严谨，而李四的思维活跃……在面向对象程序设计中，对象是现实世界中个体或事物的抽象表示，是属性和相关操作的封装。所谓属性，是指对象的性质。属性的取值决定了对象所有可能的状态，而操作是对象可以展现的外部服务。

类是某些对象共同特征的表示。类是创建对象的模板，对象是类的实例。类描述对象属性的名称和类型以及方法的实现途径。类的所有实例（对象）具有相同的属性名称及类型、相同的方法、相同的消息响应方式。

可以把类理解为一个抽象的概念，它描述了一类事物都具有的属性和行为。在面向对象方法中，类的属性也称为数据成员，类的行为也称为操作、方法或成员函数。例如，通过“人”这个类可以说明每个“人”都共同具有的一些属性和行为，如“人”有姓名、身高、体重，有五官和四肢，能交流、能思维等。看下面这些问题：

“人”有姓名，那么，“人”的姓名是什么？

“人”有身高，那么，“人”的身高是什么？

这些问题无法回答，因为“人”不是一个具体的对象，它只是一个抽象的概念、一个模板，它描述了某一类事物应该具有的属性和行为，但并未给出这些属性的值。作为这一类事物的实例的每一个具体的个体，才能拥有具体的属性取值和行为方式，并且它们的属性的取值各不相同，行为的内容也各异，这些具体的个体就是对象。“人”这个类的实例就是一个个具体的人，如张三和李四，他们都有姓名、身高、体重等属性以及交流和思维等行为，但他们的属性的具体取值可能不同，行为方式也各有特点。类和对象之间的关系可以理解为抽象和具体、类别和实例的关系。

前面说过，面向对象程序设计的主要任务是设计类。但类只是一个抽象的概念，设计这些抽象的东西有什么用呢？它们甚至都没有自己的属性值。设计类的目的就是为了创建需要的对象，而这些对象就是面向对象程序中完成各种功能的实体，就像结构化程序设计中的函数一样。

下面的程序用C++定义了洗衣机类CWashingMachine。

```
//定义洗衣机类 CWashingMachine
class CWashingMachine{
public:
    CWashingMachine(int v=1, int m=1);    //构造函数
    void setVolume(int v);                //设置进水量
    void setMode(int m);                  //设置洗衣模式
    void washing();                       //洗衣
private:
    int waterVolume;                      //进水量
    int mode;                             //洗衣模式
};
```

上面的洗衣机类CWashingMachine以关键字class开头，接下来是类名CWashingMachine和花括号括起来的类的体，并以分号结束。类CWashingMachine的定义分为两部分，其中在关键字public后面定义的是类CWashingMachine的公有成员，类的公有成员可以被外界程序直接访问，因此也称为类的接口（Interface）。类CWashingMachine有4个公有成员函数：

CWashingMachine、setVolume、setMode 和 washing。其中,与类同名的成员函数称为类的构造函数,构造函数没有返回类型,专门用来在创建对象时初始化对象的数据成员。类的对象通过公有成员函数为外界提供服务,外部程序可以通过对象使用这些服务(调用这些成员函数)。关键字 private 后面定义的是类的私有成员,类 CWashingMachine 包含两个私有数据成员,分别为 waterVolume(水量)和 mode(洗衣模式)。对私有数据成员的访问是受限的,它们只能被类的成员函数和友元访问。类的数据成员一般都放在 private 部分,可以防止外界程序的非法访问。对于成员函数来说,为外界提供服务的一般放在 public 部分,而不直接为外界提供服务、只是用于支持类的其他成员函数的成员函数可以放在 private 部分。例如,如果要给类 CWashingMachine 增加实现加水功能的成员函数 addWater,该函数就可以放在 private 部分,因为该函数只被 washing 函数调用,不作为一个独立的功能被外界使用。

定义好的类就是一种新的自定义类型,程序员可以用它来声明变量、指针、数组等。一般情况下,用类声明的变量称为对象。例如:

```
CWashingMachine wm;                 //声明 CWashingMachine 类的对象 wm
CWashingMachine wma[10];            //声明 CWashingMachine 类的数组 wma
CWashingMachine * pwm=&wm;          //声明 CWashingMachine * 类型的指针 pwm
CWashingMachine &ref=wm;            //声明 CWashingMachine 类型的引用变量 ref
```

可以看出,类名 CWashingMachine 作为新的数据类型而存在,程序员可以像使用预定义类型(如 int、float)那样来使用 CWashingMachine。一个类可以有许多实例对象,这些对象各自拥有自己独立的数据成员,互不干扰。类的定义描述了其所有对象的共性,类 CWashingMachine 的所有对象都拥有进水量和洗衣模式两种属性,并且可以响应 3 种消息:设置进水量、设置洗衣模式和洗衣。

程序设计风格提示:类名要用能够反映该类的意义的标识符充当,首字符大写,如果用多个单词来描述类名,每个单词的首字符大写,其他字符小写。类的数据成员和成员函数的命名与一般变量和函数的命名要求相同。

10.2.2 消息

面向对象的程序中大多包含许多对象,因此使用面向对象语言进行程序设计的一般步骤如下:

(1) 定义类,在类中定义数据(属性)和函数(操作)。

(2) 声明(创建)类的对象。

(3) 组织协调各对象来共同完成程序任务。

拥有各种不同功能的对象之后,接下来的任务就是组织这些对象进行工作。这就像一个公司在招聘到不同的人才(如市场人员、财务人员、技术人员、售后服务人员等)之后开始工作一样,这些工作需要公司内部不同人员之间的通力合作才能完成。对于面向对象程序设计来说,也需要建立对象之间的通信和交互机制。

在结构化程序中,程序之间的相互作用是通过函数调用实现的;而在面向对象程序中,程序之间的相互作用是通过对象之间相互发消息实现的。对象之间通过消息相互沟通,类似于人与人之间的信息传递。这种消息机制使得面向对象程序设计方法更容易模拟现实世界的问题求解方式。

在面向对象程序中,如果两个对象 A 和 B 之间需要交互,对象 A 就向对象 B 发送一个与本次交互相关的特定消息(该消息中包括了对象A给对象B的参数以及需要对象B提供的服务类型),对象B接收到该消息后会做出相应的响应,即执行一个与该消息对应的成员函数来完成一系列的操作,并将操作的结果返回给对象A。对于某个对象来说,向该对象发消息就是请求该对象完成某种功能。为了实现上的方便,在许多面向对象程序设计语言中,都将发送消息和调用响应消息的处理函数合二为一。例如,在C++中,向对象发送消息被处理成调用对象的某个成员函数,调用对象的成员函数可以使用对象名(或对象的引用)加点操作符或指向对象的类指针加箭头操作符的方式进行。下面沿用10.2.1节的例子。

```
wm.setMode(1);
pwm->setMode(1);
ref.setMode(1);
```

上面3条语句都表示向对象wm发送消息setMode(参数是1),其语义相同:让对象wm将洗衣模式设置为模式1,对象wm接收到该消息后,执行与该消息对应的(与消息名相同的)公有成员函数setMode(带上参数1)。在C++中,这些复杂的过程被简化为调用对象wm的成员函数setMode,其中,wm是接收消息的对象,setMode是要调用的函数名,也是外界希望对象wm提供的服务类型,括号里是函数参数。在后面的章节中,将不加区分地使用"给对象发消息"和"调用对象的成员函数"这两种说法,它们表示同一个意思。

消息机制具有下面3个特性。

(1) 同一个对象可以接收不同形式的多个消息,并产生不同的响应。例如,洗衣机对象wm可接收设置洗衣模式、设置进水量、洗衣3种消息。

(2) 给不同对象发送同一类型的消息会产生不同的效果。例如,给洗衣机对象wm发送消息setMode表示设置wm的洗衣模式,给对象wm1发送消息setMode表示设置wm1的洗衣模式,产生的结果不同。

(3) 对消息的响应并非必需的。对象不需要总是去响应消息,它也可以忽略某些消息。

对象之间是完全平等的,每一个对象都可以向其他对象发送消息,让其他对象提供服务。就像在结构化程序中,函数之间可以相互调用一样。面向对象程序设计的任务就是设计出能提供各种服务的对象,并组织好这些对象来完成系统需要的各种复杂的任务。

10.3 面向对象程序设计的特点

面向对象程序设计的基本特性是封装、继承和多态性。一个程序设计语言必须支持这几个基本特性才能被称作是面向对象的。

1. 抽象和封装

抽象是指提取和表现事物的核心特性而不描述背景细节的行为。面向对象程序设计是通过类的定义进行抽象的,类的定义是对实体的抽象和描述,说明一类对象共同具有的属性名称、类型及方法的实现途径。类把数据及与数据相关的操作组织在一个单独的程序单元中,这种机制称为封装。

定义一个类时要封装哪些属性和函数呢?考虑类Person,其实例是一个个具体的人,如果分别在教务管理系统和户籍管理系统里面定义类Person,这两个类里面封装的内容是否一样?直觉上就觉得应该不一样。教务管理系统里面的类Person的对象如果是学生,其属性应该有姓名、学号、所属院系、各科成绩等;户籍管理系统中的类 Person 包含的属性应该有姓名、身份证号、家庭住址、社会关系等。为什么会有这些差别? 因为教务管理系统里面类 Person 的对象要协同该系统其他对象一起完成教务管理系统的各种功能,户籍管理系统里面的类 Person 的对象则要和系统内其他对象一起完成本系统的所有功能。两个系统功能需求不同,导致了两个类 Person 支撑这些功能所需要的属性和功能也不一样。例如,学生需要选修学分,教务管理系统里面的类 Person 就需要有实现选课功能的函数,而户籍管理系统里面的类 Person 则不需要。所以,一个类需要封装哪些属性和方法,其根源在于系统功能的需求。定义一个类时,哪些属性和方法是必需的? 哪些属性和方法可能是多余的? 判断标准依然只有一个,就是这些属性和方法对支撑系统功能的实现是否有用。

类的定义和对象的创建将整个系统的数据自然分解到一个个对象中,类的封装将数据和操作数据的函数组织在一起,自然形成一个个程序模块。这样,不仅结构清晰,而且系统各组成部分(对象)之间的独立性好,接口关系简单,交互途径单一——只能通过消息机制这一途径进行通信,这些特点都有利于系统功能的扩充和修改。类的封装机制将数据和代码捆绑在一起,也避免了外界的干扰和不确定性。

在结构化程序设计过程中,程序的各功能模块和数据之间的关系是由程序员在自己的头脑(或文档)中保持,在程序中这种约束关系没有显式地体现出来。随着将来系统功能的修改或扩充,程序结构可能会变得越来越差,难以维护。在这方面,面向对象程序设计有天然的优势。

2. 数据隐藏和访问机制

对象被定义为一系列抽象的属性(如姓名、学号、身高、体重等)及操作这些属性的函数。类则封装了即将被创建的对象的所有属性和操作。C++ 中,类是设计抽象数据类型的有效手段。

数据封装带来了另一个好处,即信息隐藏。封装的数据可以被设为私有的,私有的数据成员不能被外界直接访问,只能被同一个类中的成员函数访问。类的公有数据成员和成员函数提供了对象和外界程序之间的所有接口。这种隐藏实现细节、避免数据被外界程序直接访问的机制称为“信息隐藏”。

在一个对象内部,数据和函数可以是私有的、受保护的(protected,这种访问属性学习继承时介绍)或公有的,私有成员不能被外界访问。通过这种方式,对象对内部数据提供了不同级别的保护,以防止系统中无关的程序意外地改变或错误地使用对象的私有部分。

3. 继承

面向对象程序设计的核心是类的设计,通过继承机制可以对已有的类进行扩充,定义出满足自己需要的新类。继承允许从现有的类出发建立新类,新类继承了现有类的属性和行为,并且可以根据自己的需要修改和扩充这些属性和行为。在类的继承中,被继承的类称为基类,新定义的类称为派生类。在继承基类属性和行为的同时,派生类可以修改基类的某些行为,也可以添加自己的数据成员和函数成员。继承把派生类和基类联系了起来,派生类对象也可以被当作基类的对象使用。利用继承可以方便地重用已经定义的经过测试和调试的高质量的代码,提高软件开发的效率和软件质量。关于 C++ 继承机制的介绍参见第 13 章。

4. 多态性

使用面向对象的方法进行程序设计时,系统中定义的很多类经常会基于继承的关系构成树(或图)形结构,多态性则为统一管理具有继承关系的不同类的对象提供了方便。使用多态性进行程序设计时,可以为具有继承关系的多个类定义统一的接口,而不同的类对于接口的实现则可各不相同。当通过统一的接口操纵这些对象时,程序可以根据被操纵对象的类型来确定具体该执行什么操作。这就像比赛前教练要求运动员进行练习时,只需要对所有人说一句"大家练习一下",不同的人听到这条指令后会做不同的事,长跑运动员会去跑步、乒乓球运动员会去练球……教练无须分别对不同的人下不同的指令,如对乒乓球运动员说"你去练练球"、对长跑运动员说"你去跑步"等。而在结构化程序设计方法中,每一条函数调用语句在编译时就能确定其调用的是哪一个函数,也就确定了要执行的语句序列是什么,如果教练要不同的运动员做不同的动作,就必须对不同的人下不同的命令。关于C++多态性的介绍参见第13章。

毫无疑问,面向对象程序设计已经成为今天程序设计的主流。C++作为C语言的扩展,全面支持面向对象编程技术;Java作为最受欢迎的编程语言之一,也是一种面向对象的编程语言;Visual Basic发展成Visual Basic.NET后,也成为面向对象的编程语言。为什么现代程序设计语言如此倾向于面向对象编程呢?这是因为面向对象程序设计有很好的特点,例如易于进行代码维护、程序可扩展性好、代码更容易重用等。这些特点都是结构化程序设计所欠缺的。面向对象方法为软件产品的扩展以及质量保证中的许多问题提供了解决办法。这项技术能够大大提高生产力,并且可以提高软件的质量和降低软件维护费用。下面简单介绍面向对象技术的优点。

(1) 易于建模。允许将问题空间中的对象直接映射到程序中。以数据为中心的设计方法更容易抓住可实现模型的更多细节。

(2) 易于维护。面向对象程序设计的模块性是与生俱来的,其核心是类的设计。信息隐藏可以保护数据免受外部代码的侵袭,基于对象的工程可以很容易地分割为一个个独立的部分。对象间通信所使用的消息传递技术使得对象与外部系统之间的接口描述更加简单,软件复杂度变得更加容易控制。

(3) 可扩展性好。面向对象编程支持可扩展性。对象在程序中是一个个相对独立的包含数据和功能的实体,程序员可以向程序中增加一个新类或对象而不会影响到其他类。面向对象的系统很容易从小到大逐步升级。

(4) 代码重用度高。继承可以大量减少多余的代码,并扩展现有代码的用途。如果已经有一个具有某种功能的类,则可以很快地扩展这个类,创建另一个具有更多功能的类。既然类将数据和功能封装到一个独立的实体中,以类为基础提供一个类库乃至整个应用程序框架就变得更加容易了。例如,现在经常使用的C++的一些编程环境(如Visual C++等)所提供的类库和应用程序框架,可以在标准的框架上构建程序,而不必一切从头开始,从而能减少软件开发时间并提高生产效率。

以上关于面向对象程序设计的种种描述,还需要在学习面向对象的编程思想和进行面向对象程序设计的过程中进一步体会。

10.4 面向对象程序的结构

面向对象程序设计的主要任务是设计类,再使用类创建不同的对象,然后协调这些对象共同工作。和C一样,C++整个程序仍然需要一个入口,也就是main函数。下面是一个C++面向对象程序的实例。

【例10-1】 编写一个跑者类CRunner,要求包含跑者的姓名、体重、跑步速度、跑步时间等信息,并支持修改体重、跑步速度和跑步时间,能计算跑步所消耗的热量。创建该类的对象,并计算该对象某次跑步消耗的热量。

```
//ex10_1.cpp:编写跑者类 CRunner,创建该类的对象,计算其某次跑步消耗的热量
#include <iostream>
using namespace std;
//定义类 CRunner
class CRunner {
public:
    CRunner(const char * n, double w){
        strcpy_s(name, 20, n);
        weight = w;
        velocity = 0;
        duration = 0;
    }
    void setWeight(double w) {
        weight = w;
    }
    void setVelocity(double v) {
        velocity = v;
    }
    void setDuration(double d) {
        duration = d;
    }
    double caloriesBurned() {
        //转换速度单位为 m/min
        double v = velocity * 1000 / 60;
        //计算运动指数 k
        double k = 3.0 / 40 * v;
        //计算燃烧的热量(单位为 kcal)并返回
        return weight * duration * k;
    }
private:
    char name[20];
    double weight;                          //跑者的体重(kg)
    double velocity;                        //跑步速度(km/h)
    double duration;                        //跑步时间(h)
};
int main()
{
    //创建类 CRunner 的对象 Fan,并设置 Fan 的体重为 54.3kg
    CRunner fan("Fan", 54.3);
    //设置 Fan 跑步的速度为 9km/h
    fan.setVelocity(9.0);
    //设置 Fan 跑步的时长为 0.8h
    fan.setDuration(0.8);
    //调用成员函数 caloriesBurned 计算 Fan 这次跑步消耗的热量
    double clrs = fan.caloriesBurned();
    cout << "The calories burned is " << clrs << " kcal.\n";
    return 0;
}
```

程序运行结果:

```
The calories burned is 488.7 kcal.
```

例10-1中的程序首先定义了类CRunner。类CRunner包含两部分：一部分是关键字private后面的私有数据部分；另一部分是关键字public后面定义的5个公有成员函数。私有数据部分定义了一个存放跑者姓名的字符数组name和3个double类型的数据成员：weight、velocity和duration，类CRunner的所有对象自动拥有这些数据成员。5个成员函数中，第一个函数的函数名和类名CRunner完全相同，是构造函数，其作用是在创建对象时对对象中的数据进行初始化。第二个到第四个函数用来设置对象的私有数据成员weight、velocity和duration，也就是跑者的体重、跑步速度和跑步时间。这3个数据成员是类定义的私有数据成员，外界程序不能直接访问，只能通过定义在public部分的公有成员函数访问。第五个函数caloriesBurned计算这次跑步消耗的热量并返回。运动消耗热量的计算公式是Q=M×T×K。其中，M是跑者的质量（单位是kg）；T是跑步时间（单位是h）；K是运动指数，表示运动强度；Q是消耗热量（单位是kcal）。跑步的运动指数计算公式为$K=\frac{3}{40}\times v$，其中v是跑步速度（单位是m/min，即米/分钟）。

在类CRunner之后程序定义了测试函数main，main函数首先使用声明语句

```
CRunner fan("Fan", 54.3);
```

创建了类CRunner的对象fan，并在创建对象的同时调用类CRunner的构造函数将实在参数"Fan"和54.3传递过去。构造函数的执行将对象fan的4个数据成员name、weight、velocity和duration分别初始化为"Fan"、54.3、0、0。接下来两条语句

```
fan.setVelocity(9.0);
fan.setDuration(0.8);
```

通过对象名fan加点操作符调用类的成员函数setVelocity和setDuration将对象fan的私有数据成员velocity和duration分别修改为9.0和0.8。语句

```
double clrs = fan.caloriesBurned();
```

通过对象fan调用成员函数caloriesBurned计算这次跑步消耗的能量，并将返回值赋值给变量clrs。最后输出clrs的值。

例10-1中的程序定义了类CRunner，然后实例化出类的对象fan，通过fan调用类CRunner定义的成员函数来使用该类的功能。类的定义只是定义一种新类型，不会有空间的分配，类的对象拥有类的数据成员的独立的副本，有自己独立的存储空间，但类的函数只有一个副本，被类的所有对象共享，类的对象只拥有数据成员的存储空间。

习　题

10.1　比较结构化程序设计语言和面向对象程序设计语言，为什么很多结构化程序设计语言都做了面向对象的扩充？

10.2　对象之间都是通过相互发送消息进行交互，人（对象）和洗衣机（另一个对象）之间是怎么通过消息交互的？

10.3　填空：

(1) 类的定义以________开始，以________结束。

(2) 在屏幕上输出信息的对象是________。

(3) 计算机能直接理解的语言是________。

(4) 面向对象语言具有________、________和________特性。

10.4 执行下列C++语句将输出什么内容?假设x的值为5,y的值为10。

(1) cout << (x=y);　　(2) cout << (x+y);

(3) cout << "x=" <<y <<endl;　　(4) cout << "x+=y";

(5) cout << (x+=y) <<endl;　　(6) cout << (char)(x+y);

10.5 下面哪些不是对象的特点?

(1) 多态性 (2) 递归性 (3) 抽象性 (4) 结构性 (5) 封装性

10.6 试用面向对象的方法对一个玩具租赁管理系统进行分析,该系统实现玩具的采购和租赁,该系统应该包含哪些类?如何定义这些类?

10.7 试用面向对象的方法分析如何实现课堂的教学过程的管理,该系统中需要包含哪些类?这些类应该如何定义?

10.8 用面向对象的方法对小型停车场管理系统进行分析和设计,该系统需要包含哪些类?这些类应该包含哪些属性和方法?

10.9 假设燃烧1g脂肪可以产生9kcal的热量,扩充例10-1中的程序,为类CRunner增加成员函数fatLoss,假设某次跑步的能量全部来自脂肪的燃烧,成员函数fatLoss计算跑步所消耗的脂肪量并返回,在main函数中增加测试该函数的代码。

10.10 一个盒子里面有红、绿、蓝3种颜色的球各N个,计算每次从盒子中拿出3个球正好是红、绿、蓝3种颜色的球各一个的概率。要求编写类CBox实现上述概率的近似计算,类CBox的构造函数用N(≤10000)对盒子中的球进行初始化,成员函数take3Balls实现从3×N个球中随机拿3个球,如果是3种颜色球各一个则返回true,否则返回false。编写main函数,多次重复上述过程,计算正好拿出3种颜色球各一个的概率。

10.11 编写矩形类CRectangle,构造函数用左上角和右下角的点的坐标对矩形进行初始化,成员函数perimeter和area分别计算矩形的周长和面积。编写main函数,实例化矩形类CRectangle的对象,计算并输出该对象的周长和面积。

第11章 类与对象

【学习内容】

本章介绍类与对象。主要内容包括：

◆ 数据抽象的概念。

◆ 类的定义，包括类的访问控制、数据成员和成员函数、静态成员的定义。

◆ 类的构造函数和析构函数，包括构造函数和析构函数的定义、作用和执行时机。

◆ this 指针。

◆ const 对象和 const 成员函数。

◆ 类的复合。

◆ 友元函数和友元类。

【学习目标】

◆ 了解数据抽象的概念，了解如何使用面向对象的方法分析系统。

◆ 掌握类的定义方法，包括类的数据成员、成员函数的定义方法。

◆ 掌握类的静态成员的作用及使用方法。

◆ 掌握如何在类的定义中使用访问控制策略。

◆ 掌握构造函数和析构函数的定义方法、作用和执行时机。

◆ 理解 this 指针的作用、原理，了解类和对象的实现机制。

◆ 掌握 const 对象和 const 成员函数的定义和使用方法。

◆ 掌握利用复合机制编写较复杂类的方法。

◆ 掌握友元函数和友元类的使用方法。

C++ 是在 ANSI C 基础上扩展而来的，既然使用 ANSI C 几乎可以解决所有的编程问题，为什么还需要 C++ 呢？设计一门新的编程语言无非是出于以下几种考虑：一是语言的能力，新的编程语言是否能提供新颖的解决问题的方法或思路，是否能解决其他语言解决不了的问题，或者对于同一个问题，使用新语言是否能比其他语言节省很多工作量；二是语言的运行效率，相比于其他语言，实现同样的功能，使用新语言编写的程序是否执行效率更高；三是软件质量问题，使用新语言编程是否比用其他语言更容易编写出高质量的程序；四是安全问题，新语言是否提供更好的安全机制等。从本章开始，将系统学习 C++ 语言的面向对象部分，通过学习可以体会到用 C++ 进行面向对象程序设计比结构化程序设计具有更多的优势。

C++ 对 ANSI C 语言最大的扩充就是增加了面向对象的概念，增加了类和对象的语言成分。本章介绍类和对象，包括如何使用面向对象的方法进行分析、如何进行类的定义和对象的创建、构造函数和析构函数的作用、this指针、友元等。

11.1 数据抽象的概念

面向对象程序设计方法是围绕现实世界的概念来进行建模的程序设计方法,它采用对象来描述问题空间的实体。如何理解一个对象呢?可以从两个角度来考虑:一是从程序设计的角度,对象可以理解为对"数据及这些数据上的操作"的封装;二是从真实世界的角度,对象是问题空间的实体。例如,在图书馆管理系统中,涉及的对象实体有书、书架、图书馆管理员、读者等,当然一个图书馆可能包含多个管理员和读者。

一个软件公司又包含哪些实体呢?首先公司本身就是一个实体,公司下属的各部门也都是实体,如人事部、财务部、软件开发部、售后服务部、技术支持部、市场部等。再往下,每个部门里的每个工作人员也都可以看作实体,如程序员甲、程序员乙等。如果将现实世界和程序设计联系起来考虑,需要由程序处理的现实世界中的任何事物都可以视为一个对象。

使用面向对象方法设计和实现一个系统需要满足以下条件。

(1) 设计的系统必须能很好地描述问题空间的实体。如果要将"软件开发部"这个实体描述为一个对象,这个对象就必须包含软件开发部门运作所涉及的各种数据,如部门有多少人、人员之间的关系、当前开发的项目、每个项目的进度、每个项目所产生的文档、每个项目的负责人和参与人等;除了数据之外,该对象还必须能实现软件部门的一些工作,如项目的立项、项目的交付、人员的调入和调出、人员的分配、与同级各部门之间的各种交互、向上级机构汇报等。

(2) 对象之间必须能互操作或互通消息。例如,图书馆管理系统里的一个借书操作涉及读者、图书馆管理员和书库3个对象:由读者向图书管理员提出申请,图书馆管理员根据申请内容向书库查询相应的图书信息,书库返回该图书的库存信息后,图书管理员执行取书操作,将图书从书库取出交给读者。这个操作必须由3个对象协同工作才能完成。

(3) 对象之间必须允许存在某种关系(如包含关系等)。"软件公司"作为一个复杂对象可以包含诸部门等较小的对象,部门对象又可以包含人员这些更小的对象。具有包含关系的各对象之间也必须能实现互操作或互通消息。

上述是对"使用对象去描述问题空间中的实体"的基本要求,也就是对数据抽象的基本要求。什么是数据抽象呢?抽象就是提取和表现事物的核心特性,忽略与当前问题无关的细节,以便更充分地注意与当前问题有关的方面。抽象不是去了解和描述问题的全部,而只是关注其中相关的一部分。如前面的例子,描述一个读者时,并不关心他(她)的身高、体重,而只关心他(她)的姓名和借书证号;也不关心他(她)的吃饭、睡觉、运动等行为,而只关心他(她)的注册、借书、还书等行为。因为只有这些属性和行为才是图书馆管理系统真正需要关心的。数据抽象则是指在对问题空间的实体进行抽象的基础上定义两部分内容:一部分定义描述该实体的数据;另一部分定义对这些数据的操作,并且限定只能通过这些操作对对象的数据进行修改和观察。

数据抽象本身也是一个比较抽象的概念,数据抽象的过程一般可以分为以下4个步骤。

(1) 确定问题空间,明确要解决的问题。例如,要实现一个图书馆管理系统,一般需要实现图书管理、借书、还书、读者管理等基本功能,其他功能(如图书采购、财务管理、人事管理等)则视该图书馆管理系统的功能需求而定。

(2) 确定问题空间的实体。例如,读者、图书管理员、书库等实体,是否需要描述某个实体取决于该实体是否参与到系统某个功能的实现中。

(3) 对实体进行抽象。例如,读者这个实体,可能需要描述姓名和借书证号、借还书的历史记录等;还需要实现几个操作,如注册、借书、还书等。一个实体需要包含哪些属性和方法取决于这些属性和方法是否对系统某个功能的实现提供了支持。

(4) 用程序设计语言对上述分析结果进行描述。

掌握上述过程就可以开始用面向对象的方法来分析、描述和解决现实世界的实际问题。

11.2 抽象数据类型

面向对象程序设计允许对问题空间的实体进行抽象,抽象的结果是对实体的属性(数据)和行为(函数)的封装。通常用抽象数据类型(Abstract Data Type,ADT)来描述抽象出来的实体。抽象数据类型是指一个数学模型以及定义在该数学模型上的一组操作。一个抽象数据类型包括:①一组数据对象的集合;②数据对象之间的关系;③作用于这些数据对象上的抽象运算(不依赖于具体实现)的集合。

C++ 用类(class)来实现抽象数据类型。ANSI C 中的结构(struct)只能包含数据对象的集合,不能包含操作。C++ 对结构进行了扩充,也可使用 struct 来实现抽象数据类型,但扩充后的结构和类有差别:结构中成员的默认属性是公有的;而类中成员的默认属性则是私有的。此外,在面向对象编程中 class 比 struct 更常用,因此本书对抽象数据类型的描述都使用 class。

C++ 对所有预定义的数据类型都定义了相关的属性和操作。例如,各种高级程序设计语言中都有"整数"类型,也都定义了"整数"类型上允许的各种运算,如加、减、乘、除、求余等,所以"整数"类型可以看作一个抽象数据类型。C++ 实现了多种"整数"类型,如 int 类型、long 类型等,C++ 编译器会为 long 类型的变量分配指定字节数的空间,也实现了 long 类型数据的加、减、乘、除等算术运算,以及比较大小等关系运算等。long 类型就是对抽象数据类型"整数"的一种实现。

对于用户自定义的抽象数据类型,C++ 可以用类实现为一种新的数据类型,该类封装描述抽象数据类型的数据集合和作用在该数据集合上的运算。例如,栈定义了数据对象的关系和操作方式,是一种抽象数据类型,如果要使用一个类 Stack 来实现栈的功能,根据数据抽象的概念,类 Stack 需要封装栈的属性和行为,也就是要能存储放入栈中的数据,并且能正确地执行压栈、弹栈、栈空判断、栈满判断等操作。

C++ 中的类可以说是 C 中结构的延伸,下面将通过例子来说明使用类能弥补结构的不足。

11.2.1 封装与信息隐藏

为了提高软件开发的效率,一般都尽可能地使用系统或第三方提供的库。前面已经使用过一些系统的库函数,如头文件 stdio.h 中定义的标准输入输出库函数等。打开文件 stdio.h,不难发现其中有一些常量、结构和函数原型的定义。包含该头文件后,程序员就可以使用这些常量和结构,也可以调用库中定义的函数。这种方便的使用方式可能会存在一些错误隐患,如库 time.h 中描述时间的结构 tm,里面包含年、月、日、时、分、秒等属性。程序员可以在声明一个 tm 类型的变量后,将其中分钟属性的值修改为 120,这显然就造成了与客观世界不相符的错误。

C++ 的封装和访问控制机制为这种问题提供了解决方案。封装是面向对象的重要特征之一，是对象和类概念的基本特性。类把数据和函数封装起来，并定义这些函数和数据的访问控制属性，类可以决定哪些成员（包括数据成员和成员函数）可以被外界直接访问，哪些成员只能被类自己的成员函数访问。一般情况下，不要直接访问一个对象的内部数据，最好将对象的内部数据定义为私有成员，然后通过类的接口（公有函数）来访问这些私有数据，这就是信息隐藏。封装和信息隐藏可以保证对数据的修改只来自于类的内部，外界对这些数据的修改只能通过有限的公有方法来实现。对于上面时间结构的问题，如果将年、月、日、时、分、秒等属性设为私有属性，外界对这些属性的访问和修改就只能通过专门的公有函数来完成，而在这些公有函数内将检查并保持这些属性满足相应的约束，这样就可以避免属性值被修改为无意义的值的问题了。事实上，信息隐藏是用户对封装的认识，封装为信息隐藏提供支持。封装保证了对象具有较好的独立性，对程序的维护修改也就更加容易。

程序设计方法提示：理论上，类的所有的数据成员都应该被申明为私有成员，不能由外界程序直接访问，外界程序只能通过类的公有函数来读取或修改这些私有成员。

11.2.2 接口与实现的分离

C++ 的类允许将接口和实现分离开来。类的作用之一就是创建该类的对象，然后通过调用对象的成员函数（给对象发送消息）完成一定的功能。类的使用者关心的是类的接口——类的公有数据成员和成员函数；类的设计者关心的是类的实现，这可以使程序员将精力都集中到自己该关心的部分。外界程序使用对象时，只能访问对象的公有成员，不需要关心对象的内部数据结构和函数的实现细节，这可以避免编写出依赖对象实现细节的代码。因此，当类的实现修改以后，只要其公有函数的接口（包括参数列表和返回值类型）保持不变，使用该类的对象的外部程序可以无须修改就能够适应修改后的对象，这样可以将修改程序带来的影响降到最低程度。

对于需要合作开发的软件项目，接口和实现的分离机制非常有用。如果需要给别人提供程序模块，但同时又不希望别人了解程序模块的实现细节，就可以将模块的实现部分（类的实现）和模块的接口部分（类的定义）分开。接口部分被定义在一个头文件中，而实现部分则在一个或多个源文件中被编译成可动态装配的库。

使用别人提供的模块时，一般只关心这个模块的接口：如何使用这个模块？怎么调用其中的函数？它会返回怎样的结果？对函数的具体实现并不会关心，因为这毕竟应该是别人的工作。

Windows 操作系统中的动态链接库就是实现共享的一个很好的机制，C++ 接口与实现的分离机制也为动态链接库提供了极好的支持。例如，若需要使用 A 公司提供的一个模块完成系统开发，A 公司提供的将不会是模块的源程序，而是头文件及一个相关的动态链接库。头文件中描述了如何使用该模块，如外部函数的函数原型或类的定义。在使用该模块时可能会发现该模块存在缺陷，就会通知 A 公司进行修改。A 公司的修改一般也只限于模块的实现部分，因为接口部分是经过双方讨论后确认的，需要修改的可能性较小，所以通常修改的结果只是获得一个新的动态链接库而不是一个新的头文件。在这种情况下，使用库的程序不需要做任何修改，甚至不需要重新编译就可以直接使用新的动态链接库进行测试运行。

11.2.3 用结构实现用户自定义类型——栈

C++ 语言编程的重点是类而不是函数。C++ 中的类可以看作结构的自然延伸，在学习类和对象之前，先重温一下结构，并用结构去实现用户自定义类型栈 Stack。栈是按先进后出的原则在内存中组织的一个存储区域。该区域一端固定一端活动，固定端称为栈底，活动端称为栈顶。往栈中存入或取出数据都在栈顶进行，新压入栈中的数据放在栈顶，从栈中取数据时也是获取栈顶的数据，因此先压入栈的数据总是在后面被取出。栈的结构如图 11-1 所示。

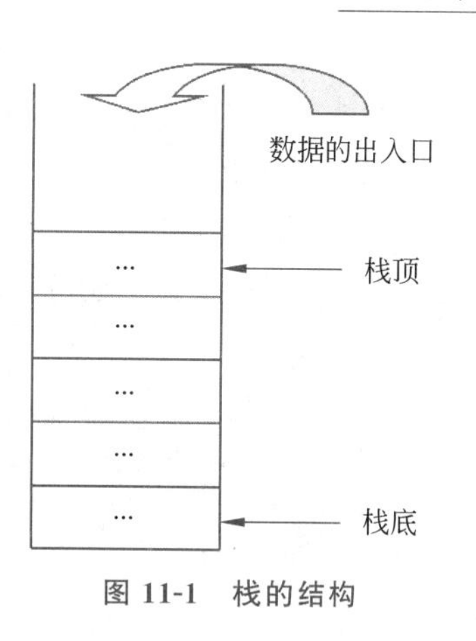

图 11-1　栈的结构

例 11-1 中的程序用动态分配的数据空间存储栈数据。定义的结构 Stack 包含 3 个数据成员：int 类型的指针 data 指向动态分配的数组空间，该空间用来存储栈元素；整型变量 memNum 记录存入栈中的元素个数；size 记录初始化栈时动态分配的空间所能存储的栈元素个数。栈在功能上需要实现栈的初始化、压栈、弹栈、释放栈等功能，在数据上要实现栈空间的分配和栈数据的存储。

【例 11-1】 用结构实现栈，通过函数实现压栈、弹栈、栈的初始化和栈的释放等功能，并用两种不同的方式(通过栈函数和直接操作栈的内部数据)来使用栈。

```
//ex11_1.cpp:用结构实现栈,并用两种不同的方式使用栈
#include <iostream>
using namespace std;
struct Stack {                                          //结构定义
    int* data;                                          //栈数据存储
    int memNum;                                         //栈元素个数
    int size;                                           //栈大小
};

int initStack(Stack& s, int size);                      //初始化栈的函数原型
void delStack(Stack& s);                                //释放栈的函数原型
int popStack(Stack& s, int& num);                       //弹栈的函数原型
int pushStack(Stack& s, int mem);                       //压栈的函数原型

//初始化栈
int initStack(Stack& s, int size)
{
    s.size = size>0 ? size : 10;
    s.data = new int[s.size];
    if (s.data == NULL)
        return 0;
    s.memNum = 0;
    return 1;
}

//释放栈
void delStack(Stack& s)
{
    delete[] s.data;
}

//弹栈,栈空时返回 0,否则返回 1,弹栈的数据存入 num 中
int popStack(Stack& s, int& num)
{
    if (s.memNum == 0)
```

```
        return 0;
    num = s.data[--s.memNum];
    return 1;
}

//压栈,成功返回 1,否则返回 0
int pushStack(Stack& s, int mem)
{
    if (s.memNum == s.size)
        return 0;
    s.data[s.memNum++] = mem;
    return 1;
}

int main()
{
    int i, num;
    Stack newStack;
    initStack(newStack, 10);

    //压栈
    cout << "Push integers to stack through function pushStack :" << endl;
    for (i = 0; i < 10; i++)
    {
        cout << i << " ";
        pushStack(newStack, i);
    }
    cout << endl;

    //弹栈
    cout << "Reading from function popStack :" << endl;
    for (i = 0; i < 10; i++)
    {
        if (popStack(newStack, num))
            cout << num << " ";
    }
    cout << endl << endl;

    //直接操作栈的内部数据,破坏性地使用栈
    //直接将数据存入 data
    cout << "Push integers directly into the data in stack :" << endl;
    for (i = 10; i < 20; i++)
    {
        cout << i << " ";
        newStack.data[newStack.memNum++] = i;
    }
    cout << endl;

    //直接从 data 中读取数据
    cout << "Reading directly from the data in stack :" << endl;
    for (i = 0; i < 10; i++)
        cout << newStack.data[i] << " ";
    cout << endl;
    //非法读取 data,造成越界
```

```
    for (i = 10; i < 20; i++)
        cout << newStack.data[i] << " ";
    cout << endl;

    //释放栈
    delStack(newStack);

    return 0;
}
```

程序运行结果：

```
Push integers to stack through function pushStack :
0 1 2 3 4 5 6 7 8 9
Reading from function popStack :
9 8 7 6 5 4 3 2 1 0

Push integers directly into the data in stack :
10 11 12 13 14 15 16 17 18 19
Reading directly from the data in stack :
10 11 12 13 14 15 16 17 18 19
-33686019 -572662307 -572662307 -572662307 289363493 134241864 23946520 23946784
2040937756 73
```

主程序 main 函数首先声明了一个结构变量 newStack。语句

```
initStack(newStack, 10);
```

对 newStack 进行初始化。initStack 是一个函数，采用传引用的方式为结构变量 newStack 中的指针 data 分配了 10 个整型数据的空间。然后 main 函数对栈进行测试，先使用程序提供的栈操作函数来操作栈，第一个循环语句使用函数 pushStack 将 0～9 的 10 个整数压入栈中，第二个循环使用 popStack 将栈中的 10 个整数弹出并输出到屏幕。

使用结构实现栈时，由于变量 newStack 是 main 函数的一个局部变量，main 函数可以直接访问其中的数据。语句

```
for (i=10; i<20; i++)
{
    cout << i <<" ";
    newStack.data[newStack.memNum++]=i;
}
```

直接将 10～19 的 10 个整数存入 newStack 的 data 数组中。然后 main 函数使用循环语句直接从栈中读取数据，该循环读取数据的顺序明显不符合栈的先进后出的存取规则。最后一个循环在读取数据时更是下标越界，输出的结果也不知所云。可见，结构并没有提供保护数据不被非法修改的机制。

对于函数调用，如果传递的是大型参数，如结构变量、对象等，为了避免复制参数的开销，一般采用传引用的参数传递方式或使用指针传递结构变量或对象的地址。

例 11-1 的程序在实现压栈和弹栈操作时，函数的返回类型都是 int，因为压栈和弹栈操作有可能不成功（栈空时弹栈会失败，栈满时压栈也会失败），因此函数需要通过返回值告知操作

的结果。对于弹栈,由于需要通过返回值告知外界程序弹栈操作是否成功,弹出的栈元素通过函数的参数返回,所以 popStack 函数的第二个参数采用传引用方式获取栈元素的值。

结构存在一些明显的缺陷。对结构变量的初始化可以通过专门的函数实现,也可以在程序的任何地方直接对结构变量的成员赋值,直接修改结构成员的值时,可能会对结构成员赋予不恰当的值。在程序运行过程中,结构成员随时有可能被不小心修改成错误的值,因为外界程序可以直接操作结构的成员,就像例 11-1,main 函数直接对栈中的数据进行赋值,这种赋值不仅会破坏栈的先进后出的原则,甚至会破坏整个栈的内容。另外,因为所有程序都可以直接操作结构成员,这使得外界使用该结构的程序和结构的内部细节紧密相关。如果结构的定义被修改,所有使用该结构的程序都有可能需要修改。出现这种情况的原因就在于结构没有隐藏其内部数据,没有将操作结构的程序和使用结构的程序分开,也就是接口和实现没有分离。如果能够隐藏结构的数据成员,做到操作结构成员的程序和对外接口的分离,并为结构的外部使用者提供统一的接口,那么当结构定义发生变化时,程序员可以保持对外接口不变,只需修改接口函数的内部实现即可,这样所有使用结构的外界程序就都不需要修改了。

结构还有另外一些问题。作为一种数据类型,都有一些可以直接作用于该类型数据的运算符。例如,+可作用于 int 类型的数据,int 类型的数据也可直接输出。结构就不行了,除了=能实现两个结构变量之间的赋值以及 & 能获取结构变量的地址外,其他运算符都不能直接用于结构变量。如果要操作结构变量,就必须通过设计特定的函数来实现,如上面针对 Stack 结构的 popStack、pushStack 等函数。显然这些函数与 Stack 紧密相关,但是程序中并没有体现出这种相关性。

C++ 中的类解决了上述问题。首先,类对数据和函数进行了封装,显式地给出了数据和相关操作的相关性;其次,类对外提供了接口——公有成员函数,并将接口和实现分离。封装使得只有类的成员函数拥有访问对象数据成员的权限,从而可以通过这些函数保证对象数据的一致性,避免了外界程序的意外修改。接口和实现的分离保证了在接口不变的情况下,类的实现细节的改变不会影响其他程序,即使出错也能把错误局限于类中,不会延伸到其他程序中。这样就显著增强了系统的可维护性。

第 12 章将介绍运算符重载的概念,通过运算符重载,可以把运算符直接作用到对象上,并能通过流插入运算符"<<"和流提取运算符">>"完成整个对象的输入输出。

11.2.4 节用类重新实现栈,以说明用类实现抽象数据类型带来的好处。

程序设计方法提示: 定义函数时,如果要传递的参数是大型参数,如结构变量、对象等,为了避免复制参数的开销,一般采用传引用的参数传递方式或使用指针传递结构变量或对象的地址。

11.2.4 用类实现抽象数据类型——栈

类可以封装数据和函数,用类实现栈就是定义这样一个类,它封装了与栈相关的数据和函数,并提供了操作栈的接口。类的成员函数有时也称为"方法",成员函数的作用就是响应发送给对象的消息并给予反馈。类的成员数据和成员函数统称为类的成员。

定义类也是定义一个新的数据类型,使用类名可以声明该类型的变量,也就是对象。例 11-2 中的程序定义了类 Stack,实现了抽象数据类型——栈。

【例 11-2】 类 Stack 的定义。

```
//文件 stack.h: 类 Stack 的定义
```

```
class Stack {
public:
    Stack(int s);                          //构造函数
    ~Stack();                              //析构函数
    int pop(int& num);                     //弹栈
    int push(int num);                     //压栈
private:
    int * data;                            //栈数据存储
    int memNum;                            //栈元素个数
    int size;                              //栈大小
};
```

类的定义以关键字 class 开始，Stack 是类的名字，也是定义的新类型的名字。花括号括起来的部分是类的体，类的定义以分号结束(在右花括号后面)。

在类的定义中，public 和 private 是类成员的访问说明符，它们说明了类成员的访问属性。放在 public 之后并在下一个访问说明符之前的类成员具有公有属性，程序中任何能访问类的对象的地方都能直接访问该对象的公有成员(包括公有成员函数和公有数据成员)。放在 private 之后并在下一个访问说明符之前的类成员具有私有属性，私有成员只能被该类的成员函数访问。每一种类成员的访问说明符都可以在类中多次出现。

ANSI C 的结构只能封装数据，而且结构里的成员可以被外界程序直接操作。与 ANSI C 相比，C++ 对结构进行了扩充，struct 和 class 一样，不仅可以封装数据和函数，而且可以设置成员的访问属性，唯一不同的地方就是对于不属于任何访问说明符的成员，在 struct 的封装下是公有的，而在 class 的封装下是私有的。C++ 在实现抽象数据类型时，class 比 struct 更常用。

类 Stack 中访问说明符 public 后面有 4 个函数(Stack、～Stack、pop 和 push)的函数原型，它们是类的公有成员函数，组成了类的接口。对于类的使用者来说，一般只关心其公有成员函数，因为它们也只能访问类的公有成员。

4 个公有成员函数中有两个特殊的函数，和类名完全相同且没有返回类型的是构造函数。构造函数一般在创建类的对象时用来初始化对象的数据成员，在一个类的对象被创建时(不管是声明对象或用 new 操作符动态创建对象)，类的构造函数会被自动调用，而且只在创建对象时调用一次。构造函数可以确保对象在使用前被初始化。

另外一个与类名相似(在类名的前面多了一个字符～)，也没有返回类型的函数是析构函数。析构函数一般用来完成撤销对象时需要做的工作，如释放类的对象在生存期间动态申请的空间等。C++ 动态申请的空间只能在程序中动态释放，系统无法自动回收。为了防止空间的浪费，必须及时释放程序中动态申请的空间。在一个类的对象被撤销时，类的析构函数会被自动调用，因此，析构函数是释放对象动态申请空间的最佳时机。

类的 private 部分包含 3 个数据成员，它们只能被类的成员函数(还有后面将要介绍的类的友元)访问。类的数据成员一般都放在 private 部分，但也可以放在 public 部分(不提倡)。供外界访问的类的成员函数需要放在 public 部分，构成类的接口；其他只是为另外一些成员函数提供支持的成员函数，则可以放在 private 部分。

这里将类的 3 个数据成员放在 private 部分，保证了只有类的成员函数才能操作它们，从而确保了只要类被正确实现，类的对象的数据就不会被外界破坏。

定义好类之后，类名就可以作为新的数据类型来使用，就像一些内部类型一样，程序员可

以用类名来声明变量(对象)、数组、指针等。例如:

```
Stack oneStack;                              //Stack 类型的对象
Stack arrayOfStack[10];                      //Stack 类型的对象数组
Stack * pStack;                              //Stack 类型的指针
Stack &s=oneStack;                           //Stack 类型的引用变量
```

上面讨论的是类的定义,注意类 Stack 的定义在一个头文件里(文件名为 stack.h)。类的实现部分一般和类的定义分开,放在另一个文件(stack.cpp)中。

【例 11-3】 类 Stack 的实现。

```
//文件 stack.cpp:类 Stack 的实现
#include "stack.h"
#define DEFAULTSIZE 100

//构造函数
Stack::Stack(int s)
{
    size = (s > 0) ? s : DEFAULTSIZE;
    data = new int[size];
    memNum = 0;
}

//析构函数
Stack:: ~Stack()
{
    delete[] data;
}

//弹栈函数,不成功返回 0,成功则返回 1,栈元素由参数 num 返回
int Stack::pop(int& num)
{
    if (memNum == 0)
        return 0;
    num = data[--memNum];
    return 1;
}

//压栈函数,不成功返回 0,成功则返回 1
int Stack::push(int mem)
{
    if (memNum == size)
        return 0;
    data[memNum++] = mem;
    return 1;
}
```

类的实现也可以和类的定义放在一个文件里,但一般不提倡这样做,把类的定义和类的实现分开会让程序的结构显得更加清晰。

文件 stack.cpp 中的第一条语句

```
#include "stack.h"
```

包含了类 Stack 的定义文件，这是必需的，因为该文件后面的程序会用到类 Stack 的定义信息。

类 Stack 的构造函数有一个参数，指定了栈空间的大小。构造函数对类的 3 个私有数据成员进行初始化，为 data 分配适当大小的空间，用 size 记录栈空间的大小，将 memNum 初始化为 0。仔细观察构造函数的实现，它没有返回类型，在函数名 Stack 前面多了一个标志"Stack::"，其中"Stack"是类名，"::"是作用域运算符，表示该函数是类 Stack 的成员函数。类的构造函数可以确保类的所有对象在使用前都被正确地初始化。

析构函数释放了构造函数动态分配的栈空间，对于对象生存期间动态分配的空间，析构函数是最好的释放时机。

另外两个成员函数（压栈和弹栈）的实现与 11.2.3 节用结构实现时的函数基本相同，只是在函数名前面加上了类名和作用域运算符，说明该函数是类 Stack 的成员函数。和 11.2.3 节相比，两个函数都少一个参数，因为作为类的成员函数，它知道栈数据放在什么地方，也知道如何访问这些数据（即接收消息的对象的数据成员，后面讲 this 指针时会详细说明）。

类的成员函数的实现一般和类的定义分开，并放在不同的文件中，这时在函数名前面必须加上类名和作用域运算符以声明该函数属于某个类。成员函数的实现也可以放在类的定义里面，放在类里面的成员函数的实现不需要加类名和作用域运算符。把函数的实现放在类里面会使类的定义变得冗长，从而使程序结构看起来不够清晰。

到这里，栈类 Stack 的定义和实现都已经完成，下面编写一个程序去使用它。类的用户一般只关心类的接口部分，也就是这个类能完成哪些功能。对于栈 Stack 来说，它的接口部分包含 4 个成员函数，但构造函数和析构函数都是自动调用的，能使用的就只有压栈和弹栈两个操作。

例 11-4 中的程序使用了类 Stack，并对其中的初始化、压栈、弹栈操作进行了测试。

【例 11-4】 创建例 11-2 中定义的类 Stack 的对象，然后压入和弹出超过栈空间大小个数的数据，注意类 Stack 对内部数据的保护。

```
//文件 ex11_4.cpp:使用栈类 Stack
#include "stack.h"
#include <iostream>
using namespace std;

int main()
{
    int i, num;
    Stack myStack(10);

    //压栈
    cout << "Push integers onto stack : ";
    for (i = 0; i < 11; i++)
    {
        if (!myStack.push(i))
            cout << endl << "Push " << i << " failed." << endl;
        else
            cout << i << " ";
    }

    //弹栈
    cout << "Pop integers from stack : ";
```

```
    for (i = 0; i < 11; i++)
    {
        if (myStack.pop(num))
            cout << num << " ";
        else
            cout << endl << "Pop failed.";
    }
    cout << endl;

    return 0;
}
```

程序运行结果:

```
Push integers onto stack : 0 1 2 3 4 5 6 7 8 9
Push 10 failed.
Pop integers from stack : 9 8 7 6 5 4 3 2 1 0
Pop failed.
```

例 11-4 中的程序使用了类 Stack,所以需要包含头文件 stack.h。要运行上述程序,需要在项目中同时包含上面的 3 个文件:两个源文件(stack.cpp 和 ex11_4.cpp)和一个头文件(stack.h)。编译器在对该项目进行编译时,分别对两个源文件进行编译,生成对应的 obj 文件,头文件不单独编译,但会被源文件包含,和源文件的其他内容一起参与编译。编译器在编译文件 ex11_4.cpp 时,发现其中有调用类 Stack 成员函数的语句,虽然这些成员函数在另一个源文件中实现,编译器依然不会报错,因为类 Stack 的定义对这些函数进行了声明(类似函数原型的声明)。编译完成时,如果没发现错误,下一步就是链接,链接是将项目中编译产生的所有 obj 文件和使用的外部库函数(如文件 ex11_4.cpp 中使用的输入输出功能)整合成一个可执行文件,链接过程中会检测每一个被调用的函数是否被实现,每一个使用的外部数据是否被定义,如果没有或者被多次定义,则报链接错。读者可以试试删除 pop 函数的实现,查看报错信息。

例 11-4 中 main 函数先声明了类 Stack 的对象 myStack。

```
Stack myStack(10);
```

类 Stack 的构造函数需要一个整型参数以确定栈空间的大小,在声明对象时必须提供一个整数作为参数。对象声明时会自动调用类的构造函数对对象中的数据成员进行初始化,并将对象(myStack)后面圆括号中的参数传递给构造函数。如果类的构造函数没有参数,在声明类的对象时就不需要提供参数,对象后面的括号也不需要,其语法和声明内部类型(如 int 类型等)的变量的格式相同。

在 C++ 中,访问对象成员的方式和访问结构变量的成员的方式相同,可使用对象名或对象的引用加点操作符“.”去访问,也可使用类指针加箭头操作符“->”去访问。例如:

```
Stack astack(10), * aptr=&astack;
astack.push(10);
aptr->push(10);
```

main 函数在声明对象 myStack 之后,对它进行操作。首先使用 for 语句循环 11 次,试图将整数0～10共11个数压栈，然后再试图使用for语句循环11次执行弹栈操作，并进行判断，如果弹栈成功则打印弹出的栈元素。程序的运行显示其输出结果是9～0共10个数。由于栈只有10个空间，11次压栈操作只有前10次成功，11次弹栈操作也只有前10次成功，类的成员函数对私有数据成员进行了有效的保护。

比较本节用类实现的栈和11.2.3节用结构实现的栈，不难发现，使用结构实现的栈是不安全的，因为程序中任何能访问到该结构变量的地方都能直接修改结构中的数据成员，从而破坏栈的性质和内容。另外，操作栈结构变量的语句分散在程序的各部分，如果要修改栈结构的定义，将会涉及程序的各个地方，程序的维护很不方便。

对于用类实现的栈来说，由于采用了封装以及接口和实现分离的技术，栈变得很安全，数据要入栈只能通过类的成员函数push完成，push函数对数据空间大小进行了判断，保证操作不会越界。栈中的数据也只能通过成员函数pop弹出，这两个函数共同保证了栈内数据的正确性，也保证了栈先进后出的特性。接口和实现的分离使得类的使用者只需要关心类的定义(或只关心类定义中的公有成员函数)，类的实现被独立出来。如果需要修改类的实现，例如，如果栈的元素不用数组而改用链表来存放，则只要修改push和pop函数的内部实现，保证这些公有函数的接口不变，类的使用者(main函数)就可以无须做任何修改，也能够使用修改后的Stack类，而不必关心Stack类是如何修改的。接口和实现的分离提高了程序的可维护性。

另外，对于用结构实现的栈，使用前必须记住要调用函数对栈进行初始化，而使用类实现的栈则根本不需要关心初始化问题，因为声明类的对象时，会自动调用类的构造函数完成对对象的初始化。

11.3 类和对象的定义

11.2节介绍了如何定义类和声明类的对象，并演示了类的使用方法。本节将详细介绍与类和对象的定义相关的问题。

11.3.1 数据成员

可以在类中定义各种数据成员，包括各种类型的变量、指针、数组等，甚至可以是另外一个类的对象(类的复合，将在11.7节中介绍)。C++的早期版本不允许在类中对定义的数据成员直接初始化，但在C++11标准之后可以，数据成员初始化的方式有3种：定义时初始化、初始化列表初始化和构造函数初始化。例11-5中的程序定义了类CDataInit，该类包含3个整型数据成员a、b、c，并用3种方式对这3个数据成员进行初始化。

【例11-5】 定义类CDataInit，用3种不同的方法对该类的3个数据成员a、b、c进行初始化。

```
//文件 CDataInit.cpp
#include <iostream>
using namespace std;
class CDataInit {
public:
    CDataInit() : b(20) {
        cout << a << " " << b << " " << c << endl;
        c = 30;
```

```
        cout << a << " " << b << " " << c << endl;
    }
private:
    int a = 10;
    int b, c;
};
int main()
{
    CDataInit t;
    return 0;
}
```

程序运行结果：

```
10 20 -858993460
10 20 30
```

例 11-5 中类 CDataInit 的 private 部分定义了 3 个整型数据成员 a、b、c，其中 a 采用了定义时初始化的方式初始化为 10。类 CDataInit 的 public 部分只有一个构造函数，该函数没有参数，函数头的后面是一个冒号，冒号的后面是初始化列表，b(20)表示将数据成员 b 初始化为 20。构造函数的函数体包含 3 条语句，第一条语句输出数据成员 a、b、c 的值，第二条语句(c = 30;)将数据成员 c 初始化为 30，这是构造函数的初始化方式，第三条语句再次输出数据成员 a、b、c 的值。主函数声明了类 CDataInit 的对象 t，程序创建该对象时会调用类 CDataInit 的构造函数。程序的输出结果显示，数据成员 a、b 的初始化在第一条输出语句执行之前已经完成，说明直接初始化和初始化列表初始化在构造函数体执行前已经完成，构造函数初始化方式只有在程序执行到该语句时才完成初始化过程。

类中的数据成员一般都放在 private 部分作为私有数据成员，然后使用成员函数去操作它们，这样做可以使数据的操作局部化，外部程序只有通过类的公有成员函数才能访问对象的私有数据成员，将来即使需要修改类的数据结构，也只需要修改操作它们的成员函数的内部实现，而不会影响使用该类的外部程序代码。数据成员也可以放在 public 部分，但不是一种好的程序设计风格，如例 11-6 中的例子。

【例 11-6】 不提倡的类的定义方式示例。

```
//文件 stack.h: 类 Stack 的定义
class Stack {
public:
    Stack(int s);                          //构造函数
    ~Stack();                              //析构函数
    int pop(int& num);                     //弹栈
    int push(int num);                     //压栈
    int* data;                             //栈数据存储
    int memNum;                            //栈元素个数
    int size;                              //栈大小
};
```

例 11-6 中类的定义把所有的数据成员和成员函数都放在公有部分，这样的定义方式是合法的，但违反了信息隐藏的原则，存在隐患，因为声明栈对象之后，外部程序代码可以随意地直接修改对象的内部数据，有可能会破坏栈的约束和内容。

11.3.2 成员函数

类的成员函数的作用是响应发送给类的对象的消息，供外界调用的类的成员函数需要放在public部分，而由类自己使用的成员函数可以作为私有成员函数，放在private部分。类的公有成员函数构成了类的接口。从前面的例子可以看出，类的成员函数的实现一般放在类的外面，最好与类的定义不在同一个文件中，这种写法的好处是让接口和实现分离，使程序的结构更加清晰。成员函数的实现也可以在类的里面。

【例 11-7】 在类里面实现成员函数。

```
//文件 stack.h: 类 Stack 的定义
class Stack {
public:
    Stack(int size);
    ~Stack();
    int pop(int& num)                              //函数定义
    {
        if (memNum == 0)
            return 0;
        num = data[--memNum];
        return 1;
    }
    int push(int mem);                             //函数原型
    int* data;                                     //栈数据存储
    int memNum;                                    //栈元素个数
    int size;                                      //栈大小
};
```

上述程序中类Stack的成员函数pop的实现直接放在了类里，这种写法不需要函数原型，直接写出函数实现即可，函数名前面也不需加类名和作用域运算符"::"。一般情况下，除了极短的函数外，成员函数的实现都写在类的外面，否则会影响程序的可读性。

有些类的成员函数，如果它们只被类的其他成员函数使用，就可以放在private部分，这些成员函数是私有成员函数，又称工具函数。

程序设计方法提示：除极短的函数外，建议类的所有成员函数的实现都放在类的外面。

C++规定，类的成员（包括数据成员和成员函数）具有类作用域。具体来说，在类里面定义的成员名可以在类的范围内（包括类的定义和实现）或类的派生类中使用，也可以在类外面通过类的对象名或对象的引用加点操作符、类指针加箭头操作符、类名加作用域运算符的方式访问。

11.3.3 访问控制

前面介绍了两个访问说明符public和private。C++还有另外一个访问说明符protected（受保护的访问方式，将在第13章介绍继承时具体说明），它们共同控制对类的成员函数和数据成员的访问。在class定义的类中，默认的访问方式是private，所以类中第一个访问说明符之前的所有成员都是私有的。在一个类中，public、private和protected 3个访问说明符都可以多次使用，但最好不要这样使用，因为会影响程序的可读性。

程序设计风格提示：在类的定义中，public、private和protected声明的成员要相对集中，并将 public 声明的成员放在前面,然后是 protected 声明的成员,private 声明的成员放在最后。

类的私有成员只能被类的成员函数(或友元)访问,外部函数试图访问类的私有成员将导致语法错误。成员函数访问私有属性的例子已在例 11-3 中看到,类 Stack 的成员函数 pop、push 以及构造函数、析构函数都访问了该类的私有成员。下面是外部函数试图访问类的私有成员的例子,程序中使用了类 Stack,但它试图访问类 Stack 的对象 myStack 中的私有成员。

【例 11-8】 编写程序使用例 11-2 中定义的栈类 Stack,并试图直接访问其实例化对象的私有数据成员,查看编译信息。

```
//文件 ex11_8.cpp:使用栈 Stack
#include "stack.h"
#include <iostream>
using namespace std;

int main()
{
    int i, num;
    Stack myStack(10);

    myStack.size = 11;                              //错误语句
    myStack.data[0] = 0;                            //错误语句

    return 0;
}
```

程序编译结果:

```
C2248:"Stack::size": 无法访问 private 成员(在"Stack"类中声明)
C2248:"Stack::data": 无法访问 private 成员(在"Stack"类中声明)
```

从例 11-8 中程序的编译结果可以看出,试图访问类 Stack 中的私有属性 size 和 data 都是不允许的。

类的公有成员可以被类的成员函数、友元(将在 11.8 节介绍)以及所有能访问到类的对象的外部程序代码直接访问,它们是类的对外接口。类的公有成员函数响应外部消息,也是外部函数访问类的私有属性的窗口。类的使用者通过类的接口可以知道类提供了哪些功能,而不必知道这些功能的具体实现。

在设计类时最好把类的数据成员都放在 private 部分,如果外部函数有访问类的对象的数据成员的需要,可以为外部函数提供修改或读取类的私有数据成员的公有成员函数,并在这些公有成员函数中保证数据成员的有效性和正确性。这种做法可以防止类的对象的数据成员被意外修改,从而提高程序的可维护性和可修改性。

类的访问说明符可以帮助实现信息隐藏和最低访问权原则。程序的最低访问权原则是指:针对程序中的数据,每个函数或模块都拥有最小的但足够的访问权限。一般来说,最低访问权原则可以归纳为以下几点。

(1) 如果某函数不需要访问某些数据,则不给它访问的权限。例如,外部函数与类的私有属性的关系。

(2) 如果某函数需要读取某数据的值,但不需要修改它,则只给它读的权限,而不赋予它修改的权限。例如,将某些函数的参数设置为const属性。

(3) 只有当函数需要修改某数据时才给它全部的访问权限。

(4) 对于类的数据成员,即使外部函数需要修改,也不提倡给它直接的访问权限,而是只给它提供公有成员函数接口,让它通过类的公有成员函数实现对私有数据的访问。

总之,把类的数据成员设置为私有的,这样能直接操作数据的就只有类的成员函数和友元,这可以减少程序出错的可能性,并易于维护。

11.3.4 静态成员

定义类是定义一种新的数据类型,类也可以看作一种模板,创建类的对象时,系统会为每一个对象分配独立的数据空间。对象只拥有数据成员的空间,类的成员函数被所有对象共享。在面向对象程序设计中,对象之间是相互独立的,消息是对象之间进行交互的唯一方式,一个对象无法获知另外一个对象的创建和撤销信息,这显然不方便对一个类的所有对象进行统一管理。同一个类的不同对象之间有时也需要通过共享数据空间来实现数据的交换。

对象之间如何实现数据空间的共享呢?一种解决方法是定义全局变量,但这会破坏面向对象程序的封装特性,显然不可取。另一种方法是使用静态数据成员,类的静态数据成员可以看作类的"全局变量",可以被该类的所有对象共享。类的静态成员包括静态数据成员和静态成员函数。静态数据成员提供了类的所有对象共享信息的一种方式。系统只会为类的静态数据成员分配一份空间,而不是像类的非静态数据成员那样,每个对象都有属于自己的非静态数据成员,类的所有对象都可以访问类的静态数据成员。静态成员的声明只需要在成员函数和数据成员声明的前面加上关键字static即可。

类的静态成员也可以是私有的、公有的或受保护的。静态数据成员属于类,被所有对象共享,即使在对象还不存在时(定义类之后,还没有创建类的对象之前),类的静态数据成员就已经存在,并可以访问它们。类的每个对象都有非静态数据成员的一份副本,访问非静态数据成员(属于类的某个对象)可以通过3种方式进行:对象名加点操作符、对象的引用加点操作符、指向对象的类指针加箭头操作符。每种访问方式都必须有对象存在,因为非静态数据成员是属于每个对象的。静态数据成员则不同,除了可以通过对象用上述3种方法访问它们外,还可以使用类名加作用域运算符的方式直接访问。

在类里面声明的静态数据成员需要在类外定义才会被分配空间,否则编译器会报链接错误。报链接错误的原因是编译器认为该标识符(静态数据成员名)是一个数据对象,但链接时没有找到该数据对象的定义。

例11-9给出了只在类中声明静态数据成员时的编译结果。

【例11-9】 编写程序,在类StaticData中声明整型静态数据成员d,然后直接访问该静态数据成员,查看编译结果。

```
//文件 ex11_9.cpp:声明静态数据成员
#include <iostream>
using namespace std;
class StaticData {
public:
    static int d;
};
//int StaticData::d;
int main()
```

```
    {
        cout << StaticData::d<<endl;
        return 0;
    }
```


程序编译结果：

```
LNK2001:无法解析的外部符号 "public: static int StaticData::d"
```

编译信息显示有链接错误,没有找到类 StaticData 中声明的整型静态数据成员 d 的定义。把 main 函数前面一行的注释去掉,该程序即可正确运行,并输出 0。语句

```
int StaticData::d;
```

定义一个属于类 StaticData 的整型静态成员 d,如果不对 d 进行初始化,则系统自动初始化为 0。系统将所有没有初始化的静态数据都初始化为 0。

静态成员函数是专门操作静态数据成员的函数,静态成员函数属于类,即使在没有对象存在的情况下也可以通过类名和作用域运算符调用它,而非静态成员函数只能通过对象调用(使用前面介绍的 3 种方法)。静态成员函数只能访问类的静态成员,不能调用非静态成员函数和访问非静态数据成员。注意,非静态成员函数可以访问静态数据成员,也可以调用静态成员函数。

下面的例子改写了类 Stack,希望能让类 Stack 知道它在某一时刻到底有多少对象实例存在。在看程序之前,不妨先思考,利用前面所学的知识有没有可能实现这个功能? 如果有可能,和例 11-10 和例 11-11 中的方法进行比较,分析静态成员的优点在什么地方。

【例 11-10】 定义能记录对象数目的 Stack 类。

```
//文件 stack.h: 类 Stack 的定义
class Stack {
public:
    Stack(int s);                       //构造函数
    ~Stack();                           //析构函数
    int pop(int& num);                  //弹栈
    int push(int num);                  //压栈
    static int getObjNum();             //静态成员函数,返回静态数据成员 objNum
private:
    int * data;                         //栈数据存储
    int memNum;                         //栈元素个数
    int size;                           //栈大小
    static int objNum;                  //静态数据成员,记录对象个数
};
```

为了记录类的对象的数目,需要有一个变量能被类的所有对象访问到。由于在创建类的对象时会自动调用类的构造函数,在撤销前会自动调用析构函数,所以要记录对象的数目只需在构造函数执行时将该变量加 1,在析构函数执行时将该变量减 1 即可实现对类的对象计数。例 11-10 中的程序使用类的静态数据成员记录对象的个数。

例 11-10 是类 Stack 的定义(文件 stack.h),程序在类 Stack 中增加了两个静态成员: 静态数据成员 objNum 和静态成员函数 getObjNum。其中,函数 objNum 用来记录对象的个数; 函数 getObjNum 则作为公有成员函数供外界获取 objNum 的值。

【例 11-11】 类 Stack 的实现。

```
//文件 stack.cpp:类 Stack 的实现
#include "stack.h"

//构造函数
Stack::Stack(int s)
{
    size = s>0 ? s : 10;
    data = new int[size];
    memNum = 0;
    objNum++;                                    //一个对象产生时,objNum 的值加 1
}

//析构函数
Stack:: ~Stack()
{
    delete[] data;
    objNum--;                                    //一个对象被撤销时,objNum 的值减 1
}

//弹栈函数,不成功返回 0,成功则返回 1,栈元素由参数返回
int Stack::pop(int& num)
{
    if (memNum == 0)
        return 0;
    num = data[--memNum];
    return 1;
}

//压栈函数,不成功返回 0,成功则返回 1
int Stack::push(int mem)
{
    if (memNum == size)
        return 0;
    data[memNum++] = mem;
    return 1;
}

//定义并初始化类的静态数据成员
int Stack::objNum = 0;

//实现类的静态成员函数
int Stack::getObjNum()
{
    return objNum;
}
```

因为类的静态数据成员不依赖于对象而存在,所以静态数据成员不能在构造函数中初始化,只能在定义类时进行定义和初始化。下面的语句定义类 Stack 的静态数据成员 objNum 并初始化为 0。

```
int Stack::objNum=0;
```

和例 11-3 相比较,例 11-11 在构造函数中增加了一条语句,将 objNum 加 1;在析构函数中也增加了一条语句,将 objNum 减 1。同时,实现了静态成员函数 getObjNum,返回 objNum 的值。

声明静态成员函数或静态数据成员时需要以关键字 static 开始,定义和初始化类的静态数据成员和实现静态成员函数时则不需要加 static。

修改完类 Stack 后,下面编写程序测试类 Stack,注意调用类的静态成员函数的方法。

【例 11-12】 在不同的地方以不同的方法创建例 11-10 和例 11-11 中定义的类 Stack 的实例化对象,并实时获取类 Stack 的对象个数。

```
//文件 ex11_12.cpp:使用栈 Stack,并实时获取 Stack 的实例化对象的个数
#include "stack.h"
#include <iostream>
using namespace std;

int main()
{
    cout << "There is " << Stack::getObjNum() << " stack. " << endl;

    {   //块 1
        Stack one(10);
        Stack* ptr = &one;

        cout << "After stack one created, there is "
            << one.getObjNum() << " stack. " << endl;

        {   //块 2
            Stack two(10);

            cout << "After stack two created, there are "
                << two.getObjNum() << " stacks. " << endl;
        }

        cout << "After stack two destroyed, there is "
            << ptr->getObjNum() << " stack. " << endl;
    }

    cout << "After stack one destroyed, there is "
        << Stack::getObjNum() << " stacks. " << endl;

    return 0;
}
```

程序运行结果:

```
There is 0 stack.
After stack one created, there is 1 stack.
After stack two created, there are 2 stacks.
After stack two destroyed, there is 1 stack.
After stack one destroyed, there is 0 stacks.
```

程序首先通过类名和作用域运算符调用类的静态成员函数 getObjNum 来获取当前对象个数,即语句

```
Stack::getObjNum();
```

没有声明任何对象,所以对象个数为 0。程序进入块 1 后,声明类 Stack 的对象 one,自动调用构造函数,objNum 加 1,然后使用对象名加点操作符的方式调用函数 getObjNum,即语句

```
one.getObjNum();
```

程序运行退出块 2 后,通过指向对象 one 的指针 ptr 调用函数 getObjNum,即语句

```
ptr->getObjNum();
```

运行结果显示,类 Stack 的定义获得了预期的效果。

11.3.5 对象的建立

定义好类之后,下一步就是声明类的对象,实际上,在前面的例子中已经看到了对象的创建和撤销。定义类就是定义一种新的数据类型,像内部类型一样,可以使用类名声明类的变量(对象)、数组、指针、引用,也可以动态创建类的对象或对象数组。

【例 11-13】 圆形类 Circle 的定义。

```
//文件 circle.h: 定义圆形类 Circle

#if !defined __CIRCLE__H__
#define __CIRCLE__H__

#include <iostream>
using namespace std;

class Circle {
public:
    Circle() { x = y = r = 5.0; }

    void draw()
    {
        cout << "Draw a circle at (" << x << ","
            << y << "), with radius " << r << "." << endl;

    }
private:
    double  x, y;                    //圆心坐标
    double  r;                       //半径

};
#endif
```

上面的程序定义了一个圆形类 Circle,它的 public 部分只包含一个构造函数和一个简单的 draw 成员函数。下面的语句声明了类 Circle 的对象、对象数组、指针和引用。

```
Circle one;                          //声明类 Circle 的对象 one
Circle array[10];                    //声明类 Circle 的数组 array,包含 10 个数组元素
Circle *ptr=&one;                    //声明类 Circle 的指针 ptr,并让 ptr 指向对象 one
Circle &o=one;                       //声明类 Circle 的引用 o
```

也可以通过类指针动态创建类的对象,下面的语句动态创建了类 Circle 的对象和对象数组。

```
Circle *pone, *pten;                    //声明 Circle 类型的两个指针
pone=new Circle;                        //动态创建一个对象
pten=new Circle[10];                    //动态创建对象数组
```

对象在创建时会自动调用类的构造函数,类 Circle 的构造函数没有参数,因此使用类 Circle 时就像使用那些内部预定义类型一样。有些类的构造函数是需要参数的,例如前面例子中类 Stack 的构造函数需要一个整型参数,在声明对象或动态创建对象时就需要提供参数,提供参数的格式和函数调用时提供参数的格式相同。下面是建立类 Stack 的对象的例子。

```
//声明类 Stack 的对象 oneStack,并向构造函数传递参数 10(用圆括号,注意和声明对象数组的
//区别)
Stack oneStack(10);
//声明 Stack 类型的指针 ptr,并让它指向一个动态生成的对象,
//生成对象时给构造函数传递参数 20(用圆括号,注意和动态创建对象数组的区别)
Stack *ptr=new Stack(20);
```

例 11-13 定义类 Circle 时使用了预处理指令#define、#if ! defined 和#endif,使用这些预处理指令可以防止该头文件被一个源文件多次包含时导致编译错误(类 Circle 的重复定义错误)。其中,指令

```
#if !defined __CIRCLE__H__
```

判断标识符__CIRCLE__H__是否被定义,如果没有被定义则编译器编译后续代码,否则编译器跳过后续语句直到指令#endif。而指令

```
#define __CIRCLE__H__
```

则定义了标识符__CIRCLE__H__。

当某个源文件第一次包含头文件 circle.h 时,标识符__CIRCLE__H__没有被定义,编译器就会编译后续语句(包括类 Circle 的定义和标识符__CIRCLE__H__的定义),如果该文件第二次包含头文件 circle.h,这时由于标识符__CIRCLE__H__已经被定义,编译器就会跳过类 Circle 的定义,防止出现重复定义的错误。

程序设计方法提示:由于类的定义可能会被很多头文件和源文件引用,预处理指令#include 可能会导致某个头文件在某个源文件中被包含多次。所以,建议在定义头文件时,通过使用上述预处理指令防止被多次包含时出现重复定义的错误。

11.4 构造函数和析构函数

类的构造函数和析构函数是类的两个特殊的成员函数。构造函数的函数名和类名完全相同,可以有参数,不能指定返回值类型;析构函数的函数名是字符~加上类名,不能有参数,也不能指定返回值类型。一个类可以有多个构造函数,但只能有一个析构函数。本节将详细介绍类的构造函数和析构函数。

11.4.1 构造函数和析构函数的作用

对象被声明或创建时,会自动调用对象所属类的构造函数。构造函数的作用一般是对类的对象进行初始化,构造函数的执行时机可以保证程序在使用对象时其数据成员都已经被正确初始化。构造函数在对象建立时被自动调用,构造函数执行完后不能通过对象再次调用构造函数,之后要修改对象的数据成员只能通过其他成员函数来完成。不能指定构造函数的返回值类型,试图指定构造函数的返回值类型将导致语法错误。

从字面上理解,析构函数是构造函数的"反函数"(字符~在C语言中是按位取反运算符)。实际上,从某种意义上来说,析构也正是构造的逆操作。构造函数是创建对象时对对象进行初始化,它保证程序在使用对象时,对象中的数据已经处于正确的状态。析构函数的作用则是在撤销对象前为对象做一些最后的清理工作,一般表现在释放对象在生存期内动态分配的空间。析构函数在对象被撤销时被自动调用,析构函数的执行不会破坏对象本身,它只是为对象的撤销做一些最后的清理工作,对象本身的回收工作由系统进行。

如果类的对象在运行期间不需要动态分配空间,如例11-13中定义的Circle类,则没有必要为类提供析构函数;而当类的对象拥有动态分配的空间时,如例11-2中定义的Stack类(其栈空间是根据需要动态分配的),使用析构函数则是必需的。类Stack的对象被撤销时会自动调用其析构函数,析构函数的执行会释放其运行期间动态申请的空间,有了析构函数后,就不需要再关心类Stack对象的动态空间的释放问题了。

对于析构函数,常见的程序设计错误是为析构函数提供参数、指定析构函数的返回值类型或重载析构函数。

下面的程序演示了构造函数和析构函数的作用和使用方法。

【例11-14】 编写类MyString,使用构造函数和析构函数完成对象的初始化和动态空间的释放。

```
//文件 mystring.h: 定义类 MyString
#pragma once
#include <string.h>
#include <iostream>
using namespace std;
class MyString {
public:
    MyString(const char* s)
    {
        int len = strlen(s) + 1;
        sp = new char[len];
        strcpy_s(sp, len, s);
    }
    ~MyString()
    {
        delete[] sp;
    }
    void print()
    {
        cout << sp << endl;
    }
private:
```

```
    char* sp;
};

//文件 ex11_14.cpp
#include"mystring.h"
int main()
{
    MyString name("Feng");
    name.print();
    return 0;
}
```

程序运行结果：

```
Feng
```

例 11-14 中的程序包含两个文件 mystring.h 和 ex11_14.cpp。文件 mystring.h 的第一条语句

```
#pragma once
```

是一个宏,告诉编译器该文件即使被其他文件多次包含,也只编译一次,防止该文件中的内容出现重复定义的错误。接下来定义了类 MyString,其构造函数根据参数给定的字符串的长度动态分配空间,并将参数字符串复制到动态分配的空间中,析构函数释放动态分配的空间,print 函数则输出字符串信息。文件 ex11_14.cpp 中的 main 函数声明了类 MyString 的对象 name,系统在创建对象 name 时会自动调用类 MyString 的构造函数,由于其构造函数需要一个字符指针类型的参数,声明对象 name 时提供了参数"Feng",该参数在调用构造函数时传递给构造函数,实现对数据成员 sp 的初始化。后续语句

```
name.print();
```

的执行结果显示,对象 name 已经被正确初始化。main 函数执行完后,对象 name 被撤销,自动调用类 MyString 的析构函数,撤销数据成员 sp 指向的动态分配的空间。

11.4.2 构造函数重载

类的构造函数可以被重载以便根据不同的需要采用不同的方法初始化类的对象。重载构造函数的类具有多个构造函数,这些构造函数的函数名完全相同,都没有返回类型,而参数列表各不相同。和一般函数的重载一样,类的重载构造函数的参数列表(参数的个数、类型和顺序)必须不同,系统根据函数名和参数列表共同确定该调用哪个函数。类有多个构造函数时,根据声明对象或创建对象时提供的参数来确定调用哪个构造函数来初始化对象。

【例 11-15】 重载构造函数。

```
//文件 circle.h: 定义类 Circle
#if !defined __CIRCLE__H__
#define __CIRCLE__H__

#include <iostream>
using namespace std;
```

```
class Circle {
public:
    Circle() { x = y = r = 5.0; }

    Circle(double a, double b, double c)
    {
        x = a;
        y = b;
        if (c > 0)
            r = c;
        else
            r = 5.0;
    }

    void draw()
    {
        cout << "Draw a circle at (" << x << ","
            << y << "), with radius " << r << "." << endl;
    }

private:
    double  x, y;                                   //x、y坐标
    double  r;                                      //半径
};

#endif
```

类 Circle 有两个构造函数，一个不带参数，另一个带 3 个 double 类型的参数。这两个构造函数分别是：

```
Circle ();
Circle (double a, double b, double c);
```

它们在参数列表上有所区别。在声明对象时可以不提供参数，系统会调用第一个构造函数，x、y、r 的值都被赋值为 5.0；或者提供 3 个参数，调用第二个构造函数，将 x、y、r 设置成希望的值。

```
//调用第一个构造函数，对象 obj 中的 x、y、r 都被赋值为 5
Circle obj;
//调用第二个构造函数，对象 obj 中的 x、y、r 分别被赋值为 4.0、5.0 和 6.0
Circle obj1(4.0, 5.0, 6.0);
```

注意：创建类的对象时会自动调用类的构造函数，创建一个对象只会根据参数列表调用类的一个构造函数，而且只调用一次，不会调用类的所有构造函数。

11.4.3 默认构造函数

在声明对象时不提供参数就可以调用的构造函数是默认构造函数。如果一个类有默认构造函数，则声明类的对象时可以不提供参数。例 11-15 中类 Circle 的第一个构造函数就是默认构造函数，所以声明对象时可以没有参数。例如：

```
Circle obj;                                        //调用默认构造函数
```


声明构造函数时,也可以为构造函数提供默认参数。给构造函数提供默认参数的好处是即使在调用构造函数时没有提供参数,也会确保按照默认参数对对象进行初始化。所有参数都是默认参数的构造函数也是默认构造函数。一个类不能同时拥有多个默认构造函数,因为编译器无法区分对它们的调用。

例 11-15 中的默认构造函数为对象的 3 个数据成员 x、y、r 都赋值为 5.0,第二个构造函数判断参数传入的半径值是否满足条件,满足则直接赋值,不满足则赋默认值。如果使用默认参数,则可以将两个构造函数合并成一个构造函数。

【例 11-16】 使用默认参数的构造函数。

```
//文件 circle.h: 定义类 Circle
#if !defined __CIRCLE__H__
#define __CIRCLE__H__

#include <iostream>
using namespace std;

class Circle {
public:
    //带默认参数的构造函数
    Circle(double a = 5.0, double b = 5.0, double c = 5.0)
    {
        x = a;
        y = b;
        if (c > 0)
            r = c;
        else
            r = 5.0;
    }

    void draw()
    {
        cout << " Draw a circle at (" << x << ","
            << y << "), with radius " << r << "." << endl;
    }

private:
    double x, y;                                //x、y 坐标
    double r;                                   //半径
};

#endif
```

上面类 Circle 的构造函数使用了默认参数,因为所有参数都是默认参数,所以该构造函数也是默认构造函数。如果声明对象时提供了参数,则使用用户提供的参数值(相当于调用例 11-15 中的第二个构造函数);如果没有提供参数,则使用默认参数(相当于调用例 11-15 中的第一个构造函数,即默认构造函数)。

如果构造函数使用了默认参数,声明对象时不仅可以提供全部参数或不提供参数,还可以只提供部分参数。例如,声明类 Circle 的对象时可以不提供参数,也可以只提供 1、2 或 3 个参

数，对于没有提供的参数，构造函数用默认参数补足。可以使用下面的方法声明 Circle 的对象。

```
Circle  a;                               //相当于 Circle  a(5.0, 5.0, 5.0);
Circle  b(1.0);                          //相当于 Circle  b(1.0, 5.0, 5.0);
Circle  c(3.0, 4.0);                     //相当于 Circle  c(3.0, 4.0, 5.0);
Circle  d(4.0, 5.0, 6.0);                //相当于 Circle  d(4.0, 5.0, 6.0);
```

如果定义类时没有为类提供任何构造函数，系统会为该类自动提供一个参数列表和函数体都为空的默认构造函数。

11.4.4 复制构造函数

根据类的某个对象复制出一个完全相同的新的对象的构造函数称为复制构造函数。复制构造函数的参数应该是该类对象的引用。

例 11-17 为例 11-16 中的类 Circle 添加了一个复制构造函数。例 11-17 实现复制构造函数时，只简单地将参数对象 c 中的数据成员 x、y、r 的值赋值给当前对象的数据成员，使当前对象的各个数据成员和参数对象 c 中相应的数据成员的值完全相同。

通过复制构造函数，程序可以创建和已有对象完全相同的新对象，例如：

```
Circle  a(3.0, 4.0, 5.0);
Circle  b(a);
```

第一条语句声明了对象 a，并提供了 3 个浮点类型的参数，系统调用类 Circle 的第一个构造函数，将 a 中的数据成员 x、y、r 分别初始化为 3.0、4.0 和 5.0。第二条语句声明对象 b，提供了一个 Circle 类型的参数 a，系统调用第二个构造函数（复制构造函数），该函数将 a 的数据成员 x、y、r 的值分别赋值给对象 b 的 x、y、r，得到了一个数据成员和对象 a 的各数据成员的值完全相同的对象 b。

如果定义类时没有定义复制构造函数，编译时会自动加入一个完成数据成员复制的复制构造函数。在函数调用或返回时，如果参数采取传值方式传递类的对象或者函数返回类的对象时，都会自动调用类的复制构造函数。

程序设计方法提示：有时编写复制构造函数不能只是简单地赋值，如对象中包含指向动态分配空间的指针数据成员时，简单地赋值会导致两个对象的指针数据成员指向同一块空间，这样很容易导致内存管理上的错误。对于这种情况的正确做法是，为当前新建对象的指针数据成员分配新的空间，然后将参数对象中指针数据成员所指的动态分配空间中的数据复制过来，这样才能既保证两个对象一致，又让二者保持相互独立。

【例 11-17】 为 Circle 类添加复制构造函数。

```
//文件 circle.h: 定义类 Circle
#if !defined __CIRCLE__H__
#define __CIRCLE__H__

#include <iostream>
using namespace std;

class Circle {
```

```
public:
    //带默认参数的构造函数
    Circle(double a = 5.0, double b = 5.0, double c = 5.0)
    {
        x = a;
        y = b;
        if (c > 0)
            r = c;
        else
            r = 5.0;
    }

    //复制构造函数
    Circle(Circle& c)
    {
        x = c.x;
        y = c.y;
        r = c.r;
    }

    void draw()
    {
        cout << " Draw a circle at (" << x << ","
            << y << "), with radius " << r << "." << endl;
    }

private:
    double x, y;                                    //x、y坐标
    double r;                                       //半径
};

#endif
```

11.4.5 构造函数和析构函数的执行时机

一个程序往往会在不同的地方创建不同类的多个对象,这些类的构造函数总是随对象的产生而被调用执行,析构函数也会随对象的撤销而被调用。在程序的不同地方用不同的方式建立的对象具有不同的作用域,其构造函数和析构函数的执行时机也不相同。

(1) 全局对象:是定义在函数外面的对象,存在于程序的整个生命周期。全局对象在所有程序执行之前被创建,即在程序 main 函数第一条语句执行之前全局对象已经被创建了,因此全局对象的构造函数在 main 函数开始执行之前被执行。在程序 main 函数的最后一条语句执行完毕后或程序执行 exit 语句之后,全局对象被撤销,其析构函数才会被调用执行。但如果程序以 abort 语句终止执行,那么全局对象的析构函数将不被执行。

(2) 局部动态对象:定义在程序块内,具有块作用域。在程序执行到声明该对象的语句时被创建,因此局部动态对象的构造函数是在程序执行到声明该对象的语句时被执行。当程序运行出局部动态对象所在的程序块时,块内的局部动态对象被撤销,其析构函数被调用执行,程序再次运行到该程序块时会再次创建块内的局部动态对象。如果程序在退出该程序块之前以 exit 语句或 abort 语句终止执行,则局部动态对象的析构函数将不会被执行。

(3) 局部静态对象:定义在程序块内,用 static 关键字声明,具有块作用域,被创建后存在

于程序的整个生命周期。局部静态对象在程序执行到声明该对象的语句时创建，其构造函数在程序第一次执行到声明该对象的语句时被执行。和局部动态对象不同的是，局部静态对象只在程序第一次执行到它所在的程序块时被创建，创建后即存在于程序的整个生命周期，当程序下次再执行到它所在的程序块时就不再创建该对象了。在程序执行完毕后或程序执行 exit 语句后局部静态对象的析构函数被执行，如果程序以 abort 语句终止执行，则局部静态对象的析构函数将不被执行。局部静态对象的析构函数在全局对象的析构函数执行之前执行。

（4）动态创建的对象：是指用 new 运算符创建的对象，在程序执行到该语句时被动态创建，因此动态创建对象的构造函数在程序执行到该 new 操作时被执行。函数 malloc 只有动态分配空间的作用，不能创建对象，使用 malloc 为对象分配空间不会调用对象的构造函数。动态创建的对象必须动态撤销，其析构函数在执行相应的 delete 操作时被调用执行。如果程序没有显式地使用 delete 操作符释放动态创建的对象，该对象将不会被释放，其所占的内存空间将在整个程序退出后由操作系统统一回收。

下面通过一个例子综合理解全局对象、局部动态对象、局部静态对象和动态创建对象的构造函数与析构函数的执行时机。

【例 11-18】 编写一个程序演示全局对象、局部动态对象、局部静态对象和动态创建对象的构造函数与析构函数的执行时机。

```
//文件 createanddestroy.h
//定义类 CreateAndDestroy
#if !defined __CREATEANDDESTROY__H__
#define __CREATEANDDESTROY__H__
#include <iostream>
using namespace std;
class CreateAndDestroy {
public:
    CreateAndDestroy(int n)
    {
        no = n;
        cout << "Object" << no << " created!" << endl;
    }
    ~CreateAndDestroy()
    {
        cout << "Object" << no << " destructed!" << endl;
    }
private:
    int no;
};
#endif

//文件 ex11_18.cpp:演示构造函数和析构函数的执行时机
#include "createAndDestroy.h"
CreateAndDestroy one(1);                        //定义全局对象 one
int main()
{
    CreateAndDestroy *ptr;
    CreateAndDestroy two(2);                    //定义局部动态对象 two
    {
        CreateAndDestroy three(3);              //定义局部动态对象 three
        ptr = new CreateAndDestroy(4);          //动态创建对象
```

```
        static CreateAndDestroy five(5);          //定义局部静态对象 five
    }
    delete ptr;                                   //释放动态创建的对象
    return 0;
}
```

程序运行结果：

```
Object 1 created!
Object 2 created!
Object 3 created!
Object 4 created!
Object 5 created!
Object 3 destructed!
Object 4 destructed!
Object 2 destructed!
Object 5 destructed!
Object 1 destructed!
```

例 11-18 中的程序包含两个文件 createAndDestroy.h 和 ex11_18.cpp。头文件 createAndDestroy.h 定义了一个简单的类 CreateAndDestroy，类 CreateAndDestroy 中包含一个私有数据成员 no，存储对象的信息，构造函数和析构函数被执行时输出该信息以区分不同的对象。源文件 ex11_18.cpp 中分别在程序的不同地方声明和创建了类 CreateAndDestroy 的全局对象 one、局部动态对象 two 和 three、局部静态对象 five 和动态创建对象(no 成员值为 4)，程序的运行结果显示了不同的对象的构造函数和析构函数的执行时机。

11.5 this 指 针

定义一个类就是定义一种新的数据类型，一个类可以用来声明多个对象，所有对象都拥有类的非静态数据成员的一个副本，类的静态数据成员和成员函数则被所有对象共享，同一个类的不同对象响应相同的消息时，调用的是同一个函数。这里就有一个问题，当一个对象响应外界消息(调用对象的成员函数)时，被调用的成员函数如何保证它当前要操作的数据是这个对象的数据成员，而不会访问到其他对象呢？例如，例 11-17 中类 Circle 的 draw 函数输出 x、y、r 的值，编译器怎么确定这是输出哪个对象的 x、y、r 的值？

答案是编译器为每个对象增加了一个指向自身的指针，这个指针就是 this 指针。不管是用哪种方式调用成员函数，指针加箭头、对象名加点操作符或者对象的引用加点操作符都有一个关联的对象，在处理该成员函数的调用时，编译器把关联对象的 this 指针作为隐含参数传递给被调用函数，被调用的成员函数则通过对象的 this 指针来访问对象的数据成员。对象中 this 指针的维护和调用成员函数时作为隐含参数传递给成员函数的过程都是由编译器自动完成的，this 指针不需要在成员函数的参数列表中列出，所以称为隐含参数。成员函数在获得对象的 this 指针后可以显式地使用它，例如可以通过 this 指针访问当前对象的成员或获取当前对象的地址等。

this 指针是属于对象的，每个对象都有属于自身的 this 指针，但类的定义中没有 this 指针。this 指针的类型由对象的类型决定。例如，Circle 类的对象的 this 指针是 Circle * 类型。this 指针是常量指针，永远指向对象的首地址。所以，Circle 类的对象的 this 指针的定义是：

```
Circle * const
```

下面通过一个例子说明 this 指针在成员函数中的作用，并在成员函数中显式地使用 this 指针来访问对象的数据成员。

【例 11-19】 编写程序用 this 指针访问对象的数据成员。

```
//文件 ex11_19.cpp:使用 this 指针访问对象的数据成员
#include <iostream>
using namespace std;

class Test {
public:
    Test(int n = 0);
    void print();

private:
    int data;
};

Test::Test(int n)
{
    data = n;
}

void Test::print()
{
    cout << "data=" << this->data << "!" << endl;
}

int main()
{
    Test obj1(10), obj2(20);

    cout << "obj1:";
    obj1.print();

    cout << "obj2:";
    obj2.print();

    return 0;
}
```

程序运行结果：

```
obj1:data=10!
obj2:data=20!
```

在例 11-19 中，类 Test 的成员函数 print 访问数据成员时不是像前面的例子那样直接使用数据成员的名字去访问，而是通过 this 指针加箭头运算符的方式，在执行这个函数时，this 的值是什么呢？前面说过，所有对象都维护着一个指向自身的指针，所以对象 obj1 的 this 指针的值就是它自身的地址。当程序通过对象 obj1 调用成员函数 print(即执行语句 obj1.print()；)时，函数 print 会获得当前对象的 this 指针(即对象 obj1 的 this 指针)，然后 print 函数通过

this 指针去访问数据成员(即使程序代码是通过数据成员名直接访问,编译器也会处理成通过 this 指针访问)。当一个成员函数响应消息时,它能够获得接收消息的对象的 this 指针,而成员函数访问对象的数据成员时都是通过 this 指针去访问的,所以总能访问到正确对象的数据成员。

this 指针还有一个作用,就是帮助对象获取对象自身,从而实现对成员函数的连续调用。因为 this 指针的值是对象自身的首地址,指针复引用 * this 就能获得对象自身,如果一个类的成员函数返回值是 * this,程序就可以用这个返回值去调用另外一个成员函数。例如,语句

```
cout << "data=" << this->data << "!" <<endl;
```

就是连续 4 次调用对象 cout 中的成员函数 operator <<(将在第 12 章详细讲述)。

【例 11-20】 定义一个类,要求其对象可以连续调用其成员函数,创建该类的对象并连续调用其成员函数。

分析:要满足类的对象可以连续调用其成员函数,这些成员函数的返回值就必须是调用该函数的对象本身,所以返回值类型是该类型的引用,返回值则是 * this。

```
//文件 ex11_20.cpp:使用 this 指针实现成员函数的连续调用
#include <iostream>
using namespace std;

class Test {
public:
    Test(int n = 0);
    Test& setData(int n);
    void print();

private:
    int data;
};

Test::Test(int n)
{
    data = n;
}

Test& Test::setData(int n)
{
    data = n;
    return * this;
}

void Test::print()
{
    cout << "data=" << data << "!" << endl;
}

int main()
{
    Test obj1;

    cout << "obj1:";
```

```
    obj1.setData(100).print();

    return 0;
}
```

程序运行结果：

```
obj1:data=100!
```

在例 11-20 中，类 Test 的 setData 成员函数的返回值类型是 Test &，返回值是 * this，main 函数中调用成员函数的语句为

```
obj1.setData(100).print();
```

其中，对象 obj1 连续调用了成员函数 setData 和 print。通过 obj1 调用成员函数 setData 时，成员函数 setData 获得了对象 obj1 的 this 指针，函数 setData 执行完毕后，返回 * this，实际上就是 obj1 对象。返回值类型是 Test &，函数调用 obj1.setData(100)得到的就是对象 obj1 的引用。接下来使用对象 obj1 的引用加点操作符就可以继续类的成员函数，甚至可以接着调用 setData 函数。如果成员函数 setData 的返回值类型是 Test，则调用该函数后得到的将是对象 obj1 赋值后的一个副本，虽然程序运行结果相同，但程序语义已经不一样了。

如果函数调用的语句写成

```
obj1.print().setData(100);
```

就会出错，因为对象 obj1 调用成员函数 print 之后获取的返回值不是 obj1 自身(或引用)，不能用来接着调用类的成员函数。如果想实现连续调用多个函数，只要将需要连续调用的这些成员函数都定义成 setData 的形式(返回类型是 Test &，返回值是 * this)即可。

再回过头来看看静态成员函数和静态数据成员的问题。为什么类的静态成员函数不能访问非静态数据成员？因为静态成员函数是属于类的，即使在没有对象存在的情况下也可以通过类名去调用它们，静态成员函数不维护 this 指针，通过对象调用静态成员函数时也不需要将对象自己的 this 指针作为隐含参数传递过去。而非静态数据成员是属于每一个对象的，要访问某一个对象的数据成员必须通过该对象的 this 指针(或对象名)才能进行，而调用静态函数时，没有传入任何对象的 this 指针，所以静态成员函数不能访问对象的非静态数据成员。静态成员函数也不能调用非静态成员函数，因为调用非静态成员函数需要传入一个 this 指针作为隐含参数，而静态成员函数没有 this 指针，不能给非静态成员函数提供这个隐含参数。

11.6 类的 const 特性

前面已经强调过最低访问权限原则是保持良好程序设计风格的一项基本原则。本节要讲的就是该原则在对象应用上的体现。

有些对象是允许修改的，有些对象则不允许修改，有些成员函数需要修改对象的数据成员，有些成员函数则不需要修改对象的数据成员。在程序中可以用关键字 const 指定不允许被修改的对象或不需要修改对象数据成员的成员函数。这样，任何试图修改 const 对象的操作在编译的时候都会报错，而 const 成员函数如果试图去修改对象的数据成员也会被编译器

发现并报错。

声明 const 对象时，只需要在类名前面加上关键字 const 即可（和声明 const 变量相同）。下面的语句声明了 Circle 类的一个 const 对象 baseCircle，并将它初始化为圆心坐标为(0,0)，半径为 1 的一个圆。

```
const Circle baseCircle(0, 0, 1);
```

类的 const 成员函数不允许修改传入隐含参数 this 指针的对象的数据成员，通过参数列表中的参数传入的对象不受限制。声明 const 成员函数时，需要在函数体之前、参数列表之后加上关键字 const。例如，下面的语句声明了 const 成员函数 print。

```
void Test:: print() const
{
    cout << "data=" << data << "!\n";
}
```

C++ 对类和对象中的 const 声明是非常严格的。首先，如果一个对象被声明是 const 的，则不能通过该对象调用非 const 成员函数，因为非 const 成员函数有修改该对象的数据成员的可能。即使被调用的非 const 成员函数不会修改对象，C++ 编译器也不允许这种调用。其次，类的 const 成员函数不允许调用非 const 成员函数，因为 const 成员函数不允许修改对象，而非 const 成员函数则有可能修改对象，const 成员函数如果调用了非 const 成员函数就有了间接修改对象的可能。总之，const 成员函数不能修改传入隐含参数 this 指针的对象，const 对象不允许被任何程序修改。而通过非 const 对象，既可以调用非 const 成员函数，也可以调用 const 成员函数；非 const 成员函数也可以调用非 const 成员函数和 const 成员函数。

const 对象仅允许被构造函数和析构函数修改，与一般对象一样，构造函数可对 const 对象进行初始化，析构函数也同样可在撤销 const 对象前做清除工作。

设置对象的 const 特性时常见的程序设计错误有：

- 试图修改 const 对象。
- 试图在 const 成员函数中修改调用该函数的对象的数据成员。
- 试图在 const 成员函数中调用非 const 成员函数。
- 试图通过 const 对象调用非 const 成员函数。

例 11-21 中的程序定义了 Circle 类的一个 const 对象，并试图通过该对象调用非 const 成员函数。如果 const 对象需要调用某些成员函数，必须把这些函数声明为 const 成员函数。

【例 11-21】 编写程序尝试用 const 对象和 const 成员函数调用非 const 成员函数，并记录编译信息。

分析：本题可以借用前面例子中的 Circle 类，在其中定义一个 const 成员函数 print，并在 print 中调用非 const 成员函数 area，在主程序 main 函数中声明 Circle 类的 const 对象 obj，然后通过 obj 调用非 const 成员函数 area。

```
//文件 circle.h: 定义类 Circle
#if !defined __CIRCLE__H__
#define __CIRCLE__H__

#include <iostream>
```

```
using namespace std;

class Circle {
public:
    Circle(double a = 5.0, double b = 5.0, double c = 5.0);
    ~Circle();
    double area();
    void print() const;
    double getR() const;

private:
    double x, y;                                    //x、y坐标
    double r;                                       //半径
};

#endif

//文件circle.cpp:类Circle的实现部分
#include "circle.h"

#define PI 3.14159

Circle::Circle(double a, double b, double c)
{
    x = a;
    y = b;
    if (c > 0)
        r = c;
    else
        r = 5.0;
    cout << "Circle start, x=" << x << ", y=" << y << ", r=" << r << endl;
}

Circle::~Circle()
{
    cout << "Circle end, x=" << x << ", y=" << y << ", r=" << r << endl;
}

double Circle::area()
{
    return PI * r * r;
}

void Circle::print() const
{
    double a = area();                              //错误语句
    cout << "area=" << a << endl;
}

double Circle::getR() const
{
    return r;
}
```

```
//文件 ex11_21.cpp:使用类的 const 对象
#include "circle.h"

int main()
{
    const Circle obj;
    cout << obj.area();                               //错误语句

    return 0;
}
```

程序编译结果：

```
ex11_21.cpp(8) : e1086: 对象含有与成员 函数 "Circle::area" 不兼容的类型限定符
circle.cpp(29) : C2662: "double Circle::area(void)": 不能将"this"指针从"const
Circle"转换为"Circle &"
```

从例11-21的编译结果可以看出，在Circle类的const函数print中调用非const成员函数area(文件circle.cpp第29行)是不允许的，错误原因是不能把this指针从const Circle类型的指针转换成Circle &类型的指针。this指针的类型取决于类的类型，由于this指针是由对象维护的，指向对象本身，其类型和对象及被调用的成员函数的const属性有关，对于Circle类的const对象，调用const成员函数时它的this指针的类型是const Circle * const，调用非const成员函数时this指针的类型是Circle * const，因此，在const成员函数中调用非const成员函数时需要将this指针从const Circle * const类型转换成Circle * const类型，这是对对象的访问权限的放大，是不允许的。在文件ex11-21.cpp的第8行，通过const对象调用非const成员函数area时也存在将this指针从const Circle * const类型转换成Circle * const类型的问题。

可以通过构造函数初始化const对象，初始化后的const对象不允许再被修改。const关键字还可以作用于类的数据成员，const数据成员必须在构造函数中初始化，但只能通过初始化列表初始化，初始化后的const数据成员也不能再被修改。例11-22演示了初始化const数据成员的方法。

【例11-22】 初始化类的const数据成员。

```
//文件 circle.cpp:初始化类的 const 数据成员
class Circle {
public:
    Circle(double a = 5.0, double b = 5.0, double c = 5.0);
private:
    double x, y;                                      //x、y 坐标
    const double r;                                   //半径
};
Circle::Circle(double a, double b, double c)
    :r(c)                                             //const 数据成员的初始化
{
    x = a;
    y = b;
}
```

const数据成员的初始化必须使用初始化列表的方式进行，在构造函数的头部，由冒号引

出 const 数据成员名和相应的初始化值，如果有多个 const 数据成员，则在冒号后面顺序列出，中间用逗号隔开。

如果试图用赋值语句初始化 const 数据成员，那么编译器会报错。例 11-23 演示了使用赋值语句初始化 const 数据成员的结果。

【例 11-23】 使用赋值语句初始化 const 数据成员。

```
//文件 circle.cpp:初始化类的 const 数据成员
class Circle {
public:
    Circle(double a = 5.0, double b = 5.0, double c = 5.0);
private:
    double x, y;                           //x、y 坐标
    const double r;                        //半径,const 数据成员
};

Circle::Circle(double a, double b, double c)
{
    x = a;
    y = b;
    r = c;                                 //错误语句,使用赋值语句初始化 const 数据成员
}
```

程序编译结果：

```
Circle.cpp(11):E0366:"Circle::Circle(double a, double b, double c)" 未提供初始值设定项
Circle.cpp(14):E0137:表达式必须是可修改的左值
```

上面的错误信息显示，第 11 行没有提供初始化列表对 const 数据成员进行初始化，第 14 行赋值运算符左边的 r 不能被赋值。

11.7 类的复合

类的复合是软件重用的一种形式，是指在定义一个类时把其他类的对象作为自己的成员。类的复合是结构的嵌套定义在类的定义上的扩展。第 10 章介绍面向对象程序设计的概念时曾提过对象和对象之间应该允许存在包含的关系，在现实生活中这种需求无处不在。

下面定义一个描述圆柱体的类，圆柱体可以用底（一个圆）和高（一个浮点类型数据）两个属性来描述。既然前面已经有了圆类 Circle 的定义，这里可以直接把 Circle 的对象加入圆柱体类中作为其中的一个数据成员。例 11-24 定义了一个圆柱体类 Column，并编写程序对类 Column 进行测试，类 Column 的数据成员之一 circle 是类 Circle 的实例化对象。程序在创建一个 Column 对象时会同时创建一个 Circle 对象，在这个过程中会调用类 Column 和类 Circle 的构造函数。注意程序中类 Column 的构造函数如何调用类 Circle 的构造函数，以及 Column 的对象如何访问 Circle 对象。

【例 11-24】 定义圆类 Circle，利用类的复合定义圆柱类 Column，然后创建圆柱类 Column 的实例化对象。

```
//文件 circle.h: 定义类 Circle
```

```
#if !defined __CIRCLE__H__
#define __CIRCLE__H__

#include <iostream>
using namespace std;

class Circle {
public:
    Circle(double a = 5.0, double b = 5.0, double c = 5.0);
    ~Circle();
    double area();
    void print();

private:
    double x, y;                                        //x、y坐标
    double r;                                           //半径
};

#endif

//文件 circle.cpp:类 Circle 的实现部分
#include "circle.h"

#define PI 3.14159

Circle::Circle(double a, double b, double c)
{
    x = a;
    y = b;
    if (c > 0)
        r = c;
    else
        r = 5.0;

    cout << "Circle object start: ";
    print();
    cout << endl;
}

Circle::~Circle()
{
    cout << "Circle object end: ";
    print();
    cout << endl;
}

double Circle::area()
{
    return PI * r * r;
}

void Circle::print()
{
    cout << "x=" << x << ", y=" << y << ", r=" << r;
```

```
}

//文件 column.h: 定义类 Column
#if !defined __COLUMN__H__
#define __COLUMN__H__

#include "circle.h"

class Column {
public:
    Column(double h = 5.0, double a = 5.0, double b = 5.0, double c = 5.0);
    ~Column();
    double volume();
    void print();

private:
    Circle circle;                              //数据成员 circle
    double height;                              //数据成员 height
};

#endif

//文件 column.cpp:类 Column 的实现部分
#include "column.h"

Column::Column(double h, double a, double b, double c)
    :circle(a, b, c)                            //为数据成员 circle 调用其构造函数
{
    //初始化其他数据成员
    if (h > 0)
        height = h;
    else
        height = 5.0;

    cout << "Column object start: ";
    print();
    cout << endl;
}

Column::~Column()
{
    cout << "Column object end: ";
    print();
    cout << endl;
}

double Column::volume()
{
    return height * circle.area();
}

void Column::print()
{
    cout << "height=" << height << ", ";
```

```
    circle.print();
}

//文件 ex11_24.cpp:使用类 Column
#include "column.h"
#include <iostream>
using namespace std;

int main()
{
    Column obj(2.3, 3.4, 4.5, 5.6);
    cout << "The volume of obj is " << obj.volume() << endl;
    return 0;
}
```

程序运行结果：

```
Circle object start: x=3.4, y=4.5, r=5.6
Column object start: height=2.3, x=3.4, y=4.5, r=5.6
The volume of obj is 226.597
Column object end: height=2.3, x=3.4, y=4.5, r=5.6
Circle object end: x=3.4, y=4.5, r=5.6
```

例 11-24 中的程序包含 5 个文件：类 Circle 的定义、类 Circle 的实现、类 Column 的定义、类 Column 的实现、主程序。Column 类包含两个私有属性，一个是类 Circle 的对象 circle，另一个是描述圆柱高度的属性 height。类 Column 的对象也会拥有两个数据成员，其中一个是成员对象 circle。

声明类的对象时，其构造函数会被自动调用。如果一个类包含成员对象(circle 是类 Column 的成员对象)，成员对象会在包含它的对象初始化之前被初始化。例如，语句

```
Column column;
```

声明了类 Column 的一个对象 column，因为类 Column 中包含成员对象 circle，在创建对象 column 时，要调用类 Column 的构造函数，在执行类 Column 的构造函数的函数体之前，该函数会先调用其成员对象 circle 所属类 Circle 的构造函数，对对象 circle 进行初始化。

如果成员对象的构造函数需要参数，这些参数也要通过复合类的构造函数传递进去。例 11-24 中的类 Circle 的构造函数就需要 3 个参数，因为在创建类 Column 的对象时，类 Circle 的构造函数是被复合类 Column 的构造函数调用的，这 3 个参数通过类 Column 的构造函数传入：类 Column 的构造函数接收到所有参数后，首先调用成员对象的构造函数，并传递相应的参数，然后再执行函数体初始化自己的数据成员。程序语句如下：

```
Column::Column(double h, double a, double b, double c)
    :circle(a,b,c)                              //为数据成员 circle 调用其构造函数
{
    //初始化其他数据成员
    …
}
```

类 Column 的构造函数有 4 个参数，在构造函数头部后面用冒号引出了初始化列表，用参

数a、b、c对circle进行初始化，由于circle是成员对象，这里会调用类Circle的构造函数传入参数a、b、c，执行构造函数完成对circle的初始化。如果Column类有多个成员对象，则可以在初始化列表中逐一列出，中间用逗号隔开即可。这种通过初始化列表对成员对象进行初始化的方式是对成员对象构造函数的显式调用。如果成员对象的初始化不需要参数(使用该成员对象所属的类的默认构造函数进行初始化)，则不需要在这里列出，但成员对象的默认构造函数一样会被调用，这种调用方式称为隐式调用。

在类Column的构造函数和析构函数中，都输出了类对象的圆心、半径和高度的值以标明该对象的身份。但是，圆心和半径都是成员对象circle的私有属性，在Column的构造函数和析构函数中无法直接访问，程序采用的方法是在Circle类中提供一个公有成员函数print用于输出这些属性，然后在类Column的构造函数和析构函数中调用该函数。

应当注意的是，类Column的析构函数没有显式调用类Circle的析构函数。这是因为，在类的复合方式下，撤销类Column的对象而执行其析构函数时会自动调用它的成员对象cricle的析构函数。

类Circle的对象circle虽然是类Column的数据成员，但对于circle对象来说，类Column中定义的成员函数都是外部函数，仍然不能直接访问其私有属性。

类的复合将其他类的对象作为自己的成员对象，成员对象具有类作用域，可以被类的成员函数直接引用。

例11-24给出的是一个整体与部分的关系(圆是圆柱的一部分)的例子，很多时候为了管理的方便，我们也会使用类的复合。例如，例11-25定义了一个音像资料类Media，为了更好地管理音像资料，可以定制一个个的资料架来存放这些音像资料，并记录每个资料架中存放了哪些音像资料，以及每个音像资料存放于哪个资料架的第几个位置。为此，需要定义一个资料架类Shelf，假设每个资料架包含50个存放音像资料的位置，则可以在类Shelf中包含50个Media对象，例11-25给出了具体的实现方法。

【例11-25】 定义资料架类Shelf，使每个资料架能管理50个音像资料，并编写测试程序。

```
//文件 media.h: 定义类 Media
#pragma once

//定义媒体类型
#define ISNULL  0
#define ISAUDIO 1
#define ISVIDEO 2

class Media {
public:
    //构造函数
    Media();
    //析构函数
    ~Media();

    void setType(int t);
    void setName(const char* n);
    void showInfo();

private:
    char* name;
```

```
    int type;
    };

//文件 media.cpp:类 Media 的实现部分
#include "media.h"
#include <iostream>
#include <string.h>
using namespace std;

Media::Media()
{
    type = ISNULL;
    name = NULL;
}

Media::~Media()
{
    if (name != NULL)
        delete[] name;
}

void Media::setName(const char* n)
{
    if (name != NULL)
        delete[] name;

    if (n != NULL)
    {
        int len = strlen(n) + 1;
        name = new char[len];
        strcpy_s(name, len, n);
    }
    else
        name = NULL;
}

void Media::setType(int t)
{
    if (t == ISAUDIO || t == ISVIDEO)
        type = t;
}

void Media::showInfo()
{
    cout << name << " is a ";
    if (type == ISAUDIO)
        cout << "audio disc.";
    else if (type == ISVIDEO)
        cout << "video disc.";
    else
        cout << "unclassified disc.";
    cout << endl;
}
```

```
//文件 shelf.h: 定义复合类 Shelf
#pragma once
#include "media.h"

#define MAX_MEDIA_NUM 50

class Shelf {
public:
    Shelf();
    int add(int t, const char* n);                  //资料架增加一个媒体资料
    void list();                                    //列出资料架上所有的媒体资料

private:
    Media media[MAX_MEDIA_NUM];
    int num;
};

//文件 shelf.cpp:类 Shelf 的实现部分
#include "shelf.h"
#include <iostream>
using namespace std;

Shelf::Shelf()
{
    num = 0;
}

//资料架增加一个媒体资料
int Shelf::add(int t, const char* n)
{
    if (num >= MAX_MEDIA_NUM)
        return 0;

    media[num].setType(t);
    media[num].setName(n);
    num++;

    return 1;
}

//列出资料架上所有的媒体资料
void Shelf::list()
{
    int i;
    for (i = 0; i < num; i++)
    {
        cout << "No." << i + 1 << ": ";
        media[i].showInfo();
    }
}

//文件 ex11_25.cpp:使用类 Shelf
#include "shelf.h"
```

```
int main()
{
    Shelf shelf;

    shelf.add(ISAUDIO, "The Colour of My Love");
    shelf.add(ISAUDIO, "Thriller");
    shelf.add(ISVIDEO, "Forrest Gump");
    shelf.add(ISVIDEO, "Slumdog Millionaire");

    shelf.list();

    return 0;
}
```

程序运行结果:

```
No.1: The Colour of My Love is a audio disc.
No.2: Thriller is a audio disc.
No.3: Forrest Gump is a video disc.
No.4: Slumdog Millionaire is a video disc.
```

例 11-25 中的类 Media 包含两个私有属性 type 和 name,分别存储音像资料的类别和名字,音像资料的类别可以是 ISNULL、ISAUDIO 和 ISVIDEO,分别表示没有音像资料、音频资料和视频资料。类 Shelf 中包含了一个长度为 50 的类 Media 的数组 media 和记录资料数量的整型变量 num。语句

```
Shelf shelf;
```

声明了类 Shelf 的对象 shelf,调用了类 Shelf 的构造函数,在执行构造函数将数据成员 num 初始化为 0 之前,50 次调用类 Media 的构造函数,对数组 media 中包含的 50 个对象进行初始化,将这些对象的数据成员 type 和 name 分别初始化为 ISNULL 和 NULL,表示该位置没有存放任何音像资料。语句

```
shelf.add(ISAUDIO, "The Colour of My Love");
```

调用类 Shelf 的成员函数 add 将音乐光盘“The Colour of My Love”放入资料架 shelf 中,并修改了资料架中相应位置的信息。语句

```
shelf.list();
```

调用类 Shelf 的成员函数 list 输出资料架中存放的所有音像资料的信息。

例 11-25 只实现了对音像资料的存储管理和信息输出,在现有程序框架下要实现资料的删除、查询以及多资料架的管理都不复杂,读者可以自己动手试试。

11.8 友元函数和友元类

类将数据成员和成员函数封装在一起,并通过访问说明符限定了成员的访问属性。类的对象的私有数据成员只能被类的成员函数访问。这种特性减少了程序出错的可能性,提高了

程序的稳定性和质量。将类的数据成员放到 private 部分的前提是只有类的成员函数需要访问它，但如果还有个别外部模块需要直接访问类的数据成员呢？可以考虑把这些数据成员放到 public 部分或者为私有数据成员提供公有函数访问接口，这样虽然可以解决上述问题，但会破坏对私有数据成员的保护，或者使程序代码变得复杂难懂。

另外一种方案是仍然把这些数据成员放到 private 部分，然后再提供一种机制将那些允许访问私有数据成员的模块和其他不被允许的模块区分开，并赋予允许访问的模块以权限，这种机制称为友元。这样，凡是被声明为友元的模块可以访问类的私有成员，而其他模块则不能。本节将介绍这种友元机制，包括友元函数和友元类。

11.8.1 友元函数

一个类的友元函数是该类的外部函数，但它有权访问类的所有成员，包括私有成员和受保护成员。

声明友元函数的方法是：在类的定义中加入该函数的函数原型，并将关键字 friend 放到函数原型前面。友元函数的声明与类的访问说明符 private、protected 和 public 无关，可以放在类定义中的任何地方。

友元函数给程序设计在一定程度上提供了方便，但它也破坏了类的信息隐藏特性。

程序设计方法提示：建议一般不要使用友元，除非能带来极大的便利。

【例 11-26】 定义三角形类 Triangle，并使用友元函数修改其私有数据成员。

```
//文件 triangle.h: 定义类 Triangle
#pragma once

class Triangle {
    friend void setA(Triangle& t, int n);         //声明 setA 是本类的友元函数
public:
    Triangle(int x = 5, int y = 5, int z = 5);
    void print();

private:
    int a, b, c;
};

//文件 triangle.cpp:实现类 Triangle
#include "triangle.h"
#include <iostream>
using namespace std;

Triangle::Triangle(int x, int y, int z)
{
    if (x + y > z && x + z > y && y + z > x)
    {
        a = x;
        b = y;
        c = z;
    }
    else
    {
        a = b = c = 5;
```

```
    }
}

void Triangle::print()
{
    cout << "Triangle: " << a << ", " << b << ", " << c << endl;
}

//文件 ex11_26.cpp:使用友元函数
#include "triangle.h"

void setA(Triangle& t, int n)
{
    t.a = n;                                        //访问对象 t 的私有成员 a
}

int main()
{
    Triangle t;

    t.print();
    setA(t, 10);
    t.print();

    return 0;
}
```

程序运行结果：

```
Triangle: 5, 5, 5
Triangle: 10, 5, 5
```

例 11-26 包含 3 个文件，分别为类 Triangle 的定义、类 Triangle 的实现和测试程序。类 Triangle 中第一条语句

```
friend void setA(Triangle &t, int n);
```

声明外部函数 setA 为类 Triangle 的友元函数。为了能在函数 setA 中修改类 Triangle 的对象的数据成员，函数 setA 的第一个参数使用了引用参数。语句

```
t.a = n;
```

使用点操作符访问类 Triangle 的对象 t 的私有属性 a，并将其赋值为 n。程序运行结果显示，外部函数 setA 修改了对象 t 的私有属性的值，使 t 的 3 条边 a、b、c 不再能构成一个三角形。

11.8.2 友元类

一个类可以把另外一个类声明为自己的友元类，友元类的所有成员函数都可以直接访问该类的所有成员，包括私有成员和受保护成员。

声明友元类的方法是：在类的定义中，在要声明的友元类的类名前面加上 friend 关键字。友元类的声明是单方面的，如类 A 声明类 B 为自己的友元类，这并不意味着类 A 也是类 B 的

友元类。友元类的声明也不是传递的，如类A声明类B是友元类，类B声明类C是友元类，这也不意味着类C就是类A的友元类。

【例11-27】 定义两个类A和B，将类A声明为类B的友元类，并在类A的成员函数中访问类B的私有数据成员，然后调用类A的成员函数修改类B的对象的私有数据成员。

```
//文件 class.h: 定义类 A 和类 B
#pragma once

class B;                                    //声明 B 为一个类

class A {
public:
    void setB(B& b, int m);
    void print(B& b);
};

class B {
    friend class A;                         //声明友元类
private:
    int data;
};

//文件 class.cpp:实现类 A 和类 B
#include "class.h"
#include <iostream>
using namespace std;

void A::setB(B& b, int m)
{
    b.data = m;                             //访问 B 的私有成员
}

void A::print(B& b)
{
    //访问 B 的私有成员
    cout << "The private data of class B: " << b.data << endl;
}

//文件 ex11_27.cpp:使用友元类
#include "class.h"

int main()
{
    A a;
    B b;

    a.setB(b, 10);                          //调用类 A 的成员函数修改类 B 的对象 b 的私有数据
    a.print(b);                             //调用类 A 的成员函数访问类 B 的对象 b 的私有数据

    return 0;
}
```

程序运行结果：

```
The private data of class B: 10
```

例 11-27 包含 3 个文件,其中文件 class.h 中定义了两个类:类 A 和类 B。由于在类 A 的定义中使用了类 B 的信息,需要告诉编译器 B 是一个类名。语句


```
class B;
```

声明 B 为一个类,类似于函数原型,告诉编译器 B 是一个类名,将会在后面定义。类 A 包含两个成员函数 setB 和 print,setB 修改类 B 的对象的私有数据成员 data,print 函数则访问类 B 的对象的私有数据成员 data 并将它输出到屏幕上。类 B 的定义只包含一个私有数据成员 data,没有成员函数,类 B 中还包含一条友元声明语句:

```
friend class A;
```

该语句将类 A 声明为类 B 的友元类,这意味着类 B 允许类 A 的所有成员函数访问自己的所有成员,包括私有数据成员。

最后再强调一次,除非带来极大的便利,不要使用友元。

习　　题

11.1　填空:

(1) 在类中,定义构造函数的目的是________。

(2) 静态成员________对象的成员。

(3) 构造函数是和________同名的函数。

(4) 类是用户定义的类型,具有类类型的变量称作________。

(5) 当创建一个新对象时,程序自动调用________。

(6) 类包括两种成员:________和________。

11.2　填空:

(1) 类 test 的析构函数名是________。

(2) 类的 public 成员函数集称为类的________。

(3) 类的构造函数________重载,类的析构函数________重载。

(4) 复制构造函数使用________来初始化创建中的对象。

(5) 指定为私有的类成员只能由类的________和________访问。

11.3　填空:

(1) 友元函数________类的成员。

(2) 当一个成员函数被调用时,该成员函数的________指向调用它的对象。

(3) 友元函数可以存取对象的公有成员、________和________。

(4) 对象的成员函数可以通过________指针访问对象自身。

11.4　对象的初始化和对象的赋值有什么不同?

11.5　类和结构有何区别?

11.6　公有函数如何保护私有数据?

11.7　简述成员函数、全局函数和友元函数的差别。

11.8 对象为什么要维护一个 this 指针？

11.9 完成下面类中的成员函数的实现。

```
class test{
private:
    int num;
    float f1;
public:
    test (int ,float f);
    test (test&);
};
test:: test(int n, float f){
    num=n;
    ________;
}
test:: test(________) {
    ________;
    f1=t.f1;
};
```

11.10 编写 Time 类，满足下面的要求，并编写测试程序测试该类。

(1) 包含年、月、日、时、分、秒的信息。

(2) 构造函数将类的对象初始化为系统当前时间(使用头文件 time.h 中的 time()函数)。

(3) 能按格式“yyyy-mm-dd hh:mm:ss”输出对象表示的时间。

11.11 编写矩形类，满足下面的要求，并编写测试程序，测试该矩形类。

(1) 包含长度和宽度两个属性。

(2) 提供两种初始化方式，一种是通过键盘输入长度和宽度对对象进行初始化，第二种是通过参数对对象进行初始化。

(3) 能计算并输出对象的周长和面积。

11.12 定义分数类 Rational，要求在 private 部分用整数表示分子和分母，分子和分母以简化形式表示，即 24/36 应该以 2/3 的形式表示，提供 public 成员函数实现下面的功能，并编写测试程序测试该类。

(1) 两个分数相加，结果表示为简化形式。

(2) 两个分数相减，结果表示为简化形式。

(3) 按 a/b 的形式输出分数的值，a、b 为整数。

(4) 按浮点数的形式输出分数的值。

11.13 编写 HugeInt 类，要求用整型数组存放最多 30 位的整数值，支持正负数，提供公有成员函数实现如下功能，并编写测试程序测试类 HugeInt。

(1) 两个 HugeInt 对象相加，结果为 HugeInt。

(2) 两个 HugeInt 对象相减，结果为 HugeInt。

(3) 两个 HugeInt 对象相乘，结果为 HugeInt，要判断是否溢出。

(4) 两个 HugeInt 对象相除，结果为 HugeInt。

(5) 比较两个 HugeInt 对象的大小。

11.14 定义复数类 Complex，并使用友元函数实现复数的加法、减法、乘法、除法，所有函数都返回 Complex 对象，编写测试程序测试该类。

11.15　编写一个集合类Set,要求类的每个对象可以保存0～100个不同的整数,并使用友元函数实现下面的功能,并编写测试程序测试类Set。

(1) 往集合中加入一个整数。

(2) 从集合中去掉一个整数。

(3) 求两个集合的并集,结果是一个集合。

(4) 求两个集合的交集,结果是一个集合。

(5) 判断一个整数是否在集合中。

11.16　对如下圆柱类Column的定义:

```
class Column {
public:
        Column(double x, double y, double r, double h);
    ~Column();
    double area();                                  //求圆柱面积
    double volume();                                //求圆柱体积
private:
    double height;                                  //高度
    double radius;                                  //半径
    double x;                                       //底面圆心 x 坐标
    double y;                                       //底面圆心 y 坐标
};
```

要求:

(1) 实现类Column中的4个成员函数。

(2) 增加一个友元函数,实现从键盘读取4个double类型的数据对类Column的对象进行定值的功能。

(3) 增加一个友元函数,实现将类Column的对象输出到屏幕的功能,输出信息包括对象的基本信息以及对象的面积和体积。

11.17　对于下面定义的类Test:

```
class Test {
private:
    int a;
    double b;
};
```

要求:

(1) 为类Test的每个数据成员增加一个set函数,并使这些set函数都可以被连续调用。

(2) 为类Test的每个数据成员增加一个get函数。

(3) 编写测试程序测试增加的功能。

11.18　讨论:如果将你自己当作一个对象来看,那么复合、this指针、const属性、友元这些概念在自己身上怎么体现?

第12章 运算符重载

【学习内容】

本章介绍C++的运算符重载机制。主要内容包括：

◆ 运算符重载的概念和实现原理。

◆ 单目运算符的重载。

◆ 双目运算符的重载。

◆ 成员函数和友元函数的重载方式。

◆ 自定义类型与其他类型之间的转换。

【学习目标】

◆ 理解运算符重载的意义和实现原理。

◆ 掌握流插入和流提取运算符的重载方法。

◆ 掌握以成员函数的方式重载运算符的方法。

◆ 掌握以友元函数的方式重载运算符的方法。

◆ 掌握赋值运算符重载的方法。

◆ 了解类型转换运算符的重载方法。

◆ 了解使用转换构造函数进行类型转换的方法。

类作为用户自定义类型实现了对数据和函数的封装，类的成员函数操作类的数据成员并对外界提供服务。但对于C++的内部类型，除了可以通过函数操作它们外，还可以用运算符实现它们之间的运算。运算符的使用使程序的很多操作变得直观自然。

本章介绍如何将运算符作用于自定义类的对象上。内容包括使用运算符操作自定义类的对象的实现原理，如何以友元或成员函数的方式实现单目和多目运算符的重载，以及一些特殊运算符的重载，包括流插入和流提取运算符、赋值运算符、类型转换运算符的重载等。

12.1 运算符重载的作用和实现机制

在C++中允许定义多个同名函数来实现类似的操作，只要这些函数的参数列表不同，这种功能称为函数重载(function overloading)。运算符也可以视为一种函数，其操作数和计算结果分别可以看作函数的参数和返回值，所以运算符也应该能够被重载。其实，前面已经接触过很多运算符重载的例子了。例如，+既可以作为一元正运算符使用，也可以作为二元加法运算符使用，而作为加法运算符使用时既可以实现两个long类型的整数相加，也可以实现两个

double类型的实数相加。也就是说,加法运算符既可以施加于整数上,也可以施加于实数上,虽然这两种“相加”功能的内部实现完全不同,但都使用了相同的运算符,一个运算符对应两种不同的操作,这就是重载。

将运算符作用于对象上的例子前面也接触过。如运算符<<既可以作为移位运算符,也可以作为流插入运算符,作为流插入运算符时,<<实际上是和对象一起用的。例如,语句

```
cout << "String";
cout << 8;
```

其中,cout是输出流对象,上述语句就是在给cout发消息,响应消息的函数名是operator<<。这里也对运算符<<进行了重载,既可以通过<<输出字符串,也可以输出整数,它们的内部实现也是不一样的。

12.1.1 运算符重载的原理和意义

能直接操作自定义类的对象的运算符只有地址运算符“&”和赋值运算符“=”,使用其他运算符操作自定义类的对象,只能通过定义函数来实现。这样,使用运算符操作对象和调用函数操作对象就没什么不一样了。运算符重载有什么意义呢?

从功能上讲,通过运算符能实现的功能通过函数一样能够实现,所以运算符重载没有在程序的功能上带来好处。

一般在编写程序时,对于系统内部类型(如整型、浮点类型等)的操作,能用运算符时尽量用,因为运算符的使用能使程序变得清晰、简单,且易于理解,符合人们的习惯。虽然C++不允许定义新的运算符,但运算符重载允许将现有的运算符和自定义类型一起使用,从而实现更简洁、自然的表示方法,这无疑是C++功能强大的特点之一。运算符重载使C++具有更好的可扩充性,这也是C++最具吸引力的特点之一。

运算符重载也不是在任何时候都是好的。在完成同样功能的情况下,如果使用运算符比使用一般的函数调用能使程序更清晰,那么就应该使用运算符重载。但过度地或不恰当地使用运算符重载,可能反而会使程序变得难以理解。

运算符的重载必须通过编写函数来实现,运算符作用于对象上的功能由程序员自己确定。重载运算符的函数名是关键字operator加运算符,如重载运算符+的函数名为operator+。

【例12-1】 定义复数类Complex,并用运算符重载的方式实现复数的加、减和赋值运算。

```
//文件 complex.h: 复数类的定义
#pragma once

class Complex
{
public:
    Complex(double = 0.0, double = 0.0);
    Complex operator + (const Complex&) const;
    Complex operator - (const Complex&) const;
    Complex& operator = (const Complex&);
    void print() const;

private:
    double real;                                    //实数部分
    double imaginary;                               //虚数部分
```

```
};

//文件 complex.cpp:复数类的实现
#include <iostream>
using namespace std;
#include "complex.h"

Complex::Complex(double r, double i)
{
    real = r;
    imaginary = i;
}

void Complex::print() const
{
    cout << '(' << real << ", " << imaginary << ')';
}

Complex Complex::operator + (const Complex& operand2) const
{
    Complex sum;
    sum.real = real + operand2.real;
    sum.imaginary = imaginary + operand2.imaginary;
    return sum;
}

Complex Complex::operator - (const Complex& operand2) const
{
    Complex diff;
    diff.real = real - operand2.real;
    diff.imaginary = imaginary - operand2.imaginary;
    return diff;
}

Complex& Complex::operator = (const Complex& right)
{
    real = right.real;
    imaginary = right.imaginary;
    return   * this;
}

//文件 ex12_1.cpp:主函数定义,通过运算符操作复数对象
#include <iostream>
using namespace std;
#include "complex.h"

int main()
{
    Complex x, y(4.3, 8.2), z(3.3, 1.1);

    //输出 x,y,z
    cout << "x: ";
    x.print();
    cout << "\ny: ";
```

```
    y.print();
    cout << "\nz: ";
    z.print();

    //输出加法运算
    x = y + z;
    cout << "\n\nx = y + z:\n";
    x.print();
    cout << " = ";
    y.print();
    cout << " + ";
    z.print();

    //输出减法运算
    x = y - z;
    cout << "\n\nx = y - z:\n";
    x.print();
    cout << " = ";
    y.print();
    cout << " - ";
    z.print();
    cout << '\n';

    return 0;
}
```

程序运行结果：

```
x: (0, 0)
y: (4.3, 8.2)
z: (3.3, 1.1)

x = y + z:
(7.6, 9.3) = (4.3, 8.2) + (3.3, 1.1)

x = y - z:
(1, 7.1) = (4.3, 8.2) - (3.3, 1.1)
```

例12-1中的类Complex包含3个特殊的成员函数：operator+、operator-和operator=，分别实现复数的加、减和赋值运算，它们都是运算符重载函数。定义了运算符重载函数后，就可以使用运算符来操作复数对象。例如，语句

```
x = y + z;
x = y - z;
```

都是算术表达式的形式。在处理表达式y+z时，因为y和z都是用户自定义类型的对象，加法运算的语义不明确，编译器会根据两个操作数y和z的类型去寻找对应的运算符重载函数，找到对应的operator+的函数定义后，会将表达式y+z转换成函数调用y.operator+(z)。语句中的运算符-和=也会做类似的处理，转换成对成员函数operator-和operator=的调用。3个运算符作用在类Complex的对象上的语义也由这3个函数的具体实现来定义。

由于最终都是调用函数来实现复数的计算，下面两条语句

```
x = y + z;
x = y - z;
```

也可以等价地改写成

```
x.operator=(y.operator+(z));
x.operator=(y.operator-(z));
```

从上面的例子可以看出，虽然运算符重载在功能上没有带来什么好处，但却可以增加程序的可读性，使程序变得更加直观、自然。很显然，人们更愿意看到形如“x＝y＋z;”形式的语句，而不是“x.operator＝(y.operator＋(z));”形式的语句。

为了提高程序的可读性，使用运算符重载时，要注意保持重载运算符在语义上与运算符的原始经典语义的相似性，使重载的运算符作用于对象时的功能与作用于内部类型的功能尽可能相似。例如，例 12-1 将运算符＋的功能实现为两个复数相加。如果在例 12-1 中将运算符＋的重载函数的功能实现为两个复数对象相减或输出复数对象的信息，编写出来的程序就会让人迷惑不解。因此，只有保持了重载运算符在语义上与运算符的原始经典语义的相似性，才能提高程序的可读性，这才是使用运算符重载的初衷。

作用于自定义类的对象上的运算符大都必须重载，但有两种例外情形。一种是赋值运算符“＝”不需要重载就可以用在每一个类上，它实现的功能与例 12-1 中的重载赋值运算符函数类似，完成对应数据成员的逐个赋值。另外一个不需要重载就可以直接使用的运算符是地址运算符“&”，它可以返回对象在内存中的地址。

12.1.2 运算符重载的限制

C++ 中大部分运算符都可以被重载，但也有一些运算符是不允许重载的。表 13-1 和表 13-2 分别列出了 C++ 中可以被重载的运算符和不能被重载的运算符。

表 13-1　C++ 中可以被重载的运算符

<table>
<tr><td>+</td><td>-</td><td>*</td><td>/</td><td>%</td><td>^</td><td>&</td><td>|</td></tr>
<tr><td>~</td><td>!</td><td>=</td><td><</td><td>></td><td>+=</td><td>-=</td><td>*=</td></tr>
<tr><td>/=</td><td>%=</td><td>^=</td><td>&=</td><td>|=</td><td><<</td><td>>></td><td>>>=</td></tr>
<tr><td><<=</td><td>==</td><td>!=</td><td><=</td><td>>=</td><td>&&</td><td>||</td><td>++</td></tr>
<tr><td>--</td><td>->*</td><td>,</td><td>-></td><td>[]</td><td>()</td><td>new</td><td>delete</td></tr>
</table>

表 13-2　C++ 中不能被重载的运算符

<table>
<tr><td>.</td><td>.*</td><td>::</td><td>?:</td><td>sizeof</td></tr>
</table>

出于程序可读性上的考虑，C++ 要求在重载运算符时不能改变运算符的属性，对运算符重载有如下限制。

(1) 重载运算符不能改变运算符的优先级。C++ 已经规定了所有运算符的优先级，一个运算符不管作用于什么对象上，它都具有固定的优先级，但可以使用圆括号改变运算符执行的先后次序。

(2) 重载运算符不能改变运算符的结合性。有些运算符是左结合的，有些运算符是右结合的,运算符重载不能改变它们的结合性。

(3) 不能使用默认参数重载运算符。运算符重载函数不能使用默认参数,使用运算符时必须明确地指出其每一个操作数。

(4) 重载运算符不能改变运算符操作数的个数。C++ 中有单目运算符,也有双目运算符,单目运算符只能带一个操作数,双目运算符必须带两个操作数。运算符重载不能改变运算符所带操作数的个数。有些运算符,如 *,既是单目的(作为间接访问运算符时),也是双目的(作为乘号时),一次重载只能使用其中一种含义。

(5) 不能建立新的运算符。只能重载表 12-1 中列出的运算符,不能发明新的运算符进行重载,也不能重载表 12-2 中列出的运算符。

(6) 重载运算符时不能改变运算符作用于内部类型时的含义。运算符重载不能修改其作用于内部类型时的含义,如+作用于整型时表示两个整数相加,而且相加的结果也是一定的。程序员不能编写一个+重载函数,使得+作用于两个整数时产生另外的效果。

(7) 运算符重载必须作用于自定义类型。运算符重载函数可以作为类的成员函数重载,也可以作为类的友元函数重载,不管哪种情况都必须至少有一个操作数是自定义类型的对象。运算符重载必须是将运算符和自定义类型的对象联系在一起。

(8) 重载运算符()、[]、->、=时,重载函数必须是类的成员函数。

12.2 运算符成员函数与友元函数

运算符重载函数要求至少有一个参数是自定义类的对象。为了能操作对象的数据成员,运算符函数可以是类的成员函数,也可以是非成员函数,也就是外部函数。作为非成员函数时,为了能访问对象的数据成员,一般声明为类的友元函数。重载为类的成员函数时,运算符函数通过类的对象调用,调用时将对象的 this 指针以隐含参数的形式传递给运算符函数,该对象也是运算符的第一个操作数。重载为友元函数时,则所有的操作数必须在参数列表中列出,且其中必须至少包含一个自定义类型的对象。

虽然运算符函数可以是成员函数,也可以是友元函数,但在表达式中使用该运算符操作对象时格式是一样的。

以成员函数的形式重载单目运算符时,运算符函数没有参数,隐含参数 this 指针指向的对象是其唯一的操作数。以成员函数的形式重载双目运算符时,运算符函数带一个参数,该参数是运算符的第二个操作数,隐含参数 this 指针指向的对象是运算符的第一个操作数。

以友元函数的形式重载单目运算符时,运算符函数带一个参数,该参数是运算符唯一的操作数,必须是自定义类的对象。以友元函数的形式重载双目运算符时,运算符函数带两个参数,这两个参数按序分别是运算符的第一个和第二个操作数,其中至少有一个是自定义类的对象。

定义运算符重载函数时,是使用成员函数还是友元函数好呢?建议尽量使用成员函数的形式重载运算符,因为这样不会破坏类的封装和信息的隐藏,程序的结构会更清晰,而且实现起来也更简单。但有些情况下必须使用友元函数来重载运算符。

重载运算符时,如果第一个操作数是其他类的对象或内部类型的对象,则必须以非成员函数的形式重载。例如,重载流插入运算符"<<"输出自定义类 Complex 的对象时,它的左操作数要求是对象 cout,不是类 Complex 的对象;如果要重载为成员函数,只能是类 ostream 的

成员函数，不能是类 Complex 的成员函数，所以只能重载为友元函数。

还有一种情况需要使用友元函数的形式重载运算符，就是需要保留某些运算符的可交换性时。例如，运算符＋具有可交换性，程序希望重载＋以实现自定义类的对象和整数相加，即实现语句 obj1＝obj2＋1 的操作。如果需要保留＋的可交换性，既能接受表达式 obj1＝obj2＋1；，也能接受表达式 obj1＝1＋obj2；，就必须以友元函数的形式重载运算符＋。如果以成员函数的形式重载，那么运算符＋的左操作数只能是类的对象，就不能交换＋的两个操作数了。

12.3 单目运算符重载

重载单目运算符时，其唯一的操作数只能是自定义类的对象或对象的引用。单目运算符可以作为类的成员函数重载，也可以作为类的友元函数重载。作为成员函数重载时没有参数，唯一的操作数就是调用该函数的对象；作为友元函数重载时必须带一个参数，参数为自定义类的对象或对象的引用。

下面定义一个字符串类 MyString，并重载单目运算符!，如果 s 是一个字符串类的对象，则!s 用来测试 s 是否为空串，如果 s 是空串则返回真，否则返回假。分别以成员函数和友元函数的形式重载运算符!。

【例 12-2】 定义字符串类 MyString，并以成员函数的方式重载运算符！以判断对象中的字符串是否为空串。

```
//文件 mystring.h: 定义类 MyString
#pragma once

class MyString
{
public:
    MyString(const char* m = NULL);              //使用默认参数的构造函数
    ~MyString();

    //运算符重载成员函数原型
    bool operator !();

private:
    char* str;
};

//文件 mystring.cpp:类 MyString 的实现
#include <cstring>
#include "mystring.h"

MyString::MyString(const char* m)
{
    if (m == NULL)
    {
        str = NULL;
    }
    else
    {
        int len = strlen(m) + 1;
```

```
        str = new char[len];
        strcpy_s(str, len, m);
    }
}

MyString::~MyString()
{
    if (str != NULL)
        delete[]str;
}

//实现运算符重载函数
bool MyString::operator !()
{
    if (str == NULL || strlen(str) == 0)
        return true;
    return false;
}

//文件 ex12_2.cpp:以成员函数的方式重载运算符!
#include <iostream>
using namespace std;
#include "mystring.h"

int main()
{
    MyString s1, s2("some string");
    if (!s1)
        cout << "s1 is NULL!" << endl;
    else
        cout << "s1 is not NULL!" << endl;
    if (!s2)
        cout << "s2 is NULL!" << endl;
    else
        cout << "s2 is not NULL!" << endl;

    return 0;
}
```

程序运行结果:

```
s1 is NULL!
s2 is not NULL!
```

重载运算符!的函数名为 operator!,由于!是单目运算符,作为成员函数重载时,重载函数没有参数,唯一的操作数是调用该函数的对象。定义完运算符函数后,可以使用两种方式调用该函数:一种是调用类的成员函数的方式,例如判断类 MyString 的对象 s1 是否为空的语句为

```
s1.operator!();
```

它通过对象 s1 调用其成员函数 operator!;另一种是表达式的方式,可写成

```
!s1;
```

两种方法在功能上完全等价，都相当于通过对象 s1 调用其成员函数 operator!。

运算符！还可以重载为友元函数，例 12-3 用友元函数的方式重载了运算符!，实现了和例 12-2 中的程序同样的功能。

【例 12-3】 定义字符串类 MyString，并以友元函数的形式重载运算符！以判断对象中的字符串是否为空串。

```
//文件 mystring.h: 定义类 MyString
#pragma once

class MyString
{
public:
    MyString(const char * m = NULL);            //使用默认参数的构造函数
    ~MyString();

    //运算符重载友元函数原型
    friend bool operator !(MyString &s);

private:
    char * str;
};

//文件 mystring.cpp:类 MyString 的实现
#include <cstring>
#include "mystring.h"

MyString::MyString(const char * m)
{
    if (m == NULL)
    {
        str = NULL;
    }
    else
    {
        int len = strlen(m) + 1;
        str = new char[len];
        strcpy_s(str, len, m);
    }
}

MyString::~MyString()
{
    if (str != NULL)
        delete[]str;
}

//实现运算符重载函数
bool operator !(MyString &s)
{
    if (s.str == NULL || strlen(s.str) == 0)
        return true;
    return false;
}
```

```
//文件 ex12_3.cpp:以成员函数的方式重载运算符!
#include <iostream>
using namespace std;
#include "mystring.h"

int main()
{
    MyString s1, s2("some string");
    if (!s1)
        cout << "s1 is NULL!" << endl;
    else
        cout << "s1 is not NULL!" << endl;
    if (!s2)
        cout << "s2 is NULL!" << endl;
    else
        cout << "s2 is not NULL!" << endl;

    return 0;
}
```

程序运行结果：

```
s1 is NULL!
s2 is not NULL!
```

作为友元函数重载时，运算符函数的函数名仍然是 operator!，由于是外部函数，其所有操作数都必须以参数的形式显式地列出来，所以作为友元函数重载的运算符函数 operator! 就必须带一个参数，是类 MyString 对象的引用。与以成员函数的方式重载运算符相似，也可以使用两种不同的方法来调用这个友元运算符函数。一种是通过函数调用方式，例如：

```
operator!(s1);
```

该语句以对象 s1 为参数直接调用函数 operator!；另一种是表达式的方式，相应的语句为

```
!s1;
```

编译器会将该语句转换成 operator!(s1)的函数调用的形式。

从上面的两个例子可以看到，作为成员函数重载和作为友元函数重载这两种方法虽然在函数实现上不同，但是采用表达式的形式调用时，其语法与一般运算符表达式的语法完全一样，都是! s1，这会使编写出来的程序更加直观自然、简洁。

C++ 有 4 个特殊的单目运算符：前自增运算符、前自减运算符、后自增运算符和后自减运算符，它们都可以被重载。前自增运算符和后自增运算符都是++，重载它们时其运算符函数名都是 operator++，如果重载为成员函数，它们都应该没有参数，这样编译器将无法区分该函数是对前自增运算符++的重载还是对后自增运算符++的重载。为了既能重载前自增运算符，又能重载后自增运算符，C++ 在运算符函数的参数列表上对它们进行了区分。

重载前自增或前自减运算符时，其参数列表与一般单目运算符重载函数相同，即重载为成员函数时，运算符函数不带参数，重载为友元函数时，运算符函数带一个参数，其参数为该类的对象或对象的引用。

重载后自增或后自减运算符时，其参数列表与一般单目运算符重载函数不同。重载为成员函数时，运算符函数带一个整型参数，这是一个伪参数，其作用仅仅是将该函数与前自增或前自减运算符函数区分开；重载为友元函数时，运算符函数则带两个参数，第一个参数为该类的对象或对象的引用，第二个参数是作为伪参数的整型参数。

例如，如果要给类 Complex 的对象 c1 实现操作＋＋c1，则运算符＋＋需要作为前自增运算符重载，重载为成员函数时，其原型为

```
Complex & operator++();
```

因为表达式＋＋c1 的语义是将 c1 的值加 1 后，c1 再参与其他运算，＋＋c1 运算得到的结果依然是对象 c1，所以返回值类型为 Complex &，方便获得对象 c1 自身。编译器会将表达式＋＋c1 转换成为

```
c1.operator++();
```

如果重载为友元函数，则它在类 Complex 中的声明为

```
friend Complex & operator++(Complex &);
```

参数为 Complex & 类型，表达式＋＋c1 将对象 c1 传入后函数能对 c1 进行操作，将 c1 加 1；返回值类型为 Complex &，在执行完＋＋c1 操作后可以得到对象 c1 自身，让 c1 继续参与到后续的运算。编译器会将表达式＋＋c1 转换成为

```
operator++(c1);
```

如果要给类 Complex 的对象 c1 实现操作 c1＋＋，则运算符＋＋就要作为后自增运算符重载。重载为成员函数时，其函数原型为

```
Complex operator++(int);
```

因为表达式 c1＋＋的语义是对象 c1 先参与其他运算，然后再将 c1 加 1，该函数的实现方法是先为 c1 复制出一个完全相同的对象 c2，将对象 c1 加 1 后函数返回 c2，让 c2 参与后续运算。编译器将表达式 c1＋＋转换成为

```
c1.operator++(0);
```

这里的参数 0 是编译器自动加上的，它不参与任何计算，只是使该函数区别于前自增运算符的重载函数。

如果重载为友元函数，则其在类 Complex 中声明的函数原型为

```
friend Complex operator++(Complex &, int);
```

其实现方法和成员函数的实现方法相似。相应的，编译器会将表达式 c1＋＋转换成为

```
operator++(c1, 0);
```

这里的 0 也是一个伪参数，不参与任何计算。

例 12-4 为类 Complex 重载了前自增运算符＋＋和后自减运算符－－，类 Complex 的对

象加1的语义为将其实部加1,减1的语义为将其实部减1。

【例12-4】 为类Complex重载前自增运算符++和后自减运算符--。

```
//文件 complex.h: 复数类的定义
#pragma once

class Complex
{
public:
    Complex(double = 0.0, double = 0.0);
    Complex& operator++();                     //以成员函数形式重载前自增运算符++
    Complex operator--(int);                   //以成员函数形式重载后自减运算符--
    void print()const;

private:
    double real;                               //实数部分
    double imaginary;                          //虚数部分
};

//文件 complex.cpp:复数类的实现
#include <iostream>
using namespace std;
#include "complex.h"

Complex::Complex(double r, double i)
{
    real = r;
    imaginary = i;
}

void Complex::print()const
{
    cout << '(' << real << ", " << imaginary << ')';
}

//以成员函数形式重载前自增运算符++
Complex& Complex::operator++()
{
    this->real += 1;
    return * this;
}
//以成员函数形式重载后自减运算符--
Complex Complex::operator--(int n)
{
    Complex c2 = * this;
    this->real -= 1;
    return c2;
}

//文件 ex12_4.cpp:主函数定义,使用前自增和后自减运算符操作复数对象
#include <iostream>
using namespace std;
#include "complex.h"
```

```
int main()
{
    Complex y(4.3, 8.2), z(3.3, 1.1), x1, x2;

    x1 = ++y;
    x2 = z--;
    //输出 y 和 x1
    cout << "y: ";
    y.print();
    cout << "\tx1: ";
    x1.print();
    cout << '\n';
    //输出 z 和 x2
    cout << "z: ";
    z.print();
    cout << "\tx2: ";
    x2.print();
    cout << '\n';

    return 0;
}
```

程序运行结果：

```
y: (5.3, 8.2)   x1: (5.3, 8.2)
z: (2.3, 1.1)   x2: (3.3, 1.1)
```

12.4 重载流插入和流提取运算符

在考虑一般双目运算符的重载之前，先看看流插入运算符和流提取运算符。语句

```
cout << "string";
```

能在标准输出设备上输出字符串"string"。在这条语句中，<<是一个双目运算符，cout 是类 ostream 的一个对象，类 ostream 以类模板的形式定义于文件 ostream 中。在类 ostream 的定义中，可以看到很多重载运算符<<的成员函数 operator <<，程序每使用一次流插入运算符实际上就是调用 ostream 类的一个成员函数。对象 cout 为什么可以输出所有的内部类型的对象？从类 ostream 的定义可以看到，这是因为类 ostream 定义了输出这些内部类型数据的重载函数。如果程序员想用对象 cout 和流插入运算符<<输出自己定义的类型的对象，如例 12-2 中定义的类 MyString 的对象，该如何实现呢？怎么能使下面的语句按照要求的格式输出自定义类的对象呢？

```
MyString s("string");
cout << s <<endl;
```

要实现上面的语句，必须进行运算符重载。考虑运算符<<的两个操作数，cout 和 s 分别是类 ostream 和类 MyString 的对象。要使表达式 cout << s 合法有两种方法：一种方法是将运算符函数 operator <<定义为类 ostream 的成员函数或友元函数；另一种方法是将该函

数定义为类 MyString 的成员函数或友元函数。类 ostream 定义在系统头文件中,其具体实现无法修改,而定义为类 ostream 的成员函数或友元函数都必须修改 ostream 类,所以这种方法不可能也不可取。考虑类 MyString,由于运算符<<的最左操作数是 cout,不是类 MyString 的对象,因此该运算符不能作为类 MyString 的成员函数重载。这样,就只能以类 MyString 的友元函数的形式重载,而且重载函数必须有两个参数,第一个参数传入类 ostream 的对象 cout,第二个参数传入类 MyString 的对象,由于这两个参数使用传值的方式会导致错误,两个参数的参数类型需要为 ostream & 和 MyString &。因为流插入运算符是可以连续调用的,函数的返回值需要获取对象 cout 自身,返回值类型必须为 ostream &。

基于同样的考虑,重载流提取运算符">>"的方法和重载流插入运算符的方法一样。其左操作数是类 istream 的对象 cin,所以也必须以类 MyString 的友元函数的形式重载。其重载函数也必须有两个参数,参数类型分别为 istream & 和 MyString &,返回值类型必须为 istream &。

例 12-5 为字符串类 MyString 重载了流插入运算符<<和流提取运算符>>,实现 MyString 对象的输入输出。

【例 12-5】 定义字符串类 MyString,并重载流插入运算符"<<"和流提取运算符">>",实现用 cout 和 cin 直接输出和输入类 MyString 的对象。

```
//文件 mystring.h: 定义类 MyString
#pragma once
#include <iostream>
using namespace std;

class MyString
{
    //流插入运算符<<重载函数
    friend ostream& operator << (ostream& output, const MyString& s);
    //流提取运算符>>重载函数
    friend istream& operator >> (istream& input, MyString& s);
public:
    MyString(char * m = NULL);
    ~MyString();
private:
    char * str;
};

//文件 mystring.cpp:类 MyString 的实现
#include "mystring.h"

#define MAX_STR_LEN 1024

MyString::MyString(char * m)
{
    if (m == NULL)
        str = NULL;
    else
    {
        int len = strlen(m) + 1;
        str = new char[len];
        strcpy_s(str, len, m);
```

```
    }
}

MyString::~MyString()
{
    if (str != NULL)
        delete[]str;
}

//实现运算符 << 重载函数
ostream& operator << (ostream& output, const MyString& s)
{
    if (s.str != NULL)
        output << s.str;                            //输出对象数据
    return output;
}

//实现运算符 >> 重载函数
istream& operator >> (istream& input, MyString& s)
{
    char temp[MAX_STR_LEN];

    input >> temp;
    if (s.str != NULL)
        delete[]s.str;
    int len = strlen(temp) + 1;
    s.str = new char[len];
    strcpy_s(s.str, len, temp);

    return input;
}

//文件 ex12_5.cpp:测试重载的运算符
#include <iostream>
using namespace std;
#include "mystring.h"

int main()
{
    MyString s1, s2;

    cout << "Please input two strings:" << endl;
    cin >> s1 >> s2;
    cout << "Output is:" << endl;
    cout << "s1 -- " << s1 << endl << "s2 -- " << s2 << endl;

    return 0;
}
```

程序运行结果：

```
Please input two strings:
Wuhan
Changsha
```

```
Output is:
s1 -- Wuhan
s2 -- Changsha
```


流插入运算符和流提取运算符的重载函数被定义为类 MyString 的友元函数。当程序执行到 main 函数中的语句 cin>>s1>>s2 时,首先是计算表达式 cin>>s1,产生如下的函数调用:

```
operator>>(cin, s1);                    //自定义重载函数
```

该函数从标准输入设备读取一个字符串,并将该字符串放到对象 s1 中。函数 operator>>返回对象 cin 的引用,语句 cin>>s1>>s2 剩下部分就会产生如下函数调用:

```
operator>>(cin, s2);                    //自定义重载函数
```

这次调用从标准输入设备读取一个字符串放到对象 s2 中。语句

```
cout << "s1 -- " << s1 << endl << "s2 -- " << s2 << endl;
```

可以分解为如下函数调用序列:首先表达式 cout << "s1 -- "调用定义于类 ostream 中的成员函数 operator<<,在标准输出设备上输出字符串"s1 -- ",然后返回对象 cout 的引用,接下来表达式 cout<<s1 产生函数调用:

```
operator <<(cout, s1);                  //自定义重载函数
```

该函数将对象 s1 中的数据 str 输出到标准输出设备上,并返回对象 cout 的引用,接着剩下部分会依次产生如下的函数调用:

```
cout.operator<<(endl);                  //类 ostream 中定义的重载函数
cout.operator<<("s2 -- ");              //类 ostream 中定义的重载函数
operator<<(cout, s2);                   //自定义重载函数
cout.operator<<(endl);                  //类 ostream 中定义的重载函数
```

可以看出,程序员自定义的流插入和流提取运算符重载函数可以和系统重载的流插入和流提取运算符一起使用,而且在格式上看不出任何差别,充分展现了 C++ 良好的可扩展性。

12.5 一般双目运算符重载

12.4 节讨论了两个特殊的双目运算符——流插入运算符和流提取运算符的重载,本节讨论一般双目运算符的重载问题。双目运算符可以被重载为带有一个参数的非静态成员函数或带有两个参数的非成员函数,重载为非成员函数时其参数必须至少有一个是自定义类的对象或对象的引用。重载双目运算符时要考虑以下 3 个因素。

(1) 运算符自身的语义。运算符重载函数应该和运算符自身的语义一致。例如运算符+=,表达式 a+=b 的语义是将 a+b 的结果赋值给 a,表达式 a+=b 也有值,其值是执行完赋值操作后的对象 a。重载+=的运算符函数实现 a+b 的计算并将计算结果赋值给 a 后,需要将 a 作为函数的返回值返回。为了函数调用能得到对象 a,函数的返回值类型应该是对象 a 的类

型的引用。如果要重载运算符+，表达式 a+b 计算 a 和 b 的和，其结果一般还会参与其他后续计算，重载+的运算符函数计算两个操作数 a 和 b 的和后返回该结果，要保证在函数外面能拿到该结果以便于后续的计算。考虑局部动态对象在函数返回后将被撤销，返回对象会导致赋值，返回对象的引用则需要被引用的对象在函数执行完成后依然存在，运算符函数如何实现还需要具体问题具体分析。

（2）被重载的运算符对左操作数是否有要求。如果左操作数必须是其他类型的数据对象，则只能重载为非成员函数。例如，例 12-5 中重载的运算符<<和>>。

（3）如果是可交换的运算符，如加法运算符+和乘法运算符 *，那么是否要保留运算符的可交换性。如果要保留运算符的可交换性，如对于自定义类的对象 a，让表达式 1+a 和 a+1 都有效，则只能重载为非成员函数。

例 12-1 以成员函数的方式重载了运算符+、-和=，实现了两个复数对象的加、减和赋值运算。例 12-6 针对类 MyString 实现双目运算符+=的重载，实现字符串的连接，即针对类 MyString 的对象 x、y，表达式 x+=y 的语义是：将对象 y 中的字符串连接到对象 x 的字符串后面，并将连接后的对象 x 作为运算的结果。

考虑表达式 x+=y，运算符+=的左操作数是类 MyString 的对象，而且+=不具有可交互性，所以运算符+=可以作为类 MyString 的成员函数重载，也可以作为友元函数重载。作为成员函数重载时，重载函数有一个参数，是类 MyString 的对象或引用，作为友元函数重载时，重载函数有两个参数，两个参数都是类 MyString 类型的对象或引用。

【例 12-6】 定义字符串类 MyString，重载运算符+=，对于类 MyString 的对象 x、y，表达式 x+=y 的语义是：将对象 y 中的字符串连接到对象 x 的字符串后面，并将连接后的对象 x 作为运算的结果。

```
//文件 mystring.h: 定义类 MyString
#pragma once

#include <iostream>
using namespace std;

class MyString
{
    //运算符 << 重载函数
    friend ostream& operator << (ostream& output, const MyString& s);
    //运算符 >> 重载函数
    friend istream& operator >> (istream& input, MyString& s);
public:
    MyString(char * m = NULL);
    ~MyString();
    MyString& operator += (const MyString& s);
private:
    char * str;
};

//文件 mystring.cpp:类 MyString 的实现
#include "mystring.h"

#define MAX_STR_LEN 1024
```

```
MyString::MyString(char* m)
{
    if (m == NULL)
    {
        str = NULL;
    }
    else
    {
        int len = strlen(m) + 1;
        str = new char[len];
        strcpy_s(str, len, m);
    }
}

MyString::~MyString()
{
    if (str != NULL)
        delete[]str;
}

//实现运算符 << 重载函数
ostream& operator << (ostream& output, const MyString& s)
{
    if (s.str != NULL)
        output << s.str;

    return output;
}

//实现运算符 >> 重载函数
istream& operator >> (istream& input, MyString& s)
{
    char temp[MAX_STR_LEN];

    input >> temp;
    if (s.str != NULL)
        delete[]s.str;
    int len = strlen(temp) + 1;
    s.str = new char[len];
    strcpy_s(s.str, len, temp);

    return input;
}

//实现运算符 += 重载函数
MyString& MyString::operator += (const MyString& s)
{
    char* temp;
    int len = strlen(str) + strlen(s.str) + 1;
    temp = new char[len];
    strcpy_s(temp, len, str);
    strcat_s(temp, len, s.str);

    if (str != NULL)
```

```
        delete[]str;

    str = temp;

    return  *this;
}

//文件 ex12_6.cpp:测试重载的运算符
#include <iostream>
using namespace std;
#include "mystring.h"

int main()
{
    MyString s1, s2;

    cout << "Please input two strings:" << endl;
    cin >> s1 >> s2;
    cout << "s1 -- " << s1 << endl << "s2 -- " << s2 << endl;
    s1 += s2;
    cout << "after s1+=s2, s1 -- " << s1 << endl;

    return 0;
}
```

程序运行结果：

```
Please input two strings:
Wuhan
Changsha
s1 -- Wuhan
s2 -- Changsha
after s1+=s2, s1 - WuhanChangsha
```

例 12-6 中的程序以成员函数的方式重载了运算符＋＝。表达式 x＋＝y 被处理成 x.operator＋＝(y)，运算符函数 operator＋＝将对象 y 中的字符串拼接到对象 x 的字符串后面。为了实现运算符＋＝的连续操作(如 a＋＝b＋＝c)，并遵循运算符＋＝既有语义，运算符函数 operator＋＝的返回值类型被定义为 MyString &，返回值为运算完成后的第一个操作数。运算符＋＝也可以重载为友元函数，重载为友元函数时，表达式 x＋＝y 会被处理成 operator＋＝(x，y)，友元函数重载的定义及实现见例 12-7。

以友元函数的方式重载运算符＋＝时，运算符函数 operator＋＝要带两个参数，两个操作数都必须在参数列表中明确列出。

【例 12-7】 以友元函数的形式重载运算符＋＝。

```
class MyString
{
    //声明友元函数 operator+=
    friend MyString& operator += (MyString& x, MyString& y);
    ...
```

```
};

//实现运算符 += 重载函数
MyString& operator += (MyString& x, const MyString& y)
{
    char* temp;

    temp = new char[strlen(x.str) + strlen(y.str) + 1];
    strcpy(temp, str);
    strcat(temp, s.str);

    if (x.str != NULL)
        delete[]x.str;

    x.str = temp;
    //返回第一个操作数
    return  x;
}
```

12.6 赋值运算符重载

在例 12-1 中已经实现了赋值运算符=的重载,其实赋值运算符不用重载就可以直接用在自定义类的对象之间,其默认操作是逐个复制对象的所有数据成员。这种方式对大多数类的对象是合适的(包括例 12-1 中的类 Complex),但如果对象中包含动态分配的空间时,这种赋值方式就有可能出错了。假设程序声明了类 MyString(见例 12-2)的两个对象,然后在它们之间进行赋值操作,即

```
MyString s1("abc"), s2("def");
s1=s2;
```

这样的操作会出现什么结果呢?对象 s1 和 s2 中都只有一个数据成员 str,在赋值操作前,s1 的 str 指针指向一块动态分配的空间,该空间存放了字符串"abc",s2 的 str 指针指向另一块动态分配的空间,该空间存放了字符串"def",赋值语句 s1=s2;实际执行的操作是 s1.str=s2.str,执行该操作之后,对象 s1 和 s2 的指针 str 都指向同一块数据空间,就是存放了字符串"def"的存储空间,另一块存放字符串"abc"的空间就被遗弃了,将无法被访问和释放。此外,如果某个时刻对象 s1 被撤销,其析构函数将释放其指针 str 所指向的数据空间(存放字符串"def"的空间),该空间也是对象 s2 的指针 str 所指向的数据空间,程序再访问对象 s2 的数据或者撤销对象 s2 时都会发生指针访问错误。

怎样解决上述问题呢?可以自己定义满足这些特殊需要的赋值运算符重载函数,以覆盖 C++ 提供的默认运算符函数来避免这类错误。例 12-8 重载了运算符=和+,实现了类 MyString 的对象之间的相加和赋值运算。

【例 12-8】 定义字符串类 MyString,重载运算符+和=,使类 MyString 的对象可以执行如 x=y+z 这样的操作,表达式 x=y+z 的运算结果是对象 x 中的字符串是对象 y 和 z 中字符串的连接。

```
//文件 MyString.h: 定义类 MyString
#pragma once
#include <iostream>
using namespace std;

class MyString
{
    //运算符 << 重载函数
    friend ostream& operator << (ostream& output, const MyString& s);
    //运算符 >> 重载函数
    friend istream& operator >> (istream& input, MyString& s);
public:
    MyString(const char * m = "");
    MyString(const MyString& s);                    //复制构造函数
    ~MyString();

    //运算符 = 重载函数
    MyString& operator = (const MyString& s);
    //运算符 + 重载函数
    MyString operator + (const MyString& s) const;

private:
    char * str;
};

//文件 MyString.cpp:类 MyString 的实现
#include "MyString.h"

#define MAX_STR_LEN 1024

MyString::MyString(const char * m)
{
    int len = strlen(m) + 1;
    str = new char[len];
    strcpy_s(str, len, m);
}

MyString::MyString(const MyString& s)
{
    int len = strlen(s.str)+1;
    str = new char[len];
    strcpy_s(str, len, s.str);
}

MyString::~MyString()
{
    delete[]str;
}

//实现运算符 << 重载函数
ostream& operator << (ostream& output, const MyString& s)
{
    if (s.str != NULL)
        output << s.str;
```

```
    return output;
}

//实现运算符 >> 重载函数
istream& operator >> (istream& input, MyString& s)
{
    char temp[MAX_STR_LEN];

    input >> temp;
    if (s.str != NULL)
        delete[]s.str;
    int len = strlen(temp) + 1;
    s.str = new char[len];
    strcpy_s(s.str, len, temp);

    return input;
}

//实现运算符 = 重载函数
MyString& MyString::operator = (const MyString& s)
{
    //检查是否自我赋值
    if (&s == this)
        return  * this;

    //释放当前对象的数据空间
    delete[]str;

    //为当前对象的 str 成员重新分配适当大小的空间
    int len = strlen(s.str) + 1;
    str = new char[len];
    //将 s 中的字符串复制到当前对象的 str 中
    strcpy_s(str, len, s.str);

    return  * this;
}

//实现运算符 + 重载函数
MyString MyString::operator + (const MyString& s) const
{
    MyString res;

    if (res.str != NULL)
        delete[] res.str;
    int len = strlen(str) + strlen(s.str) + 1;
    res.str = new char[len];
    strcpy_s(res.str, len, str);
    strcat_s(res.str, len, s.str);

    return res;
}

//文件 ex12_8.cpp:测试重载的运算符
#include <iostream>
```

```
using namespace std;
#include "MyString.h"

int main()
{
    MyString s1, s2;

    cout << "Please input two strings:" << endl;
    cin >> s1 >> s2;
    cout << "s1 -- " << s1 << endl << "s2 -- " << s2 << endl;
    s1 = s1 + s2;
    cout << "after s1=s1+s2, s1 -- " << s1 << endl;

    return 0;
}
```

程序运行结果：

```
Please input two strings:
Wuhan
Changsha
s1 -- Wuhan
s2 -- Changsha
after s1=s1+s2, s1 -- WuhanChangsha
```

例 12-8 中的程序为类 MyString 重载了运算符＝和＋，运算符＋的重载函数实现了类 MyString 的两个对象相加，其左操作数为类 MyString 的对象，所以既可以使用成员函数的方式重载，也可以使用友元函数的方式重载，本程序采用成员函数的方式重载了该运算符。两个类 MyString 对象相加的结果也是一个类 MyString 的对象，所以程序将运算符函数 operator＋的返回值类型处理为 MyString 类型。注意，运算符函数 operator＋返回结果的细节是：用局部动态对象 res 存储两个 MyString 对象相加的结果，执行 return res;语句时，系统会以对象 res 为参数自动调用类 MyString 的复制构造函数产生一个临时对象（不妨将该对象记为 temp）。执行 return 语句后，局部动态对象 res 被撤销，执行其析构函数，而调用运算符函数得到的返回结果是临时对象 temp。

如果程序没有给类 MyString 定义复制构造函数，系统将使用赋值运算生成临时对象 temp，这里的赋值运算不是重载的赋值运算，而是赋值运算的原始语义，会导致对象 temp 的 str 指针和对象 res 的 str 指针指向同一块空间，执行对象 res 的析构函数会使后续程序使用对象 temp 时出现内存越界的错误。

程序语句

```
s1 = s1 + s2;
```

被转换为

```
s1.operator=(s1.operator+(s2));
```

首先用 s1 调用运算符函数 operator＋，对象 s2 作为参数。该函数调用返回一个 MyString 的临时对象，该对象中存放着 s1 和 s2 中字符串的连接，然后以该对象为参数，调用对象 s1 的运算符函数 operator=，为对象 s1 中 str 指针重新分配空间，并将连接的字符串复制进来。所以语句 s1=s1+s2;的执行过程中先后调用了 MyString 的加运算重载函数、复制构造函数以及赋值运算重载函数。

重载运算符=时，运算符函数第一条语句检测两个操作数是否是同一个对象。如果是则无须做任何操作，直接返回当前对象本身。如果不是自我赋值，则首先释放当前对象动态申请的空间，然后重新按照参数对象的空间大小分配空间，复制参数对象的数据。运算符函数 operator=在开始的时候检测是否自我赋值非常重要，如果不做检测，那么后续语句

```
delete []str;
```

将会释放对象中动态分配的空间，不仅丢失了当前对象的数据，还会使程序在执行语句 strcpy_s(str, len, s.str)时出错。

12.7　类型之间的转换

一个程序通常要处理多种类型的数据，而一次运算的操作数一般只支持一种数据类型，如两个整数相加结果仍然是整数。但有时一次运算可能涉及多种数据类型，如将一个整数和一个浮点数相加，希望的结果是浮点数。对于这类运算，一般在背后都隐含了数据类型的转换操作，如 long 类型的数据和 double 类型的数据相加，要先把 long 类型的数据转换成 double 类型的数据，然后对两个 double 类型的数据执行加操作。计算机系统并没有为任何两种数据类型之间提供足够的运算，因此在进行运算之前，经常要将一种类型的数据转换成另外一种类型的数据，然后再进行该类型数据的运算。对于内部类型，C++ 知道如何处理这些转换(使用提升规则)，程序员也可通过使用类型强制转换运算符来实现内部类型之间的转换。

如何实现用户自定义类型和其他类型之间的转换呢？系统对自定义类型与内部类型或一种自定义类型与另一种自定义类型之间的关系一无所知，要实现自定义类型和其他类型之间的转换，程序员必须明确地告诉编译器如何进行转换。所以，如何实现自定义类型和其他类型之间的转换实际上要由程序员自己编程来实现。自定义类型和其他类型之间的转换就是通过程序员编程来实现如何根据一种类型的对象生成另一种类型的对象。

C++ 提供了两种类型转换方式：一种是通过类型转换运算符函数实现将自定义类的对象转换成其他类型的对象；另一种是通过转换构造函数实现将其他类型的对象转换成自定义类的对象。

类型转换运算符函数必须是类的非静态成员函数，不能是友元函数。类型转换运算符是单目运算符，类型转换运算符函数没有参数，也不能指定返回值类型，因为类型转换运算符函数的函数名已经包含了返回值类型。类型转换运算符函数的原型为

```
operator ClassName() const;
```

其中，ClassName 是要转换的目标类型，可以是内部类型名，也可以是自定义类型名。例如：

```
operator int() const;
```

该函数原型声明了一个类型转换运算符函数，它实现将一个自定义类型的对象转换成一个 int 类型的对象。如果 obj 是自定义类的一个对象，则(int)obj 将会产生函数调用 obj.operator int()，

该函数将根据调用它的对象 obj 生成一个 int 类型的数据并返回该数据。

例 12-9 为类 MyString 定义了一个类型转换运算符函数，实现将类 MyString 的对象转换成 int 类型。定义好该类型转换运算符函数之后，可以使用类型转换表达式调用该函数。更为奇妙的是，当运算需要时，编译器会自动调用这些函数来获得转换结果，就像对内部类型使用提升规则一样。

【例 12-9】 定义字符串类 MyString，使用类型转换重载函数实现从类 MyString 的对象到 int 类型的转换。

分析：类型转换运算符函数必须重载为成员函数，而且不能指定返回值类型。类型转换运算符是单目运算符，所以其重载函数没有参数。将类 MyString 的对象转换为 int 类型的运算符函数的函数原型为 operator int()，其具体实现为取 str 所指向的字符串的长度作为转换结果，当然也可以根据实际需要确定转换策略，如可以考虑对 str 所指向的字符串进行算术运算获得一个整数等。

```
//文件 mystring.h: 定义类 MyString
#pragma once

#include <iostream>
using namespace std;

class MyString
{
    //运算符 << 重载函数
    friend ostream& operator << (ostream& output, const MyString& s);
    //运算符 >> 重载函数
    friend istream& operator >> (istream& input, MyString& s);
public:
    MyString(const char* m = "");
    ~MyString();

    //int 类型转换运算符函数
    operator int() const;

private:
    char* str;
};

//文件 mystring.cpp:类 MyString 的实现
#include "mystring.h"
#include <iostream>
using namespace std;

#define MAX_STR_LEN 1024

MyString::MyString(const char* m)
{
    int len = strlen(m) + 1;
    str = new char[len];
    strcpy_s(str, len, m);
}
```

```
MyString::~MyString()
{
   delete[]str;
}

//实现运算符 << 重载函数
ostream& operator << (ostream& output, const MyString& s)
{
    if (s.str != NULL)
       output << s.str;
    return output;
}

//实现运算符 >> 重载函数
istream& operator >> (istream& input, MyString& s)
{
    char temp[MAX_STR_LEN];

    input >> temp;
    if (s.str != NULL)
       delete[]s.str;
    int len = strlen(temp) + 1;
    s.str = new char[len];
    strcpy_s(s.str, len, temp);

    return input;
}

//实现 int 类型转换运算符函数
MyString::operator int() const
{
    return strlen(str);
}

//文件 ex12_9.cpp:测试类 MyString
#include <iostream>
using namespace std;
#include "mystring.h"

int main()
{
    MyString s;

    cout << "Please input a string:" << endl;
    cin >> s;

    cout << "Output is:" << endl;
    cout << "s as MyString -- " << s << endl;

    //将 s 转换为 int,并输出转换结果
    cout << "s as int -- " << (int)s << endl;

    //将 s 自动转换为 int,参与算术运算
    cout << "10-s=" << 10 - s << endl;
```

```
    return 0;
}
```

程序运行结果：

```
Please input a string:
Changsha
Output is:
s as MyString -- Changsha
s as int -- 8
10-s=2
```

例 12-9 中的程序包含 3 个文件，其中文件 mystring.h 是类 MyString 的定义。类 MyString 的 public 部分增加了一个类型转换运算符函数：

```
operator int() const;
```

它完成从 MyString 类对象到 int 类型的转换。在文件 mystring.cpp 中，函数 operator int()的实现非常简单，只有一条语句

```
return strlen(str);
```

这意味着任何 MyString 对象调用该函数时返回值都是该对象中存放的字符串数据的长度。在实际编程中，可以根据需要选择有意义的转换策略。从这个函数的实现可以看到，类型转换运算符函数的转换过程实际上是根据自定义类型的对象生成一个目标对象，该过程可以根据需要自行定义。

接下来主程序对类 MyString 进行测试，首先声明了一个 MyString 对象 s，读入 s 的值，运行时输入的值为“Changsha”。然后程序对类型转换运算符函数的显示转换和隐式转换进行了测试。语句

```
cout << "s as String -- " << s << endl;
```

调用流插入运算符重载函数将对象 s 以 MyString 类型的对象输出，这里没有类型的转换。而语句

```
cout << "s as int -- " << (int)s << endl;
```

通过表达式(int)s 显示调用 operator int()函数，转换的结果为整数 8，然后将结果输出。最后的语句

```
cout << "10-s=" << 10 - s << endl;
```

是对类型转换运算符函数的隐式调用，由于运算符－不能完成整数和对象 s 之间的减操作，处理表达式 10－s 时，编译器寻找相应的函数：如果有运算符重载函数 operator－的两个参数分别为整型和 MyString 类型，则调用该函数；如果没有则根据提升规则或寻找类型转换运算符函数，对其中某个参数的类型进行变换，然后再进行同类型数据的运算。这里，编译器会自动调用类 MyString 的类型转换运算符函数 operator int()将对象 s 转换成整数后参与运算符－的运算，该表达式的运算结果为 2。

类型转换运算符函数实现从自定义类型到其他类型的转换,从其他类型到自定义类型的转换则由转换构造函数实现。转换构造函数也是类的构造函数的一种,其函数原型一般为

```
ClassName(const OtherClass obj);
```

其中,ClassName为自定义类型,是转换的目标类的名字,OtherClass为被转换的其他类型的名字,转换构造函数只有一个参数,就是其他类型的对象,转换构造函数将根据该对象初始化自定义类型的对象,相当于根据其他类型的对象obj生成了一个自定义类型的对象。同样,转换构造函数的构造过程也是由程序员根据需要自己定义的。例12-9中的构造函数MyString(const char * m="")就是一个转换构造函数,它根据一个字符指针类型的对象初始化类MyString的对象,实现了从字符指针类型到MyString类型的转换。转换构造函数也可以显式或隐式地将一种类型的对象转换成自定义类型的对象以满足运算的需要。

例12-10为类MyString定义了另外一个转换构造函数,并演示了如何隐式地调用转换构造函数。

【例12-10】 为字符串类MyString定义两个转换构造函数,分别实现从字符指针类型和unsigned int类型到MyString类型的转换。

分析:实现从字符指针类型到MyString类型的转换构造函数的函数原型为MyString(const char *),实现从无符号整数到MyString类型的转换构造函数的函数原型为MyString(unsigned int)。这两个构造函数的实现可以根据需要自己定义。本例中,用字符指针初始化MyString对象的过程定义为:为str分配相应长度的空间,然后将字符指针指向的字符串复制过来;用unsigned int类型的数据初始化MyString对象的过程定义为:将unsigned int类型的数据转换成字符串,存入为str分配的空间。当然程序员也可以使用其他方法实现这两个函数。

```
//文件 mystring.h: 定义类 MyString
#pragma once
#include <iostream>
using namespace std;

class MyString
{
    //运算符 << 重载函数
    friend ostream& operator << (ostream& output, const MyString& s);
    //运算符 >> 重载函数
    friend istream& operator >> (istream& input, MyString& s);
public:
    //转换构造函数
    MyString(const char* m = "");
    MyString(unsigned int n);

    ~MyString();

    //运算符+=重载函数
    MyString& operator+=(const MyString& s);

private:
    char* str;
};
```

```
//文件 mystring.cpp:类 MyString 的实现
#include "mystring.h"
#define MAX_STR_LEN 1024

MyString::MyString(const char* m)
{
    int len = strlen(m) + 1;
    str = new char[len];
    strcpy_s(str, len, m);
}

MyString::MyString(unsigned int n)
{
    char  buffer[MAX_STR_LEN];

    sprintf_s(buffer, MAX_STR_LEN, "%d", n);
    int len = strlen(buffer) + 1;
    str = new char[len];
    strcpy_s(str, len, buffer);
}


MyString::~MyString()
{
    delete[]str;
}

//实现运算符 << 重载函数
ostream& operator << (ostream& output, const MyString& s)
{
    output << s.str;
    return output;
}

//实现运算符 >> 重载函数
istream& operator >> (istream& input, MyString& s)
{
    char temp[MAX_STR_LEN];

    input >> temp;
    if (s.str != NULL)
        delete[]s.str;
    int len = strlen(temp) + 1;
    s.str = new char[len];
    strcpy_s(s.str, len, temp);

    return input;
}

//实现运算符 += 重载函数
MyString& MyString::operator += (const MyString& s)
{
    char* temp;
```

```
    int len = strlen(str) + strlen(s.str) + 1;
    temp = new char[len];
    strcpy_s(temp, len, str);
    strcat_s(temp, len, s.str);

    delete[]str;
    str = temp;

    return  *this;
}

//文件 ex12_10.cpp:测试类 MyString
#include <iostream>
using namespace std;
#include "mystring.h"

int main()
{
    MyString s1, s2;

    cout << "Please input two strings:" << endl;
    cin >> s1 >> s2;
    cout << "Output is:" << endl;
    cout << "s1 -- " << s1 << endl;
    cout << "s2 -- " << s2 << endl;

    //隐式调用转换构造函数
    s1 += "abc";
    cout << "After s1+=\"abc\"; s1 -- " << s1 << endl;
    s2 += 10;
    cout << "After s2+=10; s2 -- " << s2 << endl;

    //显示调用转换构造函数
    cout << "(MyString)15 -- " << (MyString)15 << endl;
    cout << "(MyString)\"abc\" -- " << (MyString)"abc" << endl;

    return 0;
}
```

程序运行结果:

```
Please input two strings:
Wuhan
Changsha
Output is:
s1 -- Wuhan
s2 -- Changsha
After s1+="abc"; s1 -- Wuhanabc
After s2+=10; s2 -- Changsha10
(MyString)15 -- 15
(MyString)"abc" -- abc
```

例 12-10 中类 MyString 的定义包含两个转换构造函数：

```
MyString(const char * m = "");
MyString(unsigned int n);
```

第一个构造函数根据字符指针指向的字符串初始化对象，实现方法是为 str 分配能容纳指针 m 指向的字符串的空间，然后将该字符串复制过来。第二个构造函数根据一个整数来初始化对象，其实现方法则是通过 sprintf_s 函数将 unsigned int 类型的数据转换到字符数组中，然后为指针 str 分配空间，并将转换得到的字符串复制到该空间。

main 函数首先声明了类 MyString 的两个对象 s1 和 s2，调用流提取运算符重载函数输入这两个对象，程序的输入分别为“Wuhan”和“Changsha”。然后程序输出了对象 s1 和 s2，并对转换构造函数进行了测试。语句

```
s1 += "abc";
```

调用了类 MyString 的运算符重载函数 operator+=，但函数 operator+=要求的参数是类 MyString 的对象，和字符串"abc"的类型不符合。这种情况下，程序会自动调用转换构造函数 MyString(const char * m="")，以字符串"abc"为参数创建类 MyString 的一个临时对象参与运算。运算符重载函数 operator+=实际上是将对象 s1 和这个临时对象相加。语句

```
s2 += 10;
```

也调用了类 MyString 的运算符重载函数 operator+=，参数类型也不相符。程序自动调用转换构造函数 MyString(unsigned int n)，以整数 10 为参数创建类 MyString 的一个临时对象参与运算。临时对象中的字符串为"10"，所以相加后对象 s2 中 str 指向的字符串为"Changsha10"。这两条语句是对转换构造函数的隐式调用。语句

```
cout << "(MyString)15 -- " << (MyString)15 << endl;
```

则是对转换构造函数的显式调用。表达式(MyString)15 将整数 15 转换成 MyString 类型的对象，程序以 15 为参数调用类 MyString 的第二个转换构造函数创建一个临时对象。语句：

```
cout << "(MyString)\"abc\" -- " << (MyString)"abc" << endl;
```

将字符串"abc"转换成 MyString 类型的对象，程序以"abc"为参数调用类 MyString 的第一个转换构造函数创建一个临时对象，然后通过重载 <<运算符函数将该对象输出。

习　　题

12.1　填空：

(1) 当用成员函数重载双目运算符时，运算符的左操作数必定是________。

(2) 单目运算符，作为友元函数重载时有________个形参。

(3) 在一个类中可以对一个操作符进行________种重载。

(4) 双目运算符重载为成员函数时带________个参数，重载为友元函数时带________个参数。

(5) 运算符的重载函数________改变运算符的优先级。

12.2　运算符重载函数可以使用默认参数吗？如果可以将会产生什么后果？

12.3　定义包含年、月、日信息的日期类Date，并重载二元运算符+，使之具有日期对象和整数(天数)相加的功能，并编程测试。

12.4　为例12-1中的类Complex增加运算符*的重载，实现复数对象的乘法运算，并编写测试程序。

12.5　为习题12.4中的类Complex增加前自增、前自减、后自增、后自减运算符的重载，并编写测试程序。注意，自增和自减都只对复数对象的实部做加减1运算。

12.6　对于下面的类Circle，要求重载一些运算符后可以计算表达式：a=b+c;，其中a、b、c都是类Circle的对象。两个Circle对象相加结果为一个Circle对象，其圆心为两个圆的圆心连线的中点，半径为两个圆半径的和。请重载相应的运算符并编写程序进行测试。

```
class Circle {
public:
    Circle(double x, y, r) {
        this->x = x;
        this->y = y;
        this->r = r;
    }
    void print() {
        cout << "(" << x << "," << y << "):" << r;
    }
private:
    double x, y;                                //圆心坐标
    double r;                                   //半径
};
```

12.7　对于下面的Time类：

```
class Time {
public:
    Time(int h = 0, int m = 0, int s = 0);
private:
    int hour, minute, second;
};
```

要求：

(1) 实现构造函数，使类Time的数据成员可以得到正确的赋值。

(2) 重载流插入运算符“<<”，按照hh:mm:ss的格式输出类Time的对象。

(3) 重载流提取运算符“>>”，按照hh-mm-ss的格式输入类Time的对象。

12.8　下面是数组类Array的定义。

```
class Array {
public:
    Array(int n);
    ~Array();
    int& operator[](int n);
    Array& operator=(Array& obj);
    int operator==(Array& obj);
```

```
private:
    int size;
    int* ptr;
};
```

要求：

(1) 实现构造函数，为类 Array 的对象分配一个包含 n 个数组元素的整型数组。

(2) 实现析构函数，做好撤销对象前的清理工作。

(3) 实现运算符[]的重载函数，如果 a 是类 Array 的对象，y 是整型变量，则 a[n]=y;可以为对象 a 中数组的序号为 n 的元素赋值，函数的实现要防止数组越界。

(4) 实现运算符=的重载函数，使类 Array 的对象之间能正确赋值。

(5) 实现运算符==的重载函数，使之可以判断两个数组是否相等。

(6) 编写程序测试类 Array。

12.9 用运算符重载的方法实现习题 11.13 的 HugeInt 类的所有功能，并为类 HugeInt 重载前自增、前自减、后自增、后自减 4 个运算符，使之能实现正确的数字运算，然后编写程序验证。

12.10 根据例 12-9 和例 12-10，改写 MyString 类的类型转换运算符函数和转换构造函数，要求实现下面的转换功能。

(1) MyString 对象到 int 类型的转换：如果 MyString 对象中数据是整数的字符串形式，则将该整数作为将该 MyString 对象转换到 int 的结果，否则转换成整数 0。

(2) float 类型到 MyString 对象的转换：将给定的浮点数转换成字符串形式，并存入生成的 MyString 对象。

(3) MyString 对象到 float 类型的转换：如果 MyString 对象中数据是浮点数的字符串形式，则将该浮点数作为将该 MyString 对象转换到 float 的结果，否则转换成浮点数 0。

编写程序验证上述功能。

12.11 为下面的等边三角形类 EquTriangle 和正方形类 Square 编写相互转换的类型转换运算符函数，转换原则是保证周长不变，即一个等边三角形可以转换成同样周长的正方形，一个正方形也可以转换成一个同样周长的等边三角形。

编写测试程序验证上述程序的正确性。

```
class EquTriangle {
public:
    EquTriangle(double sideLength);
    double area();                              //计算面积
private:
    double a;                                   //边长
};
class Square {
public:
    EquTriangle(double sideLength);
    double area();                              //计算面积
private:
    double a;                                   //边长
};
```

第 13 章 继承和多态

【学习内容】

本章将介绍 C++ 的继承机制和多态性。主要内容包括：

◆ 继承和派生的基本概念。

◆ 继承的定义。

◆ 基类和派生类对象的关系。

◆ 继承关系中的构造函数之间以及析构函数之间的关系。

◆ 多态性的意义和作用。

◆ 虚函数的定义方法。

◆ 抽象基类的作用和定义方法。

◆ 虚析构函数的作用和使用方法。

【学习目标】

◆ 理解继承的基本概念。

◆ 掌握如何通过继承建立类的层次结构。

◆ 掌握通过类指针操作继承关系中的对象的方法。

◆ 掌握如何使用复合和继承进行软件的渐增式开发。

◆ 理解多态性的意义和作用。

◆ 掌握定义虚函数和抽象基类的方法。

◆ 了解虚析构函数的作用。

◆ 掌握如何使用多态性进行软件的渐增式开发。

继承是面向对象方法的基本特征之一，是软件重用的一种重要的形式。通过继承机制，可以在已有类的基础上建立新类，新类可以继承已有类的属性和行为，也可以修改已有类的行为，或增加新的属性和行为以满足自身的特殊需要。继承缩短了定义新类的时间，并可以重用已经经过调试和测试的高质量的代码，减少最终系统出错的可能性。

多态是面向对象程序设计的重要特性之一，是管理继承关系中不同类的对象的重要手段。利用多态的机制，在一些类还没有定义时，就可以先编写使用和处理这些类的对象的程序，程序员只需要为这些类定义基类，并提供操作基类对象的通用框架即可。继承和多态是面向对象程序设计中一个非常重要的概念，也是处理复杂软件的一种非常有效的技术。

本章介绍继承和多态的概念，以及 C++ 继承和多态的定义和使用方法。

13.1 继承和派生的概念

类是对现实生活中实体的共性的抽象描述。现实世界中,实体之间普遍存在着两种关系,即"是(is_a)"和"拥有(has_a)"的关系。第11章介绍的类的复合描述的是"拥有(has_a)"的关系,继承描述的则是实体之间的"是(is_a)"的关系。

先看一个具体的例子。假设要建立一个学校信息管理系统,要求能管理大、中、小学等各类学校的基本信息,并能为外界提供查询和检索功能。首先分析系统需求,大学的基本信息应该包括校名、校址、简单校史、是否是重点大学、学院信息、师资力量、招生人数、在读学生数量等,中学基本信息包括校名、校址、属于哪一级重点中学、在读学生数量、升学率等,小学信息包括校名、校址、是否是重点小学、在读学生数量、升学率、开设课程等。由于大学、中学和小学需要描述的信息不完全相同,因此需要分别为它们建立不同的类,如类 College、类 HighSchool 和类 ElementarySchool。这样当然可以描述这些学校,但有两点不尽如人意。首先,3个类所描述的信息有一部分相同,都包含校名、校址等,这部分信息没有被重用,而是在不同的类中分别进行了重复定义,和它们相关的一些功能相同的函数,如查询学校的校名、校址等,也必须分别在3个不同的类中给出几乎完全一样的定义和实现。其次,所有的大学作为类 College 的实例可以进行统一的管理和操作,所有的中学作为类 HighSchool 的实例也可以进行统一的管理和操作,但大、中、小学作为不同类的对象却不可能作为"学校"这一类进行统一的管理和操作,这和现实生活中的实际情况不符,同时也会增加程序设计的复杂性。

如果使用继承,这些问题就都可以迎刃而解。继承允许以现有的类为基础来构建新的类,新的类继承了现有类的属性和行为,并且可以根据自己的需要修改继承来的行为,也可以增加新的属性和行为。继承可以使程序员重用已经定义的、经过调试和测试的高质量的代码,提高程序质量。在类的继承体系中,被继承的类称为基类,新定义的类称为派生类。在继承基类属性和行为的同时,派生类可以添加自己的数据成员和函数成员。继承把派生类和基类联系了起来,派生类对象同时也可以被认为是基类的对象,这样程序员可以统一管理和操作所有派生类和基类的对象。

对于上述问题,可先建立一个学校类 School,在该类中定义上述3个类的共同部分,如校名、校址等共有的属性和相关的操作,然后分别建立3个派生类:类 College、类 HighSchool 和类 ElementarySchool,并让它们继承类 School,在3个派生类中就只需要定义类 School 中没有的、属于各自特有的数据成员和成员函数即可。这样不仅实现了代码重用,而且由于3个派生类拥有共同的基类 School,它们的对象也都可以视为基类 School 的对象,因此可对它们进行统一操作和管理。

由此可见,继承机制为描述客观世界的层次关系提供了直观、自然和方便的描述手段,定义的新类可以直接继承系统类库中定义的或其他人定义的高质量的类,而新的类又可以成为设计其他类的基础,这样软件重用就变得更加方便、自然。

13.2 继承的定义

13.1节介绍了继承的作用及意义,本节将讨论如何定义基类和派生类、派生类的继承方式,以及派生类和基类对象之间的关系。

13.2.1 派生类和基类

现实世界中的事物之间的关系存在着从属、一般和特殊的关系,一个类的对象经常也可以视为另一个类的对象。例如,狮子A是狮子类的对象,同时它也是胎生动物类的对象,因为所有狮子都属于胎生动物类,其他动物如老虎、猴子等也都是这样。可以说狮子类Lion是从胎生动物类Viviparity继承而来的,Viviparity是基类,Lion是派生类。所有的派生类对象都是基类对象,但不能说所有基类对象都是派生类对象。例如,所有的狮子都是胎生动物,但不是所有的胎生动物都是狮子。

继承使基类和派生类之间具有了层次关系,并形成了类的树形结构。一个类可以单独存在,既不继承于其他类,也不被其他类继承。但一旦使用继承机制定义一个类时,它就成为树形结构中的一个结点,它既可以作为基类被其他类继承,为派生类提供共同的属性和行为,也可以作为派生类从其他的类继承它们的属性和行为。

下面是描述脊索动物类Chordata的继承层次结构。脊索动物Chordata可分为鱼类Fish、两栖类Amphibiotic、爬虫类Reptilia、鸟类Aves和哺乳类Mammal,鱼类Fish又可分为软骨鱼CartilaginousSkeleton和硬骨鱼BonySkeleton两个子类,哺乳类还可以划分为卵生动物Ovoviviparous、有袋动物Marsupial和胎生动物Viviparity等子类,人Human属于胎生动物。图13-1描述了这种通过继承形成的层次结构。

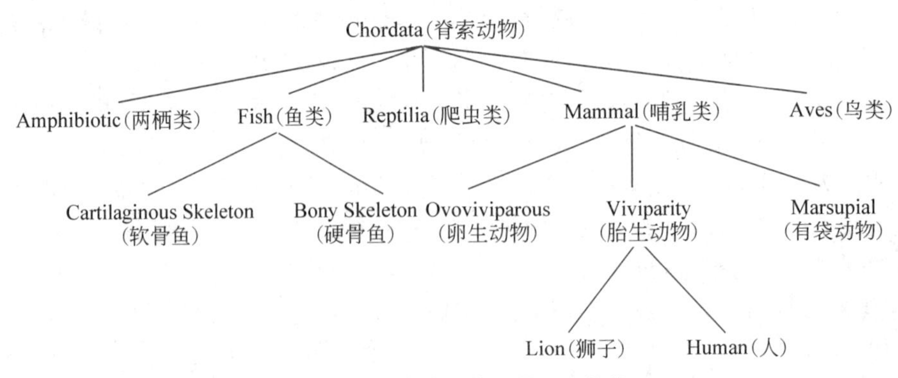

图13-1 脊索动物的继承层次结构

这种继承结构的例子很多,如英语单词Word类可以分为动词Verb类、名词Noun类、形容词Adjective类等,动词又可分为及物动词TransitiveVerb类、不及物动词InTransitiveVerb类,名词还可分为可数名词Noun_of_discontinuous_quantity类和不可数名词Noun_of_continuous_quantity类等。

通过继承定义派生类时,需要明确指明它是从哪个基类派生而来。例13-1中的程序首先定义了基类Viviparity,然后定义了派生类Lion和Human。

【例13-1】 继承示例。

```
class Viviparity {
public:
    Viviparity();
    ~Viviparity();
    …
};
```

```
class Lion : public Viviparity {
public:
    Lion();
    ~Lion();
    …
};
class Human : public Viviparity {
public:
    Human();
    ~Human();
    …
};
```

类 Lion 和 Human 都是类 Viviparity 的派生类。在类 Lion 的定义中可以看到，类名 Lion 的后面由冒号引出了关键字 public 和基类名 Viviparity，这种继承是公有继承，也是最常用的一种继承方式。在公有继承中，基类中的公有属性被派生类作为公有属性继承，基类中受保护成员被派生类作为受保护成员继承。

继承可以节省代码，可以将各个派生类中共有的部分抽取出来放到基类中。但更重要的是，由于派生类继承了基类的所有属性，C++ 允许将派生类的对象作为基类对象处理，这使得编写更灵活的程序成为可能。

13.2.2 继承的方式

C++ 使用 3 个访问控制说明符描述类的成员的访问控制属性：public（公有）、private（私有）和 protected（受保护）。具有 public 属性的成员对外界是可见的，外界程序可以直接访问。具有 private 属性的成员对外界是不可见的，只能被该类的成员函数访问。具有 protected 属性的成员对外界也是不可见的，也不能被外界函数直接访问。protected 成员和 private 成员的访问属性是否一样呢？孤立地研究一个类，二者没有什么差别，它们的差别在继承时才能体现出来，派生类的成员函数可以直接访问基类的 protected 成员，但不能直接访问基类的 private 成员。

从基类派生出新类时，类的继承也有 3 种方式：公有继承（public）、受保护继承（protected）和私有继承（private）。3 种继承方式的区别体现在基类中的成员被派生类继承后成员对外的可见性有所不同。使用公有继承时，基类中的公有成员被继承后在派生类中仍然是公有的，基类中受保护的成员被继承后在派生类中仍然是受保护的。使用受保护继承时，基类中的公有成员和受保护成员被继承后在派生类中都是受保护的。使用私有继承时，基类中的公有成员和受保护成员被继承后在派生类中都是私有的。

对于基类中的私有成员，不管使用哪种继承方式，派生类中新定义的成员函数都不能直接访问基类中定义的私有成员，而只能通过定义于基类中的其他公有成员函数或受保护成员函数去访问。但这并不是说基类中的私有属性不被继承，声明一个派生类的对象时，该对象不仅拥有派生类中定义的所有属性，还拥有定义在基类中的所有属性，只是对定义于基类中的私有属性的访问方式进行了限制。

定义受保护继承或私有继承的语法和定义公有继承的语法完全一样，只是在派生类的定义中使用了不同的关键字来声明继承方式。例 13-2 中定义的派生类 Lion 继承基类 Viviparity 时使用的是私有继承方式。

【例 13-2】 私有继承示例。

```
class Viviparity {
public:
    Viviparity();
    ~Viviparity();
    …
};
class Lion : private Viviparity {
public:
    Lion();
    ~Lion();
    …
};
```

13.2.3 类的层次

一个类可以是某一个继承关系中的基类,同时也可以是另一个继承关系中的派生类。如果类 A 派生出类 B,则类 A 是类 B 的直接基类。如果类 B 又派生出类 C,则类 B 是类 C 的直接基类,而类 A 是类 C 的间接基类。

定义派生类时,要在派生类的头部明确列出其直接基类,间接基类则不用列出。派生类不仅继承了直接基类的成员,同时也继承了所有间接基类的成员。

例 13-3 定义了具有继承关系的 3 个类 A、B、C。

【例 13-3】 定义间接基类的继承。

```
class A {
protected:
    int aMember;
    …
};
class B : protected A {
protected:
    int bMember;
    …
};
class C : private B {
protected:
    int cMember;
    …
};
```

类 A 拥有受保护数据成员 aMember,类 B 以受保护方式继承了类 A。类 B 就拥有两个数据成员:受保护的成员 bMember 和 aMember,其中 aMember 是在基类 A 中定义,被类 B 通过受保护继承获得。类 C 使用私有继承方式继承了类 B,类 C 拥有 3 个成员:受保护数据成员 cMember、私有数据成员 bMember 和 aMember,两个私有数据成员分别从直接基类 B 和间接基类 A 中继承而来。

13.2.4 在派生类中重定义基类的函数

派生类自动继承了基类中定义的数据成员和成员函数。如果派生类认为基类中某个成员函数的功能不能满足需要，可以在派生类中重新定义该函数。重定义(overriding)基类的成员函数需要使用和该函数相同的函数名和参数列表，如果参数列表不同，就是函数重载而不是函数的重定义了。经过重定义之后，派生类中定义的函数取代了基类中原来的函数定义，通过派生类对象调用该成员函数调用的是在派生类中重新定义的版本，基类中定义的版本被继承，但不能通过派生类对象直接访问。如果派生类的成员函数需要访问基类中被重定义的函数，可以使用基类名加作用域运算符“::”的方式。

重新考虑例11-25中的类Media，为了表示音乐媒体和影视媒体，类Media引入了数据成员type，通过给type设置不同的值来区分不同类型的媒体。这种做法存在缺陷，就是描述不同类型的媒体的信息会完全相同，因为它们都是同一个类的实例化对象。而实际上这些媒体在内容的表示上是有差别的。例如，音频媒体需要描述专辑名、歌手、制作人、制作公司等，而视频媒体则需要描述作品名、导演、演员、制作公司等。为了更好地表示这些不同的信息，可以使用继承机制，创建包含公共信息的基类Media，然后从类Media派生出音频媒体类AudioMedia和视频媒体类VideoMedia，在类Media中有一个输出媒体基本信息的成员函数showInfo，这个函数被类AudioMedia和类VideoMedia继承，但显然，对于两个派生类来说，函数showInfo输出的信息都不够详细，因此需要在派生类中重定义该函数。

【例13-4】 采用继承机制重新定义例11-25中的类Media，将音乐媒体类和影视媒体类分开，并根据需要在各派生类中重定义基类中的函数。

```
//文件 media.h: 定义类 Media
#pragma once

class Media
{
public:
    //构造函数
    Media(const char* n, const char* c);
    //析构函数
    ~Media();
    void showInfo();

private:
    char* name;                                     //媒体名
    char* company;                                  //制作公司
};

//文件 media.cpp:类 Media 的实现
#include <iostream>
using namespace std;
#include "media.h"

//构造函数的实现
Media::Media(const char* n, const char* c)
{
    int len = strlen(n) + 1;
    name = new char[len];
    strcpy_s(name, len, n);
    len = strlen(c) + 1;
    company = new char[len];
    strcpy_s(company, len, c);
```

```
}

//析构函数的实现
Media::~Media()
{
    if (name != NULL)
        delete[]name;
    if (company != NULL)
        delete[]company;
}

void Media::showInfo()
{
    cout << "Name: " << name << endl;
    cout << "Company: " << company << endl;
}

//文件 audioMedia.h: 定义类 AudioMedia
#pragma once
#include "media.h"

class AudioMedia : public Media
{
public:
    AudioMedia(const char* n, const char* c, const char* s);
    ~AudioMedia();
    void showInfo();                            //重定义基类的 showInfo 函数

private:
    char* singer;                               //歌手
};

//文件 audioMedia.cpp:类 AudioMedia 的实现
#include <iostream>
using namespace std;
#include "audioMedia.h"

AudioMedia::AudioMedia(const char* n, const char* c, const char* s)
    : Media(n, c)                               //调用基类的构造函数
{
    int len = strlen(s) + 1;
    singer = new char[len];
    strcpy_s(singer, len, s);
}

AudioMedia::~AudioMedia()
{
    if (singer != NULL)
        delete[]singer;
}

//重定义基类的 showInfo 函数
void AudioMedia::showInfo()
{
    Media::showInfo();                          //调用基类被重定义的函数
```

```
    cout << "Singer: " << singer << endl;
}

//文件 videoMedia.h: 定义类 VideoMedia
#pragma once
#include "media.h"

class VideoMedia : public Media
{
public:
    VideoMedia(const char* n, const char* c, const char* d, const char* a);
    ~VideoMedia();
    void showInfo();                              //重定义基类的 showInfo 函数

private:
    char* director;                               //导演
    char* actor;                                  //演员
};

//文件 videoMedia.cpp:类 VideoMedia 的实现
#include <iostream>
using namespace std;
#include "videoMedia.h"

VideoMedia::VideoMedia(const char* n, const char* c, const char* d, const char* a)
    : Media(n, c)                                 //调用基类的构造函数
{
    int len = strlen(d) + 1;
    director = new char[len];
    strcpy_s(director, len, d);
    len = strlen(a) + 1;
    actor = new char[len];
    strcpy_s(actor, len, a);
}

VideoMedia::~VideoMedia()
{
    if (director != NULL)
        delete[]director;
    if (actor != NULL)
        delete[]actor;
}

//重定义基类的 showInfo 函数
void VideoMedia::showInfo()
{
    Media::showInfo();                            //调用基类被重定义的函数
    cout << "Director: " << director << endl;
    cout << "Actor: " << actor << endl;
}

//文件 ex13_4.cpp:测试类 AudioMedia 和类 VideoMedia
#include <iostream>
using namespace std;
```

```
#include "audiomedia.h"
#include "videomedia.h"

int main()
{
    AudioMedia audio("The Colour of My Love", "Columbia", "Celine Dion");
    VideoMedia video("Forrest Gump", "Paramount Pictures", "Robert Zemeckis", "Tom
Hanks");

    cout << "Audio Media:" << endl;
    audio.showInfo();

    cout << endl;

    cout << "Video Media:" << endl;
    video.showInfo();

    return 0;
}
```

程序运行结果：

```
Audio Media:
Name: The Colour of My Love
Company: Columbia
Singer: Celine Dion

Video Media:
Name: Forrest Gump
Company: Paramount Pictures
Director: Robert Zemeckis
Actor: Tom Hanks
```

例13-4中的程序由7个文件组成，分别是基类Media的定义(media.h)、基类Media的实现(media.cpp)、派生类AudioMedia的定义(audioMedia.h)、派生类AudioMedia的实现(audioMedia.cpp)、派生类VideoMedia的定义(videoMedia.h)、派生类VideoMedia的实现(videoMedia.cpp)、测试文件(ex13_4.cpp)。

基类Media包含两个私有数据成员：存放媒体名的name和存放公司信息的company，包含3个成员函数：构造函数、析构函数和showInfo函数。构造函数接收两个参数，分别用来初始化两个私有数据成员，并为两个私有数据成员分配存储相应数据的空间。析构函数释放动态分配的内存空间，防止内存泄漏。函数showInfo的实现非常简单，直接输出对象的name和company信息。

派生类AudioMedia以公有继承方式继承于基类Media。类AudioMedia的定义包含了一个私有数据成员singer和3个成员函数：构造函数、析构函数和showInfo函数。这里的showInfo函数的函数原型和基类Media中的成员函数showInfo的函数原型完全相同，是对基类函数的重定义。这样类AudioMedia就拥有了两个showInfo函数，一个是自己定义的，另一个从基类继承而来。

类AudioMedia的构造函数接收3个参数，其中参数n和c是用来初始化定义于基类中的数据成员name和company，类AudioMedia的构造函数显式地调用基类Media的构造函数，并将相应的参数传递过去。

显式地调用基类构造函数的语法：

```
AudioMedia::AudioMedia(const char* n, const char* c, const char* s)
: Media(n, c)                                       //调用基类的构造函数
{…}
```

在构造函数的参数列表之后用冒号“:”引出基类构造函数的函数名和参数。类 AudioMedia 的构造函数的另外一个参数 s 用来初始化派生类自己定义的数据成员 singer。

类 AudioMedia 的析构函数释放了动态分配的空间，防止内存泄漏。

派生类 VideoMedia 的定义与实现和类 AudioMedia 类似，只是在增加的属性上有所区别。类 VideoMedia 增加了描述导演的 director 属性和描述演员的 actor 属性，没有数据成员歌手 singer。

每个类都有自己的构造函数和析构函数，如果程序不为某个类提供构造函数或析构函数，系统会为该类添加一个没有参数且函数体为空的构造函数或析构函数。派生类不继承基类的构造函数和析构函数，但派生类的构造函数和析构函数在运行时会自动调用基类的构造函数和析构函数。实例化派生类的对象时，程序会自动调用派生类的构造函数，派生类的构造函数在执行自身函数体之前会先调用基类的构造函数，所以派生类的构造函数只需要初始化在派生类中增加的数据成员，从基类继承的数据成员则交给基类的构造函数去初始化。

派生类的构造函数调用基类的构造函数的方式有两种：一种是例 13-4 中的显式调用的方式，在参数列表之后用冒号引出基类构造函数的函数名和参数，如果需要给基类的构造函数传递参数，必须使用显式调用的方式；另一种是隐式调用的方式，如果不需要传递参数，调用的是基类的默认构造函数，则可以使用隐式调用，采用隐式调用时派生类构造函数的实现中不需要列出基类构造函数的函数名，系统会自动执行基类的默认构造函数来完成基类中数据的初始化。

派生类的析构函数也会自动调用基类的析构函数，调用时机是在执行完派生类的析构函数之后。所以派生类的析构函数也只需要释放自己的数据成员维护的动态分配的空间，基类数据成员维护的动态分配的空间则交给基类的析构函数去释放。

类 AudioMedia 重定义了基类 Media 的成员函数 showInfo，希望除了输出在基类中定义的基本信息外，还要输出作为一个音乐媒体的特定的信息。由于属性 name 和 company 是定义于基类中的私有数据成员，类 AudioMedia 的成员函数 showInfo 无法直接访问，只能调用基类的 showInfo 函数帮助输出这部分信息，然后再输出歌手信息。派生类的成员函数调用基类中被重定义的成员函数要使用基类名加作用域运算符，在类 AudioMedia 的成员函数 showInfo 中调用基类 Media 中定义的成员函数 showInfo 的方法为

```
Media::showInfo();
```

如果函数名不加上基类名和作用域运算符，则程序调用的将是派生类自己定义的 showInfo 函数，将会导致无穷的递归调用。

13.2.5 派生类和基类的转换

派生类对象也是基类对象，因此派生类对象可以作为基类对象来处理。但实际上二者的

类型是不同的,派生类对象具有派生类类型,基类对象具有基类类型。

把派生类对象作为基类对象处理是合理的,因为派生类继承了基类中定义的所有属性和方法。把派生类对象作为基类对象使用时,只能访问该对象中的定义于基类中的属性和方法,这些属性和方法真实存在于基类对象中,不会出错。同样的,把派生类对象直接赋值给基类对象也是合法的。例如,类 Derived 从类 Base 继承而来,下面的语句是合法的。

```
Derived bobj;
Base aobj=bobj;
```

赋值运算符要求将运算符右边的表达式向左边的变量类型转换并实现赋值,这里实际上是将对象 bobj 转换成 Base 类型,即将派生类对象转换成基类对象,就只能看到对象 bobj 中定义于基类 Base 中的属性,然后将这些属性逐个赋值给对象 aobj 中对应的属性。

但是,反过来把基类对象作为派生类对象处理就不行了。因为派生类中还可能定义了基类中没有的成员,将基类对象作为派生类对象使用时,如果访问到对象中定义于派生类中的成员时就会出错。同样的,把基类对象直接赋值给派生类对象也是非法的。

13.3 类 指 针

定义一个类实际上是定义一种新的自定义类型。我们可以像使用系统预定义类型那样来使用自定义类型,例如可以用类名来声明变量(类的对象)、数组、指针等。通过类的指针,可以灵活地操作类的对象。

引入继承的概念之后,公有派生类的对象可以无条件地作为基类的对象处理,这使得通过指针去操作对象变得更加灵活和方便。例如,从一个基类可以派生出多个派生类(例 13-4 中从基类 Media 派生出两个派生类 AudioMedia 和 VideoMedia),尽管这些派生类的对象的类型各不相同,但由于它们都可以看作基类的对象,我们依然可以建立由这些不同的对象构成的数组或链表,并通过基类指针来统一操作它们。但不可以用派生类指针操作它们,因为基类的对象不能直接当作派生类的对象来处理,而且一种派生类的对象也不能转换成另一种派生类的对象。

用指针操作一个对象时,除了可以定位一个对象外,还可能包含隐式的类型转换,即不管指针实际指向的对象是什么类型,它都会把该对象当作该指针类型的对象。如果通过基类指针来操作派生类对象,派生类对象就会被当作基类对象处理;反之,如果通过派生类指针来操作基类对象,则基类对象也会被当作派生类对象使用,当然这样使用存在潜在的危险。使用派生类指针操作基类对象时需要进行类型的强制转换,并且不能访问定义于派生类中的属性,否则可能会出现不可预测的错误。

例 13-5 修改了例 13-4 中 3 个类的定义。在基类 Media 和派生类 AudioMedia、VideoMedia 的定义中增加了访问私有数据成员的成员函数,并试图用基类指针(Media * 类型)和派生类指针(AudioMedia * 类型和 VideoMedia * 类型)分别操作基类和派生类的对象。

【例 13-5】 修改例 13-4 中定义的 3 个类,并尝试分别使用基类指针和派生类指针操作基类和派生类的对象。

```
//文件 media.h: 定义类 Media
#pragma once
```

```
class Media
{
public:
    //构造函数
    Media(const char* n, const char* c);
    //析构函数
    ~Media();

    const char* getName();
    const char* getCompany();

private:
    char* name;                                    //媒体名
    char* company;                                 //制作公司
};

//文件 media.cpp:类 Media 的实现
#include <iostream>
using namespace std;
#include "media.h"

//构造函数的实现
Media::Media(const char* n, const char* c)
{
    int len = strlen(n) + 1;
    name = new char[len];
    strcpy_s(name, len, n);
    len = strlen(c) + 1;
    company = new char[len];
    strcpy_s(company, len, c);
}

//析构函数的实现
Media::~Media()
{
    if (name != NULL)
        delete[]name;
    if (company != NULL)
        delete[]company;
}

const char* Media::getName()
{
    return name;
}

const char* Media::getCompany()
{
    return company;
}

//文件 audioMedia.h: 定义类 AudioMedia
#pragma once
```

```
#include "media.h"

class AudioMedia : public Media
{
public:
    AudioMedia(const char* n, const char* c, const char* s);
    ~AudioMedia();

    const char* getSinger();

private:
    char* singer;                              //歌手
};

//文件 audioMedia.cpp:类 AudioMedia 的实现
#include <iostream>
using namespace std;
#include "audioMedia.h"

AudioMedia::AudioMedia(const char* n, const char* c, const char* s)
    : Media(n, c)                              //调用基类的构造函数
{
    int len = strlen(s) + 1;
    singer = new char[len];
    strcpy_s(singer, len, s);
}

AudioMedia::~AudioMedia()
{
    if (singer != NULL)
        delete[]singer;
}

const char* AudioMedia::getSinger()
{
    return singer;
}

//文件 videoMedia.h: 定义类 VideoMedia
#pragma once
#include "media.h"

class VideoMedia : public Media
{
public:
    VideoMedia(const char* n, const char* c, const char* d, const char* a);
    ~VideoMedia();

    const char* getDirector();
    const char* getActor();

private:
    char* director;                            //导演
    char* actor;                               //演员
```

```
};

//文件 videoMedia.cpp:类 VideoMedia 的实现
#include <iostream>
using namespace std;
#include "videoMedia.h"

VideoMedia::VideoMedia(const char* n, const char* c, const char* d, const char* a)
    : Media(n, c)                                    //调用基类的构造函数
{
    int len = strlen(d) + 1;
    director = new char[len];
    strcpy_s(director, len, d);
    len = strlen(a) + 1;
    actor = new char[len];
    strcpy_s(actor, len, a);
}

VideoMedia::~VideoMedia()
{
    if (director != NULL)
        delete[]director;
    if (actor != NULL)
        delete[]actor;
}

const char* VideoMedia::getDirector()
{
    return director;
}

const char* VideoMedia::getActor()
{
    return actor;
}

//文件 ex13_5.cpp:类指针的使用
#include <iostream>
using namespace std;
#include "audioMedia.h"
#include "videoMedia.h"

int main()
{
    Media medium("Slumdog Millionaire", "Celador Films");
    AudioMedia audio("The Colour of My Love", "Columbia", "Celine Dion");
    VideoMedia video("Forrest Gump", "Paramount Pictures", "Robert Zemeckis",
"Tom Hanks");

    //定义基类指针
    Media* mPtr;

    //用基类指针操作基类对象
    mPtr = &medium;
    cout << "Accessing Media object through Media * " << endl;
```

```
    cout << "Name: " << mPtr->getName() << endl;
    cout << "Company: " << mPtr->getCompany() << endl;

    cout << endl;

    //用基类指针操作派生类对象
    mPtr = &audio;
    cout << "Accessing AudioMedia object through Media * " << endl;
    cout << "Name: " << mPtr->getName() << endl;
    cout << "Company: " << mPtr->getCompany() << endl;
    //要调用定义于派生类中的函数必须进行类型的强制转换
    cout << "Singer: " << ((AudioMedia*)mPtr)->getSinger() << endl;

    cout << endl;

    //用基类指针操作派生类对象
    mPtr = &video;
    cout << "Accessing VideoMedia object through Media * " << endl;
    cout << "Name: " << mPtr->getName() << endl;
    cout << "Company: " << mPtr->getCompany() << endl;
    //要调用定义于派生类中的函数必须进行类型的强制转换
    cout << "Director: " << ((VideoMedia*)mPtr)->getDirector() << endl;
    cout << "Actor: " << ((VideoMedia*)mPtr)->getActor() << endl;

    cout << endl;

    //定义派生类指针
    AudioMedia* amPtr;

    //用派生类指针操作派生类对象
    amPtr = &audio;
    //调用基类中定义的函数
    cout << "Accessing AudioMedia object through AudioMedia * " << endl;
    cout << "Name: " << amPtr->getName() << endl;
    cout << "Company: " << amPtr->getCompany() << endl;
    //调用派生类中定义的函数
    cout << "Singer: " << amPtr->getSinger() << endl;
    cout << endl;

    //用派生类指针操作基类对象
    amPtr = (AudioMedia*)&medium;
    //调用基类中定义的函数
    cout << "Accessing Media object through AudioMedia * " << endl;
    cout << "Name: " << amPtr->getName() << endl;
    cout << "Company: " << amPtr->getCompany() << endl;
    //调用派生类中定义的函数,危险!访问了不存在的属性
    cout << "Singer: " << amPtr->getSinger() << endl;

    cout << "end!"<< endl;

    return 0;
}
```

程序运行结果：

```
Accessing Media object through Media *
Name: Slumdog Millionaire
Company: Celador Films

Accessing AudioMedia object through Media *
Name: The Colour of My Love
Company: Columbia
Singer: Celine Dion

Accessing VideoMedia object through Media *
Name: Forrest Gump
Company: Paramount Pictures
Director: Robert Zemeckis
Actor: Tom Hanks

Accessing AudioMedia object through AudioMedia *
Name: The Colour of My Love
Company: Columbia
Singer: Celine Dion

Accessing Media object through AudioMedia *
Name: Slumdog Millionaire
Company: Celador Films
Singer:
```

例 13-5 中的程序定义了基类 Media、派生类 AudioMedia 和 VideoMedia。类 Media 包含 4 个成员函数，除了构造函数和析构函数外，两个成员函数 getName 和 getCompany 分别用来访问私有数据成员 name 和 company。类 AudioMedia 和类 VideoMedia 继承了基类 Media，类 AudioMedia 的构造函数有 3 个参数：两个参数字符指针 n 和 c 用来初始化在基类 Media 中定义的数据成员 name 和 company，第三个参数 s 则用来初始化在派生类 AudioMedia 中定义的数据成员 singer。所以，这里需要将部分参数传递给基类的构造函数，必须显式地调用基类的构造函数，相应的语句为

```
AudioMedia::AudioMedia(const char* n, const char* c, const char* s)
: Media(n, c)                                    //调用基类的构造函数
```

派生类 VideoMedia 的构造函数也有类似的处理。

程序在 main 函数中声明了类 Media 的对象 medium 和指针 mPtr、类 AudioMedia 的对象 audio 和指针 amPtr 以及类 VideoMedia 的对象 video。用基类指针 mPtr 指向基类对象 medium 时，可以通过 mPtr 调用定义于基类中的成员函数（表达式 mPtr->getName() 和 mPtr->getCompany()）。当用基类指针 mPtr 指向派生类对象 audio 时，存在隐式类型转换，即从指针 mPtr 的角度看，它指向的对象 audio 看起来就是一个 Media 类型的对象，通过指针 mPtr 只能访问到定义于基类 Media 中的成员函数，如果想要调用定义于派生类 AudioMedia 中的成员函数，则必须对指针进行类型转换，将指针 mPtr 显式转换为派生类指针类型 AudioMedia *，才可以通过该指针访问定义于派生类中的成员函数，类型转换方式为

```
((AudioMedia *)mPtr)->getSinger();
```

用派生类指针操作基类对象时，需要进行类型的强制转换，因为基类对象不能直接当作派生类

对象使用。类型转换的格式为

```
amPtr=(AudioMedia*)&medium;
```

该语句中表达式 &medium 获得一个 Media * 类型的指针,转换成 AudioMedia * 类型后才能赋值给变量 amPtr。用派生类指针操作基类对象实际上就是把基类对象当作派生类对象使用,这存在潜在的危险。如果通过该指针访问定义于基类中的数据成员,那么程序不会出错,因为基类对象中拥有这些成员,但如果通过该指针访问定义于派生类中的数据成员,由于基类对象中没有这些数据成员,则将导致访问越界,程序会出现运行异常。例如:

```
amPtr->getSinger();
```

通过指针 amPtr 调用了成员函数 getSinger,该函数的执行访问了 amPtr 所指向对象中的数据成员 singer,由于对象 medium 中没有数据成员 singer,程序访问越界,抛出异常,程序运行被终止,这也导致后续语句

```
cout << "end!"<< endl;
```

没有被执行。

下面总结基类指针和派生类指针在操作基类对象或派生类对象时的 4 种可能的方式。

(1) 使用基类指针操作基类对象。不需要类型转换,通过基类指针可以直接访问对象中所有公有成员。

(2) 使用基类指针操作派生类对象。存在隐式类型转换,即将派生类对象隐式转换为基类对象,通过基类指针只能访问对象中定义于基类的公有成员。如果要访问定义于派生类中的成员,则必须将基类指针强制转换为派生类指针类型,直接使用基类指针访问派生类成员是一种语法错误,程序编译时会报语法错。

(3) 使用派生类指针操作基类对象。用派生类指针指向基类对象时必须进行类型的强制转换,将指向基类对象的指针转换成派生类指针类型才能赋值。派生类指针可以访问定义于基类或派生类中的所有公有成员,但访问定义于派生类中的数据成员时,由于基类对象中不包含该成员,虽然编译不会出错,但会出现运行错误。

(4) 直接用派生类指针操作派生类对象。不需要类型转换,通过派生类指针可以访问对象中定义于基类和派生类中的所有公有成员。

常用的程序设计方法是通过数组或链表来统一组织和管理所有基类对象和各派生类的对象,然后用基类指针来操作它们。这种方法很方便,但也会带来麻烦。例如,如果当前对象是派生类对象,而且需要访问其定义于派生类中的成员时,必须使用类型的强制转换,将指针临时转换成派生类类型。13.6 节将介绍新的方法——多态性,使用该方法用基类指针操作继承关系中的各种对象时,不需进行类型转换就可根据指针所指对象的实际类型访问到该对象所属类中定义的成员函数,而不是像现在这样,不使用类型转换基类指针只能访问定义于基类中的成员函数。

13.4 继承关系中的构造函数和析构函数

继承过程中,基类的构造函数和析构函数不被派生类继承,基类有属于自己的构造函数和析构函数,构造函数的函数名和类名相同,析构函数名比类名多了一个符号~,派生类也有自

己的构造函数和析构函数。构造函数和析构函数虽然不能被继承，但派生类和基类的构造函数和析构函数之间存在一种自动调用的关系。

由于派生类继承了基类的成员，派生类的构造函数需要调用基类的构造函数对其中定义于基类的数据成员进行初始化。如果基类的构造函数不需要参数，派生类的构造函数可以隐式调用基类的构造函数，否则需要在派生类的构造函数中显式调用基类的构造函数，并为它传递参数，如例13-4中类AudioMedia的构造函数显式调用基类Media的构造函数。

除了构造函数和析构函数外，派生类也不能继承基类中的赋值运算符函数，派生类中的赋值运算符函数也会隐式调用基类中的赋值运算符函数。

派生类的构造函数总是先调用基类的构造函数来初始化派生类对象中从基类继承下来的数据成员，然后才执行自己的函数体来初始化定义于派生类的数据成员。析构函数的执行顺序则正好相反，派生类的析构函数总是先执行自己的函数体，然后再调用基类的析构函数。因此，基类的构造函数总是在派生类的构造函数之前执行，而基类的析构函数则总是在派生类的析构函数之后执行。

【例13-6】 定义基类People和派生类Teacher，输出它们的构造函数和析构函数的执行信息，然后分别声明它们的实例化对象，以查看继承关系中构造函数和析构函数的执行顺序。

```
//文件 people.h: 定义类 People
#pragma once
#include <iostream>
using namespace std;

class People
{
public:
    //构造函数
    People(const char* str) {
        int len = strlen(str) + 1;
        name = new char[len];
        strcpy_s(name, len, str);

        //输出构造函数执行信息
        cout << "People construct: " << name << endl;
    }
    //析构函数
    ~People() {
        //输出析构函数执行信息
        cout << "People destroy: " << name << endl;

        delete[]name;
    }

protected:
    char* name;
};

//文件 teacher.h: 定义类 Teacher
#pragma once
#include "people.h"
class Teacher : public People
```

```
{
public:
    //构造函数
    Teacher(const char* str, const char* sch)
        : People(str)                          //调用基类的构造函数
    {
        int len = strlen(sch) + 1;
        school = new char[len];
        strcpy_s(school, len, sch);

        //输出构造函数执行信息
        cout << "Teacher construct: " << name << " in " << school << endl;
    }
    //析构函数
    ~Teacher() {
        //输出析构函数执行信息
        cout << "Teacher destroy: " << name << " in " << school << endl;

        delete[]school;
    }

protected:
    char* school;
};

//文件 ex13_6.cpp:查看继承中基类和派生类的构造函数与析构函数的执行顺序
#include "people.h"
#include "teacher.h"

int main()
{
    {
        People tmp("Zhang San");
    }
    People p("Li Si");
    Teacher t("Wang Wu", "Wuhan University");

    return 0;
}
```

程序运行结果:

```
People construct: Zhang San
People destroy: Zhang San
People construct: Li Si
People construct: Wang Wu
Teacher construct: Wang Wu in Wuhan University
Teacher destroy: Wang Wu in Wuhan University
People destroy: Wang Wu
People destroy: Li Si
```

例 13-6 中的程序包含 3 个文件。第一个文件 people.h 是基类 People 的定义,类 People 中包含一个构造函数、一个析构函数和一个受保护的数据成员 name。这里将数据成员 name 定义为受保护的而不是私有的,因为受保护的成员除了可以被类的成员函数和友元函数访问外，还可以被派生类的成员函数访问，将 name 定义成受保护的，可以使派生类 Teacher 的构造函数和析构函数能够直接访问该数据成员。如果将 name 定义为私有的，派生类的成员函数就只能通过基类的公有成员函数或受保护的成员函数去访问该数据了。可以看出，受保护这种可见性是专门为继承服务的一种访问控制属性。类 People 的构造函数和析构函数的实现直接放在了类的定义中，程序在类 People 的构造函数和析构函数中增加了输出语句以输出当前运行函数以及对象的信息。

第二个文件 teacher.h 是派生类 Teacher 的定义，派生类 Teacher 公有继承于类 People，只包含一个构造函数、一个析构函数和一个受保护的数据成员 school。类 Teacher 的构造函数和析构函数的实现也在类的定义中，在其构造函数和析构函数中也增加了输出语句输出当前执行函数和对象的信息。

第三个文件 ex13_6.cpp 是对基类 People 和派生类 Teacher 的测试。程序首先在 main 函数的一个程序块中声明了类 People 的一个实例化对象 tmp，并传入字符串"Zhang San"。由于程序在进入其作用域后又马上退出了该作用域，因此，在调用了类 People 的构造函数后立即又调用了其析构函数，执行构造函数和析构函数时输出了对象的数据"Zhang San"。之后程序声明了类 People 的一个对象 p，传入字符串"Li Si"，这会调用类 People 的构造函数，输出对象 p 的数据"Li Si"。接着程序声明了类 Teacher 的对象 t，传入两个参数"Wang Wu"和"Wuhan University"，由于类 People 是类 Teacher 的基类，所以在这个过程中首先调用基类 People 的构造函数，用参数"Wang Wu"对数据成员 name 进行初始化，并紧接着输出 name 的信息。然后执行派生类 Teacher 的构造函数体，用参数"Wuhan University"对数据成员 school 进行初始化，并输出 name 和 school 的信息。主函数 main 结束时，对象 p 和 t 都要被撤销，由于对象 p 和 t 在分配空间时采用的是栈式分配，后声明的对象 t 要先释放。在继承体系中，派生类和基类的析构函数的调用顺序和构造函数的调用顺序相反。撤销对象 t 时，先执行派生类 Teacher 的析构函数体，然后调用基类 People 的析构函数，两个析构函数都输出了对象 t 的信息。最后撤销对象 p 时，直接调用基类 People 的析构函数。

读者可以对照程序和程序运行结果，仔细体会继承关系中构造函数和析构函数的执行过程。

13.5 多重继承

本章前面讨论的继承都是单重继承，即一个派生类最多只能有一个基类，继承所构成的层次关系是树形结构。在 C++ 中，一个派生类也可以从多个基类派生而来，这种继承方式称为多重继承。多重继承允许一个派生类同时继承多个基类中的成员，支持了软件的重用性，但也可能带来大量的二义性问题。

多重继承的正确使用可以使程序具有更大的灵活性，它允许一个类型与其他多个类型之间存在“是(is_a)” 的关系，即类型 A 可以“是”类型 B 同时也“是”类型 C。

例 13-7 至例 13-10 中的程序是多重继承的例子。例 13-7 和例 13-8 分别定义了两个基类：学生类 Student 和军人类 ArmyMan；例 13-9 定义了派生类军校学员类 Cadet，这个类同时继承了类 Student 和类 ArmyMan；例 13-10 演示了如何使用这几个类。

【例 13-7】 定义基类 Student。

```
//文件 student.h: 定义学生类 Student
```

```
#pragma once

class Student {
public:
    Student(const char*);
    ~Student();

    const char* getName();

protected:
    char* name;
};

//文件 student.cpp:类 Student 的实现
#include "student.h"
#include <cstring>

Student::Student(const char* studName)
{
    const char* title = "Mr. ";
    int len = strlen(title) + strlen(studName) + 1;
    name = new char[len];
    strcpy_s(name, len, title);
    strcat_s(name, len, studName);
}

Student::~Student()
{
    delete[] name;
}

const char* Student::getName()
{
    return name;
}
```

例 13-7 包含两个文件 student.h 和 student.cpp,分别是类 Student 的定义和实现。除了构造函数和析构函数外,类 Student 还包含一个受保护的数据成员 name 和一个公有成员函数 getName,在类 Student 的实现部分,构造函数在参数前面加上了称谓"Mr. "后存入 name 中,而成员函数 getName 返回受保护成员 name 的值。

【例 13-8】 定义类 ArmyMan。

```
//文件 armyman.h: 定义军人类 ArmyMan
#pragma once

class ArmyMan {
public:
    ArmyMan(const char*);
    ~ArmyMan();

    const char* getName();

protected:
```

```
    char * name;
};

//文件 ArmyMan.cpp:类 ArmyMan 的实现
#include "armyman.h"
#include <cstring>

ArmyMan::ArmyMan(const char * armyManName)
{
    const char * title = " Lt. ";
    int len = strlen(title) + strlen(armyManName) + 1;
    name = new char[len];
    strcpy_s(name, len, title);
    strcat_s(name, len, armyManName);
}

ArmyMan::~ArmyMan()
{
    delete[] name;
}

const char * ArmyMan::getName()
{
    return name;
}
```

例 13-8 也包含两个文件 armyman.h 和 armyman.cpp，分别是类 ArmyMan 的定义和实现。类 ArmyMan 和类 Student 相似，除了构造函数和析构函数外，只包含一个受保护的数据成员 name 和一个公有成员函数 getName。类 ArmyMan 的构造函数在参数前面加上了称谓"Lt. "后存入数据成员 name 中，其成员函数 getName 返回 name 的值。

【例 13-9】 定义派生类 Cadet。

```
//文件 cadet.h: 定义军人学员类 Cadet
#pragma once
#include "ArmyMan.h"
#include "student.h"

//军人学员类 Cadet 继承了类 ArmyMan 和类 Student
class Cadet : public ArmyMan, public Student {
public:
    Cadet(const char *);

    const char * getStudentName();
    const char * getArmyManName();
};

//文件 Cadet.cpp:类 Cadet 的实现
#include "cadet.h"
#include <string.h>

//类 Cadet 的构造函数显式调用了两个基类的构造函数
Cadet::Cadet(const char * n)
    :Student(n), ArmyMan(n)                          //显式调用基类构造函数
```

```
{
}

const char* Cadet::getStudentName()
{
    //访问基类 Student 定义的成员
    return Student::name;
}

const char* Cadet::getArmyManName()
{
    //访问基类 ArmyMan 定义的成员
    return ArmyMan::name;
}
```

例13-9是军人学员类Cadet的定义与实现。类Cadet通过多重继承机制继承了类ArmyMan和类Student,它没有定义自己的数据成员,只增加了两个成员函数getStudentName和getArmyManName。但由于它继承了类ArmyMan和类Student的所有成员,所以类Cadet拥有两个数据成员name和两个成员函数getName,分别来自于两个不同的基类。

多重继承的语法很简单,在类的定义中类名的后面通过冒号引出多个基类,每个基类可以分别设置继承属性(本例中都是public),多个基类之间用逗号隔开。对应的程序语句为

```
class Cadet : public ArmyMan, public Student
```

在类Cadet的实现部分,构造函数显式地调用了两个基类的构造函数,并把同一个参数n分别传递给了两个基类的构造函数。类Cadet的成员函数getStudentName希望返回定义于基类Student中的数据成员name,由于类Cadet同时拥有两个分别来自于两个基类的数据成员name,如果直接用成员名去访问就存在二义性,要解决这个问题,只需要在成员名前面加上类名和作用域运算符"::"即可。例如,Student::name表示访问定义于基类Student中的数据成员name,ArmyMan::getName()则表示调用定义于基类ArmyMan中的成员函数getName。

【例13-10】 编写程序使用例13-7至例13-9中定义的3个类。

```
//文件 ex13_10.cpp:测试多重继承的类层次
#include <iostream>
using namespace std;
#include "cadet.h"

int main()
{
    Cadet zhang("Zhang San");

    //调用基类 ArmyMan 中定义的成员函数 getName
    cout << "Call getName() in ArmyMan: " << zhang.ArmyMan::getName() << endl;
    cout << "Call getArmyManName(): " << zhang.getArmyManName() << endl;

    //调用基类 Student 中定义的成员函数 getName
    cout << "Call getName() in Student: " << zhang.Student::getName() << endl;
```

```
    cout << "Call getStudentName():" << zhang.getStudentName() << endl;

    return 0;
}
```

程序运行结果：

```
Call getName() in ArmyMan: Lt. Zhang San
Call getArmyManName(): Lt. Zhang San
Call getName() in Student: Mr. Zhang San
Call getStudentName(): Mr. Zhang San
```

例 13-10 中的程序需要包含头文件 cadet.h,并且将例 13-7 至例 13-9 中定义的 3 个类的定义和实现文件加入工程中。主函数首先声明了类 Cadet 的实例化对象 zhang,并将字符串"Zhang San"传递给类 Cadet 的构造函数,类 Cadet 的构造函数又分别将该字符串传递给了类 Student 和类 ArmyMan 的构造函数,对象 zhang 中分别来自于两个基类的两个数据成员 name 分别被初始化为"Mr. Zhang San"和"Lt. Zhang San"。

接下来,程序通过对象 zhang 调用了定义于基类 ArmyMan 中的成员函数 getName,由于类 Cadet 中存在两个 getName 函数,直接使用成员函数名去调用该函数存在二义性,因此也需要加上类名和作用域运算符"::",格式为 zhang.ArmyMan::getName()。调用定义于类 ArmyMan 中的成员函数 getName 返回的是定义于类 ArmyMan 中的数据成员 name。然后,程序又通过调用定义于 Cadet 中的成员函数 getArmyManName 来获得定义于类 ArmyMan 中的数据成员 name。程序也通过类似的方法访问了定义于基类 Student 中的成员函数和数据成员。

13.6 多态性的概念

面向对象程序一般需要创建很多对象并协调它们共同完成程序所需要的功能。有时需要在程序中操作多种不同类型的对象,让不同的对象完成不同的操作。如继承关系中不同类型的对象都可以看成基类对象,这些对象可以用数组或链表一起管理,方便使用循环进行统一操作,但操作过程中要根据不同对象的实际类型调用属于不同类的函数,要解决这个问题,可以使用分支语句,通过分支语句判断对象的不同类型以决定采取什么操作。但这种方法有很多缺陷,分支语句必须对所有类型进行测试,必须保证类型测试和相应操作的一致性。另外,如果要加入新的类型就必须修改程序。

多态性可以很好地解决上述问题。在面向对象方法中,多态性是指同一操作作用于不同类的实例时将导致产生不同的执行结果,即不同类的对象接收到相同的消息时,将有不同的处理方式。在 C++ 中,通过多态性,因继承而相关的不同的类,它们的对象可以对同一个函数调用做出不同的响应。"同一个函数调用"是指同一条函数调用语句,"不同的响应"是指执行了不同的函数。使用多态性,可以在不需要判断对象类型以及不修改程序的情况下,正确地操作不同类型的对象。

13.6.1 静态绑定和动态绑定

多态性是怎样解决上面的问题的呢?

对于前面所接触到的程序,任何一条语句都有确定的作用:声明变量、输入输出、运算、函数调用等。任何一条函数调用语句在编写时就明确地知道该语句调用的是哪一个函数,程序执行到该语句时会跳转到哪一行代码上执行,编译器可以为每一条函数调用语句确定它将执行的函数体,确定要跳转到的代码的地址。这种在编译时就能确定函数调用语句和实际执行的函数关系的机制,就是“静态绑定”。

但是在使用面向对象思想进行编程时,静态绑定并不能很好地解决所有问题。例如,在一个企业里,企业领导、司机、程序员、业务员、打字员等都可以是一个个的对象,企业领导希望他的员工都去工作,他可能只需说一句话:“大家工作吧!”这在程序里可以表示为一条消息或一个函数调用。如果采用静态绑定的方法,对于一个函数调用,只能明确地执行某一段特定的代码,这就意味着不管是司机还是程序员、业务员、打字员,他们接收到这条相同的命令后都会去做同一件事情,这显然不是企业领导所希望的,他需要的是不同的工作人员在接收到同一个指示“大家工作吧!”之后,能够根据自己岗位的职责开展不同的工作。要做到这一点,或者可以采用另外一种方法,如领导对司机说:“你去开车吧。”对程序员说:“你去编程吧。”……但这显然太烦琐、效率太低。另外,采取这种方式,如果企业增加了新的工作人员,领导的指示也必将随之增加,企业的管理也将越发复杂和低效。

理想的解决方法是:对同一条命令,不同的人会自动去做不同的事。也就是说,对同一个函数调用,不同的对象会执行不同的函数,这就需要“动态绑定”。为了实现动态绑定,给对象发消息(调用对象的成员函数)时,编译器暂不确定将被调用执行的代码,它只要保证被调用函数存在,并对函数进行参数列表和返回值类型的检查。当程序真正运行时,再由接收消息的对象根据自己的类型来确定应该具体调用哪个函数。这种在运行时才能确定被调用函数的机制就称为“动态绑定”。

13.6.2 多态性的意义

从前面的例子可以看出,如果通过基类的指针或引用来调用一个成员函数,不管接收消息的对象是基类对象还是派生类对象,被调用的函数都是定义于基类中的成员函数。如果使用派生类的指针或引用来调用一个成员函数时,不管接收消息的对象是基类对象还是派生类对象,被调用的函数都是定义于派生类中的成员函数。这不是多态性。

C++的多态性是通过虚函数来实现的。只有通过基类的指针或引用来调用虚函数时,才会对被调用的函数进行动态绑定,即是根据接收消息的对象的类型,而不是根据指针或引用的类型来确定要调用的函数。多态性可以为编程带来很大的灵活性。

多态性有助于更好地对程序进行抽象,使控制模块能专注于处理一般性问题,而把具体的操作交给执行部分去做。多态性为软件实现“同一对外接口,不同内部实现”的目标提供了支持。例如,一个学校管理软件需要显示很多不同类型的学校的信息,甚至可以包括系统运行过程中不断增加的新的学校,这些学校可以是小学、中学、大学等,小学类、中学类、大学类都是从共同的基类 School 派生而来。为了能输出所有学校的信息,控制模块只需要用链表或数组管理所有这些类的对象,也就是各种不同的学校,并用基类指针逐个指向每一个对象,通过指针向所指的对象发送 show 消息即可。函数 show 需要在基类 School 中被声明为虚函数,并在每一个派生类中被重新定义和实现。这样实现的程序,控制模块不需要关心每个类输出信息的细节,只需要管理对象、调用函数即可,接收消息的对象会执行自己所属类中重定义的 show 函数来响应消息,以输出对象自身特有的信息。

多态性有助于提高程序的可扩展性。采用多态性的方法编程，可以把控制模块与被操作的对象分开，因此，不必重新对程序进行编译就可以在程序中添加已定义类的新对象，并能自动地将新对象纳入管理；甚至不需要修改基本控制程序就可以把能响应现有消息的新类以及新类的对象添加到系统中，只要新类是已有类的派生类就可以了。

多态性特别适合于实现一些分层的软件系统。例如，Windows 操作系统需要以多种不同的窗口形式显示不同种类的内容，如文本、图像等，但不论显示的内容是什么，窗口显示的操作在某种程度上都是统一的。如果利用多态性进行设计和实现，只需要给所有的窗口类建立一个公共基类，并在基类中定义一个用于在窗口中显示信息的虚函数，然后在每一个特定的窗口类中分别实现该函数，就可以实现所有窗口统一管理和操作。如果程序想要任何窗口对象显示其内容，只需要给它发消息调用该虚函数即可，每个窗口对象接收到消息后会执行它自己的显示函数。

多态性经常需要使用基类指针操作不同的对象。通常的操作方法是用链表或数组组织所有对象，然后用基类指针去遍历它们。

13.7 虚 函 数

在 C++ 中，通过基类指针或引用调用一般的成员函数时采取的都是静态绑定。例 13-11 对例 13-4 中的程序进行了修改，只保留了一个基类 Media 和一个派生类 AudioMedia，然后用基类指针去操作基类对象和派生类对象，并使用基类指针调用成员函数 showInfo，从运行结果看，程序没有体现多态性。

【例 13-11】 编写具有继承关系的两个类，在派生类中重定义基类的成员函数，然后用基类指针操作基类和派生类的对象并调用该成员函数，检查该调用过程是否存在多态性。

```
//文件 media.h: 定义类 Media
#pragma once

class Media
{
public:
    //构造函数
    Media(const char* n, const char* c);
    //析构函数
    ~Media();
    void showInfo();

private:
    char* name;                                 //媒体名
    char* company;                              //制作公司
};

//文件 media.cpp:类 Media 的实现
#include <iostream>
using namespace std;
#include "media.h"

//构造函数的实现
Media::Media(const char* n, const char* c)
```

```
{
    int len = strlen(n) + 1;
    name = new char[len];
    strcpy_s(name, len, n);
    len = strlen(c) + 1;
    company = new char[len];
    strcpy_s(company, len, c);
}

//析构函数的实现
Media::~Media()
{
    if (name != NULL)
        delete[]name;
    if (company != NULL)
        delete[]company;
}

void Media::showInfo()
{
    cout << "Name: " << name << endl;
    cout << "Company: " << company << endl;
}

//文件 audioMedia.h: 定义类 AudioMedia
#pragma once
#include "media.h"

class AudioMedia : public Media
{
public:
    AudioMedia(const char* n, const char* c, const char* s);
    ~AudioMedia();
    void showInfo();

private:
    char* singer;                                   //歌手
};

//文件 audioMedia.cpp:类 AudioMedia 的实现
#include <iostream>
using namespace std;
#include "audioMedia.h"

AudioMedia::AudioMedia(const char* n, const char* c, const char* s)
    :Media(n, c)                                    //调用基类的构造函数
{
    int len = strlen(s) + 1;
    singer = new char[len];
    strcpy_s(singer, len, s);
}

AudioMedia::~AudioMedia()
{
```

```
    if (singer != NULL)
        delete[]singer;
}

void AudioMedia::showInfo()
{
    Media::showInfo();                                   //调用基类被重定义的函数
    cout << "Singer: " << singer << endl;
}

//文件 ex13_11.cpp:使用基类指针操作继承关系中的各个对象,查看是否有多态性
#include <iostream>
using namespace std;
#include "media.h"
#include "audioMedia.h"

int main()
{
    Media * mPtr;
    Media medium("Slumdog Millionaire", "Celador Films");
    AudioMedia audio("The Colour of My Love", "Columbia", "Celine Dion");

    mPtr = &medium;                                      //基类指针指向基类对象
    mPtr->showInfo();                                    //用基类指针调用成员函数,静态绑定

    cout << endl;

    mPtr = &audio;                                       //基类指针指向派生类对象
    mPtr->showInfo();                                    //用基类指针调用成员函数,静态绑定

    return 0;
}
```

程序运行结果:

```
Name: Slumdog Millionaire
Company: Celador Films

Name: The Colour of My Love
Company: Columbia
```

例 13-11 中的程序包含 5 个文件。第一个文件 media.h 是基类 Media 的定义,描述了媒体的基本信息,并提供了输出这些基本信息的成员函数 showInfo。第二个文件 media.cpp 是类 Media 的实现。第三个文件 audioMedia.h 是派生类 AudioMedia 的定义,类 AudioMedia 公有继承于类 Media,并重定义了函数 showInfo;第四个文件 audioMedia.cpp 是类 AudioMedia 的实现。第五个文件 ex13_11.cpp 是测试程序,在 main 函数中声明了一个基类的指针 mPtr 以及基类和派生类的对象 medium 和 audio,然后分别用 mPtr 指向 medium 和 audio,并调用成员函数 showInfo,从程序的输出结果可以看到,程序调用的都是定义于基类的 showInfo 函数,并没有根据对象的不同类型分别选择执行基类或派生类的 showInfo 函数,所以这种函数调用方式是静态绑定,没有引发动态绑定。

在 C++ 中,只有通过基类指针或引用调用虚函数时才能引发动态绑定。C++ 要求在声明

虚函数时使用 virtual 关键字。定义一个虚成员函数，只需要在这个函数的函数原型前面加上关键字 virtual 即可。如果一个函数在基类中被声明为虚函数，那么在所有派生类中它都是虚函数，即使在派生类中重定义该成员函数时函数原型前面没有关键字 virtual。

例 13-12 在例 13-11 的基础上把成员函数 show 定义成了虚函数。比较例 13-12 和例 13-11 中类 Media 的定义可以看出，例 13-12 声明成员函数 show 为虚函数只是在其函数原型之前加上了关键字 virtual。

【例 13-12】 修改例 13-11 中的程序，将基类 Media 中的成员函数 showInfo 定义为虚函数，查看使用基类指针调用该函数时是否引发动态绑定。

```
//文件 media.h: 定义类 Media
#pragma once

class Media
{
public:
    //构造函数
    Media(const char* n, const char* c);
    //析构函数
    ~Media();
    virtual void showInfo();

private:
    char* name;                                   //媒体名
    char* company;                                //制作公司
};

//文件 media.cpp:类 Media 的实现
#include <iostream>
using namespace std;
#include "media.h"

//构造函数的实现
Media::Media(const char* n, const char* c)
{
    int len = strlen(n) + 1;
    name = new char[len];
    strcpy_s(name, len, n);
    len = strlen(c) + 1;
    company = new char[len];
    strcpy_s(company, len, c);
}

//析构函数的实现
Media::~Media()
{
    if (name != NULL)
        delete[]name;
    if (company != NULL)
        delete[]company;
}

void Media::showInfo()
```

```
{
    cout << "Name: " << name << endl;
    cout << "Company: " << company << endl;
}

//文件 audioMedia.h: 定义类 AudioMedia
#pragma once
#include "media.h"

class AudioMedia : public Media
{
public:
    AudioMedia(const char* n, const char* c, const char* s);
    ~AudioMedia();
    void showInfo();

private:
    char* singer;                              //歌手
};

//文件 audioMedia.cpp:类 AudioMedia 的实现
#include <iostream>
using namespace std;
#include "audioMedia.h"

AudioMedia::AudioMedia(const char* n, const char* c, const char* s)
    :Media(n, c)                               //调用基类的构造函数
{
    int len = strlen(s) + 1;
    singer = new char[len];
    strcpy_s(singer, len, s);
}

AudioMedia::~AudioMedia()
{
    if (singer != NULL)
        delete[]singer;
}

void AudioMedia::showInfo()
{
    Media::showInfo();                         //调用基类被重定义的函数
    cout << "Singer: " << singer << endl;
}

//文件 ex13_12.cpp:使用基类指针操作继承关系中的各个对象,查看是否有多态性
#include <iostream>
using namespace std;
#include "media.h"
#include "audioMedia.h"

int main()
{
    Media* mPtr;
    Media medium("Slumdog Millionaire", "Celador Films");
```

```
    AudioMedia audio("The Colour of My Love", "Columbia", "Celine Dion");

    mPtr = &medium;                                 //基类指针指向基类对象
    mPtr->showInfo();                               //用基类指针调用虚成员函数,动态绑定

    cout << endl;

    mPtr = &audio;                                  //基类指针指向派生类对象
    mPtr->showInfo();                               //用基类指针调用虚成员函数,动态绑定

    return 0;
}
```

程序运行结果:

```
Name: Slumdog Millionaire
Company: Celador Films

Name: The Colour of My Love
Company: Columbia
Singer: Celine Dion
```

例13-12中类AudioMedia的定义和例13-11中定义的完全相同,但由于类AudioMedia继承自类Media,而类Media的成员函数showInfo被声明为虚函数之后,其派生类AudioMedia中重定义的成员函数showInfo也是虚函数,虽然其函数声明前面没有加关键字virtual。例13-12中的main函数和例13-11中的main函数也完全相同,先使用基类指针mPtr指向基类对象medium,并调用成员函数showInfo,由于showInfo是虚函数,采用动态绑定,因为接收消息的对象是medium,其类型为Media,所调用的函数就是定义于类Media中的showInfo函数,因此语句

```
mPtr->showInfo();
```

所产生的输出结果:

```
Name: Slumdog Millionaire
Company: Celador Films
```

当指针mPtr指向派生类对象audio并调用函数showInfo时,仍然会引起动态绑定,此时接收消息的对象是audio,其类型为AudioMedia,语句

```
mPtr->showInfo();
```

实际调用的函数就是定义于派生类AudioMedia中的成员函数showInfo,产生的输出结果:

```
Name: The Colour of My Love
Company: Columbia
Singer: Celine Dion
```

可以看到,同一条函数调用语句

```
mPtr->showInfo();,
```

由于使用基类指针调用虚函数，程序运行时不是根据指针类型来确定调用的成员函数，而是根据指针指向的对象的类型来确定其所调用的函数，于是就在不同的情况下调用了不同的函数，产生了不同的结果。这就是多态性。

13.8 抽象基类和纯虚函数

有了虚函数，就可以利用多态性编写出更加灵活的程序。多态性要求程序在基类中将需要引发多态性的成员函数声明为虚函数，但有时基类可能不合适定义这些函数。例如，假设三角形类 Triangle、圆形类 Circle、矩形类 Rectangle 都是形状类 Shape 的派生类，在类 Triangle 中有函数 area 计算三角形的面积，类 Circle 和类 Rectangle 也分别有自己的函数 area 计算圆形和矩形的面积，如图 13-2 所示。为了更好地操作这些类的对象，希望能利用多态性的机制，这就需要将函数 area 在基类 Shape 中声明为虚函数。但如何实现基类 Shape 中的 area 函数呢？类 Shape 的对象是什么样子？它的面积该怎么计算？因为在这些问题中，基类 Shape 仅仅是一个抽象的概念，它的实例对象无法有效描述。所以，无法具体给出一个 Shape 对象的属性，当然也更无法描述一个 Shape 对象面积的计算方法。

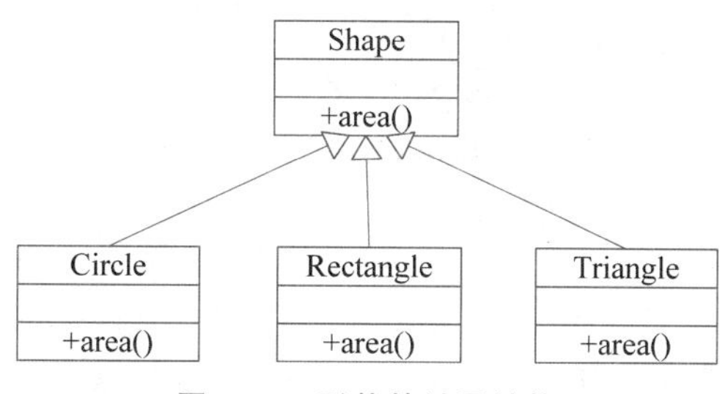

图 13-2　形状的继承结构

如果有一个抽象的类(类似于 Shape)，它没有实际的实例化对象，或者其对象的属性无法描述，那么该类的定义仅仅是为派生类提供一个框架，也不用实现它，最好也不允许程序员声明该类的对象，这样就很好地解决了上面的问题。纯虚函数可以解决这类问题。

13.8.1 纯虚函数

纯虚函数是没有函数体的虚函数，纯虚函数在声明时要“初始化为 0”。例如，将类 Shape 中的函数 area 声明为纯虚函数的语法：

```
virtual double area()=0;                //纯虚函数
```

纯虚函数不需要实现，一个类可以包含一个或多个纯虚函数，包含纯虚函数的类也称为抽象类，抽象类不能实例化对象，试图创建一个抽象类的对象时，编译器会报错。虽然不能实例化对象，抽象类仍然是一种新的数据类型，可以用抽象类名申明类的指针和引用。如果一个类是从一个包含纯虚函数的类派生而来，并且在该派生类中没有提供所有纯虚函数的实现，那么该派生类也是一个抽象类。实现了基类中继承来的所有纯虚函数的派生类是具体类，可以实例化对象。

13.8.2 抽象类和具体类

C++ 中定义的类是一种新的数据类型，一般认为，这些新类型是可以用来声明变量(实例化的对象)的。纯虚函数允许定义不能实例化任何对象的类,即抽象类。抽象类存在的意义在于它们将作为基类被其他类继承,所以抽象类有时也称为“抽象基类”。

抽象类不能用来创建实例化对象,它唯一的用途就是为其他类提供合适的基类。具体地说,抽象类可以为一些相关的类提供共同的框架(接口),可以用继承的关系将这些类组织成树形结构。相对抽象类而言,可以建立实例化对象的类就是具体类。具体类中不再包含未被实现的纯虚函数。抽象类中的虚函数(包括纯虚函数)就构成了这些从它派生出来的具体类的共同接口。

在例13-13中,类Circle和类Rectangle都是类Shape的派生类。在类Circle和类Rectangle中都定义了函数show和area,为了能使用多态性更好地操作这些类的对象,程序在基类Shape中将函数show和area声明为虚函数。由于类Shape的成员函数area无法实现,而且程序也不需要创建类Shape的实例化对象,因此程序将函数show和area都声明为纯虚函数,类Shape就是一个抽象基类。

【例13-13】 编写程序实现图13-1中的3个类,将基类Shape定义为抽象类,编写统一的程序框架来操作两个派生类Circle和Rectangle的实例化对象。

```
//文件 shape.h: 定义抽象基类 Shape
#pragma once

class Shape {
public:
    virtual double area() const = 0;
    virtual void show() const = 0;
};

//文件 circle.h: 定义派生类 Circle
#pragma once

#include "shape.h"

class Circle : public Shape
{
public:
    Circle(double = 0.0, double = 0.0, double = 1.0);
    double area() const;
    void show() const;
private:
    double x, y;
    double r;
};

//文件 circle.cpp:实现类 Circle
#include "circle.h"
#include <iostream>
using namespace std;

#define PI 3.1416

Circle::Circle(double a, double b, double c)
{
    x = a;
```

```
    y = b;
    r = c;
}

double Circle::area() const
{
    return PI * r * r;
}

void Circle::show() const
{
    cout << "I am a Circle.";
}

//文件 rectangle.h: 定义派生类 Rectangle
#pragma once

#include "shape.h"

class Rectangle : public Shape
{
public:
    Rectangle(double = 1.0, double = 1.0);
    double area() const;
    void show() const;
private:
    double length;
    double width;
};

//文件 rectangle.cpp:实现类 Rectangle
#include "Rectangle.h"
#include <iostream>
using namespace std;

Rectangle::Rectangle(double a, double b)
{
    length = a;
    width = b;
}

double Rectangle::area() const
{
    return length * width;
}

void Rectangle::show() const
{
    cout << "I am a Rectangle.";
}

//文件 ex13_13.cpp:利用多态性使用同样的程序框架操作两个派生类的对象
#include <iostream>
using namespace std;
```

```
#include "Circle.h"
#include "Rectangle.h"

void callArea(Shape&);

int main()
{
    Circle cir(0.0, 0.0, 2.5);
    Rectangle rec(2.4, 5.3);

    callArea(cir);
    callArea(rec);

    return 0;
}

void callArea(Shape& obj)
{
    obj.show();
    cout << " My area is: " << obj.area() << endl;
}
```

程序运行结果：

```
I am a Circle. My area is: 19.635
I am a Rectangle. My area is: 12.72
```

例 13-13 中的程序分为 4 部分。

第一部分是文件 shape.h，是抽象基类 Shape 的定义。类 Shape 只包含两个公有成员函数 area 和 show，它们都被"初始化为 0"，都是纯虚函数。纯虚函数不需要给出函数的实现，所以抽象基类 Shape 没有实现部分。另外，由于 area 和 show 函数都不需要修改对象的数据成员，所以进一步将它们声明为 const 成员函数。

第二部分包含两个文件：circle.h 和 circle.cpp，分别是派生类 Circle 的定义和实现。类 Circle 重新定义并实现了函数 show 和 area，虽然类 Circle 的成员函数 show 和 area 的函数原型前面没有关键字 virtual，但因为它们在基类 Shape 中都被定义为虚函数，所以在类 Circle 中它们仍然是虚函数。类 Circle 实现了基类中定义的所有纯虚函数，它不再包含纯虚函数，所以类 Circle 是具体类。

第三部分包含两个文件：rectangle.h 和 rectangle.cpp，分别是派生类 Rectangle 的定义和实现。同样，类 Rectangle 重新定义并实现了函数 show 和 area，它不再是一个抽象类，而是一个具体类。

第四部分是文件 ex13_13.cpp，其中定义了一个函数 callArea，它通过引用参数接受一个 Shape 类的对象，当然，它也能接受 Shape 类的任何派生类的对象，因为派生类对象同时也是基类的对象。在 main 函数中首先声明了一个 Circle 类型的对象 cir 和一个 Rectangle 类型的对象 rec，然后调用函数 callArea。第一次调用 callArea 函数时，实参是对象 cir，由于 callArea 采用传引用调用方式，形参 obj 实际上是对类 Circle 的对象 cir 的引用，用引用变量 obj 调用虚函数 show 时采用动态绑定的机制，所以这里被调用的函数不是定义于基类中的函数，而是变量 obj 实际引用的对象所属的类中定义的函数，即定义于类 Circle 中的函数 show。同样，函数调用 obj.area()也体现了多态性特征，实际调用的函数也是定义于类 Circle 中的函数 area。

main 函数第二次调用函数 callArea 时，实参是类 Rectangle 的对象 rec，函数 callArea 中的两次函数调用 obj.show()和 obj.area()实际调用的都是定义于类 Rectangle 中的 show 和 area 函数。

一个类的层次结构中可以不包含任何抽象类，但从例 13-13 中可以看到，有时在类层次结构的顶部使用抽象类对程序的结构和控制是有很大帮助的。

例如，上面的 callArea 函数就是一个只与接口（抽象类 Shape）有关、而与实现该接口的具体类（派生类 Circle 和 Rectangle）无关的程序模块。具体类 Circle 和 Rectangle 可以有自己对接口的实现方式，而这种实现方式与类的使用者 callArea 无关。这样的好处是，显著提高了程序的可维护性和可扩展性：如果 Circle 或 Rectangle 修改自己的 show 或 area 实现，callArea 无须修改就能使用新的版本；如果要新增一个类 Shape 的派生具体类，成员函数 callArea 可以无缝地处理该类的对象。

程序设计方法提示：利用多态性，可以根据接口设计出与实现无关的程序。

13.9　虚析构函数

类的构造函数不能是虚函数，但析构函数可以是虚函数，而且在很多时候，析构函数最好声明为虚函数。

构造函数的作用是初始化类的对象的数据成员，它首先调用继承关系中最顶层的基类的构造函数，然后按继承的顺序从上往下依次调用各派生类的构造函数。析构函数则正好相反，它首先执行自己的析构函数的函数体，然后沿着继承的层次从下往上依次调用各基类的析构函数。通常情况下，析构函数的这种调用关系是没有问题的。

如果程序需要用指针操作类层次结构中动态生成的对象时会怎么样呢？用 new 运算符动态创建派生类对象的语法：

```
ptr = new ClassName();
```

其中，new 运算符后面跟着要创建的对象的类名，程序根据该类名创建相应的对象，为对象分配动态空间，并调用该类的构造函数。其构造函数在执行前会逐层调用基类的构造函数，完成对对象的数据成员的初始化，这可以保证对象能被正确的初始化。但用 delete 运算符撤销动态创建的对象时就会有问题，程序一般使用基类指针操作继承关系中的各种对象，撤销基类指针 ptr 指向的对象的语法：

```
delete ptr;
```

该语句释放指针 ptr 指向的动态空间，也就是撤销 ptr 指向的对象，同时调用 ptr 所属类的析构函数，也就是基类的析构函数。如果指针 ptr 指向的是一个派生类对象，该操作依然只会执行基类的析构函数，而不是期望的从对象所属类的析构函数开始，逐层执行自己以及所有基类的析构函数，这可能会导致对象撤销前的清理工作无法正常完成。

多态性可以帮助解决这个问题。一个简单方法就是将基类的析构函数声明为虚函数。这样，用 delete 撤销基类指针所指的对象时，程序会根据指针指向对象的类型，而不是根据指针的类型来调用析构函数。声明虚析构函数的语法是在析构函数的函数原型前面加上 virtual

关键字。例如,声明类 Test 的析构函数为虚函数的语句为

```
virtual ~Test();
```

将基类的析构函数声明为虚函数,各派生类的析构函数的函数原型前面不加 virtual 关键字也自动成为虚函数,即使派生类的析构函数和基类的析构函数不同名。将基类析构函数申明为虚函数后,使用基类指针操作派生类的对象,并用 delete 运算符撤销基类指针所指的对象时,就会引发动态绑定,程序不会根据指针的类型来选择执行哪个类的析构函数,而是根据指针所指对象的实际类型来确定所要执行的析构函数,这样就可以正确地撤销动态对象。

下面是利用基类指针动态创建和撤销类对象的例子,其中使用了虚析构函数。

【例 13-14】 编写一个管理企业雇员信息的程序,并利用基类指针创建和撤销所有雇员对象。

```
//文件 employee.h: 定义基类 Employee
#pragma once
#include <iostream>
using namespace std;

class Employee
{
public:
    Employee()
    {
        cout << "Employee begin!" << endl;
    }

    virtual ~Employee()
    {
        cout << "Employee end!" << endl;
    }

};
```

```
//文件 programmer.h: 定义基类 Programmer
#pragma once
#include <iostream>
using namespace std;
#include "Employee.h"

class Programmer : public Employee
{
public:
    Programmer(const char* str)
    {
        int len = strlen(str) + 1;
        name = new char[len];
        strcpy_s(name, len, str);
        cout << "Programmer begin! - " << name << endl;
    }

    ~Programmer()
    {
        cout << "Programmer end! - " << name << endl;
```

```
        if (name != NULL)
            delete[] name;
    }

private:
    char* name;
};

//文件 accountant.h: 定义基类 Accountant
#pragma once
#include <iostream>
using namespace std;
#include "employee.h"

class Accountant : public Employee
{
public:
    Accountant(int n)
    {
        age = n;
        cout << "Accountant begin! - " << age << endl;
    }

    ~Accountant()
    {
        cout << "Accountant end! - " << age << endl;
    }

private:
    int age;
};

//文件 ex13_14.cpp:使用基类指针管理派生类对象,查看虚析构函数引发的多态性
#include <iostream>
using namespace std;
#include "accountant.h"
#include "programmer.h"

#define MAX_STR_LEN 256
#define MAX_EMP_NUM 100

int main()
{
    char name[MAX_STR_LEN];
    int age, option, i;

    //声明储存雇员信息的数组
    Employee* emp[MAX_EMP_NUM], * empPtr;
    int empNum = 0;

    for (i = 0; i < MAX_EMP_NUM; i++)
        emp[i] = NULL;

    //输入雇员信息
    cout << "Input employees' info:" << endl;
```

```
    cout << "1 --- Programmer" << endl;
    cout << "2 --- Accountant" << endl;
    cout << "0 --- exit" << endl;

    cin >> option;

    while (option)
    {
        switch (option)
        {
        case 1:
            //输入程序员信息
            cout << "Please input his or her name: ";
            cin >> name;
            //创建程序员对象
            empPtr = new Programmer(name);
            emp[empNum++] = empPtr;
            break;
        case 2:
            //输入会计信息
            cout << "Please input his or her age: ";
            cin >> age;
            //创建会计对象
            empPtr = new Accountant(age);
            emp[empNum++] = empPtr;
            break;
        default:
            break;
        }

        cout << endl << "Input employees' info:" << endl;
        cout << "1 --- Programmer" << endl;
        cout << "2 --- Accountant" << endl;
        cout << "0 --- exit" << endl;
        cin >> option;
    }

    //撤销所有雇员对象
    for (i = 0; i < empNum; i++)
        delete emp[i];

    return 0;
}
```

程序运行结果：

```
Input employees' info:
1 --- Programmer
2 --- Accountant
0 --- exit
1
Please input his or her name: Zhang
Employee begin!
Programmer begin! - Zhang
```

```
Input employees' info:
1 --- Programmer
2 --- Accountant
0 --- exit
2
Please input his or her age: 28
Employee begin!
Accountant begin! - 28

Input employees' info:
1 --- Programmer
2 --- Accountant
0 --- exit
0
Programmer end! - Zhang
Employee end!
Accountant end! - 28
Employee end!
```

例 13-14 中的程序定义了基类 Employee，并将其析构函数声明为虚析构函数，然后定义了派生类 Programmer 和 Accountant。两个派生类分别使用名字和年龄来初始化自己的实例化对象，3 个类的构造函数和析构函数中各有一条输出语句以输出该函数被调用的信息。

main 函数首先声明了一个基类指针数组 emp 和一个基类的临时指针 empPtr，然后通过一个 while 循环输入各雇员的具体信息，在输入过程中通过雇员类型动态创建不同派生类的实例化对象，并放到数组 emp 中进行统一管理。用 new 运算符创建不同类型的对象时需要明确指出要创建对象的类型，如语句

```
empPtr=new Programmer(name);
```

动态创建一个派生类 Programmer 的对象，而语句

```
empPtr=new Accountant(age);
```

则动态创建了派生类 Accountant 的一个对象。

程序最后通过一个 for 循环使用 delete 运算符撤销所有创建的对象，撤销对象的语句都为

```
delete emp[i];
```

从程序的运行结果可以看出，撤销第一个对象（Programmer 对象）时，程序先调用了类 Programmer 的析构函数，然后调用基类 Employee 的析构函数，保证了动态对象被正确地撤销。撤销第二个对象（Accountant 对象）时，则是先调用派生类 Accountant 的析构函数，然后调用基类 Employee 的析构函数。

这个例子显示：如果将析构函数声明为虚析构函数，则用 delete 运算符撤销动态对象时，根据多态的特性，程序不是根据指针的类型决定调用哪个类的析构函数，而是根据指针所指向的对象的实际类型来调用相应类的析构函数。

虚析构函数的这种特性，为编写使用基类指针操作继承层次中各个类的动态对象带来极大的方便。

13.10 软件渐增式开发

面向对象的软件开发方法一般是从分析问题模型开始的，然后识别出一个个对象，并对它们进行细化、抽象，最后用程序语言去描述它们的过程。这种软件开发方法从本质上来讲是迭代的和渐增的，其过程就是一次次的迭代反复的过程。随着迭代的进行，系统的功能不断完善。和传统的瀑布式软件开发模型相比，面向对象软件开发在分析、设计和编码等各个阶段之间的界限变得模糊。因为面向对象软件开发关心的是对象以及对象之间的关系。与结构化程序设计的思想相比，面向对象软件开发的重心从编码向分析偏移，从以功能为中心向以数据为中心偏移，而且面向对象软件开发中的继承和复合使得软件的重用变得更加自然。

13.10.1 复合、继承与多态

对象之间通过继承实现了"是(is a)"关系，通过复合可实现把对象作为另外一个类的成员的"拥有(has a)"关系。"拥有(has a)"关系通过包含现有类的对象构造新类。例如，圆柱类 Column 和圆类 Circle，如果说圆柱就是一个圆显然不合适，但如果说圆柱中包含了圆就合适了。"是(is a)"关系则通过继承现有类(基类)中的成员来构造新类，如前面定义的类 Mammal 和 Lion、类 People 和 Teacher 等，一个 Lion 的对象也是一个 Viviparity，Viviparity 适用的一些属性和操作同样适合于 Lion，一个 Teacher 的对象也是一个 People，对 People 适合的属性和操作也同样适合于 Teacher。因此，在已建立类 Viviparity 和 People 的前提下，可通过继承的方式建立类 Lion 和 Teacher。

无论复合还是继承，都能使得新的类包含或包容已有类的属性和操作。在程序设计时应该如何选择呢？一般情况下，如果在新的类中有成员是已有类的对象，则使用复合方式比较合适；如果新的类可以视为已有类的子类或特例，新类的对象也可以作为已有类的对象使用，那么使用继承更合适。

除了复合和继承外，对象之间还可以建立"使用"和"知道"的关系，"使用"关系是指一个对象可以获取另一个对象的句柄(对象名、对象引用或对象指针)，然后调用该对象的成员函数为自己服务。例如，读者(Reader)要借书时，不能自己到图书馆去操作，而只能请求图书管理员为自己服务，完成借书的操作(调用图书管理员的相应的成员函数)，这里读者就"使用"了图书管理员。

一个对象也可以"知道"另一个对象，这种关系在知识表示中经常用到。一个对象可以拥有指向另一个对象的指针或对象的引用，从而"知道"另一个对象的存在。

使用复合和继承的方法进行软件的渐增式开发，可以先开发功能较简单的类并完成对该类对象的操作，然后在此基础上通过复合和继承的方法建立新的功能强大的类。多态性则可以帮助建立通用的程序框架，使新加入的类和对象可以更方便自然地纳入已有的程序框架中。

13.10.2 示例

本节是一个使用复合、继承和多态性进行渐增式开发的综合示例。这是一个绘图的例子，一个平面图由多种图元组成，这些图元可能是点、线、正方形、圆等，每一种图元都定义为一个类，这些类之间的关系如图 13-3 所示。

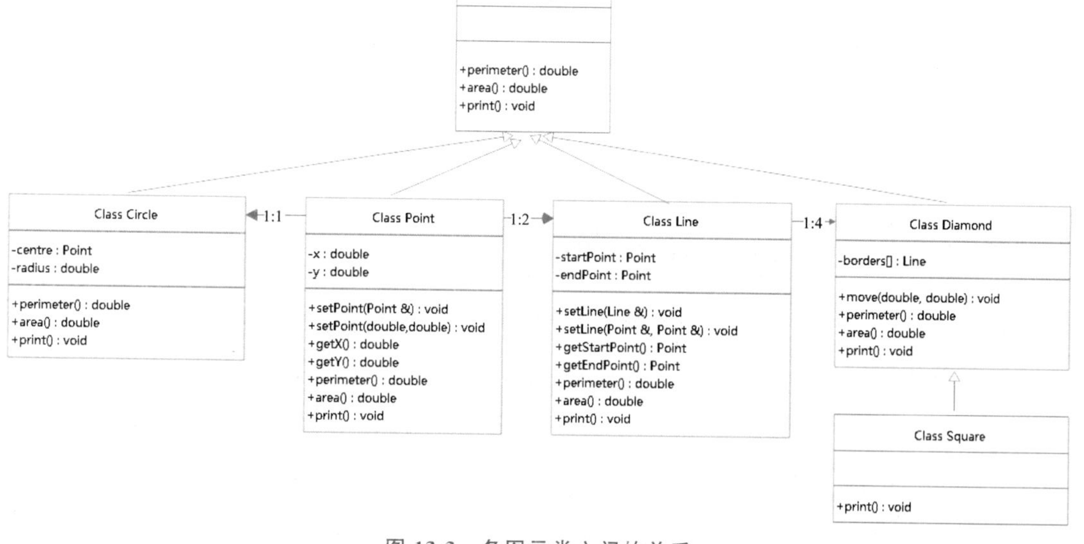

图 13-3　各图元类之间的关系

为了方便统一管理这些图元，为这些图元类设置了一个共同的基类 Shape，点类 Point、线类 Line、圆类 Circle、菱形类 Diamond 都是类 Shape 的派生类，正方形类 Square 是类 Diamond 的派生类。程序另外定义了平面图类 PlaneGraph，一个平面图对象可以包含多种图元，并能对这些图元统一管理。程序实现步骤如下。

(1) 编写抽象基类 Shape，定义所有图元的公共接口，编写平面图类 PlaneGraph，实现对平面图中各种图元的统一管理。由于抽象类 Shape 不能实例化对象，这一步还实现了派生类 Point，在平面图对象中增加点对象。程序实现见例 13-15。

【例 13-15】 编写抽象基类 Shape，编写平面图类 PlaneGraph，实现对各种图元的管理框架。

```
//文件 shape.h: 定义类 Shape
#pragma once

class Shape
{
public:
    virtual ~Shape(){}
    virtual double perimeter() = 0;
    virtual double area() = 0;
    virtual void print() = 0;
};

//文件 point.h: 类 Point 的定义
#pragma once
#include <iostream>
using namespace std;
#include "shape.h"

class Point : public Shape
{
```

```
public:
    //重载的构造函数
    Point(double = 0, double = 0);
    Point(const Point& p);                          //复制构造函数

    //析构函数
    ~Point() {};

    //重载的定值函数
    void setPoint(double a, double b);
    void setPoint(Point& p);

    //取值函数
    double getX() const
    {
        return x;
    }
    double getY() const
    {
        return y;
    }

    //重定义基类的虚函数
    double perimeter();
    double area();
    void print();
private:
    double x, y;
};

//文件point.cpp:类Point的实现
#include "point.h"

Point::Point(double a, double b)
{
    x = a;
    y = b;
}

Point::Point(const Point& p)
{
    x = p.getX();
    y = p.getY();
}

void Point::setPoint(double a, double b)
{
    x = a;
    y = b;
}

void Point::setPoint(Point& p)
{
    x = p.getX();
```

```
    y = p.getY();
}

double Point::perimeter()
{
    return 0;
}

double Point::area()
{
    return 0;
}

void Point::print()
{
    cout << "Point: (" << x << ", " << y << ")";
}

//文件 planeGraph.h: 定义平面图类 PlaneGraph
#pragma once
#include "shape.h"
#define MAX_ENTITY_NUM  1024
class PlaneGraph {
public:
    PlaneGraph();
    ~PlaneGraph();
    int add(Shape * g);                           //增加一个图元
    void list();                                  //列出平面图中所有图元

private:
    Shape * entity[MAX_ENTITY_NUM];
    int num;
};

//文件 planeGraph.cpp:平面图类 PlaneGraph 的实现
#include <iostream>
using namespace std;
#include "planeGraph.h"

PlaneGraph::PlaneGraph()
{
    for (int i = 0;i < MAX_ENTITY_NUM; i++)
    {
        entity[i] = NULL;
    }
    num = 0;
}

PlaneGraph::~PlaneGraph()                         //析构函数,撤销所有图元
{
    int i;
    for (i = 0;i < num;i++)
    {
        delete entity[i];
```

```
    }
}

int PlaneGraph::add(Shape * g)                          //增加一个图元
{
    if (num >= MAX_ENTITY_NUM)
        return 0;
    entity[num++] = g;
    return 1;
}

void PlaneGraph::list()                                 //列出平面图中所有图元
{
    int i;
    cout << "Include " << num << " entities" << endl;
    for (i = 0;i < num;i++)
    {
        cout << i + 1 << ":" << endl;
        entity[i]->print();
        cout << endl;
    }
}

//文件 ex13_15.cpp:利用多态性,在类 PlaneGraph 中管理多种图元
#include <iostream>
using namespace std;
#include "planeGraph.h"
#include "point.h"

int main()
{
    PlaneGraph graph;
    //创建点对象并加入图 graph 中
    Point * p = new Point(1, 0);
    graph.add(p);
    p = new Point(1, 1);
    graph.add(p);

    //列出 graph 中所有图元
    graph.list();

    return 0;
}
```

程序运行结果:

```
Include 2 entities
1:
Point: (1, 0)
2:
Point: (1, 1)
```

例 13-15 中的程序包括 6 个文件。文件 shape.h 是抽象基类 Shape 的定义,类 Shape 包含了 1 个虚析构函数和 3 个纯虚函数。虚析构函数的定义方便类 PlaneGraph 使用指针统一撤

销类 Shape 各派生类的动态创建的对象。3 个纯虚函数分别是求周长的函数 perimeter、求面积的函数 area 和输出图元信息的函数 print,这也是所有图元类的共同接口,纯虚函数的定义是为了方便类 PlaneGraph 使用多态性的特性对类 Shape 的各派生类的对象进行统一操作。

文件 point.h 和 point.cpp 是类 Point 的定义和实现。类 Point 公有继承于抽象类 Shape,采用坐标 x 和 y 描述平面上的一个点。考虑到点是组成其他图元不可或缺的一种基础图元,程序为类 Point 提供了较为丰富的成员函数,包括:两个构造函数,一个复制构造函数,一个使用坐标值进行对象初始化;两个定值函数,一个使用坐标值对自身进行重新定位,一个使用其他点对自身进行定位;两个取值函数,分别获取点的 x 坐标和 y 坐标;对基类继承来的虚函数的重定义的 3 个函数。对于求点的周长和面积的函数,程序直接返回 0。

文件 planeGraph.h 和 planeGraph.cpp 是平面图类 PlaneGraph 的定义和实现。类 PlaneGraph 包含一个 Shape * 类型的数组 entity,存储包含在平面图中的图元,定义了一个整型的数据成员 num,记录图元的个数。构造函数将指针数组 entity 全部初始化为空指针,将 num 初始化为 0,表示该平面图为空图。析构函数撤销平面图中包含的所有图元,语句

```
delete entity[i];
```

中 delete 的操作数 entity[i]是基类 Shape 类型指针,由于类 Shape 将析构函数定义为虚析构函数,该语句采用动态绑定,可以保证在撤销对象时执行正确的析构函数。成员函数 add 将新的图元加入平面图中,如果图元个数超过数组 entity 的长度,则加入失败,函数返回 0。成员函数 list 输出平面图,采用循环输出每一个图元详细信息,语句

```
entity[i]->print();
```

用基类指针 entity[i]调用虚函数 print,引发多态性,会根据 entity[i]指向的图元对象的具体类型调用其 print 函数,保证输出正确的图元信息。

文件 ex13_15.cpp 是对上述 3 个类的测试。为了尽早发现程序中的错误,渐增式的软件开发一般在加入一个或多个模块(模块指类或外部函数)后,马上编写测试程序对现有模块进行测试。main 函数首先创建一个平面图对象 graph,接着创建两个 Point 对象并加入 graph 中,最后调用 graph 的 list 函数输出平面图信息,查看程序运行能否得到预期的结果。

(2) 增加派生类 Line。类 Line 也是类 Shape 的派生类,用起始点和终止点描述一条线,所以类 Line 复合了类 Point。增加类 Line 后,不需要修改类 PlaneGraph 就可以将类 Line 的对象加入平面图对象中。

【例 13-16】 在例 13-15 的基础上增加类 Line,并将类 Line 的对象加入平面图中。

```
//文件 line.h: 类 Line 的定义
#pragma once

#include <iostream>
using namespace std;
//包含例 13-15 中存储在其他目录下的头文件
#include "..\13-15 point\point.h"

class Line :public Shape{
public:
    //重载的构造函数
    Line(double startX = 0, double startY = 0, double endX = 0, double endY = 0);
```

```
    Line(Point start, Point end);
    Line(Line& line);                                   //复制构造函数

    //析构函数
    ~Line() {};

    //重载的定值函数
    void setLine(double startX = 0, double startY = 0, double endX = 0, double
endY = 0);
    void setLine(Point, Point);

    //取值函数
    Point getStartPoint() { return startPoint; }
    Point getEndPoint() { return endPoint; }

    //重定义基类的虚函数
    double perimeter();
    double area();
    void print();

private:
    Point startPoint, endPoint;
};

//文件 line.cpp:类 Line 的实现
#include <cmath>
#include "line.h"

Line::Line(double startX, double startY, double endX, double endY)
    : startPoint(startX, startY), endPoint(endX, endY)
{}

Line::Line(Line& line)
    : startPoint(line.getStartPoint()), endPoint(line.getEndPoint())
                                                        //利用 Point 的复制构造函数
{}

Line::Line(Point start, Point end)
    : startPoint(start), endPoint(end)                  //利用 Point 的复制构造函数
{}

void Line::setLine(double startX, double startY, double endX, double endY)
{
    startPoint.setPoint(startX, startY);
    endPoint.setPoint(endX, endY);
}

void Line::setLine(Point start, Point end)
{
    startPoint.setPoint(start);
    endPoint.setPoint(end);
}

double Line::perimeter()
```

```
{
    double deltax = endPoint.getX() - startPoint.getX();
    double deltay = endPoint.getY() - startPoint.getY();
    double len = sqrt(deltax * deltax + deltay * deltay);
    return len;
}

double Line::area()
{
    return 0;
}

void Line::print()
{
    cout << "Line: ";
    startPoint.print();
    cout << " -> ";
    endPoint.print();
    cout << ", length: " << perimeter();
}

//文件 ex13_16.cpp:在类 PlaneGraph 中管理多种图元,包括新加入的类 Line 的对象
#include <iostream>
using namespace std;
#include "planeGraph.h"
#include "line.h"

int main()
{
    PlaneGraph graph;
    //创建点对象并加入图 graph 中
    Point * p = new Point(1, 0);
    graph.add(p);
    p = new Point(1, 1);
    graph.add(p);
    //创建线对象并加入图 graph 中
    Line * lp = new Line(0,0,1,0);
    graph.add(lp);
    //列出 graph 中所有图元
    graph.list();

    return 0;
}
```

程序运行结果：

```
Include 3 entities
1:
Point: (1, 0)
2:
Point: (1, 1)
3:
Line: Point: (0, 0) -> Point: (1, 0), length: 1
```

例 13-16 在例 13-15 的基础上增加了两个文件，line.h 和 line.cpp，分别是类 Line 的定义

和实现;修改了 main 函数,增加了创建 Line 对象并将该对象加入平面图中的语句。

类 Line 公有继承于已有的抽象类 Shape,包含 Point 类型的两个成员对象 startPoint 和 endPoint。类 Line 提供了 3 个构造函数,分别使用起止点坐标、起止点的点对象、线对象对自身进行初始化。提供了两个定值函数,分别使用起止点坐标和起止点的点对象对 Line 对象进行重新定位。提供了两个取值函数,分别获取 Line 对象的起始点和终止点。实现了从基类继承来的 3 个虚函数,函数 perimeter 计算并返回线对象的长度,函数 area 直接返回 0,函数 print 输出线对象信息以及包含的起止点信息。

由于类 Line 是类 Shape 的派生类,类 Line 的对象也是类 Shape 的对象,不需要修改类 PlaneGraph,类 PlaneGraph 的 add 函数可以直接将 Line 对象加入平面图中,list 函数也可以利用多态性调用类 Line 重定义的 print 函数输出 Line 对象的信息。

(3) 增加菱形类 Diamond。类 Diamond 公有继承于类 Shape,复合了类 Line,用 4 条边描述一个菱形。增加类 Diamond 后,也不需要修改类 PlaneGraph 就可以将类 Diamond 的对象加入平面图对象中。具体程序实现见例 13-17。

【例 13-17】 在例 13-16 的基础上增加类 Diamond,并将类 Diamond 的对象加入平面图中。

```
//文件 diamond.h,类 Diamond 的定义
#pragma once
#include <iostream>
using namespace std;
//包含例 13-16 中存储在其他目录下的头文件
#include "..\13-16 addLine\line.h"

class Diamond : public Shape
{
public:
    Diamond(Point points[]);                    //构造函数,参数为长度为 4 的数组
    ~Diamond() {}                               //析构函数

    void move(double x, double y);              //移动菱形,横向移动 x,纵向移动 y

    //重定义基类的虚函数
    double perimeter();
    double area();
    void print();
protected:
    Line borders[4];
};

//文件 diamond.cpp:类 Diamond 的实现
#include "diamond.h"

//假设参数给定的 4 个点能构成一个菱形,构造函数不进行有效性判断
Diamond::Diamond(Point points[])
{
    for (int i = 0; i < 4; i++)
        borders[i].setLine(points[i], points[(i + 1) % 4]);
}
```

```
//移动菱形,横向移动 x,纵向移动 y
void Diamond::move(double x, double y)
{
    for (int i = 0;i < 4;i++)
    {
        double sx = borders[i].getStartPoint().getX();
        double sy = borders[i].getStartPoint().getY();
        double ex = borders[i].getEndPoint().getX();
        double ey = borders[i].getEndPoint().getY();
        borders[i].setLine(sx + x, sy + y, ex + x, ey + y);
    }
}

//重定义基类的虚函数
double Diamond::perimeter()
{
    double len = 0.0;
    for (int i = 0; i < 4; i++)
        len += borders[i].perimeter();
    return len;
}
double Diamond::area()
{
    Point a = borders[0].getStartPoint();
    Point b = borders[0].getEndPoint();
    Point c = borders[2].getStartPoint();
    Point d = borders[2].getEndPoint();
    Line ac(a, c),bd(b,d);
    double len_ac = ac.perimeter();
    double len_bd = bd.perimeter();
    return len_ac * len_bd / 2;
}
void Diamond::print()
{
    cout << "Diamond: [";
    borders[0].getStartPoint().print();
    cout << ", ";
    borders[0].getEndPoint().print();
    cout << ", ";
    borders[2].getStartPoint().print();
    cout << ", ";
    borders[2].getEndPoint().print();
    cout << "] perimeter: " << perimeter() << ", area: " << area();
}

//文件 ex13_17.cpp:在类 PlaneGraph 中管理多种图元,包括新加入的类 Diamond 的对象
#include <iostream>
using namespace std;
//包含例 13-15 中存储在其他目录下的头文件
#include "..\13-15 point\planeGraph.h"
#include "diamond.h"

int main()
{
```

```
    PlaneGraph graph;
    //创建点对象并加入图 graph 中
    Point * p = new Point(1, 0);
    graph.add(p);
    p = new Point(1, 1);
    graph.add(p);
    //创建线对象并加入图 graph 中
    Line * lp = new Line(0, 0, 1, 0);
    graph.add(lp);
    //创建菱形对象并加入图 graph 中
    Point parray[4] = {{0,0},{1,-1},{2,0},{1,1}};
    Diamond * dp = new Diamond(parray);
    dp->move(1, 1);
    graph.add(dp);

    //列出 graph 中所有图元
    graph.list();

    return 0;
}
```

程序运行结果：

```
Include 4 entities
1:
Point: (1, 0)
2:
Point: (1, 1)
3:
Line: Point: (0, 0) -> Point: (1, 0), length: 1
4:
Diamond: [Point: (1, 1), Point: (2, 0), Point: (3, 1), Point: (2, 2)] perimeter:
5.65685, area: 2
```

例 13-17 在例 13-16 的基础上增加了两个文件 diamond.h 和 diamond.cpp，分别是类 Diamond 的定义和实现；修改了 main 函数，增加了创建 Diamond 对象并将该对象加入平面图中的语句。

类 Diamond 公有继承于抽象类 Shape，数据成员是长度为 4 的 Line 数组 borders，用于存储菱形的 4 条边。类 Diamond 的构造函数用一个存储 4 个点的 Point 数组作为参数，程序假设传入的参数中一定包含 4 个 Point 对象，而且这 4 个点的坐标正好是一个菱形逆时针方向的 4 个顶点，构造函数用这 4 个顶点对 4 条边进行定值。类 Diamond 有一个成员函数 move，将菱形按参数(x,y)进行平移，横向移动 x，纵向移动 y。实现了从基类继承来的 3 个虚函数，函数 perimeter 计算并返回 4 条边的长度之和，函数 area 计算菱形的面积并返回，函数 print 输出菱形的 4 个点以及周长、面积等信息。

由于类 Diamond 是类 Shape 的派生类，类 Diamond 的对象也是类 Shape 的对象，不需要修改类 PlaneGraph，类 PlaneGraph 的 add 函数可以直接将 Diamond 对象加入平面图中，类 PlaneGraph 的 list 函数也可以利用多态性调用类 Diamond 重定义的 print 函数输出 Diamond 对象的信息。

(4) 增加正方形类 Square。类 Square 公有继承于类 Diamond。由于正方形也是一种菱形,可以采用菱形相同的表示方式和初始化方法,周长和面积的计算也直接使用了基类的函数,只是重新实现了 print 函数。程序实现见例 13-18。

【例 13-18】 在例 13-17 的基础上增加类 Square,并将类 Square 的对象加入平面图中。

```
//文件 square.h,类 Square 的定义
#pragma once
//包含例 13-17 中存储在其他目录下的头文件
#include "..\13-17 addDiamond\diamond.h"
class Square : public Diamond {
public:
    Square(Point points[]);
    ~Square() {};

    //重定义基类的虚函数
    void print();
};

//文件 square.cpp,类 Square 的实现
#include "square.h"

//假设参数给定的 4 个点能构成一个正方形,构造函数不进行有效性判断
Square::Square(Point points[]):Diamond(points)
{}

//重定义基类的虚函数
void Square::print()
{
    cout << "Square: [";
    borders[0].getStartPoint().print();
    cout << ", ";
    borders[0].getEndPoint().print();
    cout << ", ";
    borders[2].getStartPoint().print();
    cout << ", ";
    borders[2].getEndPoint().print();
    cout << "] perimeter: " << perimeter() << ", area: " << area();
}

//文件 ex13_18.cpp:在类 PlaneGraph 中管理多种图元,包括新加入的类 Square 的对象
#include <iostream>
using namespace std;
//包含例 13-15 中存储在其他目录下的头文件
#include "..\13-15 point\planeGraph.h"
#include "square.h"

int main()
{
    PlaneGraph graph;
    //创建点对象并加入图 graph 中
    Point * p = new Point(1, 0);
    graph.add(p);
    p = new Point(1, 1);
    graph.add(p);
    //创建线对象并加入图 graph 中
```

```
    Line * lp = new Line(0, 0, 1, 0);
    graph.add(lp);
    //创建菱形对象并加入图 graph 中
    Point parray[4] = { {0,0},{1,-1},{2,0},{1,1} };
    Diamond * dp = new Diamond(parray);
    dp->move(1, 1);
    graph.add(dp);
    //创建正方形对象并加入图 graph 中
    Point sarray[4] = { {0,0},{1,0},{1,1},{0,1} };
    Square * sp = new Square(sarray);
    graph.add(sp);

    //列出 graph 中所有图元
    graph.list();

    return 0;
}
```

程序运行结果:

```
Include 5 entities
1:
Point: (1, 0)
2:
Point: (1, 1)
3:
Line: Point: (0, 0) -> Point: (1, 0), length: 1
4:
Diamond: [Point: (1, 1), Point: (2, 0), Point: (3, 1), Point: (2, 2)] perimeter:
5.65685, area: 2
5:
Square: [Point: (0, 0), Point: (1, 0), Point: (1, 1), Point: (0, 1)] perimeter: 4,
area: 1
```

例 13-18 在例 13-17 的基础上增加了两个文件 square.h 和 square.cpp,分别是类 Square 的定义和实现;修改了 main 函数,增加了创建 Square 对象并将该对象加入平面图中的语句。

类 Square 公有继承于类 Diamond,其构造函数的参数为一个 Point 类型的数组,程序假设传入的参数中包含 4 个 Point 对象,且这 4 个点正好是一个正方形的 4 个顶点,构造函数直接调用基类的构造函数,用这 4 个顶点对正方形的 4 条边进行定值。类 Square 重新实现了基类的 print 函数,在输出信息中包含了正方形的信息。

由于类 Square 是类 Diamond 的派生类,也是类 Shape 的间接派生类,类 Square 的对象也是类 Shape 的对象,不需要修改类 PlaneGraph,类 PlaneGraph 的 add 函数可以直接将 Square 对象加入平面图中,类 PlaneGraph 的 list 函数也可以利用多态性调用类 Square 重定义的 print 函数输出 Square 对象的信息。

(5) 增加圆形类 Circle。类 Circle 公有继承于抽象类 Shape,类 Circle 复合了类 Point,包含一个表示圆心的 Point 对象和一个表示半径的浮点数。类 Circle 的对象也可以直接加入平面图对象中。程序实现见例 13-19。

【例 13-19】 在例 13-18 的基础上增加类 Circle,并将类 Circle 的对象加入平面图中。

```
//文件 circle.h,类 Circle 的定义
#pragma once
//包含例 13-15 中存储在其他目录下的头文件
#include "..\13-15 point\point.h"

class Circle : public Shape {
public:
    Circle(double x, double y, double r);
    ~Circle() {}

    //重定义基类的虚函数
    double perimeter();
    double area();
    void print();

protected:
    Point centre;                                   //圆心
    double radius;                                  //半径
};

//文件 circle.cpp,类 Circle 的实现
#include "circle.h"
#define PI 3.1415926

Circle::Circle(double x, double y, double r) : centre(x, y)
{
    radius = (r > 0) ? r : 1;
}

double Circle::perimeter()
{
    return PI * radius * 2;
}

double Circle::area()
{
    return PI * radius * radius;
}

void Circle::print()
{
    cout << "Circle: centre: ";
    centre.print();
    cout << ", radius: " << radius;
    cout << ", perimeter: " << perimeter();
    cout << ", area: " << area();
}

//文件 ex13_19.cpp:在类 PlaneGraph 中管理多种图元,包括新加入的类 Circle 的对象
#include <iostream>
using namespace std;
//包含例 13-15 和例 13-18 中存储在其他目录下的头文件
```

```
#include "..\13-15 point\planeGraph.h"
#include "..\13-18 addSquare\square.h"
#include "circle.h"

int main()
{
    PlaneGraph graph;
    //创建点对象并加入图 graph 中
    Point * p = new Point(1, 0);
    graph.add(p);
    p = new Point(1, 1);
    graph.add(p);
    //创建线对象并加入图 graph 中
    Line * lp = new Line(0, 0, 1, 0);
    graph.add(lp);
    //创建菱形对象并加入图 graph 中
    Point parray[4] = { {0,0},{1,-1},{2,0},{1,1} };
    Diamond * dp = new Diamond(parray);
    dp->move(1, 1);
    graph.add(dp);
    //创建正方形对象并加入图 graph 中
    Point sarray[4] = { {0,0},{1,0},{1,1},{0,1} };
    Square * sp = new Square(sarray);
    graph.add(sp);
    //创建圆对象并加入图 graph 中
    Circle * cp = new Circle(-1, -1, 2);
    graph.add(cp);

    //列出 graph 中所有图元
    graph.list();

    return 0;
}
```

程序运行结果:

```
Include 6 entities
1:
Point: (1, 0)
2:
Point: (1, 1)
3:
Line: Point: (0, 0) -> Point: (1, 0), length: 1
4:
Diamond: [Point: (1, 1), Point: (2, 0), Point: (3, 1), Point: (2, 2)] perimeter:
5.65685, area: 2
5:
Square: [Point: (0, 0), Point: (1, 0), Point: (1, 1), Point: (0, 1)] perimeter: 4,
area: 1
6:
Circle: centre: Point: (-1, -1), radius: 2, perimeter: 12.5664, area: 12.5664
```

例 13-19 在例 13-18 的基础上增加了两个文件 circle.h 和 circle.cpp,分别是类 Circle 的定义和实现;修改了 main 函数,增加了创建 Circle 对象并将该对象加入平面图中的语句。

类 Circle 是抽象类 Shape 的派生类,复合了类 Point,用圆心和半径描述一个圆,其圆心是一个 Point 对象,半径是一个 double 类型的数据。类 Circle 的构造函数调用成员对象 centre 的构造函数并传递坐标参数,函数体则对圆的半径进行初始化。实现了从基类继承来的 3 个虚函数,函数 perimeter 计算并返回圆的周长,函数 area 返回圆的面积,函数 print 输出圆的信息。

因为类 Circle 是类 Shape 的派生类,不需要修改类 PlaneGraph,类 PlaneGraph 的 add 函数可以直接将 Circle 对象加入平面图中,类 PlaneGraph 的 list 函数也可以利用多态性调用类 Circle 重定义的 print 函数输出圆对象的信息。

这个例子综合应用了类的复合、继承与多态性、派生类对象和基类成员的转换等知识。首先通过基类和虚函数定义好继承关系中所有对象的消息响应接口,基于这些消息响应接口编写对象的应用框架,对应程序中就是平面图类 PlaneGraph 中如何管理和使用这些对象。然后通过类的复合与继承,利用已有的类来构造新类,并将新类的对象纳入系统应用,就如同搭积木一样,这对于提高软件的重用水平、以渐进的方式开发大型的软件提供了很好的支持。采取这种方法,即使在软件开发过程中增加新的派生类,只要它依然遵循基类定义的接口,所有按照接口使用这些对象的程序都不用修改,就可以直接处理这些新增对象。

习　　题

13.1　填空:

(1) 派生类可以定义其________中不具备的数据和操作。

(2) 如果在派生类中要访问被重定义了的基类同名函数,那么需使用________才可调用。

(3) 要把基类指针作为派生类指针处理,必须使用________。指向基类的对象的指针变量也可以指向________的对象。

(4) 创建一个派生类的对象时,需要先调用________的构造函数,后调用________的构造函数。

(5) C++ 的________允许一个派生类继承多个基类。

(6) 类之间的“有”关系代表________,“是”关系代表________。

13.2　当从一个类派生出新类时,可以对派生类做哪些变化?

13.3　填空:

(1) 如果一个类包含一个或多个纯虚函数,则该类为________。

(2) 抽象基类________实例化对象,________被继承,________声明类指针。

(3) 类的多态性是通过________实现的。

(4) 派生类继承基类的虚函数后________重新定义该函数。

(5) 在派生类中重新定义虚函数时必须在________和________上与基类保持一致。

(6) 通过一个对象调用虚函数时,C++ 系统对该调用采用________。

13.4　什么是 C++ 的多态性?它是通过什么函数来实现的?

13.5　什么是虚函数?纯虚函数有什么作用?

13.6　虚析构函数的作用是什么?举一个适合使用虚析构函数的例子。

13.7　编写一个教室类 Classroom,然后描述其派生类多媒体教室 MMClassroom,多媒体教室是增加了多媒体教学设备的教室。

13.8　编写一个笔类,描述所有笔的共同属性,然后编写笔类的各派生类：钢笔、铅笔、签字笔、毛笔,在各派生类中尽量描述清楚各自的属性。

13.9　下面是电器类 ElectricApp,编写电器类 ElectricApp 的派生类：电视类 Television、洗衣机类 WashingMachine 和手机类 MobilePhone,电视类增加屏幕尺寸、分辨率等信息,洗衣机类增加洗衣重量、类型等信息,手机类增加型号、存储容量等信息。在派生类中重定义基类的成员函数 show 使之输出完整的产品信息,然后编写程序测试它们。

```
class ElectricApp {
public:
    ElectricApp();
    void show() {
        cout << "Electric Appliance:" << endl;
    }
protected:
    int input;                                   //输入电压
    double weight;                               //质量(克)
};
```

13.10　修改 13.9 中的程序,使用多态性管理各种电器产品。编写测试程序,输入电商平台上查到的不同电器信息,用同一个数据结构管理这些电器并输出它们的信息。

13.11　类似于 13.10 的程序结构,编写汽车类 Vehicle,将它作为基类派生出小车类 car 和卡车类 truck,考虑基类和派生类中分别应定义哪些属性和方法,利用多态性统一管理不同派生类的对象。

13.12　以例 13-5 中的程序为基础,建立一个内容相对丰富的媒体信息管理系统。

(1) 增加派生类 Software。

(2) 丰富音频媒体类、视频媒体类、软件类的内容,使这些类能描述尽可能多的和该媒体相关的信息。

(3) 在 3 个派生类的基础上丰富基类 Media 的内容,将 3 个派生类中的所有公共信息提交到基类中。

(4) 增加媒体库类 Shelf,用链表管理各种媒体,并实现媒体对象的插入、归类、删除、查询以及信息的输入输出。

(5) 编写程序测试上述所有类,形成一个可运行的管理系统。

第14章 异常

【学习内容】

本章介绍异常处理。主要内容包括：

◆ 异常处理的优点。

◆ 异常的抛出和传播。

◆ 异常的捕获和处理。

【学习目标】

◆ 理解异常处理的意义。

◆ 理解 C++ 的异常处理机制。

◆ 掌握异常的传播机制。

◆ 掌握异常的捕获规则。

◆ 掌握使用异常处理机制处理错误的方法。

◆ 知道何时需要使用异常处理机制来处理错误。

C++ 的可扩充性给程序设计带来了很多优势，但同时也可能大大增加发生错误的数量和种类。本章将介绍 C++ 的异常处理机制，以支持编写更清晰、更健全、更具容错性的程序。

14.1 异常处理的意义

不同的软件产品对错误处理的要求不同，为自己编制的软件一般会忽略很多程序异常，而作为商业化的产品则必须提供更多的错误处理代码。错误处理代码是程序的重要组成部分，并占有相当的比例。处理错误的方法很多，例如前面章节中的一些程序，用运算符 new 动态分配了空间之后一般都要对指针值进行测试以判断空间分配是否成功，打开文件后也要判断文件打开是否成功，如果操作不成功则要进行错误处理。一般情况下，错误处理代码分布在整个系统的不同地方。

采用这种错误处理方法的好处是，可以直接看到错误处理的情况；但同时会使程序中完成主要功能的代码和错误处理代码混在一起，有可能使本来就难懂的程序变得更加难懂，对程序代码的理解和维护也变得更加困难。

在程序的编写过程中，应该为每一种可能的错误提供错误处理方法，并且在错误产生时要提供清楚有意义的错误信息。C++ 的异常处理机制可以做到这一点。程序运行时常见的异常包括使用 new 运算符时无法获得所需要的内存空间、指针或数组下标越界、算术运算时产生溢出、除数为 0 等。

C++ 的异常处理机制可以将程序的功能实现代码和错误处理代码分离开,从而提高程序的可读性和可维护性。通过编写异常处理程序,系统可以捕获所有类型的异常,或者根据需要只捕获特定类型或某些类型的异常。捕获异常之后,异常处理程序可以对错误进行适当的处理,而不是任其发生并造成后果。如果产生致命的错误,而且程序没有提供适当的处理措施,程序就会中止运行。因此,使用异常处理机制减少程序中未能捕获的错误,可以使程序更加健壮。

异常处理可以使系统从导致异常的错误中恢复。错误产生时程序抛出异常,异常处理模块则捕获异常并进行适当的处理。异常处理常常无法使程序恢复到正常执行的轨道上来,但它能在程序无法恢复时为程序提供有序的整理操作,从而使程序可以正常结束。

异常处理提高了程序的容错能力。编写程序时,在可能出错的地方只需要抛出异常即可,从而让程序员把精力集中到程序的主要流程之中,之后再提供相对独立的错误处理代码捕获并处理异常。

14.2 异常处理基础

C++ 的异常处理一般用于可能产生错误的函数(或模块)不去处理错误或无法处理错误的情况,这些函数通常只抛出异常而不去处理它。如果有异常处理模块能捕捉到该异常,则处理它;如果没有异常,则程序终止。

C++ 的异常处理涉及 3 个关键字: try、throw 和 catch。编程时,将可能出错并产生异常的代码放在 try 块中,try 块的后面则跟着一个或多个 catch 块,catch 块也称为异常处理器,每个 catch 块捕捉和处理一种或多种异常。如果 try 块有异常抛出,则程序控制离开 try 块,在其后的 catch 块中逐个搜索合适的异常处理器;如果 try 块没有异常抛出,则跳过 catch 块,执行最后一个 catch 块之后的语句。

函数中可以包含抛出异常的 throw 语句,也可以不抛出任何异常。程序的 try 块可以使用 throw 语句直接抛出异常,也可能通过其直接或间接调用的函数抛出异常,抛出异常的 throw 语句称为抛出点。抛出异常之后,程序控制无法再返回到抛出点。

下面是异常处理的一个简单的例子。

【例 14-1】 编写一个除法函数,要求在除数不为零时返回正确的结果,除数为 0 时抛出异常,并编写程序使用不同的参数调用该函数,捕捉使用不恰当的参数时函数抛出来的异常。

```
//文件 ex14_1.cpp:除数为 0 的异常
#include <iostream>
using namespace std;

//定义异常类 MyException,当除数为 0 时抛出该异常类的对象
class MyException
{
public:
    MyException(const char* str)
    {
        int len = strlen(str) + 1;
        msg = new char[len];
```

```
        strcpy_s(msg, len, str);
    }

    MyException(const MyException& e)
    {
        int len = strlen(e.msg) + 1;
        msg = new char[len];
        strcpy_s(msg, len, e.msg);
    }

    ~MyException()
    {
        if (msg != NULL)
            delete msg;
    }

    void show()
    {
        cout << msg << endl;
    }

private:
    char* msg;
};

//定义除法函数 division,除数为 0 时抛出异常
double division(int dividend, int divisor)
{
    if (divisor == 0)
        //抛出异常对象
        throw MyException("error: divided by zero!");
    return (double)dividend / divisor;
}

//测试程序
int main()
{
    int a, b;
    double result;

    cout << "Enter two integers (end-of-file to end): ";
    while (cin >> a >> b)
    {
        //在 try 中调用函数 division,如果抛出异常将被 catch 捕获
        try
        {
            result = division(a, b);
            //如果有异常抛出,则跳出 try 块
            cout << a << " / " << b << " = " << result << endl;
        }
        //捕捉 MyException 类型的异常
        catch (MyException& e)
        {
            cout << "Caught MyException: ";
```

```
            e.show();
        }

        cout << "Enter two integers (end-of-file to end):";
    }

    return 0;
}
```

程序运行结果:

```
Enter two integers (end-of-file to end): 12 7
12 / 7 = 1.71429
Enter two integers (end-of-file to end): 2 0
Caught MyException: error: divided by zero!
Enter two integers (end-of-file to end): 34 5
34 / 5 = 6.8
```

例 14-1 定义了异常类 MyException 作为程序抛出异常的类型。类 MyException 的构造函数接受一个字符指针类型的参数,可以把程序出错时的信息放到异常对象中然后抛出。关键字 throw 可以将任意类型的对象作为异常对象抛出,例如抛出一个整型类型的异常对象(整数)或抛出一个浮点类型的异常对象(浮点数)等,这里是抛出 MyException 类型的异常对象,并在该异常对象中存储异常信息。

程序的第一次输出显示函数 division 执行成功,没有抛出异常。第二次输入时除数为 0,程序在调用函数 division 时执行语句

```
throw MyException("error: divided by zero!");
```

该语句以字符串"error: divided by zero!"为参数创建了类 MyException 的一个临时对象,并抛出该对象。程序的 main 函数将调用函数 division 的语句放在了 try 块中,因为虽然该 try 块没有包含抛出异常的 throw 语句,但其调用了可能抛出异常的函数。一般来说,如果一段程序代码可能抛出异常,或者直接包含 throw 语句,或者直接或间接调用了包含 throw 语句的函数,这段代码就应该放在 try 块中。

例 14-1 的程序中的 try 块后面跟了一个 catch 块,语句

```
catch (MyException &e)
```

表示该 catch 块捕捉 MyException 类型的异常,这正好和 throw 语句所抛出的异常类型相同。catch 块的参数 e 是对前面 throw 语句抛出对象的引用。该 catch 块捕捉到异常后,使用语句

```
e.show();
```

输出 e 引用的异常对象中携带的信息后结束。一个 catch 块可以很复杂,完成很多的整理工作;也可以很简单,什么事都不做。

14.3 异常的抛出和传播

关键字 throw 通常带一个操作数，表示要抛出的异常。throw 可以带任何类型的操作数，包括自定义类型。如果被抛出的是一个对象，则一般也称为异常对象。异常抛出后，指定捕获相应类型的最近的一个异常处理器捕获该异常，异常处理器以关键字 catch 开始，所以也称为 catch 块。处理异常的 catch 块紧跟在 try 块的后面。如果抛出异常后，找不到类型符合的异常处理器，系统就会调用 terminate 函数，terminate 函数默认调用 abort 函数终止程序的执行。

抛出异常时，throw 语句生成异常对象的一个临时对象，异常处理器执行完毕后删除该临时对象。

【例 14-2】 编写一个程序，抛出整型、浮点类型、双精度类型的异常，然后使用异常处理器捕捉它们。

```
//文件 ex14_2.cpp:抛出多种类型异常
#include <iostream>
using namespace std;

int main()
{
    int a, myInt;
    float myFloat;
    double myDouble;

    cout << "Enter a integer (end-of-file to end): ";
    while (cin >> a)
    {
        //根据读取的整数的值分别抛出不同类型的异常
        try
        {
            switch (a % 3)
            {
            case 0:
                //输入整数为 3 的倍数时抛出整型异常
                myInt = a;
                throw myInt;
                break;
            case 1:
                //输入整数为 3 的倍数加 1 时抛出 float 类型异常
                myFloat = (float)a;
                throw myFloat;
                break;
            case 2:
                //输入整数为 3 的倍数加 2 时抛出 double 类型异常
                myDouble = a;
                throw myDouble;
                break;
            default:
                break;
            }
```

```
        }
        //捕获整型异常
        catch (int e)
        {
            cout << "Integer Exception: " << e << endl;
        }
        //捕获浮点类型异常
        catch (float e)
        {
            cout << "Float Exception: " << e << endl;
        }
        //捕获双精度类型异常
        catch (double e)
        {
            cout << "Double Exception: " << e << endl;
        }
        cout << "Enter a integer (end-of-file to end): ";
    }

    return 0;
}
```

程序运行结果：

```
Enter a integer (end-of-file to end): 10
Float Exception: 10
Enter a integer (end-of-file to end): 11
Double Exception: 11
Enter a integer (end-of-file to end): 12
Integer Exception: 12
Enter a integer (end-of-file to end): 13
Float Exception: 13
```

例 14-2 中的程序根据输入的整数的大小分别抛出整型异常、浮点类型异常和双精度类型的异常。

程序运行时第一次输入的整数为 10，try 块抛出了一个浮点类型的异常，异常抛出后，程序控制在 try 块后面逐个寻找合适的异常处理器，第一个异常处理器能捕捉的异常类型是 int 类型，和抛出异常的类型不符合。第二个异常处理器是 float 类型，和抛出异常类型一致，因此抛出的异常被第二个异常处理器捕捉到，该异常处理器输出了异常信息后结束。如果一个 try 块后面有多个异常处理器，只需将它们连续按顺序排列在后面即可，中间不需要加分号，每个 catch 块也不需要像 switch 结构那样用 break 语句跳出控制快，抛出的异常被捕捉后，程序执行完相应的异常处理器后跳过所有的 catch 块，执行最后一个 catch 块的后续语句。

程序的第二次输入的整数为 11，try 块抛出一个 double 类型的异常，被第三个异常处理器捕捉到，并输出了该异常的信息。

第三次的输入为 12，程序抛出的整型类型的异常被第一个异常处理器捕捉到。

异常只能在 try 块中抛出，并由紧跟在 try 块后面的符合类型的 catch 块捕捉。如果在 try 块外面抛出异常，该异常将不会被捕捉到，系统就会调用 terminate 函数终止程序的运行。异常处理器可以什么都不干，也可以做一些清理工作。产生异常之后可以不结束程序的运行，但必须跳出抛出异常的程序块，并且程序控制无法再返回到抛出点。异常可以在 try 块中显式抛出，也可以在 try 块中调用的函数或多层嵌套调用的函数中抛出。

try 块可以嵌套。对于内层 try 块中抛出的异常，程序控制首先在内层 try 块后面的 catch 块中寻找符合的异常处理器，如果找到则进行处理，异常不再往外传播。如果内层 try 块中抛出的异常在内层 try 块后面的 catch 块中找不到合适的异常处理器，程序控制将该异常向外传播，到外层 try 块后面的 catch 块中寻找合适的异常处理器，找到后进行处理。如果异常传播到最外层的 try 块仍然找不到合适的异常处理器，则程序调用 terminate 函数。例 14-3 中的程序演示了异常在嵌套异常处理模块中的传播。

【例 14-3】 编写一个处理两个整数相加的函数，如果结果在 0～128 则返回正确值；如果结果过大则抛出整型类型异常，整型异常在本函数中处理；结果过小则抛出字符串类型的异常，字符串类型的异常传播到外层处理。并编写程序测试该函数。

```
//文件 ex14_3.cpp:嵌套异常处理
#include <iostream>
using namespace std;

//add 函数,结果过大、过小时都抛出异常
int add(int a, int b)
{
    int res;
    try
    {
        res = a + b;
        if (res > 128)
            //抛出整型异常
            throw res;
        if (res < 0)
            //抛出字符串异常
            throw "Negative result!";
    }
    //捕捉整型异常
    catch (int e)
    {
        cout << "The result is too large: " << e << endl;
        return  -1;
    }
    return res;
}

int main()
{
    int a, b, result;
    cout << "Enter two integers (end-of-file to end): ";
    while (cin >> a >> b)
    {
        try
        {
            result = add(a, b);
            if (result >= 0)
                cout << a << " + " << b << " = " << result << endl;
        }
        //捕捉传播到外层的所有异常
```

```
        catch (…)
        {
            cout << "Unexpected exception found." << endl;
        }
        cout << "Enter a integer (end-of-file to end): ";
    }

    rcturn 0;
}
```

程序运行结果：

```
Enter two integers (end-of-file to end): 12 66
12 + 66 = 78
Enter a integer (end-of-file to end): 76 89
The result is too large: 165
Enter a integer (end-of-file to end): -145 36
Unexpected exception found.
```

例 14-3 中的函数 add 根据两个整数相加的结果分别抛出两种异常，当结果太大时抛出整型异常，结果太小时抛出字符串异常。但 add 函数中的异常处理器却只能捕捉一种类型的异常——整型异常，如果 try 块抛出整型异常，try 块后面的异常处理器可以捕获并处理；如果 try 块抛出字符串异常，则不会被其后的异常处理器捕获，该异常就会向外传播。

由于函数 add 可能向外传播异常，主函数 main 就需要将调用该函数的语句放在一个 try 块中，并在该 try 块后面使用异常处理器捕捉传播出来的所有异常，这里使用的语句为

```
catch (…)
```

catch 的参数“…”表示该异常处理器捕捉所有类型的异常。

程序运行时第一次输入的两个整数之和为 78，在 0～128 内，add 函数返回了正确的结果。第二次输入的两个整数之和大于 128，函数 add 里面的 try 块抛出的整型异常被其后的异常处理器捕捉到。第三次输入的两个整数之和小于 0，函数 add 的 try 块抛出字符串异常，由于其后的异常处理器不能捕捉字符串异常，该异常向外传播，到 main 函数中的 try 块，被 main 函数中 try 块后面的异常处理器捕捉到并处理。

14.4 异常的捕获和处理

异常处理器又称 catch 块，以关键字 catch 开始，关键字 catch 后面的括号内是该异常处理器的参数类型和参数名。参数类型给出了异常处理器能捕捉到的异常的类型，参数名可选。如果指定了参数名，就可以通过该参数得到传播出来的异常，异常处理器就可以使用该异常对象。catch 块捕捉异常对象的方式和函数调用的传递参数方式类似，捕获方式可以是传值或者是传引用。如果异常是一个对象而不是简单类型的值，一般采用传引用的方式。如例 14-1 中捕获 MyException 类型的 catch 块语句为

```
catch (MyException &e) { 异常处理代码 }
```

采用的就是传引用的方式，参数 e 是一个引用变量，捕获异常后，变量 e 引用传播出来的异常

对象,不会引起对象的赋值。如果采用对象传值方式,即

```
catch (MyException e) { 异常处理代码 }
```

捕获异常时,程序会调用类 MyException 的复制构造函数将传播出来的异常对象复制给 e。如果类 MyException 没有提供复制构造函数(例 14-1 为类 MyException 提供了复制构造函数),捕获异常时就会直接赋值,将传播出来的异常对象赋值给对象 e,这会导致两个对象中的 msg 指针指向同一块动态分配空间,异常对象被撤销后,对象 e 的 msg 指针的访问将会出错。

下面的异常处理器

```
catch (int e){ 异常处理代码 }
```

可以捕捉整型异常。catch 块也可以不指定参数名,也就是关键字 catch 后面的括号中只有参数类型而没有参数名,则异常对象不从抛出点传递到异常处理器中,异常处理器也就不能获取异常信息。例如:

```
catch (int){ 异常处理代码 }
```

异常处理器仍能捕获 int 类型的异常,但不能获得抛出的整型异常对象的值的大小。

程序按顺序搜索匹配的异常处理器,抛出的异常将被 try 块后面第一个类型符合的异常处理器捕获。如果 try 块后面没有能捕获该异常的异常处理器,则该异常将会向外层传播,到外面一层的 try 块后面接着寻找匹配的异常处理器,这个过程一直持续,直到跳出所有 try 块或找到匹配的异常处理器。没有被捕获的异常将调用 terminate 函数,terminate 函数默认调用 abort 函数终止程序的执行,程序员也可以使用 set_terminate 函数指定 terminate 函数将调用的函数,从而使存在不被捕获的异常时能调用自己指定的函数。

catch 后面的括号中也可以没有参数类型和参数名,而只有一个省略号,即

```
catch (…) { 异常处理代码 }
```

这样定义的异常处理器可以捕捉任意类型的异常。

一个异常被抛出后,也许同时会有几个异常处理器和该异常匹配,这时程序执行第一个匹配的异常处理器。如果有多个异常处理器都能匹配某一种类型的异常,则异常处理器的排列顺序会影响到异常处理的结果。

异常处理器的参数类型和抛出的异常类型之间满足下面条件之一时,异常被捕捉。

(1) 异常处理器的参数类型和抛出异常的类型完全相同。

(2) 异常处理器的参数类型是抛出的异常对象类型的基类。

(3) 异常处理器的参数是基类的指针或引用,抛出异常的类型是派生类的指针或引用。

(4) 异常处理器的参数是 void * 类型的指针,抛出异常的类型是某一种类型的指针。

(5) catch 处理器为 catch(…)。

异常捕获需要准确的类型匹配,进行异常的类型匹配时只允许派生类向基类转换,而不允许其他的类型转换或提升。例如,double 类型的异常处理器不能捕获 int 类型的异常。

例 14-4 定义了具有继承关系的两个类,并演示了抛出和捕获这具有继承关系的两个类型的异常对象。

【例 14-4】 继承关系中异常对象的抛出和捕获。

```
//文件 ex14_4.cpp:继承关系中异常对象的抛出和捕获
#include <iostream>
using namespace std;

//定义基类
class Base
{
public:
    //定义函数输出基类信息
    void show()
    {
        cout << "Base object." << endl;
    }
};

//定义派生类
class Derived : public Base
{
public:
    //重定义 show 函数输出派生类信息
    void show()
    {
        cout << "Derived object." << endl;
    }
};

int main()
{
    int no;

    cout << "Please input an integer: ";
    while (cin >> no)
    {
        try
        {
            if ((no % 2) == 0)
                //抛出基类对象
                throw Base();
            else
                //抛出派生类对象
                throw Derived();
        }
        catch (Base& b)
        {
            cout << "Exception: ";
            b.show();
        }
        catch (Derived& d)
        {
            cout << "Exception: ";
            d.show();
        }
```

```
        cout << "Please input an integer: ";
    }

    return 0;
}
```

程序运行结果：

```
Please input an integer: 1
Exception: Base object.
Please input an integer: 2
Exception: Base object.
Please input an integer: 3
Exception: Base object.
Please input an integer: 4
Exception: Base object.
Please input an integer:
```

例14-4首先定义了具有继承关系的两个类：基类Base和派生类Derived。基类Base定义了一个公有成员函数show，用来显示其对象的信息，派生类Derived则重定义了基类的show函数，输出派生类对象自身的信息。

主程序main函数从键盘读取整数，当读入的整数为奇数时抛出派生类Derived类型的异常。语句

```
throw Derived();
```

调用类Derived的构造函数创建一个临时对象并抛出。当读入的整数为偶数时抛出基类Base类型的异常，语句

```
throw Base();
```

创建基类Base的一个临时对象并抛出。程序中try块后面跟着两个异常处理器，捕获基类异常的异常处理器放在捕获派生类异常的异常处理器前面。

程序运行时的4次输入导致程序两次抛出基类异常，两次抛出派生类异常，但由于基类异常和派生类异常都可以和参数是基类类型的异常处理器匹配，所以所有的异常都被第一个异常处理器捕获。

要想使每个异常处理器都能准确捕获该类型的异常，捕获派生类异常的异常处理器必须放在捕获基类异常的异常处理器前面。例14-4中的程序，如果希望派生类异常被参数为派生类类型的异常处理器捕获，只要将两个异常处理器调换位置即可。

习　　题

14.1　异常处理机制一般用于什么时候？在编程的过程中，何时使用一般的错误处理方法？何时使用异常处理机制？

14.2　如果异常抛出后在try块后面没有找到和该异常匹配的异常处理器，会发生什么情况？

14.3　抛出异常后是否一定会终止程序的运行？什么时候需要终止程序的运行？

14.4　编写一个程序，使用 new 运算符动态分配空间，当空间分配失败时抛出异常，并捕获处理该异常，处理异常时要考虑不能有内存泄漏。针对本题讨论使用异常处理机制和使用一般错误处理方法各自的优势。

14.5　创建对象时有时在构造函数中需要动态分配空间，如第 11 章中的 MyString 类，而分配动态空间的操作可能会失败，这会导致创建的对象不可用，但程序员又无法通过构造函数的执行结果获得创建对象的结果(构造函数没有返回值)，试编写程序使用异常处理机制弥补这一缺陷。

14.6　编写一个 C++ 程序，显示抛出各种指针类型的异常，并使用异常处理器捕获它们，考虑参数为 void * 的异常处理器。

14.7　编写程序使用 set_terminate 函数将自定义函数设置成系统调用 terminate 时执行的函数，并编程测试之。

14.8　编写一个 C++ 程序，从嵌套函数调用的各个层次中抛出异常，并在不同的层次捕获它们，体验异常的传播机制。

14.9　编写一个 C++ 程序，用异常处理机制处理数组下标越界的错误。

14.10　异常处理器中也可以再抛出异常，如果一个异常处理器抛出和该异常处理器同类型的异常，是否会造成无穷递归，试编写程序验证之。

第15章 模板

【学习内容】

本章介绍C++的模板机制。主要内容包括：

◆ 类属机制。

◆ 函数模板的定义与使用。

◆ 类模板的定义与使用。

【学习目标】

◆ 了解类属程序设计的概念。

◆ 理解模板和模板的实例化机制。

◆ 掌握模板的定义和使用方法。

模板是C++实现代码重用的一种有效的机制。模板通过类型参数化，提高了代码的可重用性。类型参数化是把类型作为参数，使程序模块中使用的参数可变。C++提供了两种模板：一种是函数模板；另一种是类模板。本章将介绍类属机制的概念，并介绍C++支持类属编程的函数模板和类模板的定义与使用方法。

15.1 类属机制

回顾例6-4，为了实现对int数组和double数组的排序，重载了两个同名函数，这些函数的原型如下：

```
void sortArray( int b[], int len );
void sortArray( double b[], int len );
void displayArray( int b[], int len );
void displayArray( double b[], int len );
```

即对sortArray和displayArray进行了重载。再仔细研究两个sortArray函数的内部实现，会发现它们的执行流程几乎完全一样，唯一的不同是被排序的数据的类型不一样。这两个重载的函数既然如此相似，能否将二者抽象成一个函数，而将处理的数据的类型作为参数来处理呢？对于displayArray函数，也会有同样的思考。

同样，第11章中例11-2实现了类Stack，该类实现了元素是int类型的栈。如果需要一个元素是double类型的栈，类Stack就不好用了。这时需要重新设计一个类来实现元素是double类型的栈。可以想象，针对double类型设计的新类与现有的Stack类也是非常相似的,差别也仅在于元素的类型不同。那么,是否同样能够将二者抽象成一个类,而将元素的类型作为参数来处理呢?

在C++中,确实可以实现上述的想法。对于某些程序,从它们的逻辑功能看,彼此非常相似,所不同的主要是处理对象的类型不一样。如果可以提供具有相同逻辑功能的程序代码(将相似性抽象出来),然后将数据类型作为参数,这样不仅能够大幅度地节约代码,而且也极大地方便了程序的维护。这就是类属编程(generic programming)或泛型编程的思想。类属编程在C++中是通过模板(template)机制实现的。模板分为函数模板和类模板两种,以所处理的数据的类型作为参数的类称为类模板,以所处理的数据的类型作为参数的函数称为函数模板。

通过使用模板可以使程序具有更好的代码重用性。模板是对源代码进行重用,而不是通过继承和复合重用对象代码,当用户使用模板时,参数由编译器来替换。模板参数可以包含类型参数和非类型参数,类型参数可以用class和typename关键字来声明,二者的意义相同,都表示后面的参数名代表一个系统预定义类型或用户自定义的类型,非类型参数的声明同函数的参数声明。

下面分别介绍函数模板和类模板的定义和使用。

15.2 函数模板

从例6-4可以看到,重载函数通过定义多个同名函数,分别实现对不同类型的数据进行相似的操作。这些重载函数的代码是非常相似的,这种冗余一方面增加了编程的负担,另一方面也为程序的维护带来了隐患。通过模板机制,可以将这些重载的函数抽象成一个函数模板,该模板实际上就是一个函数的代码,只不过函数中某些数据的类型没有明确给出,而是作为参数来处理。使用函数模板时,用具体的数据类型替换模板参数,就可以得到处理相应类型数据的函数,这一过程也称为对函数模板进行实例化,这样生成的函数称为函数模板实例。函数模板本身并不能够被执行,只有通过实例化得到的函数模板实例才是程序执行的实体,在使用时函数模板实例与一般的函数完全一样。函数模板与函数模板实例的关系如图15-1所示。

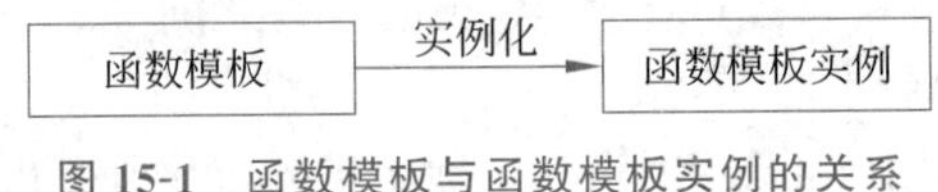

图15-1 函数模板与函数模板实例的关系

15.2.1 函数模板的定义

在C++程序中,函数模板的定义都是以关键字template开头,该关键字之后使用尖括号“<>”括起来的是模板的形式参数列表,每个形式参数之前都有一个关键字class或typename,形式参数名为有效的标识符。例如:

```
template<class T>
template<class ElementType>
template<class T1, class T2>
```

模板的形式参数名可以用来说明函数的参数的类型、函数的返回值类型和函数内的局部变量的类型。模板的每个形式参数要在函数的参数列表中至少出现一次。形式参数名的作用域局限于函数模板的范围内,不同的函数模板可以定义相同的形式参数名。

程序设计风格提示：模板参数的名字一般都是大写字母开头，如果名字由多个单词组成，则每个单词的首字母大写，其他字母小写。

模板的参数定义之后是函数模板的定义，函数模板的定义与一般函数的定义类似，只不过在定义函数模板时可使用模板的形式参数来说明函数的参数、返回值和局部变量。

下面以例 6-4 的问题为例，用函数模板来定义不同类型的数组的排序和输出。

```
template< class ElementType >
void sortArray(ElementType b[], int len)
{
    for (int pass = 0; pass < len - 1; pass ++ )              //扫描一遍
        for ( int i = pass + 1; i <= len - 1; i ++ )
            if ( b[pass] > b[i] )
            {
                ElementType hold;
                //交换
                hold = b[pass];
                b[pass] = b[i];
                b[i] = hold;
            }
}


template< class ElementType >
void displayArray(ElementType b[], int len)
{
    for ( int index = 0; index <= len - 1; index ++ )
        if ( index != len -1 )
            cout << b[index] << "\t";
        else
            cout << b[index] << endl;
}
```

这两个函数模板将数组元素的类型抽象成模板的参数 ElementType，函数模板定义中用 ElementType 来声明函数的形式参数的数组元素类型。实际使用函数模板时，模板的形式参数将被实际的具体数据类型所替换，从而将函数模板实例化成具体的函数，真正被调用执行的是这些实例化的函数，即函数模板实例。

下面将介绍函数模板是如何被实例化和使用的。

15.2.2 使用函数模板

函数模板的定义明确了对数据的处理流程，被处理的某些数据的数据类型则要作为模板的参数需等到模板实例化时再确定。函数模板的实例化由编译器在编译的过程中完成。当编译器处理一个函数调用时，如果找不到对应的函数，但存在同名的函数模板，编译器就会根据函数调用的实在参数的类型确定每个模板形式参数对应的具体数据类型，然后使用具体的数据类型对模板中对应的形式参数进行替换，得到函数模板实例，也就是具体的函数。最后将函数调用处理成对该实例化函数的调用。从这个过程也可以看出，只有模板的每个形式参数在函数模板的参数列表中至少出现一次，才可能根据函数调用语句的实在参数确定所有的模板形式参数对应的数据类型，从而实现函数模板的实例化。

下面通过一个示例程序来说明函数模板的使用。在这个程序中，将使用 15.2.1 节定义的两个函数模板来实现例 6-4 的功能。

【例 15-1】 用函数模板实现元素为不同类型(double 和 int)的数组的排序和输出。

```
//文件 ex15_1.cpp:用函数模板实现不同类型(double 和 int)的数组的排序和输出
#include <iostream>
using namespace std;

#define SIZE 8

template<class ElementType >
void sortArray(ElementType b[], int len)
{
    for (int pass = 0; pass < len - 1; pass++) //扫描一遍
        for (int i = pass + 1; i <= len - 1; i++)
            if (b[pass] > b[i])
            {
                ElementType hold;
                //交换
                hold = b[pass];
                b[pass] = b[i];
                b[i] = hold;
            }
}

template<class ElementType >
void displayArray(ElementType b[], int len)
{
    for (int index = 0; index <= len - 1; index++)
        if (index != len - 1)
            cout << b[index] << "\t";
        else
            cout << b[index] << endl;
}

int main()
{
    int ai[SIZE] = { 18, 35, 36, 61, 9, 112, 77, 12 };
    double af[SIZE] = { 12.1, -23.8, 3.7, -16.0, 9.1, 12.12, 7.7, 56.3 };

    //用 int 实例化 displayArray 函数模板
    //调用该实例函数输出 ai 排序前的数据
    cout << "Before sorting:\n";
    cout << "ai: \t";
    displayArray(ai, SIZE);

    //用 int 实例化 sortArray 函数模板
    //调用该实例函数对 ai 进行排序
    sortArray(ai, SIZE);

    //用 int 实例化 displayArray 函数模板
    //调用该实例函数输出 ai 排序后的结果
    cout << "After sorting:\n";
    cout << "ai: \t";
    displayArray(ai, SIZE);
```

```
    //用 double 实例化 displayArray 函数模板
    //调用该实例函数输出 af 排序前的数据
    cout << "Before sorting:\n";
    cout << "af: \t";
    displayArray(af, SIZE);

    //用 double 实例化 sortArray 函数模板
    //调用该实例函数对 af 进行排序
    sortArray(af, SIZE);

    //用 double 实例化 displayArray 函数模板
    //调用该实例函数输出 af 排序后的结果
    cout << "After sorting:\n";
    cout << "af: \t";
    displayArray(af, SIZE);

    return 0;
}
```

程序执行结果：

```
Before sorting:
ai:     18  35  36  61  9  112  77  12
After sorting:
ai:     9  12  18  35  36  61  77  112
Before sorting:
af:     12.1  -23.8  3.7  -16  9.1  12.12  7.7  56.3
After sorting:
af:     -23.8  -16  3.7  7.7  9.1  12.1  12.12  56.3
```

显然，程序的执行效果与例 6-4 完全一样，而本例程序更加简洁，更容易维护。因为，如果需要修改排序算法，在例 6-4 中必须修改两个非常类似 sortArray 重载函数，而在本例中只要修改函数模板 sortArray 即可。

例 15-1 说明了函数模板实例化及调用的过程。

当编译器处理到 main 函数的语句

```
displayArray(ai, SIZE);
```

时，查找名为 displayArray 并且参数类型匹配的函数，找不到则查找同名的函数模板。找到后尝试对模板进行实例化，因为实在参数 ai 是 int 类型的数组，而函数模板 displayArray 的第一个形式参数是 ElementType b[]，其中 ElementType 是模板参数，所以就用 int 替换整个 displayArray 函数模板中的所有 ElementType，将该函数模板实例化成一个输出 int 数组所有元素的完整函数，即函数模板实例：

```
void displayArray(int b[], int len)
{
    for ( int index = 0; index <= len - 1; index ++ )
        if ( index != len -1 )
            cout << b[ index ] << "\t";
        else
```

```
        cout << b[ index ] << endl;
}
```

之后编译器对该函数进行编译,前面的函数调用语句实际调用的就是上面实例化的函数。排序完成后,编译器在处理输出排序结果的函数调用语句

```
displayArray(ai, SIZE);
```

时,由于名为 displayArray,参数类型也匹配的函数已经存在,也就是上次实例化的函数,所以就不需要再对函数模板进行实例化了,直接调用即可。

当编译器处理到语句

```
sortArray(ai, SIZE);
```

时,根据同样的理由,编译器尝试对函数模板进行实例化,用 int 替换整个 sortArray 函数模板中的所有 ElementType,将该函数模板实例化成一个将 int 数组的元素进行从小到大排序的完整函数。

```
void sortArray(int b[], int len)
{
    for (int pass = 0; pass < len - 1; pass ++ )    //扫描一遍
        for ( int i = pass + 1; i <= len - 1; i ++ )
            if ( b[ pass ] > b[ i ] )
            {
                int hold;
                //交换
                hold = b[ pass ];
                b[ pass ] = b[ i ];
                b[ i ] = hold;
            }
}
```

之前的函数调用语句也被处理成对这个实例函数的调用。类似的,对于语句

```
displayArray(af, SIZE);
```

编译器用数组 af 的元素的类型 double 来替换整个 displayArray 函数模板中的所有 ElementType,并将该函数模板实例化成一个输出 double 数组所有元素的函数模板实例。

```
void displayArray(double b[], int len)
{
    for ( int index = 0; index <= len - 1; index ++ )
        if ( index != len -1 )
            cout << b[ index ] << "\t";
        else
            cout << b[ index ] << endl;
}
```

而语句

```
sortArray(af, SIZE);
```

将让编译器用 double 替换整个 sortArray 函数模板中的所有 ElementType，将该函数模板实例化成一个将 double 数组的元素进行从小到大排序的函数模板实例。

```
void sortArray(double b[], int len)
{
    for (int pass = 0; pass < len - 1; pass ++ )      //扫描一遍
        for ( int i = pass + 1; i <= len - 1; i ++ )
            if ( b[ pass ] > b[ i ] )
            {
                double hold;
                //交换
                hold = b[ pass ];
                b[ pass ] = b[ i ];
                b[ i ] = hold;
            }
}
```

从编译器实例化函数模板的过程可以看出，函数模板与重载函数有非常密切的联系。一个函数模板可能被实例化成多个函数模板实例，这些函数模板实例都是重载的函数，编译器也是采用选择重载函数的方法来确定每个函数调用到底调用哪个函数实例，即根据实在参数的类型、数目及顺序来选择要调用的函数。

模板提供了很好的软件重用的支持，有利于软件的一致性维护。但也应注意，模板虽然只编写一次，但是编译后的代码实际上仍然包含了多个实例化函数的代码。

15.3 类 模 板

C++ 除了支持函数模板外，也支持类模板。类模板可以将类定义中的某些数据类型参数化，使用类模板时，用具体的数据类型替换模板中的类型参数就可以得到具体的类，这种通过类模板实例化得到的类称为类模板实例，也称为模板类。模板类与一般类一样，是一种新的数据类型，可以实例化对象，也可以用来声明数组、指针、引用等。类模板、模板类和对象之间的关系如图 15-2 所示。

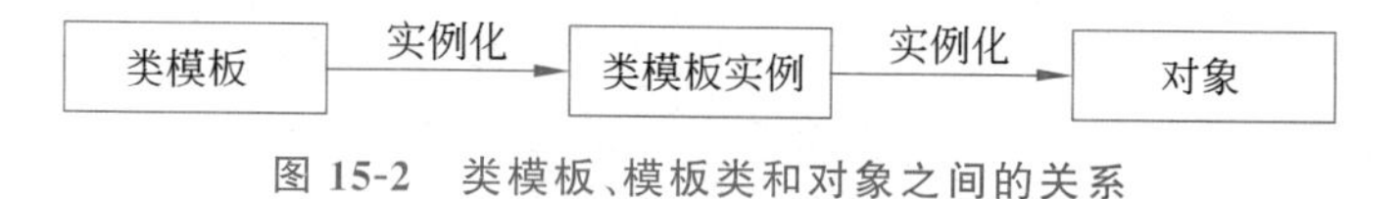

图 15-2　类模板、模板类和对象之间的关系

第 11 章中的例 11-2 用类 Stack 实现了一个抽象数据类型——栈，从程序代码可以看到，该类能够处理的元素只能是整型数据。如果需要一个栈元素是 double 类型，或者其他自定义的类型数据的栈，该类就不能满足需要了，这时就需要为新的数据类型再定义一个功能相同的栈类。可以想象，处理不同数据类型的这些栈类是非常相似的，如都具有相同的属性、操作功能和约束条件，甚至连类的成员函数的逻辑功能也非常相似，差别仅在于处理的栈元素的类型不同而已。类模板可以将这些类的共同部分抽象出来，将它们的不同部分，也就是栈元素的数据类型参数化，这样定义出来的类模板只需要用不同数据类型进行实例化，就可以得到处理不同类型数据的栈了。

15.3.1 类模板的定义

类模板的定义与函数模板的定义类似，也是以关键字 template 开头，随后是用尖括号“<>”括起来的模板的形式参数列表，每个形式参数之前都有一个关键字 class 或 typename 标识，形式参数名为有效的标识符。

模板的形式参数是类型参数，其参数名可用来说明数据成员的类型，也可用来说明成员函数的参数、返回值和函数内的局部变量的类型。形式参数名的作用域局限于该模板的范围内。

模板的参数定义之后是类模板的定义，类模板的定义与一般类的定义相似，只是在定义类模板时，可以用模板的形式参数来说明数据类型。

【例 15-2】 定义栈的类模板。

```
//tstack.h:类模板的定义
#pragma once

#define DEFAULT_ELEM_NUM 8

template<class ElementType >
class Stack {
public:
    Stack(int = DEFAULT_ELEM_NUM);                    //省缺栈元素的数目为 8
    ~Stack() { delete[] data; };
    int pop(ElementType& num);
    int push(ElementType num);
private:
    ElementType* data;                                //栈数据存储
    int memNum;                                       //栈元素个数
    int size;                                         //栈大小
};

template<class ElementType >
Stack<ElementType>::Stack(int s)
{
    size = s > 0 ? s : DEFAULT_ELEM_NUM;
    data = new ElementType[size];
    memNum = 0;
}

//弹栈函数,不成功返回 0,成功则返回 1,栈元素由参数返回
template<class ElementType >
int Stack<ElementType>::pop(ElementType& num)
{
    if (memNum == 0)
        return 0;
    num = data[--memNum];
    return 1;
}

//压栈函数,不成功返回 0,成功则返回 1
template<class ElementType >
int Stack<ElementType>::push(ElementType mem)
{
```

```
        if (memNum == size)
            return 0;
        data[memNum++] = mem;
        return 1;
    }
```

上面的类模板将栈元素的数据类型抽象成模板的参数 ElementType,类模板的定义中用 ElementType 来声明数据成员 data、成员函数 pop 和 push 的形式参数。实际使用类模板时,模板的形式参数将被具体的数据类型所替换,从而将类模板实例化成具体的类,可以用这些实例化的类来创建相应的对象。

类模板中的成员函数都是函数模板,除了在类模板的声明中实现的成员函数以外,所有在类模板外实现的成员函数都是函数模板的形式,如例 15-2 中的 pop 和 push 函数,都要以下面的形式开头。

```
template <class ElementType>
```

在类模板外实现成员函数定义时,二元作用域运算符"::"之前的类名要用 Stack＜ElementType＞,类模板实例化时,将 ElementType 替换成具体的类型,Stack＜ElementType＞就是用具体类型实例化类模板之后得到的类。

15.3.2 使用类模板

类模板必须实例化成类才能够声明对象。将类模板实例化成类的过程,就是用具体的数据类型替换模板的参数而得到完整的类的过程。用具体的数据类型实例化类模板的语法如下:

```
类模板名 <数据类型列表>
```

＜数据类型列表＞由多个数据类型构成,它们之间用逗号分隔,分别对应类模板的参数。编译器对模板实例化时,将类模板中的所有类型参数替换成相应具体数据类型,将该类模板实例化成一个完整的类,并进行编译。

例如,对于上面定义的类模板 Stack,可以按下面方式对其进行实例化。

```
Stack <double>
```

即用 double 替换类型参数 ElementType,将该类模板实例化成完整的类,相当于定义了一个元素为 double 的栈类。实例化的类在使用上与一般的类完全一样,也可用来创建对象,声明数组、指针等。例如,可用刚才实例化的类建立一个名字为 doubleStack 的对象如下:

```
Stack <double> doubleStack(6);
```

doubleStack 对象在创建时,用 6 作为参数调用构造函数,这与建立一般类的对象一样。当然,也可以将 Stack 实例化成处理 int 类型元素的栈,并创建相应的对象。例如:

```
Stack <int> intStack;
```

编译器处理该语句时,首先用 int 实例化 Stack 类模板,再用该实例化的类声明一个名为 intStack 的对象,并以默认参数调用构造函数对对象进行初始化。

doubleStack 和 intStack 这类对象的使用与一般类的对象的使用完全一样。

例 15-3 使用例 15-2 中的类模板 Stack 实例化出不同的栈类，并对它们进行了测试。

【例 15-3】 用类模板实现元素为不同类型(double 和 int)的栈。

```
//ex15_3:用类模板实现元素为不同类型(double 和 int)的栈
#include <iostream>
using namespace std;
//包含例 15-2 中存储在其他目录下的头文件
#include "..\15-2 stackTemplate\tstack.h"

int main()
{
    //用 double 实例化 Stack 模板类,并建立实例化类的对象
    Stack< double > doubleStack(6);

    //使用 doubleStack
    //向 doubleStack 中压入 double 数据
    double f = 3.14;
    cout << "Pushing elements on doubleStack:\n";

    while (doubleStack.push(f))
    {
        cout << f << ' ';
        f += f;
    }
    cout << "\nStack is full, can not push " << f << " on the doubleStack.";

    //从 doubleStack 中弹出 double 数据
    cout << "\n\nPopping elements from doubleStack:\n";
    while (doubleStack.pop(f))
        cout << f << ' ';
    cout << "\nStack is empty, can not pop.\n";

    //用 int 实例化 Stack 模板类,并建立实例化类的对象
    Stack< int > intStack;

    //使用 intStack
    //向 intStack 中压入 int 数据
    int i = 1;
    cout << "\nPushing elements on intStack:\n";
    while (intStack.push(i))
    {
        cout << i << ' ';
        ++i;
    }
    cout << "\nStack is full, can not push " << i << " on the intStack.";

    //从 doubleStack 中弹出 double 数据
    cout << "\n\nPopping elements from intStack:\n";
    while (intStack.pop(i))
        cout << i << ' ';
    cout << "\nStack is empty, can not pop.\n";

    return 0;
}
```

程序运行结果：

```
Pushing elements on doubleStack:
3.14 6.28 12.56 25.12 50.24 100.48
Stack is full, can not push 200.96 on the doubleStack.

Popping elements from doubleStack:
100.48 50.24 25.12 12.56 6.28 3.14
Stack is empty, can not pop.

Pushing elements on intStack:
1 2 3 4 5 6 7 8
Stack is full, can not push 9 on the intStack.

Popping elements from intStack:
8 7 6 5 4 3 2 1
Stack is empty, can not pop.
```

从上面的两个例子可以看到，定义类模板 Stack 后可以灵活地将它实例化成不同的类，这些实例化的类在使用上与一般的类完全一样，可以创建自己的实例对象，这些实例对象也与一般类的对象完全一样。

通过上面的学习可以看出，模板提供了更高层次的抽象机制，可以更好地进行代码重用。利用模板机制可以建立起非常有效的类库，为程序设计提供更强大的支持。事实上，标准 C++ 语言本身就提供了一个标准模板库（standard template library，STL），包括处理 list、vector、set 和 map 等数据结构的类模板，和实现通用的遍历、排序、合并等算法的函数模板等，为程序设计者提供了强有力的支持。

习　　题

15.1　简述函数模板和函数重载之间的差别与联系。

15.2　编写一个函数模板，从一维数组中查找值为给定值的元素，若查找成功则返回真，否则返回假。编写一个使用该模板的程序，用不同的数据类型实例化该模板。

15.3　编写一个函数模板，实现将任意数组的元素逆序存放，并编写一个使用该模板的程序以实现对不同类型的数组的逆序存放。

15.4　编写求数组中元素最大值的函数模板，编写测试程序，使用该模板求不同类型数组的最大值。

15.5　编写一个可以实例化为不同类型数组类的类模板，要求数组类提供下列功能。

（1）根据下标取数组元素的值。

（2）根据下标设置数组元素的值。

（3）根据下标在指定位置插入的数组元素。

（4）根据下标删除指定位置的数组元素。

（5）在数组尾部增加元素。

为了说明类模板的功能，请编写一个程序，使用该类模板实现对不同类型的数组的各种操作。

附录 A　C++ 运算符的优先级和结合性

表 A-1 按照运算符的优先级从高到低顺序排列。

表 A-1　C++ 运算符的优先级和结合性

优先级	运　算　符	描　　述	结　合　性
17	::	二元作用域	从左向右
	::	一元作用域	从右向左
16	( )	括号	从左向右
	[ ]	数组下标	
	.	通过对象名选择成员	
	->	通过指针选择成员	
	++	一元后自增	
	--	一元后自减	
	typeid	运行时类型信息	
	dynamic_cast<type >	运行时类型检查的强制类型转换	
	static_cast< type >	编译时类型检查的强制类型转换	
	reinterpret_cast<type >	非标准转换的强制类型转换	
	const_cast<type >	对常量性进行强制类型转换	
15	++	一元前自增	从右向左
	--	一元前自减	
	+	一元正	
	-	一元负	
	!	一元逻辑非	
	~	一元按位取反	
	(type)	一元强制类型转换	
	sizeof	确定字节数	
	&	取地址	
	*	间接引用	
	new	动态内存分配	
	new[]	动态数组分配	
	delete	动态内存释放	
	delete[]	动态数组释放	
14	.*	通过对象取指向成员的指针	从左向右
	->*	通过指针取指向成员的指针	

续表

优先级	运算符	描述	结合性
13	*	乘	从左向右
	/	除	
	%	求余	
12	+	加	从左向右
	-	减	
11	<<	向左移位	从左向右
	>>	向右移位	
10	<	小于	从左向右
	<=	小于或等于	
	>	大于	
	>=	大于或等于	
9	==	等于	从左向右
	!=	不等于	
8	&	按位与	从左向右
7	^	按位异或	从左向右
6	|	按位或	从左向右
5	&&	逻辑与	从左向右
4	||	逻辑或	从左向右
3	?:	三元条件运算	从右向左
2	=	赋值	从右向左
	+=	加法赋值	
	-=	减法赋值	
	*=	乘法赋值	
	/=	除法赋值	
	%=	求余赋值	
	&=	按位与赋值	
	^=	按位异或赋值	
	|=	按位或赋值	
	<<=	向左移位赋值	
	>>=	向右移位赋值	
1	,	逗号	从左向右

附录B　ASCII字符集

ASCII字符集和ASCII码(ASCII是American Standard Code for Information Interchange的英文缩写)被国际标准化组织(International Organization for Standardization, ISO)批准为国际标准。基本的ASCII字符集共有128个字符,其中有96个可打印字符,包括常用的字母、数字、标点符号和空白符等,另外还有33个控制字符。标准ASCII码使用7个二进位对字符进行编码,对应的ISO标准为ISO646标准。表B-1给出了基本ASCII字符及其编码。

表B-1　ASCII字符及其编码

	0	1	2	3	4	5	6	7	8	9	A	B	C	D	E	F
0	NUL	SOH	STX	ETX	EOT	ENQ	ACK	BEL	BS	HT	LF	VT	FF	CR	SO	SI
1	DLE	DC1	DC2	DC3	DC4	NAK	SYN	ETB	CAN	EM	SUB	ESC	FS	GS	RS	US
2	SP	!	"	#	$	%	&	'	(	)	*	+	,	-	.	/
3	0	1	2	3	4	5	6	7	8	9	:	;	<	=	>	?
4	@	A	B	C	D	E	F	G	H	I	J	K	L	M	N	O
5	P	Q	R	S	T	U	V	W	X	Y	Z	[	\	]	^	_
6	`	a	b	c	d	e	f	g	h	i	j	k	l	m	n	o
7	p	q	r	s	t	u	v	w	x	y	z	{	|	}	~	DEL

表B-1左边的数字代表字符编码的高3位,上边的数字代表编码的低4位。表中34个特殊字符(包括SP和33个控制字符)的意义如表B-2所示。

表B-2　特殊字符说明

二进制	十进制	十六进制	缩写	意义
0000 0000	0	00	NUL	Null character
0000 0001	1	01	SOH	Start of Header
0000 0010	2	02	STX	Start of Text
0000 0011	3	03	ETX	End of Text
0000 0100	4	04	EOT	End of Transmission
0000 0101	5	05	ENQ	Enquiry
0000 0110	6	06	ACK	Acknowledgment
0000 0111	7	07	BEL	Bell
0000 1000	8	08	BS	Backspace
0000 1001	9	09	HT	Horizontal Tab
0000 1010	10	0A	LF	Line feed
0000 1011	11	0B	VT	Vertical Tab

续表

二 进 制	十 进 制	十六进制	缩 写	意 义
0000 1100	12	0C	FF	Form Feed
0000 1101	13	0D	CR	Carriage return
0000 1110	14	0E	SO	Shift Out
0000 1111	15	0F	SI	Shift In
0001 0000	16	10	DLE	Data Link Escape
0001 0001	17	11	DC1	XON Device Control 1
0001 0010	18	12	DC2	Device Control 2
0001 0011	19	13	DC3	XOFF Device Control 3
0001 0100	20	14	DC4	Device Control 4
0001 0101	21	15	NAK	Negative Acknowledgement
0001 0110	22	16	SYN	Synchronous Idle
0001 0111	23	17	ETB	End of Trans. Block
0001 1000	24	18	CAN	Cancel
0001 1001	25	19	EM	End of Medium
0001 1010	26	1A	SUB	Substitute
0001 1011	27	1B	ESC	Escape
0001 1100	28	1C	FS	File Separator
0001 1101	29	1D	GS	Group Separator
0001 1110	30	1E	RS	Record Separator
0001 1111	31	1F	US	Unit Separator
0010 0000	32	20	SP	Space
0111 1111	127	7F	DEL	Delete

参考文献

[1] BJARNE S. The C++ Programming Language[M]. 4th ed. Addison-Wesley Professional, 2013.

[2] BRUCE E, CHUCK A. C++ 编程思想[M]. 2 版. 北京：机械工业出版社，2011.

[3] HARVEY M D, PAUL J D. C++ 大学教程[M]. 张引，等译. 9 版. 北京：电子工业出版社，2016.

[4] 中国大百科全书出版社编辑部. 中国大百科全书：电子学与计算机[M]. 北京：中国大百科全书出版社，2000.

[5] 谭浩强. C 程序设计[M]. 5 版. 北京：清华大学出版社，2017.

[6] BRIAN W K. C 程序设计语言[M]. 徐宝文，李志，译. 2 版. 北京：机械工业出版社，2001.

[7] NICOLAI M J. The C++ Standard Library—A Tutorial and Reference[M]. Addison-Wesley, 1999.

图书资源支持

感谢您一直以来对清华版图书的支持和爱护。为了配合本书的使用，本书提供配套的资源，有需求的读者请扫描下方的“书圈”微信公众号二维码，在图书专区下载，也可以拨打电话或发送电子邮件咨询。

如果您在使用本书的过程中遇到了什么问题，或者有相关图书出版计划，也请您发邮件告诉我们，以便我们更好地为您服务。

我们的联系方式：

清华大学出版社计算机与信息分社网站：https://www.shuimushuhui.com/

地　　址：北京市海淀区双清路学研大厦 A 座 714

邮　　编：100084

电　　话：010-83470236　010-83470237

客服邮箱：2301891038@qq.com

QQ：2301891038（请写明您的单位和姓名）

资源下载：关注公众号“书圈”下载配套资源。

资源下载、样书申请

书圈

图书案例

清华计算机学堂

观看课程直播